高等学校教材

过程节能技术与装备

刘宝庆　编著

化学工业出版社
·北京·

本书系统介绍了过程节能的理论、技术及装备。全书共分为5章，第1章在全面分析我国过程工业节能现状的基础上，指出了过程工业节能的途径和必要性；第2章为过程节能的基本原理，介绍了节能的热力学定律、理想功与损失功、㶲分析法及最新节能理论；第3章为通用过程节能技术，内容涵盖热泵节能、热管节能、余热回收技术和系统节能的夹点技术；第4章为典型单元过程与设备的节能，介绍了流体输送过程、传热过程、蒸发过程、干燥过程、精馏过程、反应过程及分别对应的泵、风机、换热器、蒸发器、干燥机、精馏塔、搅拌设备等的节能原理与节能途径；第5章介绍了节能技术的经济评价与全生命周期评价等。

全书内容系统、完整，理论与实用并重，注重节能技术的前瞻性，可作为高等院校化学工程与工艺专业、过程装备与控制工程专业以及石化、轻工、生工、制药、冶金、环保、能源等相关专业的教材，亦可作为有关科研、设计和生产单位技术人员的参考书。

图书在版编目（CIP）数据

过程节能技术与装备/刘宝庆编著. —北京：化学工业出版社，2012.6
ISBN 978-7-122-14035-7

Ⅰ.过…　Ⅱ.刘…　Ⅲ.化工过程-节能　Ⅳ.TQ02

中国版本图书馆CIP数据核字（2012）第073230号

责任编辑：程树珍　金玉连　　装帧设计：关　飞
责任校对：王素芹

出版发行：化学工业出版社（北京市东城区青年湖南街13号　邮政编码100011）
印　　刷：北京永鑫印刷有限责任公司
装　　订：三河市万龙印装有限公司
787mm×1092mm　1/16　印张16　字数418千字　2012年8月北京第1版第1次印刷

购书咨询：010-64518888（传真：010-64519686）　售后服务：010-64518899
网　　址：http://www.cip.com.cn
凡购买本书，如有缺损质量问题，本社销售中心负责调换。

定　　价：40.00元

前　言

能源是国民经济发展和人民生活水平提高的重要物质基础。随着人口的增多和经济的发展，能源价格不断攀升，能源供应日益紧张，人类社会的可持续发展面临能源危机的严峻考验。因此，节约能源、提高能源使用效率，对保护地球环境、建设持续稳定发展的社会具有深远战略意义。目前，世界各国已把节能视为除煤炭、石油、天然气和水力等四大常规能源外的第五大能源。

以化工、石化、生工、制药、能源、环保等行业为代表的过程工业作为国民经济的重要部门，与国计民生息息相关。其生产过程要消耗大量的能源，是用能大户，同时其有些原料和产品本身就是能源，又是产能大户，这种能量生产与消费的复杂性，使得过程工业的节能技术既有通用性也有特殊性。因此，在建设节约型社会、实现过程工业可持续发展的进程中，开展过程工业的节能研究、节能教育和节能知识普及、节能意识培养变得愈加重要和迫切。

本书内容主要包括过程节能的基本理论、通用过程节能技术、典型单元过程与设备的节能、节能技术的综合评价四大部分。在内容编排上力争体现以下几方面的特点。

(1) 兼顾专业需求，拓宽应用范围　为了适应过程工业学科门类较多的特点，本书更注重专业性与通用性的协调，略去了复杂的原理推导，重点介绍了各专门过程的基本原理、通用技术以及高效节能、量大面广的典型过程装备；

(2) 内容编排和表达上有所创新　以往对过程节能的研究和介绍更多是过程与设备分离，或重此轻彼，但现实生产两者是密不可分、相互关联影响的，因此本书内容编排中将过程与实现该过程的设备的节能耦合介绍，便于读者理论联系实际；

(3) 力求展示过程节能的最新成果　本书有选择地增加了节能理论的新进展、强化传热节能技术及节能技术全生命周期评价等最新的节能知识，以体现节能理论、技术的最新成果和发展趋势；

(4) 重视读者的主体地位和自主学习精神　配套思考题和习题，更突出重点，有助于读者理清知识脉络，给他们留下思维的空间，同时列出了相关的参考文献，便于读者查阅。

本书可作为高等院校化学工程与工艺专业、过程装备与控制工程专业以及石化、轻工、生工、制药、冶金、环保、能源等相关专业的教材，亦可作为有关科研、设计和生产单位技术人员的参考书。

本书编写过程中，浙江大学蒋家羚教授、林兴华教授、金志江教授、陈志平教授、许忠斌教授等都给予了有益的建议和帮助，研究生厉鹏、徐妙富、秦福磊、张义堃、钱路燕、刘景亮、陈明强等在图文录入加工中花费了大量的时间和精力，作者在此一并表示衷心的感谢。同时对编写过程中参阅的大量文献资料的原始作者表示诚挚的谢意。

由于作者水平有限，虽经努力，但书中不妥之处在所难免，敬请读者批评指正，以利日后修订完善，不胜感激。

编著者

2012 年 3 月

目　录

第1章 绪 论

1.1 能源概论

1.1.1 能源定义

能源（energy sources）意为能量的源泉，它是产生各种能量的自然资源，是人类赖以生存、社会得以发展的物质基础。《中华人民共和国节约能源法》中定义的能源是指煤炭、原油、天然气、电力、焦炭、煤气、热力、成品油、液化石油气、生物质和其他直接或者通过加工、转换而取得有用能的各种资源，能量就是做功的本领。

能源是自然界中能够直接或通过转换提供某种形式能量的物质资源，它包含在一定条件下能够提供某种形式能的物质或物质的运动中，也指可以从其获得热、光或动力等形式能的资源，如燃料、流水、阳光和风等。

能源是经济发展的原动力，是现代文明的物质基础。凡是自然界存在的、通过科学技术手段转换成各种形式能量（如机械能、热能、电能、化学能、电磁能、原子核能等）的物质资源都称为能源。

能源不是一个单纯的物理概念，还有技术经济的含义。也就是说，必须是技术经济上合理的、那些可以得到能量的资源才能称之为能源，所以能源的内容随时间在变化。现在指的能源，包括天然矿物质燃料（煤炭、石油、天然气、核能）；生物质能（薪柴、秸秆、动物干粪）；天然能（太阳能、水能、地热、风力、潮汐能等）以及这些能源的加工转换制品。在生产和生活过程中，由于需要或便于运输使用，常将上述能源经过一定的加工、转换使之成为更符合使用要求的能量来源，即能源加工转换的制品，如焦炭、各种石油制品、煤气、蒸汽、电力、沼气和氢能等。

1.1.2 能源分类

根据不同的基准，能源有不同的分类方法。

1.1.2.1 按其来源分类

按其来源分类，能源可分为三大类。

第一类，来自地球以外天体的能量，其中最主要的是太阳辐射能。目前人类所用的绝大部分能源，都直接或间接地来源于太阳能。各种植物通过光合作用，把太阳能转化为化学能，在植物体内储存下来，形成生物质能。煤炭、石油、天然气等矿物燃料就是由古代动植物沉积在地下经过漫长的地质年代形成的，而其能量来源于固定下来的太阳辐射能。水能、风能、海洋能等也来源于太阳辐射能，太阳的辐射使地球表面的水分蒸发，上升为高空中的水汽，而后又凝结以雨雪的形式返回地面，在高山地区的雨水通过江河流向大海，形成了巨大的水力资源。地球表面各地不均匀的太阳辐射热，使各处大气中的温度和压力不同而导致了空气流动，形成了风能。风力还使海洋表面的水形成波浪能，由于海洋各处接受太阳辐射强度的不同而形成了海洋能，同时海洋表面和内部温度的不同形成了海洋温差。

从数量上看，太阳能非常巨大。据估计，地球表面一年从太阳获得的总能量可达174000TW/a。但太阳能能量密度比较低，又受到气候变化的影响，目前尚难以利用。当前主要是利用太阳能直接供热，如提供热水、房间采暖、太阳灶做饭、空调制冷、海水淡化、干燥等，太阳能发电等尚处于实验阶段。

第二类，地球本身蕴藏的能量，主要有地热能和原子核能。地球内部有大量热源，在45亿年以前地球形成以来逐步冷却，至今地球的核心部分仍具有5000℃的高温，因此，地球本身是个大热库。地热能的数量很大，但品位低，因此开发数量不大。仅有一些温泉和少量的地热发电站是利用地热能。原子核能是某些物质（如铀、钍、氘和氚等）的原子核在发生反应时释放出来的能量。原子核反应有裂变反应和聚变反应两种。现在各国的原子能电站，都是使用铀原子裂变时放出的能量。核聚变尚在研究之中。

第三类，地球和其他天体相互作用而产生的能量，如潮汐能。地球和月亮、太阳之间的引力和相对位置的变化，使海水涨落形成了潮汐能。目前人类对潮汐能还利用得很少，仅建成少量的潮汐发电站。

1.1.2.2　按能源的转换和利用层次分类

按有无加工转换，可将能源分为三大类。

(1) 一次能源　自然界自然存在的、未经加工或转换的能源。如原煤、石油、天然气、天然铀矿、水能、风能、太阳辐射能、海洋能、地热能、薪柴等。

根据能否再生，一次能源可再分为可再生能源与非再生能源。

① 可再生能源：指那些可以连续再生，不会因使用而日益减少的能源。这类能源大都直接或间接来自太阳，如太阳能、水能、风能、海洋能、地热能、生物质能等。

② 非再生能源：指那些不能循环再生的能源，如煤炭、石油、天然气、核燃料等，它们随人类的使用而越来越少。

(2) 二次能源　为满足生产工艺或生活上的需要，由一次能源加工转换而成的能源产品。如电、蒸汽、煤气、焦炭、名种石油制品。

(3) 终端能源　通过用能设备供消费者使用的能源。二次能源或一次能源一般经过输送、储存和分配成为终端使用的能源。

1.1.2.3　按使用状况分类

按人类使用能源的状况，又可将能源分为常规能源和新能源。

(1) 常规能源　指那些开发技术比较成熟、生产成本比较低、已经大规模生产和广泛利用的能源，如煤炭、石油、天然气、水力等。

(2) 新能源　指目前尚未得到广泛使用、有待科学技术的发展以期更经济有效开发的能源，如太阳能、地热能、潮汐能、风能、生物质能、原子能等。

这种分类是相对的。例如核裂变应用于核电站，目前基本上已经成熟，就要成为常规能源。即使是常规能源，目前也在研究新的利用技术，如磁流体发电，就是利用煤、石油、天然气作燃料，把气体加温成高温等离子体，在通过强磁场时直接发电。又如风能、沼气等，使用已有多年历史，但目前又采用现代技术加以利用，也把它们作为新能源。

目前生物质能的利用越来越受到关注。生物质能是太阳能的一种存在形式，它是通过生物的光合作用把光这种过程性能源转化为化学能保存在了生物质中。它的使用量仅次于煤、油、天然气排在第4位，但一直是以极度分散的非工程形式利用。例如秸秆的气化、生物制氢气、能源植物的利用。能源植物是指那些具有较高的还原成烃的能力，可以产生接近石油成分或是石油替代品的富含油的植物。瑞士计划用10年的时间用生物石油替代50%的年用油量。

1.1.2.4　按对环境的污染程度分类

按对环境的污染程度，能源可分为清洁能源和非清洁能源。

(1) 清洁能源　无污染或污染小的能源，如太阳能、风能、水力、海洋能、氢能、气体燃料等。

(2) 非清洁能源　污染大的能源，如煤炭、石油等。

除了上述四种常见的分类方法外，世界能源会议推荐的能源分类更为直接，直接按能源的性质分类，分为固体燃料（solid fuels）、液体燃料（liquid fuels）、气体燃料（gaseous fuels）、水能（hydropower）、核能（nuclear energy）、电能（electrical energy）、太阳能（solar energy）、生物质能（biomass energy）、风能（wind energy）、海洋能（ocean energy）、地热能（geo-thermal energy）和核聚变（nuclear fusion）。

1.1.3　能源评价

能源多种多样，各有优缺点。为了正确地选择和使用能源，必须对各种能源进行正确的评价。通常评价的方面有以下几项。

(1) 储量　作为能源的一个必要条件是储量要足够丰富。在考察储量的同时还要对能源的可再生性和地理分布作出评价。比如太阳能、风能、水能等为可再生能源，而煤炭、石油、天然气则不能再生。能源的地理分布和使用关系密切，例如我国煤炭资源多在华北，水能资源多在西南，工业区却在东部沿海，因此能源的地理分布对使用很不利。

(2) 储能的可能性与功能的连续性　储能的可能性是指能源不用时是否可以储存起来，需要时是否能立即供应。在这方面，化石燃料容易做到，而太阳能、风能则比较困难。功能的连续性，是指能否按需要和所需的速度连续不断地供给能量。

(3) 能流密度　能流密度是指在一定空间或面积内，从某种能源中所能得到的能量。显然，如果能流密度小，就很难用作主要能源。太阳能和风能的能流密度就很小，各种常规能源的能流密度都比较大，核燃料的能流密度最大。

(4) 开发费用和利用能源的设备费用　太阳能和风能不需要任何成本就可以得到。各种化石燃料从勘探、开采到加工都需要大量投资。但利用能源的设备费则正好相反，太阳能、风能和海洋能的利用设备费按每千瓦计远高于利用化石燃料的设备费。核电站的核燃料费远低于燃油电站，但其设备费却高得多。

(5) 运输费与损耗　太阳能、风能和地热能等很难运输，但化石燃料却容易从产地输送到用户。核电站燃料的运输费极少，因为核燃料的能流密度是煤的几百倍，而燃煤电站的输送煤的费用却很高。

(6) 品位问题　能源的品位有高低之分，例如水能能够转变为机械能和电能，它的品位要比先由化学能转变为热能，再由热能转换为机械能的化石燃料高些。另外，热机中，热源的温度越高、冷源的温度越低，则循环的热效率就越高，因此温度高的热源品位比温度低的热源品位高。在使用能源时，要适当安排不同品位的能源。

(7) 污染问题　使用能源一定要考虑对环境的影响。化石燃料对环境的污染大，太阳能、风能对环境基本没有污染。

1.2　节能的概念及必要性

1.2.1　节能的定义

简单地说，节能就是节约能源。狭义而言，节能就是节约石油、天然气、电力、煤炭等能源；而更为广义的节能是节约一切需要消耗能量才能获得的物质，如自来水、粮食、布料等，但是节约能源并不是不用能源，而是善用能源，巧用能源，充分提高能源的使用效率，在维持目前的工作状态、生活状态、环境状态的前提下，减少能量的使用。1998 年开始实施的《中华人民共和国节约能源法》第三条对节能的定义如下："节能是指加强用能管理，采取技术上可行、经济上合理以及环境和社会可以承受的措施，减少从能源生产到消费各个环节中的损失和浪费，更加有效、合理地利用能源。"

分析《中华人民共和国节约能源法》对节能的定义，可以发现该法从管理、技术、经济、环境四个层面对节能工作给出了全面的定义。

首先是从管理的层面指出节能工作必须从管理抓起，加强用能管理，向管理要能源。国家通过制定节能法律、政策和标准体系，实施必要的管理行为和节能措施；用能单位注重提高节能管理水平，运用现代化的管理方法，减少能源利用过程中的各项损失和浪费；杜绝在各行各业中存在的能源管理无制度、能源使用无计量、能源消耗无定额、能源节约奖励制度不落实的现象。从管理开始抓好节能工作。

其次是从技术的层面指出节能工作必须是技术上可行，也就是说节能工作必须符合现代科学原理和先进工艺制造水平，它是实现节能的前提。任何节能措施，如果在技术上不可行，它不仅不具有节能效果，甚至还会造成能源的浪费、环境的污染、经济的损失，严重的还可能造成安全事故等。

再次从经济的层面指出节能工作必须是经济上合理。任何一项节能工作必须经过技术经济论证，只有那些投入和产出比例合理，有明显经济效益项目才可以进行实施。否则，尽管有些节能项目具有明显的节能效果，但是没有经济效益，也就是节能不节钱，甚至是节能费钱，那就没有实施的必要。

最后是从环境保护和可持续发展的角度指出任何节能措施必须是符合环境保护的要求、安全实用、操作方便、价格合理、质量可靠并符合人们生活习惯的，如果某项节能措施不符合环保要求，在安全、质量等方面，或者不符合人们的生活习惯，即使经济上合理，也不能作为法律意义上的节能措施加以推广。夏时制是一项非常有效的节能措施，实行夏时制可以充分利用太阳光照，节约照明用电，现在好多国家特别是西方发达国家都在实行。而在我国实施一段时间后，就停了下来，没有推开。主要原因是我国横跨许多时区，如果全国统一，会对某些地区的人们生活带来不便；如果全国不统一，那对人们坐飞机、火车等出行带来十分的不便，夏时制所带来的节能效果将被这些无效的工作所消弭，综合的社会效果，很可能是不节能，甚至是浪费能量，这也是最后在我国停止实施夏时制的原因之一。

各行各业对节能的定义也有不同的阐述，如化工企业节约能源的定义是：在满足相同需求或达到相同生产条件下使能源消耗减少（即节能），能源消耗的减少量即为节能量。在这个定义中，必须注意到在化学工业节能中必须满足两个前提条件中的一个，否则就不是节能。比如在某工艺中每小时需要 1.0MPa 的水蒸气 1t，如果你通过减少水蒸气的流量或减少压力从而使消耗的能量减少，就认为是节能了，这就错了，因为它没有满足相同的需求。

总之，节能工作必须从能源生产、加工、转换、输送、储存、供应，一直到终端使用等所有的环节加以重视，对能源的使用做到综合评价、合理布局、按质用能、综合利用、梯级用能，在符合环保要求并具有经济效益的前提下高效利用好能源。

1.2.2　节能的必要性

人类目前正在大规模使用的石油、天然气、煤炭等矿石资源是非再生能源，它们在地球地质年代形成，在人类可预期的时间内不能再生。就目前已探明的储量而言，势必有枯竭之日。据《BP 世界能源统计（2006 版）》资料介绍，以目前探明储量计算，全世界石油还可以开采 40.6 年，天然气还可以开采 65.1 年，煤炭还可以开采 155 年。即使以最乐观的态度，再过 200 年，地球上可开采的矿石资源将消耗殆尽，到时人类如何面对，将是一个关乎全人类生存的严峻问题。可再生能源主要是从自然界中一些周而复始的自然现象获取的能源，如水能、风能、潮汐能、太阳能等能源，但获取这些能源有些需要较大的初始投资，有些则存在供给不稳定及能流密度不高的缺点。综上所述，人类如果无节制地滥用能源，不仅有限的不可再生能源将加速消耗，即使是可再生能源也无法满足人类对能源日益的增加，将给人类带来毁灭性灾难。正如美国一科学家麦克科迈克所说："如果不及早采取'开源节流'的有效措施，总有一天，能量的消耗将大于各种来源的能源，而这一天或迟或早都要来到，谁也不能例外。"因此从现在开始，节约能源、善用能源、提高能源利用率及单位能源产生的综合经济效益是目前在能源消耗过程中必须解决的现实问题。世界各国把节能视为一独立能源，称为第五大能源，前面的四大常规能源分别为煤炭、石油、天然气和水力。

我国是一个能源比较丰富的国家，能源生产总量居世界第二位，仅次于美国，如果单纯从总量上来说确实如此。如我国的煤炭储量、水利资源等确实位居世界前列，但考虑到我国庞大的人口基数，人均能源储量远远低于世界平均水平。我国整体的能源使用效率相对于发达国家是严重偏低，只相当于节能水平最高国家的50%左右，无论是单位国民生产总值还是钢铁、化肥等单位产量所消耗的能量都大大高于发达国家的平均水平。面对人均能源储量偏低且单位产值能源消耗偏高的现实，节约能源不仅是一件十分迫切的任务，而且是一项大有作为的事业。据有关资料介绍，如果采取有效的节能措施，提高能量的有效利用率10%，则通过节能得到的能源数量将达到目前世界上使用的水能、核能之和，如果能源有效利用率提高20%左右，节省的能源数量将达到目前已知的世界上天然气储量。目前，我国的能源整体利用率约为30%，节能的潜力非常巨大。如按中等发达国家的能源利用效率来计算，我国现在完全可以在能源消费零增长的条件下实现经济增长，逐步达到发达国家的经济发展水平，这是何等令人鼓舞的消息。

然而，现实是十分残酷的，要提高我国整体能源的利用率，达到或接近国际先进水平，仍需要付出艰巨的努力。能源危机迫近的信号正在我国时隐时现，华东、华南地区的电荒、全国局部范围内的油荒、气荒以及国际原油价格不断突破历史新高，给人们敲响了警钟。国际因能源问题引发的各种冲突日益增多，能源问题已不是一个国家的经济问题这么简单，它已涉及国家安全的战略问题。更何况我国正处在由温饱型向小康型及富裕型社会转变的进程，人均能源消耗量将不断增加，如果不节约能源，不采取节能措施，试想一下，如果仍保持目前较低的能源利用率，而人均能源消耗的水平达到发达国家的水平，到那时，能源总需求量将是目前的十倍以上，这是一个较为可怕的数字。尽管可以开发新的能源以及通过进口来弥补能源缺口，但这不仅需要消耗大量的外汇，也影响到国家的能源安全。因此，节约能源、提高能源利用率，不仅仅是经济问题，还是涉及国家战略安全的大问题。

节约能源、提高能源利用率，可在相同GDP的情况下，降低能源消耗的总量，减少二氧化碳的排放量，对保护地球环境、建立和谐社会也具有积极的社会意义。综上所述，节能工作是解决能源供需矛盾的重要途径，是从源头治理环境污染的有力措施，也是经济可持续发展的重要保证。

我国目前的能源政策是"资源开发与节约并举，把节约放在首位"，依法保护和合理使用资源，保护环境，提高资源的利用效率，实现可持续发展。对于各种企业实施节能，不仅可以降低企业的能耗成本，提高企业的经济效益，而且有助于缓解政府能源供应和建设压力，减少废气污染，保护环境。如对我国新建和已建的非节能建筑实施节能措施，不仅有利于国民经济的发展，保护环境和节约社会资源，更重要的是还可以拉动建筑节能相关产业的发展，提高人们生活水平。

对于企业而言，减少能源消耗方面的费用支出可直接改善企业现金流，降低企业的整体运营成本，增加企业当期利润，提高企业的成本优势和市场竞争力，使企业获得持续健康发展。企业实施节能改进，减少电力消耗，可以间接减少因煤炭火力发电而产生的二氧化碳、二氧化硫和氮氧化物的废气排放量，减少空气污染，促进城市环境治理，为环保事业作贡献。总之，企业实施节能工作，不仅可以降低能耗成本，而且有助于缓解政府能源供应和建设压力，对减少废气污染保护环境也有巨大的现实意义。

1.2.3 节能的相关概念

节能工作中，会涉及各种各样与节能有关的概念或术语，以下收集了几个较常见或重要的概念或术语，便于对节能相关知识的学习和理解。

(1) 标准当量能源　在有关节能的文献中，经常可以看到用标准当量能源来表示能源的消耗量，如标准煤当量、标准油当量。利用标准当量作为能源消耗的单位，一方面可以将不同的能源折算成某一种能源，同时又将该种能源的不同品种折算成理论上的标准能源，这样大大方便了人们的节能统计。标准当量是以该物质的燃烧热值为基准，1kg 标准煤当量＝7000kcal，1kg 标准油当量＝10000kcal。由于 cal 不是能量的国际单位，需要将其换算成国际单位 J，一般情况下可以利用 1cal＝4.186J 进行换算，但需要注意的是其换算系数在具体应用时需要根据实际情况加以选用。如在工程中使用时，一般使用 1cal＝4.1868J，而在热力学中则采用热化学卡，其含义是 1g 水在 1atm 自 14.5℃变到 15.5℃所吸收的热量，其换算关系是 1cal＝4.184J。文献中有时直接用英文缩写表示能源单位，如 Mtce 表示百万吨煤当量，Mtoe 表示百万吨油当量，tce 表示吨煤当量，toe 表示吨油当量。

(2) 发热量　发热量是指单位质量（固体、液体）或体积（气体）物质完全燃烧，且燃烧产物冷却到燃烧前的温度时发出的热量，也称热值，单位为 kJ/kg 或 kJ/m^3。具体应用中，又将发热量分为高位发热量和低位发热量。高位发热量是指燃料完全燃烧，且燃烧产物中的水蒸气全部凝结成水时所放出的热量；低位发热量是燃料完全燃烧，而燃烧产物中的水蒸气仍以气态存在时所放出的热量。显然，低位发热量在数值上等于高位发热量减去水的汽化潜热。对于燃烧设备，如锅炉中燃料燃烧时，燃料中原有的水分及氢燃烧后生成的水均呈蒸汽状态随烟气排出，因此低位发热量接近实际可利用的燃料发热量，所以在热力计算中均以低位发热量作为计算依据。表 1-1 为常见燃料的低位发热量概略值。

表 1-1　常见燃料的低位发热量概略值

固体燃料	热值/10^3kJ·kg^{-1}	液体燃料	热值/10^3kJ·kg^{-1}	气体燃料	热值/10^3kJ·kg^{-1}
木材	13.8	原油	41.82	天然气	37.63
泥煤	15.89	汽油	45.99	焦炉煤气	18.82
褐煤	18.82	液化石油气	50.18	高炉煤气	3.76
烟煤	27.18	煤油	45.15	发生炉煤气	5.85
木炭	29.27	重油	43.91	水煤气	10.45
焦炭	28.43	焦油	37.22	油气	37.65
焦块	26.34	甲苯	40.56	丁烷气	126.45
—	—	苯	40.14	—	—
—	—	酒精	26.76		

(3) 能源效率　能源系统的总效率由三部分组成：开采效率、中间环节效率和终端利用效率。其中能源开采效率是指能源储量的采收率，如原油的采收率、煤炭的采收率。一般而言，这一环节的效率是最低的，如我国 1992 年能源系统的总效率约为 9.3%，其中开采效

率仅为 32%，中间环节效率 70%，终端利用效率 41%。中间环节效率包括能源加工转换效率和储运效率，如原油加工成汽油、柴油的效率，将原煤加工成焦炭的效率，将煤矿的原煤运至发电厂发电的效率。终端利用效率是指终端用户得到的有用能与过程开始时输入的能量之比，如电力用户通过电力获得的所需要能量（热能、机械能）与输入电力之比。通常将中间环节效率和终端利用效率的乘积称为能源效率。如 1992 年我国能源效率为 29%，约比先进国际水平低 10 个百分点，终端利用效率也低 10 个百分点以上，目前我国的能源效率约为 40%，相当于发达国家 20 世纪 90 年代的水平。

（4）能源折算系数 在节能统计工作中，为了方便，需将不同能源及物质的消耗折算到某一标准能源，如标准煤、标准油，表 1-2 是一些常用能源及物质消耗的折算系数。

要计算某种能源折算成标准煤或标准油的数量，首先要计算这种能源的折算系数，能源折算系数可由下式求得：

$$能源折算系数=能源实际发热量/标准煤热值 \tag{1-1}$$

表 1-2 常用能源与物质消耗折标准煤参考体系

名称	折标准煤系数/(kgce/kg)	名称	折标准煤系数/(kgce/kg)
原煤	0.7143	热力	0.03412kgce · MJ^{-1}
洗精煤	0.9000	电力	0.4040kgce · kW^{-1} · h^{-1}
洗中煤	0.2857	外购水	0.0857kgce · t^{-1}
煤泥	0.2857～0.4286	软水	0.4857kgce · t^{-1}
焦炭	0.9714	除氧水	0.9714kgce · t^{-1}
原油	1.4286	压缩空气	0.0400
燃料油	1.4286	鼓风	0.0300
汽油	1.4714	氧气	0.4000
煤油	1.4714	氮气	0.6714
柴油	1.4571	二氧化碳气	0.2143
液化石油气	1.7143	氢气	0.3686
油田天然气	1.3300kgce · m^{-3}	低压蒸汽	128.6kgce · t^{-1}
气田天然气	1.2143kgce · m^{-3}	—	—

然后再根据该折算系数，计算出具有一定实物量的该种能源折算成标准煤或标准油的数量。其计算公式如下：

$$能源标准燃烧数量=能源实物量\times能源折算系数 \tag{1-2}$$

由于各种能源的实物量折算成标准煤或标准油数量的方法相同，下面以标准煤折算方法为例加以说明。

① 燃料能源的当量计算方法，即以燃料能源的应用基低位发热量为计算依据

例如，我国某地产原煤 1kg 的平均低位发热量为 20934kJ（5000kcal）则：

$$原煤的折标煤系数=20934\div29308=0.7134 或者 5000\div7000=0.7134$$

如果某企业消耗了 1000t 原煤，折合为标准煤即为：

$$1000\times0.7134=714.3\ (tce)$$

② 二次能源及耗能工质的等价计算方法，即以等价热值为计算依据

例如，目前我国电的等价热值为 11840kJ/(kW · h) 或 2828kcal/(kW · h) 则：

$$电的折标煤系数=11840\div29308=0.404kgce/(kW\cdot h)$$

如果某单位消耗了1000kW·h电量，折算成标准煤即为：

$$1000\times0.404=404\ (\text{kgce})$$

又如某厂以压缩空气作为耗能工质，假设1m³压缩空气的等价热值为1400kJ，则：

$$\text{该压缩空气的折标煤系数}=1400\div29308=0.0478$$

如果该厂消耗了1000m³压缩空气，折算成标准煤即为：

$$1000\times0.0478=47.8\ (\text{kgce})$$

需要注意的是，二次能源及耗能工质的等价计算方法主要应用于计算能源消耗量，在考察能量转换效率和编制能量平衡表时，所有能源折算为标准煤时都应以当量热值为计算依据。

应当说明的是：在进行企业节能减排时一般应以实测单位质量或单位体积的发热值为准。电折标煤系数一般采用0.404kgce/(kW·h)；在对原煤缺乏相关实测数据时，原煤的折标煤系数可以采用0.7143。

(5) 单位GDP能耗　单位GDP能耗是指每单位GDP所消耗的能量，一般用“吨标煤/万元产值”作单位，不同年份进行比较研究时，需将GDP进行折算，一般以某一年的不变价进行折算，表1-3是2000～2005年我国单位GDP能耗数据。

表1-3　2000～2005年能源消费弹性系数及产值能耗

年份	GDP2000年可比价格/亿元	GDP可比价增长率/%	一次能源消费量/万吨标煤	一次能源消费增长率/%	能源消费弹性系数	万元GDP能耗	
						吨标煤/万元	指数
2000	99215.0	8.4	138553	3.53	0.420	1.3965	
2001	107449.9	8.3	143199	3.35	0.403	1.3327	1.000
2002	117227.8	9.1	151797	6.00	0.660	1.2949	0.972
2003	128950.6	10.0	174990	15.28	1.528	1.3570	1.018
2004	141974.6	10.1	203227	16.14	1.598	1.4314	1.074
2005	156030.1	9.9	222468	9.47	0.956	1.4258	1.070

注：本表GDP和一次能源消费量均根据2006年《中国统计摘要》。

(6) 单位工业增加值能耗　单位工业增加值能耗指一定时期内，一个国家或地区每产生一个单位的工业增加值所消耗的能源，是工业能源消费量与工业增加值之比。需要注意的是工业增加值和工业产值的区别。工业增加值是工业生产过程中增值的部分，是指工业企业在报告期内以货币形式表现的工业生产活动的最终成果，是企业全部生产活动的总成果扣除了在生产过程中消耗或转移的物质产品和劳务价值后的余额，是企业生产过程中新增加的价值。计算工业增加值通常采用两种方法。一是生产法，即从工业生产过程中产品和劳务价值形成的角度入手，剔除生产环节中间投入的价值，从而得到新增价值的方法，公式：工业增加值＝现价工业总产值－工业中间投入＋本期应交增值税。二是分配法，即从工业生产过程中制造的原始收入初次分配的角度，对工业生产活动最终成果进行核算的一种方法，其计算公式：工业增加值＝工资＋福利费＋折旧费＋劳动待业保险费＋产品销售税金及附加＋应交增值税＋营业盈余，或工业增加值＝劳动者报酬＋固定资产折旧＋生产税净额＋营业盈余。表1-4是我国2005年各地区生产总值能耗与工业增加值能耗数据比较。由表的数据分析可知，广东、上海、福建、天津、浙江、江苏等地的单位工业增加值能耗较低，说明了这些地区单位能耗创造社会财富的能力较大，这些地区也是我国经济较发达的地区，其电力消耗占总能源的百分比也较大。

表 1-4　2005 年中国各地区生产总值能耗与工业增加值能耗数据比较

地区	生产总值能耗（以标煤计）/（吨/万元）	生产总值电耗/（千瓦时/万元）	工业增加值能耗（以标煤计）/（吨/万元）	电力占总能源的百分比/%
北京	0.8	828.5	1.5	41.8
天津	1.11	1040.8	1.45	37.9
河北	1.96	1487.6	4.41	30.7
山西	2.95	2264.2	6.57	31
内蒙古	2.48	1714.1	5.67	27.9
辽宁	1.83	1386.6	3.11	30.6
吉林	1.65	1044.7	3.25	25.6
黑龙江	1.46	1008.5	2.34	27.9
上海	0.88	1007.2	1.18	46.2
江苏	0.92	1198.2	1.67	52.6
浙江	0.9	1222.2	1.49	54.9
安徽	1.21	1082.9	3.13	36.2
福建	0.94	1151.8	1.45	49.5
江西	1.06	966.3	3.11	36.8
山东	1.28	1032.4	2.15	32.6
河南	1.38	1277.7	4.02	37.4
湖北	1.51	1210	3.5	32.4
湖南	1.4	1035.8	2.88	29.9
广东	0.79	1195.3	1.08	61.1
广西	1.22	1251.7	3.19	41.4
海南	0.92	912.3	3.65	40.1
重庆	1.42	1132.3	2.75	32.2
四川	1.53	1276.3	3.52	33.7
贵州	3.25	2460.6	5.38	30.6
云南	1.73	1604.6	3.55	37.5
陕西	1.48	1405	2.62	38.4
甘肃	2.26	2531	4.99	45.2
青海	3.07	3801.8	3.44	50
宁夏	4.14	4997.7	9.03	48.8
新疆	2.11	1190	3	22.8

注：表中电力占总能源的百分比计算时，电力按等价热值折算成标煤，即 1kW·h=0.4040kg 标煤。

（7）能源消费弹性系数　能源消费弹性系数是能源消费的年增长率与国民经济年增长率之比。世界各国经济发展的实践证明，在经济正常发展的情况下，能源消耗总量和能源消耗增长速度与国民经济生产总值和国民经济生产总值增长率成正比例关系。这个数值越大，说明国民经济产值每增加1%，能源消费的增长率越高；这个数值越小，则能源消费增长率越低。能源消费弹性系数的大小与国民经济结构、能源利用效率、生产产品的质量、原材料消耗、运输以及人民生活需要等因素有关。

世界经济和能源发展的历史显示，处于工业化初期的国家，经济的增长主要依靠能源密集工业的发展，能源效率也较低，因此能源消费弹性系数通常多大于1。例如目前处于发达国家的英国、美国等在工业化初期，能源增长率比工业产值增长率高一倍以上，进入工业化后期，由于经济结构转换及技术进步促使能源消费结构日益合理，能源使用效率提高，单位能源增加量对GDP的增加量变大，从而使能源消费弹性系数小于1。尽管各国的实际条件不同，但只要处于类似的经济发展阶段，它们就具有大致相近的能源消费弹性系数。发展中国家的能源消费弹性系数一般大于1，工业化国家能源消费弹性系数大多小于1；人均收入越高，消费弹性系数越低。表1-5是几个发达国家在工业化初期的能源消费弹性系数，我国的能源消费弹性系数见表1-3中的数据。

表1-5 几个发达国家工业化初期的能源消费弹性系数

国家	产业革命开始年份	初步实现工业化年份	工业化初期能源消费弹性系数	初步实现工业化时人均能耗(以标准煤计)/t	能源效率/%	
					1860年	1950年
英国	1760	1860	1.96(1810～1860年)	2.93	8	24
美国	1810	1900	2.76(1850～1900年)	4.85	8	30
法国	1825	1900	—	1.37	12	20
德国	1840	1900	2.87(1860～1900年)	2.65	10	20

(8) 需求侧管理（Demand Side Management，简称DSM） 需求侧管理是对用户用电负荷实施的管理。这一概念最早在20世纪70年代由美国环境保护基金会提出，并于20世纪90年代初传入我国。这种管理是国家通过政策措施引导用户高峰时少用电、低谷时多用电、提高供电效率、优化用电方式的办法。这样可以在完成同样用电功能的情况下减少电量消耗和电力需求，从而缓解缺电压力，降低供电成本和用电成本，使供电和用电双方得到实惠，达到节约能源和保护环境的长远目的。目前，美国、日本、加拿大、德国、法国、意大利等国家都有一支庞大的队伍从事需求侧管理工作，将需求侧管理近似当做一种电力能源来管理。

(9) 能源效率标识 能源效率标识是表示用能产品能源效率等级等性能指标的一种信息标识，属于产品符合性标志的范畴。我国的能源效率标识张贴是强制性的，采取由生产者或进口商自我声明、备案、使用后监督管理的实施模式。产品上粘贴能源效率标识表明标识使用人声明该产品符合相关的能源效率国家标准的要求，接受相关机构和社会的依法监督。我国现行的能效标识为背部有黏性的、顶部标有“中国能效标识”（CHINA ENERGY LABEL）字样的蓝白背景的彩色标签，一般粘贴在产品的正面面板上。电冰箱能效标识的信息内容包括产品的生产者、型号、能源效率等级、24小时耗电量、各间室容积、依据的国家标准号。空调能效标识的信息包括产品的生产者、型号、能源效率等级、能效比、输入功率、制冷量、依据的国家标准号。能效标识直观地明示了家电产品的能源效率等级，而能源效率等级是判断家电产品是否节能的最重要指标，产品的能源效率越高，表示节能效果越好，越省电。能效标识按产品耗能的程度由低到高，依次分成5级：等级1表产品达到国际先进水平，最节电，即耗能量低；等级2表示比较节电；等级3表示产品能源效率为我国市场的平均水平；等级4表示产品能源效率低于我国市场平均水平；低于5级的产品不允许上市销售。即使是进口商品，在能源标识上也应先“中国化”后才可在国内市场上销售。我国自2005年3月1日起率先从冰箱、空调这两个产品开始实施能源效率标识制度。该两种产品能源效率标识制度采用的标准分别是GB 12021.2—2003《家用电冰箱耗电量限定值及能源效率等级》、GB 12021.3—2004《房间空气调节器能效限定值及能源效率等级》。

(10) 节能认证　节能产品认证是指依据国家相关的节能产品认证标准和技术要求，按照国际上通行的产品质量认证规定与程序，经中国节能产品认证机构确认并通过颁布认证证书和节能标志，证明某一产品符合相应标准和节能要求的活动。我国节能产品认证为自愿认证。我国的节能产品认证工作接受国家质检总局的监督和指导，认证的具体工作由通过国家认证认可监督管理委员会认可的独立机构，依据《中华人民共和国标准化法》、《中华人民共和国产品质量法》、《中华人民共和国产品质量认证管理条例》和有关规章的要求，按照第二方认证制度准则负责组织实施。

(11) 当量热值和等价热值　当量热值又称理论热值（或实际发热值）是指某种能源一个度量单位本身所含热量。等价热值是指加工转换产出的某种二次能源与相应投入的一次能源的当量，即获得一个度量单位的某种二次能源所消耗的以热值表示的一次能源量，也就是消耗一个度量单位的某种二次能源，就等价于消耗了以热值表示的一次能源量。因此，等价热值是个变动值。某能源介质的等价热值等于生产该介质投入的能源与该介质的产量之比或该介质的当量热值与转化效率之比。如二次能源电力 1kW·h 当量热值等于 3600J，而等价热值则为 11840J，也就是说热量转化为电的效率为 30.4%。

(12) 温室效应及温室气体　温室效应原是指在密闭的温室中，玻璃、塑料薄膜等可使太阳辐射进入温室，而阻止温室内部的辐射热量散失到室外去，从而使室内温度升高，产生温室效应。但目前一般是指地球大气的温室效应。由于包围地球的大气中，含有二氧化碳、氟利昂、甲烷、臭氧、一氧化二氮等微量温室气体，它们可以让大部分太阳辐射到达地面，而强烈吸收地面放出的红外辐射，只有很少一部分热辐射散失到宇宙空间中去，从而形成大气的温室效应。温室效应可能导致全球变暖，引发全球环境问题。目前，在各种温室气体中，二氧化碳对温室效应的影响约 50%，而大气中的二氧化碳有 70% 是燃烧化石燃料排放的。温室气体共有 30 余种，《京都议定书》中规定的六种温室气体包括如下：二氧化碳（CO_2）、甲烷（CH_4）、氧化亚氮（N_2O）、氢氟碳化物（HFCs）、全氟化碳（PFCs）、六氟化硫（SF_6）。

1.3 化学工业节能的潜力与途径

1.3.1 我国化学工业的特点

化学工业是国民经济中的重要原材料工业。我国生产的化工产品，有 70% 以上直接为农业、轻纺工业提供化肥、农药、配套原料和生活必需品，所以同农业、轻纺工业和国民经济各部门的发展以及人民生活水平的提高关系极大。经过 60 多年的发展，化学工业已具有相当的工业基础，成为我国经济发展的重要支柱产业，主要经济指标居全国工业各行业之首。化学工业有一个重要的特点，就是煤、石油、天然气等，既是化学工业的能源，又是化学工业的原料，这两项加起来占产品成本的 25%～40%，在氮肥工业达 70%～80%。因此广义的化学工业是工业部门中的第一用能大户。这一特点使得节能工作及能源审计在化学工业中有着极为重要的意义。

化学工业是重要的基础原材料工业，同时又是重要的能源消耗部门，目前每年的能源消耗量已达 1.4 亿吨标准煤以上。化学工业包括 12 个行业 4 万多种产品，但能源消耗主要集中在几种主要耗能产品的生产中，如氮肥（合成氨）、烧碱、电石、黄磷、炭黑等。对化学工业而言，能源不仅作为燃料、动力，而且是其生产原料，目前用作原料的能源占化学工业能源消费总量的 40% 左右。

由于主要化工产品单位能耗高，因此能源费用在化工产品成本中占有很大比重，如化学肥料制造业能源费用占总成本的60%～70%；以天然气为原料的大型合成氨企业，合成氨产品的能源成本占75%左右；以煤、焦炭为原料的中型合成氨企业，能源成本占70%左右；小型合成氨企业能源成本占73%左右。基本化学原料制造业能源成本占30%以上，其中烧碱能源成本占60%以上；黄磷能源成本占60%以上；电石能源成本占75%以上。因此，节约能源是化工企业降低产品成本的重要措施，是实现化学工业可持续发展的必要条件。

化工生产中需要进行一系列化学反应，有的反应是吸热反应，即反应过程中要吸收热量；另一类反应是放热反应，即反应过程中放出热量。化工生产往往需要在较高的温度、压力下操作，有的甚至采用电解、电热等操作，因而对热能和电能的需求量较大，被加热了的物料往往还要进行冷却，需要大量的冷却水，故化学工业也是用水大户。化学工业能量消费的复杂性，使得工艺与动力系统的紧密结合成为现代化学工业的一个显著特点。因此，抓住节能这个重要环节，也就抓住了化学工业现代化的一个关键。

我国化学工业能源消费结构以煤、焦炭为主，占化学工业总能耗的50%以上。与发达国家化学工业以石油、天然气为主的能源结构相比，我国化学工业的用能结构是低品质能源为主的能源结构。因此，化学工业的能源利用效率与发达国家相比有较大差距，至少低15个百分点左右。差距也是节能潜力的标志，表明我国化学工业可以通过产品结构、用能结构的调整，通过提高用能效率，大幅度降低能源消耗。能源消费以煤为主，是我国化学工业不同于世界其他主要国家化学工业的一个特点。表1-6列出了主要国家化学工业固体能源消费比例，可见我国化学工业煤的消耗比例要大大高于先进的工业国家。这是由于我国的能源资源以煤为主所致。这种能源消费结构，带来了能耗上升和污染严重的后果。

表1-6 主要国家化学工业的固体能源消费比例

国别	美国	德国	日本	英国	中国
固体能源消费比例/%	9.3	14.5	6.3	1.8	55.4

大宗化学品生产规模太小，是我国化学工业不同于其他国家的又一特点。国外炼油厂规模一般在1000×10⁴t/年以上，而国内达到此规模的炼油厂凤毛麟角。再以乙烯生产工厂为例：西欧平均规模为40×10⁴t/年，美国为104.7×10⁴t/年，日本为53.7×10⁴t/年，而我国只有22.5×10⁴t/年。合成氨更是如此，虽然我国合成氨产量已跃居世界第一，但工业发达国家中规模小于10×10⁴t/年的合成氨厂已基本不存在了，而我国60%的产量是由小于5×10⁴t/年的小厂提供的。生产规模太小，是造成我国化工生产消耗指标偏高的另一重要原因。

化学工业内部行业很多，各行业之间能耗差别很大，这一点是化学工业不同于其他工业的一个特点。而我国的化学工业即使同一行业之间，差距也不小，这一点又是不同于其他国家的，以合成氨和氯碱厂为例，即使同类原料同类规模的生产企业之间单位产品能耗相差也很大，大、中企业可以相差20%～50%，小企业可差67%～68%。

随着国际石油价格的大幅上涨，以及我国经济的持续发展对能源需求的大幅增加，近年来，我国的能源市场形势发生了巨大的转变。从2002年开始，能源供应进入供不应求的状态，“煤荒”、“电荒”、“油荒”时常发生。“能源安全”已从专业人员关注的问题变成国家最高领导层关注的问题。能源供应形势的变化也促使我国的能源政策发生了新的变化。2004年6月30日，国务院常务会议讨论并原则通过了《能源中长期发展规划纲要（2004—2020年）》（草案）。《纲要》首先强调要坚持把节能放在首位，并实行全面、严格的节约能源制度和措施。为此，国家发展和改革委员会于2004年底发布了《节能中长期专项规划》，对《纲要》进行了具体落实。因此，化学工业节能降耗不仅是企业降低产品成本、实现企业自身发展的需要，更是国家法律、法规的要求。

1.3.2 化学工业节能的潜力

节能潜力有两种涵义：①节能总潜力；②可实现的节能潜力。节能总潜力为技术极限值，取决于现有的技术以及根据热力学计算的理论极限值；可实现的节能潜力是指技术成熟、经济合理、预计在一定时期内可实现的节能量，其取决于技术、投资、社会、环境和其他政策等因素。本节所讨论的，是第二种涵义的节能潜力，即可实现的节能潜力。

要准确计算节能潜力是困难的，这是因为影响节能潜力实现的技术、经济、社会等因素太多，有些是难以预料的不定因素。但通过调查研究，对节能潜力进行分析估算，是可能的。还有一点要指出的是，从不同的角度、采用不同的指标（如单位产品能耗下降率、单位产值能耗下降率等），计算出的节能潜力是不同的。

石油和化学工业是我国国民经济的支柱产业，是重要的能源、原材料工业，同时又是能源消费大户，它与国民经济发展、国防建设和人民生活水平的提高关系极为密切。2007 年我国石油和化学工业规模以上企业有 27976 家，工业总产值达 5.3 万亿元，工业增加值 16766 亿元，销售收入 5.3 万亿元，利润 5494 亿元。

在国家发展和改革委员会（发改委）开展的千家重点耗能企业行动中，石油和化工企业有 322 家，约占 1/3；在国家环保部确定的废气、废水重点污染源监控企业名单中，石油和化工企业分别列入了 482 家和 803 家，占全国监控重点总数的 13.4%和 25.8%。2000 年中国石油和化学工业合计能源消费量为 21130×10^4 tce，2005 年能源消费量为 36072×10^4 tce，年均增长 11.3%。

石油和化工主要能耗产品有七种：炼油（原油加工）、乙烯、氮肥（合成氨）、烧碱、纯碱、电石、黄磷。这七种产品的能耗占石油和化工能源消耗总量的约 80%。"十五"期间石油和化工行业主要产品单位消耗见表 1-7。

表 1-7 "十五"期间石油和化工行业主要产品单位消耗

产品	单位	2000 年	2001 年	2002 年	2003 年	2004 年	2005 年
原油加工	kgoe/t	82.96	82.34	83.17	79.65	78.4	73.0
乙烯	kgoe/t	787.4	767.9	724.8	711.7	703	690
合成氨	kgce/t	1698.7	1709.2	1717	1713.5	1696.6	1700
大型	kgce/t	1326.6	1345	1385	1346.1	1314.2	1340
中型	kgce/t	1892	1871	1881	1946	1902	1900
小型	kgce/t	1801	1808	1799	1782	1811	1800
烧碱	kgce/t	1435.0	1371	1340	1344.2	1355.5	1297.2
隔膜法	kgce/t	1563	1479.8	1465.1	146.4	1493.3	1447.9
离子膜法	kgce/t	1090	1069	1057.6	1073.1	1080.3	1066.5
纯碱	kgce/t	406	404.9	406.9	395.8	397.6	395.8
氨碱	kgce/t	467	465	464.3	457	455.4	456.8
联碱	kgce/t	313	315	322.4	313.5	325.4	323.1
电石	kgce/t	1946	1956	1952	1990	2000	2088
黄磷	kgce/t	7308	7258	7235	7206	7200	7150

注：1. 原油加工、乙烯产品能耗单位为 kgoe/t 产品；合成氨、纯碱、电石、黄磷产品能耗单位为 kgce/t 产品。

2. 电石、黄磷是工艺能耗，只包括电炉耗电和耗焦炭，电力按 0.404kgce/(kW·h) 折算，黄磷的能耗是估计值；2005 年中小型合成氨能耗是估计的。

下面从不同角度粗略分析我国化学工业的节能潜力。

(1) 从单位产值能耗估计节能潜力 我国是世界上单位 GDP 能耗最高的国家之一。按

1995 年价格计算的 GDP 单耗，1999 年世界平均为每百万美元 270t 标准油，其中美国每百万美元 GDP 能源消耗为 272t 标准油，OECD 国家平均为 198t 标准油，日本为 96.2t 标准油。同期我国每百万美元 GDP 能源消耗为 908t 标准油。虽然这一比较受汇率的影响较大，带有一定的不可比性，但即使按世界银行提供的购买力平价（PPP）计算，我国的 GDP 单耗也比发达国家高出 1～3 倍。

“七五”以来，化工行业在节能方面成绩显著，1985～1990 年间，万元产值能耗以每年 3.78%的速率下降，1992 年又比 1990 年下降了 10.6%，而 1994 年又比 1992 年下降了 6.9%。但应当看到，我国化工行业生产能耗仍然很高，除个别行业外（如炼油行业较先进），一般只相当于工业先进同家 20 世纪 70 年代末的耗能水平，以至我国的化工万元产值能耗为工业发达国家的 2.5～6.0 倍，因此，节能的潜力仍很大。另外，各行业之间的万元产值能耗相差也很大，如氮肥行业为全化工系统的两倍，而橡胶制品行业仅为六分之一。

(2) 从提高能源利用率看节能潜力　目前全国能源利用效率约为 33%，比先进国家约低 10 个百分点；考虑开采、输运后，我国能源系统总效率不到 10%，不足发达国家的一半。而工业能源利用率仅为美国和日本的一半左右，可见节能潜力很大。我国化学工业的能源利用率即使提高 1%，也能节省 150 万吨标准煤。

(3) 从主要产品单位能耗的差距分析节能潜力　我国大多数化工产品单位能耗都比国外同类产品高出许多。例如，我国合成氨平均单耗比国际先进水平高了近一倍，乙烯平均单耗比国外大约高出一倍多，烧碱的吨产品能耗比国际先进水平高 10%以上，每吨电石的耗电量比国外高 20%，每吨黄磷的耗电量比国外高 30%。因此，可挖掘的潜力很可观。

(4) 从主要耗能设备技术水平分析节能潜力　从企业中各类设备的热效率看，差距同样十分明显。我国工业锅炉的平均热效率为 55%～60%，而工业发达国家（主要烧油）多在 80%以上。氯碱生产中的蒸发工序，国内的蒸发效数低于国外，因而能耗相差比较大。蒸煮工序差别就更大了，国内大部分工厂仍采用大铁锅熬制，而国外大多采用降膜蒸发器，能耗相差达一倍以上。在烧碱的电解工艺上，国外工业发达国家采用先进的离子交换膜法的比例占 18%以上（日本甚至达到 75%以上），而我国只有 4%左右。其他如风机、水泵、电动机等通用设备的效率也比工业发达国家的水平低。因此能够挖掘的潜力是无处不在的。

总之，不管从哪个角度分析，我国化学工业的节能潜力都很大。

1.3.3 化学工业节能的意义

改革开放以来，我国国民经济一直保持高速发展，能源消耗量也同样以高速度增长。党的十六大和第十届全国人民代表大会提出，到 2020 年，我国国民经济要在 2000 年的基础上翻两番，即国民经济要保证 7%左右的年增长率。能源作为国家经济发展的基础和动力，必然要大幅度增加供应量，以满足国民经济发展的需要。但我国能源资源是有限的，对能源生产单位来说，需要尽力增加能源供应量；对能源用户来说，必须坚持节约能源，不断提高能源利用效率。化学工业作为主要用能大户，尤其是作为重点用能单位的化工企业，把节能工作放在企业发展的重要位置，就具有更加突出的意义。

我国国民经济正处于一个高速发展的时期，这就不可避免地出现能源消耗的大幅度上升。当前我国的能源消费量已超过世界能源消费总量的 10%，但是我国的人均能源消费量仅约为世界平均水平的 50%，这种情况表明未来我国经济发展所面临的能源问题将更加突出、更加严峻。为了保证国民经济持续、快速、健康地发展，必须合理、有效地利用能源，不断提高能源利用效率。

我国政府一直重视节能工作，早在 1981 年五届全国人大第四次会议就确定了“开发与节能并重，近期把节能放在优先地位”的能源发展方针；在 1991 年确定了节能是我国经济和社会发展的一项长远战略方针。

化工行业节能是一项长期的工作，其意义如下。

(1) 节能是化学工业可持续发展的需要 随着国民经济和人民生活水平的不断提高，对能源的需求量越来越大。到2020年，我国经济要实现翻两番的目标，必须提供充足的能源作为保证。化学工业要实现持续稳定地发展，同样需要稳定的能源供应。党的十五届五中全会明确指出："保持经济持续健康发展，切实维护国家的经济安全，必须始终高度重视并抓紧解决粮食安全、水资源和油气资源问题。这是直接关系我国长远发展的战略问题。"我国的能源资源有限，国内能源供应将面临潜在的总量短缺，尤其是石油、天然气供应将面临结构性短缺，我国长期能源供应面临严峻的挑战。目前，我国每年石油进口量达到120Mt，据有关机构预测，2015年我国原油缺口将达到194Mt。国际能源机构（IEA）分析认为，2020年中国石油需求将有80%依赖进口。对化学工业来说，石油产品不仅是作为能源进行利用，而且很多化工产品都是石油的下游深加工产品，石油供应紧张，对化学工业的危害程度远远高于其他工业部门。因此，节约能源，减少能源消耗，对化学工业来说具有特别重要的意义，是化学工业实现可持续发展的必要前提。

(2) 节能有利于保护环境 节能，意味着减少了能源的开采与消耗，从而减少了烟、尘、灰、硫以及其他污染物的排放。我国的环境污染为典型的能源消费型污染。据统计，我国每年 SO_2 排放量和烟尘排放量均超过1500万吨，能源消费在上述两项排放中的贡献均在70%以上；以煤为主的能源消费结构，使我国目前每年 CO_2 排放量已占全球总排放量的13%以上。据报道，直接燃烧1t煤炭，可向大气排放的污染物有粉尘9～11kg，SO_x 约16kg，NO_x 3～9kg，还有大量 CO_x。目前由于化石燃料的大量消耗，全世界每年向大气排放的污染物达600Mt以上，其中粉尘100Mt，SO_x 约146Mt，CO_x 约220Mt，NO_x 约153Mt。这些污染物是酸雨、温室效应、光化学烟雾、大气粉尘增加的主要原因。因此，节能降耗可大大利于环境保护。

(3) 加强节能是化工企业提高经济效益的需要 化工产品，尤其是高耗能产品的能源费用占产品成本的比例很大，最高可达80%左右。节约能源，降低能源费用，就是降低产品成本，从而可以增强产品的市场竞争力，为企业创造更多经济效益。

(4) 节能能促进管理的改善和技术的进步 节能的过程，就是一个生产现代化的过程，对管理和技术工艺，都提出了更高的要求，因此，通过节能，有利于改变企业的落后面貌。

1.3.4 化学工业节能的途径

节约能源、提高能源利用效率是解决环境问题、增强经济竞争力和确保能源安全的关键因素，是实施可持续发展战略的优先选择。要降低石油和化工的能耗水平，主要包括三个方面，即结构节能、管理节能、技术节能。

1.3.4.1 结构节能

所谓结构节能就是调整产业规模结构、产业配置结构、产品结构等进行节能工作。它涉及的范围较广，带来的节能效果也非常显著。如我国许多产业的规模结构不合理，生产规模偏小，需要在逐步淘汰小规模企业的前提下，建立符合能源最佳利用生产规模的企业。

我国的单位产值能耗之所以很高，除技术水平和管理水平落后外，结构不合理也是重要的原因。经济结构包括产业结构、产品结构、企业结构、地区结构等。

(1) 产业结构 不同行业、不同产品对能源的依赖程度是不同的，有些耗能高，有些耗能低。在经济发展中，若增加耗能低的工业企业（如仪表、电子等）的比重，降低耗能高的工业（如黄磷、隔膜法烧碱、化肥、电石等）的比重，全国的产业结构就会朝节能方向发展。

(2) 产品结构　随着产业结构向节能型方向发展，产品结构也应努力向高附加值、低能耗的方向发展。在化学工业中，重点发展耗能少、附加值高的精细化工产品，使精细化率由目前的35%增加至60%以上，达到目前世界发达国家精细化率的水平。石油化工、精细化工、生物化工、医药工业及化工新型材料等能耗低、附加值高的行业适宜大力发展。

(3) 企业结构　调整生产规模结构是节能降耗的重要途径。与大型企业相比，中、小企业一般能耗较高，经济效益较差。所以应适当调整企业经济规模，关停竞争力差、污染大的小企业。

(4) 地区结构　地区结构的调整主要是指资源的优化配置，调整部分耗能型工业的地区结构。如由于历史的原因，我国钢铁工业布局不够合理，全国75家重点钢铁企业中，20多家建在省会以上城市，不少钢铁企业建在人口密集地区、严重缺水地区以及风景名胜区，对人居环境造成很大影响。在石油和化学工业，乙烯生产基地应靠近油田或大型炼油厂，东部地区集中了我国主要油田，又有地处沿海便于进口石油的条件，适宜发展石油化工；我国中部地区煤炭资源丰富，适宜大力发展煤化工。

1.3.4.2　管理节能

管理节能主要有两个层次：宏观调控层次和企业经营管理层次。

1.3.4.2.1　宏观调控层次

(1) 完善法制建设　我国已于1997年第八届全国人大常委会第二十八次会议通过《中华人民共和国节约能源法》，于1998年1月1日起实行，并于2007年10月28日十届全国人大委员会第三十次会议通过了修订的《节能法》，修订后的《节能法》于2008年4月1日实施，为加强节能管理提供了法律依据。还需要各部门各地区制定相应配套的实施细则。

(2) 措施　制订与贯彻合理的经济政策。

① 价格政策　我国目前能源价格偏低，使能源成本在产品成本中的比例扭曲，也使节能的经济效益显著降低。例如我国石油化工企业能源成本只占10%左右，而国外至少为20%～40%，应当理顺能源价格。

② 投资、信贷、税收手段　节能投资的效益比投资开发新能源要省得多，因此应加大节能投资，但同时应对节约每吨标准煤的投资和投资回收期等提出控制性指标。

银行贷款方面应对节能项目优先支持。日本为了推动节能工作，采取了金融上的扶持措施，对节能项目采用特别利率，我国也应对节能贷款实行优惠。

税收方面，对节能产品和节能新技术转让应给予优惠，对超过限额消费的能源应累计收费。日本政府在税收方面也对节能工作采取了扶持措施，对节能设备可在特别折旧或税率扣除二者之中选一，并在取得设备三年内减轻固定资产税。这些方面，我国都可以借鉴。

1.3.4.2.2　企业经营管理层次

企业一定要科学管理、规范管理。制定预案，并且做到员工皆知；高度重视安全，严格按规程操作、科学操作，杜绝安全事故，确保安全生产；一旦发生事故，处理人员和救援人员都能按预案的规定和程序操作，减少损失，实现节能减排。

经营管理节能就是通过能源的管理工作，减少各种浪费现象，杜绝不必要的能源转换和输送，在能源管理调配环节进行节能工作。

(1) 建立健全能源管理机构　为了落实节能工作，必须有相对稳定的节能管理队伍去管理和监督能源的合理使用，制定节能计划，实施节能措施，并进行节能技术培训。国家发改委等五部门于2006年4月公布的《千家企业节能行动实施方案》明确提出：各企业（指年耗能18万吨标准煤及以上的重点用能单位）要成立由企业主要负责人挂帅的节能工作领导小组，建立和完善节能管理机构，设立能源管理岗位，明确节能工作岗位的任务和责任，为企业节能工作提供组织保障。

（2）建立企业的能源管理制度　对各种设备及工艺流程，要制定操作规程；对各类产品，制定能耗定额；对节约能源和浪费能源，有相应的奖惩制度等。

（3）合理组织生产　应当根据原料、能源、生产任务的实际情况，确定开多少设备，以确保设备的合理负荷率；合理利用各种不同品位、质量的能源，根据生产工艺对能源的要求分配使用能源；协调各工序之间的生产能力及供能和用能环节等。

（4）加强计量管理　积极推动能量平衡、能源审计、能源定额管理、能量经济核算和计划预测等一系列科学管理工作，企业必须完善计量手段，建立健全仪表维护检修制度，强化节能监督。科学管理、严格操作规程和操作程序，在生产过程中减少生产事故的发生，杜绝“显性”与“隐形”的跑冒滴漏，只要加强节能管理工作便会收到立竿见影的显著效果。一般而言，管理工作中投资不大，甚至是零投资，但可以达到3％～5％的节能效果。

1.3.4.3　技术节能

所谓技术节能就是在生产中或能源设备使用过程中用各种技术手段进行节能工作。通过技术手段实现节能是石油和化工节能的最重要方面，一些节能技术的实施还可以同时提高产品质量和产量，综合效益明显。石油和化学工业的节能技术主要包括以下四个方面。

（1）工艺节能　石油和化工生产行业甚多，生产的产品种类多，生产过程又相对复杂，因此，生产工艺节能的范围很广，方法繁多。生产工艺节能主要是反应器和生产工艺过程的节能。如合成氨采用变压吸附脱碳技术，能耗低，运行成本低。

（2）化工单元设备节能　化工单元设备种类繁多，一般涉及流体输送设备、热设备（锅炉、加热炉、换热器、冷却器等）、蒸发设备、塔设备（精馏、吸收、萃取、结晶等）、干燥设备等，每一类设备都有其特有的节能方式，在后面的章节有具体介绍。

（3）化工过程系统节能　化工过程系统节能是指从系统合理用能的角度，对生产过程中与能量的转换、回收、利用等有关的整个系统所进行的节能工作。如合成氨吹风气回收技术，一般约8个月就能收回投资。

（4）控制节能　控制节能一般对整个工艺影响不大，它不改变整个工艺过程，只改变某一个变量的控制方案。节能需要操作控制，通过仪表加强计量工作。做好生产现场的能量衡算和用能分析，为节能提供基本条件。特别是节能改造之后，回收利用了各种余热，物流与物流、设备与设备等之间的相互联系和相互影响加强了，使得生产操作的弹性缩小，更要求采用控制系统进行操作。

控制节能投资小、潜力大、效果好，目前已引起很多企业的重视，但仍有很大发展空间，尤其是在过程工业领域。

思考题与习题

1-1　什么是能源？

1-2　能源如何进行分类？

1-3　何谓节能？

1-4　什么是低位发热量与高位发热量？

1-5　什么是当量热值与等价热值？

1-6　标准煤和标准油的当量热值分别是多少？

1-7 某企业消耗 3000t 原煤，实测该原煤的低位发热量为 24500kJ/kg，计算该原煤折合为标准煤是多少吨？

1-8 什么是需求侧管理 DSM？

1-9 能效标识有哪些等级？

1-10 简述我国化学工业的特点。

1-11 简述化工节能的途径。

第2章　过程节能的基本原理

2.1　概论

化工过程是通过物理和化学变化把化工原料加工成为产品的过程。能量是推动过程进行的源泉和动力。完成从原料到产品的一系列过程无一不在消耗能量。能量的转换、过程使用以及使用后的能量回收利用，构成了化工过程用能的特点和规律。研究这些规律，剖析用能过程，提出改进措施是节能工作者的一个现实课题。

用热力学方法，对过程中的能量转换和传递、使用和损失、回收和排弃的情况进行计算和分析，揭示出能量消耗的大小、原因和部位，为改进过程、提高能量利用率指出方向，并运用技术经济的优化方法做出剖析和筛选，从而提出改进措施，这就是化工过程的热力学分析方法。目前在石油、化工、热工、冶金等领域已逐步形成一套系统的热力学分析方法，它在节能的分析诊断中起到了应有的作用。

热力学分析法可分为能量衡算法、熵分析法和有效能分析法（又称㶲分析法）三种。能量衡算法通过物料与能量衡算，确定过程的排出能量和能量的利用率。这种方法基于热力学第一定律的普遍适用性，由此可求出许多有用的结果，如设备的散热损失、理论热负荷、可回收的余热量及电力损失的发热量等。但是，能量不仅有数量，而且还有质量。能量衡算法只能反映能在数量上的损失，不能反映能在质量上的损失，也即无法反映能的劣化程度或能的贬质程度，因而无法反映能源消耗的根本原因。如按照第一定律，进出工艺过程设备的能量是守恒的，数量不变，因而没有“消耗”，而为之服务的能量转换和能量回收两环节都表现出能量数量上的消耗（排烟、散热、冷却、排弃等），掩盖了工艺过程用能的实质。

熵分析法以热力学第一、第二定律为基础，通过物料衡算和能量衡算计算理想功和损耗功，求出过程的热力学效率。用这种方法只能求出体系内部的不可逆有效能损失，无法求得排出体系的物流有效能。

节能的正确涵义就是节约有效能。因此，必须对过程进行有效能分析。所谓有效能分析法，是依靠热力学第一定律和第二定律，把能量数量和能量质量结合起来对过程和系统用能进行计算、分析、诊断和改进的方法。它通过有效能衡算来确定过程的有效能损失和有效能效率，由此可判断过程中各个单元设备与整套装置的热力学完善性程度和节能潜力。

2.2　基本概念

2.2.1　能量形式

能量是物质固有的特性，一切物质或多或少都带有一定种类和数量的能。在热力学研究中，所涉及的能量通常有以下几种。

（1）内能　又叫热力学能，以 U 表示。它是体系内部所有粒子除整体势能和整体动能外全部能量的总和，包括分子的平动能、转动能、振动能，电子的运动能，电子与核及电子间、核与核间的作用能，核能，电子及核的相对论静止质量能（mc^2），化学键能，分子之间的作用能等。体系内能的绝对值尚无法确定，但人们所关心的是内能的变化 ΔU。在确定的温度、压力下体系的内能应当是体系内各部分内能之和，即具有加和性。

(2) 动能　是指体系整体具有的动能，一般以 E_K 表示，某物体的质量为 m，并且以速度 u 运动，那么该体系的动能可用式(2-1) 计算：

$$E_K=\frac{1}{2}mu^2 \tag{2-1}$$

如果质量 m 和速度 u 都取国际单位制，即 kg 和 m/s，那么按式(2-1) 计算的动能单位也为国际标准单位 J。

(3) 重力势能　势能是指体系整体具有的重力势能，一般以 E_P 表示，具有质量 m，并且与势能基准线的垂直距离为 Z，那么该体系的势能可用式(2-2) 计算：

$$E_P=mgZ \tag{2-2}$$

式中 g 为重力加速度，其值为 9.8m/s^2，如质量为 1kg 的物体，距离势能基准线的距离为 1m，则该物体所具有的势能为 9.8J。需要注意的是，在具体计算时，势能基准线是可以人为确定的，当势能基准线改变时，即使该物体仍处在同一位置，其势能计算值也随之改变。一般情况下，以地平面线或某一设备的底部水平线作为势能计算的基准线。

(4) 热　由于温差而引起的能量传递叫做热，以 Q 表示。热涉及传递方向的问题，即 Q 不仅有绝对数值，而且需要传递方向。一般规定体系得到热时 Q 为正值，相反 Q 为负值。关于热的一个最重要的观察结果是它常常自发地从较高的温度流向较低的温度，因此可以得到温度是热传递的推动力的概念。更确切说，从一物体到另一物体的传热速率和这两物体间的温差成正比。在热力学上应该指出，热是不能储存在物体之内，而只能作为一种在物体间转移的能量形式出现，当热加到某体系以后，其储存的不是热，而是增加了该体系的内能。有人形象地把热比作雨，而把内能比作池中的水，当体系吸热而变为其内能时，犹如雨下到池中变成水一样。

(5) 功　除了热之外的能量传递均叫做功，以 W 表示。功是体系发生状态变化时与环境交换的能量，功和热一样，不仅有绝对数值，而且需要传递方向。一般规定体系得到功时 W 为正值，相反 W 为负值。

综上所述的五种能量大致可以分为两类，一类是内能、动能、势能，它们是由于物质本身具有质量并且处在一定的状态下（温度、速度、高度），简单说就是因体系自身的存在而蓄积的能量，故又叫做储存能，与过程的始末状态有关，与过程本身无关；另一类是热和功，它们以能量传递的形式来体现，因此叫做传递能，它们不是状态函数，只与过程途径有关，而且热 Q 和功 W 还有正负号以区分这股能量的传递方向。

能量的不同形式除了按热力学分成五种外，若按一般的分类方法，到目前为止人类认识的能量可分为六种，分别是机械能（包括动能、势能）、热能、电能、辐射能、化学能、核能。其中热能是能量的一种基本形式，所有其他形式的能量都可以完全转化为热能，而热能却不能完全转化为其他形式的能量，并且绝大多数的一次能源都首先经过热能形式而被利用，因此在节能工作中十分关注热能的转换及利用问题。

一般来说，化工过程使用的能量主要有以下几种形式：物流的热能（显热、潜热、化学反应热等）、流动能（功）和燃料的化学能，也存在相应的有效能形式。

2.2.2　热力系统

在热力学中，为明确研究对象，对感兴趣的一部分物质或空间称为体系，其余部分称为环境。体系和环境之间由界面分开，常见的体系有如下几种。

(1) 孤立体系或隔离体系　体系和环境没有任何物质和能量交换，它们不受环境改变的影响。

（2）封闭体系　体系和环境只有能量而无物质的交换，但体系本身可以因为化学反应的发生而改变其组成。

（3）敞开体系　体系和环境可以有能量和物质的交换。

以上体系分类是人为的，目的是为了便于研究和处理问题，而不是体系本身有什么本质不同，某一个体系在研究不同的问题时，有时是孤立体系，有时是封闭体系。应当注意，在不同的文献或资料中，有时体系又称系统、物系。

2.2.3　基准状态

2.2.3.1　基准状态的确定

物流的能量和有效能都是相对于体系的基准状态而言的。根据不同体系的基准状态，可以确定一个用于计算能量和有效能的基准状态。只有确定基准状态，才有确定的能量和有效能的数值。基准状态是体系性质与周围环境中的热力学性质呈平衡的状态，是体系变化的终点和极限。

但是，环境的强度量参数如何确定，则是现实使用的一个问题，因为体系所处的地域不同，环境内容也不一样，大气温度随季节、昼夜、纬度以及地形而在一定程度上变化，取什么温度为基准？再如各种元素在地壳表面最稳定的化合物究竟是什么？其浓度是多少？都是基准状态确定的问题。这就使基准状态的确定成为一个复杂的问题。

物理能（有效能）的基准态关键在于确定 T_0、P_0；化学能（有效能）基准态在于确定各种元素或化合物在地壳表面最稳定的化学组成和浓度。但是无论是物理基准态，还是化学基准态，目前尚未形成一个统一的为大家普遍接受的意见。一般地，基准态确定应遵循两条原则：①研究的对象是体系、体系变化的终态是体系所处的周围的环境，因此，确定基态（基准状态）要以所研究体系周围的环境状态为依据；②进行的过程用能分析是工程上的用能分析，因此，不必苛求理论概念的高度统一，而应从实用方便的角度，对环境状态加以简化。为使不同体系的用能分析具有可比性，甚至可以取一个平均的、统一的在工程应用中为大家所能接受的基准环境状态。

2.2.3.2　物理基准态

（1）基准温度　基准温度确定以尽可能接近体系所处的环境温度为原则。在工程上为便于相互比较，结合我国不同地区、季节的年平均气温，炼油行业一般取 15℃（288K），而在热工、化工领域多取 25℃（298K）。究竟取何值，应当根据所在地区的特定条件确定或选定。

但目前化工手册中的物性数据多是 25℃ 的物性，选用 25℃ 作为基准比较方便，易为大家所接受。对能量平衡来说，虽然选用不同 T_0，能量值稍差一些，但是在稳定条件下由于进出体系的物流质量是相同的，因此，在能量平衡中亦将消除误差。但在某些计算第一定律效率的场合，选取不同的基准温度将影响其数值。

但对有效能的计算则不同，热有效能的数值与环境温度成正比，$E_x=(1-T_0/T)E$。体系温度 T 越高，T_0 的影响就越小，但当物流温度较低，接近 T_0 时，影响就较大。因此，对一般工艺过程，有效能分析中温位较高，且多是进出物流有效能差，影响不大，可取统一的基准。对低温过程，尤其制冷过程，体系温度接近 T_0，T_0 的大小对计算结果影响极大。应以体系所处环境的实际大气温度为基准，不可盲目统一。

（2）基准压力　基准压力 p_0 一般取 101.3kPa。我国不同地区大气压虽有微小差别，但通常可以忽略。p_0 对有效能分析计算影响不大，这是由于研究体系中，压力远离基准压力很多。但对特殊研究体系，亦应作具体处理。

（3）基准相态　基准相态也是物理基准态的一个重要内容。基准相态的确定是指体系物流在基准温度和基准压力下所呈现的相态。例如水的基准相态为液态（沸点100℃），CH_4的基准相态为气态（常压沸点－161.5℃）。其确定原则是，物流的常压沸点高于基准温度的为液相，常压沸点低于基准温度的则为气相。

2.2.3.3　化学基准态

化学能（有效能）是由于系统的组成物质及成分与环境不同而引起的，为计算化合物的化学能（有效能），必须首先确定化学基准状态。

确定化学基准态，实际上就是确定化学反应的基准物，其内容包括基准化合物组成及相态，环境区域（大气、海水、地壳表层）及浓度。而基准物的选取，是很复杂的，存在着不同的学派和内容。

所谓基准物，是在环境状态下处于平衡的、最稳定的物质，即在环境温度和压力下，再也不能通过化学反应和浓度变化释放出能量的物质。

2.2.3.3.1　构成环境基准物的特点

① 每种元素都有其相应的基准物。基准物体系应包括研究体系中所有元素的基准物；

② 各种基准物都应该是环境（大气、海洋、地表）中能存在的物质，而且可以在不消耗有用功的条件下，由环境不断供应；

③ 基准物之间不可能发生任何自发的化学变化；

④ 各种基准物都应该是相应元素的最稳定物质，其能量（有效能）值为0。

2.2.3.3.2　基准物体系

不同学者提出的基准物体系不相同，都有一定的人为因素或实际考虑。化工过程用能分析对化学能量和有效能的计算，要求并不苛刻，而且做了一定程度的简化，很多情况下可以避开化学有效能的计算。表2-1列出了工艺过程有关元素的化学有效能基准态，可供参考。

表2-1　主要元素的化学有效能基准态

元素	基准物相态	基准物	环境领域	基准浓度	元素化学有效能/(kJ/kmol)
Al	固	Al_2O_3	地壳	2×10^{-3}	887.890
C	气	CO_2	大气	0.00003	410.530
Ca	离子	Ca^{2+}	海水	4×10^{-4}	717.400
Cl	离子	Cl^-	海水	19×10^{-3}	117.520
Fe	固	Fe_2O_3	地壳	2.7×10^{-4}	377.740
H	液	H_2O	海水	约1	235.049
N	气	N_2	大气	0.07583	720
Na	离子	Na^+	海水	10.56×10^{-3}	343.830
O	气	O_2	大气	0.02040	3.970
P	离子	HPO_4^{2-}	海水	5×10^{-3}	859.600
S	离子	SO_4^{2-}	海水	8.84×10^{-4}	598.850
Si	固	SiO_2	地壳	4.72×10^{-1}	803.510

2.2.4　平衡状态

热力系统某一瞬间的宏观物理状况称为系统的热力状态，简称状态。在不受外界影响的条件下，系统宏观性质不随时间改变的状态称为平衡状态。

所谓不受外界影响，是指系统与外界没有任何相互作用。平衡状态并不只是简单地不随时间改变的状态。例如一根一端与沸水接触、另一端与冰水接触的金属棒，当沸水和冰水的温度均维持不变时，金属棒的温度虽然各处不同，却不随时间而变化。但这并不意味着金属棒的状态处于平衡状态，因为它与外界有热传递。此时的金属棒是处于稳定状态。

在没有外界影响的条件下，系统的状态还不一定是平衡状态。以孤立系统为例，外界对系统没有影响，但系统内各部分若有温差、压差等驱使状态变化的小平衡势差存在时，就不是平衡状态。然而只要时间充分，孤立系统内将自发地发生从不平衡到平衡的过程，但也仅在内部不平衡势都消失时才是平衡状态。例如有两个冷热程度不同的物体相互进行热接触，构成一系统。由于两物体进行传热，温度随时间在变化，尽管没有外界影响，但系统不是处于平衡状态。但只要时间足够长，两物体的温度将达到一致，之后保持不变。这时系统就处于平衡态。

对于状态可以自由变化的系统，若系统内部或者系统与外界之间存在不平衡力，系统将在该不平衡力的作用下发生状态变化。因此系统内部或者系统与外界之间的力平衡是实现平衡的必要条件。

同样，系统内部以及系统与外界之间没有温差，即系统处于热平衡是实现平衡的又一必要条件。

处于力平衡、热平衡的系统仍然有发生状态变化的可能。化学反应、相变、扩散、溶解等都可使系统发生宏观性质的变化。这些化学和物理现象是在不平衡化学势的推动下发生的，当化学势差为零时，系统达到化学平衡。因此化学平衡是实现平衡的另一必要条件。

满足力平衡、热平衡和化学平衡的状态即为热力学平衡状态。力、温度和化学势都是系统发生状态变化的驱动力，统称为“势”。因此，概括地说，系统内部以及系统与外界之间不存在任何不平衡势是实现热力学平衡的充分必要条件。

2.2.5　可逆过程

一个系统从某一状态出发，经过过程 A 到达另一状态，如果有可能使过程逆向进行，并使系统和外界都恢复到原来的状态而不遗留下任何变化，则过程 A 称为可逆过程。反之，如果过程 B 进行后，用任何方法都不能使系统和外界同时复原，过程 B 就称为不可逆过程。

例如，如果有一个与周围空气无任何摩擦的弹性小球自由下落，与刚性壁面碰撞后反弹回原来的位置。小球下落时势能转化为动能，反弹时动能又转化为势能。小球返回原来位置，而外界没有发生任何变化，小球的这种下落过程就是可逆过程。但如果弹性小球下落时与空气有摩擦，小球就不会弹回原来位置。要使小球复原，必须有外力做功，这就使外界发生了变化。此时小球的这种下落过程就是不可逆过程。

因此，在可逆过程中，不允许存在任何一种内部或外部的不可逆因素。那么，有哪些因素使得过程不可逆呢?

在与空气有摩擦的小球下落过程中，通过摩擦使功自发地变为热散到空气中。因此，功摩擦变热的过程是不可逆过程。通过摩擦使功变为热的效应称为耗散效应。在自然过程中除摩擦外还存在其他一些耗散效应，例如固体的非弹性变形、电阻及磁滞现象等。存在耗散效应的过程都是不可逆过程。

此外，观察现象可知，热可以自发地由高温物体传向低温物体，但却不能自发地从低温物体传向高温物体。因此，有限温差作用下的传热过程是不可逆过程。

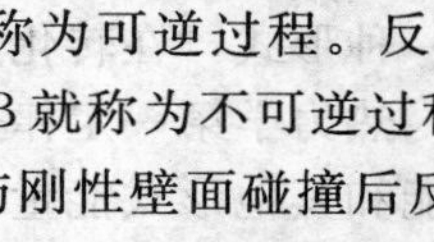

图 2-1　膨胀或混合过程

再如图 2-1 所示，有隔板将容器分为 A、B 两部分，A 侧气体的压力高于 B 侧。如果将隔板抽去，A 侧的气体将膨胀而移向 B 侧。但其逆过程——自动压缩是不可能进行的。因此有限压差的自然消失是不可逆过程。

在图 2-1 中，若容器的 A、B 两部分盛有不同的气体，抽去隔板时就会引起两者的混合。混合过程可以自发地进行，但混合物的分离却需要消耗外功。所以，混合过程也是不可逆过程，这种由于化学不平衡势而引起的不可逆过程还有自发的化学反应、扩散、渗透和溶解中的物质迁移等。

以上的三种不可逆过程说明，系统内的以及系统与外界的不平衡势差（包括温差、压差和化学势差）若任其自然消失就有不可逆损失，就导致不可逆过程。这种损失是因物系的非平衡态引起的，因而称为非平衡损失。

综上所述，如既无非平衡损失又无耗散效应，过程就是可逆的。

对于不可逆过程，并不是说系统的状态变化后不能恢复到初态。而是当状态恢复到初态时外界必然发生变化。例如，只要消耗一些外功，就可在制冷机中把热量从低温物体传到高温物体，用压缩机使气体压力升高，在分离设备中使混合物分离等，但这些过程都不是自发进行的，都引起了外界的变化。

可逆过程仅是理想化的极限过程，但在理论和实践上却具有重要意义。与同样条件下的不可逆过程相比，可逆过程可以作出最大的功或消耗最少的功，这就为评价实际能量转换过程提供了理想的标准。

2.3 热力学第一定律

2.3.1 热力学第一定律及其表达形式

（1）热力学第一定律 能量守恒与转换定律是自然界的客观规律，自然界所有物质都具有能量，能量有各种不同的形式，它既不能被创造，也不能被消灭，只能从一种形式转换成另一种形式，在转化过程中数量保持不变。

热力学第一定律是能量守恒与转换定律在具有热现象的能量转换中的应用，它反映的是热能和其他形式能量在相互转换中的数量关系，即热能在与其他形式的能量转换过程中，能量的总和保持不变。

（2）热力学第一定律的表达式 对任何能量转换系统，可建立能量衡算式：

系统储存能量的变化＝输入体系的能量－输出体系的能量 (2-3)

系统储存能量 E 包括系统的宏观动能 E_K、宏观势能 E_P 和系统内部的微观能量即内能 U。系统内能是热力状态参数，而宏观动能和势能取决于系统的力学状态，满足 $E_K=mu^2/2$，$E_P=mgZ$。

就热力学观点，功和热是转移中的能量，是不能储存在系统之内的。系统与外界之间由于温差而传递的能量为 Q；在除温差之外的其他推动力影响下，系统与外界间传递的能量称为功 W。因此，系统在过程前后的能量变化 ΔE 应与系统在该过程中传递的热量 Q 与功 W 之间的代数和相等。如果 E_1、E_2 分别代表体系的始态、终态的总能量，则

$$\Delta E=E_2-E_1=Q-W \tag{2-4}$$

此即为热力学第一定律的数学表达式，其中：

$$\Delta E=\Delta U+\frac{1}{2}m\Delta u^2+mg\Delta Z \tag{2-5}$$

一般规定：体系吸热，Q 为正值，体系放热，Q 为负值；体系对外界做功，W 为正值，外界对体系做功，W 为负值。

2.3.2 封闭体系的能量平衡方程

一个与外界没有物质交换的封闭体系，可以与外界有热和功的交换，其能量平衡关系为：

$$\Delta U+\frac{1}{2}m\Delta u^2+mg\Delta Z=Q-W \tag{2-6}$$

对于静止的封闭体系，式(2-6) 中动能项$\frac{1}{2}m\Delta u^2=0$，再忽略势能变化，式(2-6) 可简化为：

$$\Delta U=Q-W \tag{2-7}$$

若为微元过程，则可写为：

$$\mathrm{d}U=\delta Q-\delta W \tag{2-8}$$

2.3.3　稳流体系的能量平衡方程

化工生产中，大多数的工艺流程都是流体流动通过各种设备和管线，即对于设备来讲，物流有进有出，因此，并不能视为封闭体系加以处理。在设备正常运转时，往往可用稳流过程来描述。其特点是：①体系中任一点的热力学性质都不随时间而变；②体系的质量和能量的流率都为常数，体系中无质量和能量的积累。

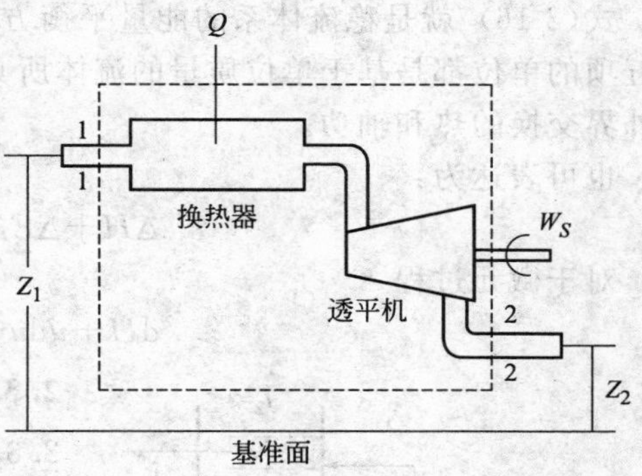

图 2-2　稳流过程

如图 2-2 所示的稳流过程，流体从截面 1-1 通过不同截面的输送管道，经换热器、透平机流出截面 2-2。在截面 1-1，单位质量流体流入管路，其状态如下：流体的压力为 p_1，温度为 T_1，单位质量流体的体积为 V_1，比体积为 v_1，平均流速为 u_1，内能为 U_1，流体重心距离势能零点平面的高度为 Z_1，截面面积为 A_1。同样的，在截面 2-2 处，相应的参数为 p_2、T_2、V_2、v_2、u_2、U_2、Z_2、A_2。

根据热力学第一定律的数学表达式：

$$\Delta\left(U+\frac{1}{2}mu^2+mgZ\right)=Q-W \tag{2-9}$$

以单位质量流体为计算基准，把进截面 1-1、出截面 2-2 处输入、输出的能量表示出来，则有

$$\Delta U+\frac{1}{2}\Delta u^2+g\Delta Z=Q-W \tag{2-10}$$

环境与单位质量的研究体系之间交换的热量为 Q；而交换的功 W 除了轴功（W_S）之外，还有另外一种功——流动功（W_f）。即

$$W=W_S+W_f \tag{2-11}$$

(1) 轴功（W_S）　流体流动过程中，通过透平机械或其他动力设备的旋转轴，在体系和外界之间交换的功；

(2) 流动功（W_f）　在连续流动过程中，流体内部前后相互推动所交换的功。单位质量流体之所以能挤进截面 1-1，是因为受到后面的流体的推动，因而接受了流动功，即输入了这部分的能量，同样，单位质量流体流出截面 2-2，必须推动前面的流体，对其做流动功，即输出了这部分能量。

在截面 1-1 输入的流动功为：

$$W_{f1}=(p_1A_1)\left(\frac{V_1}{A_1}\right)=p_1V_1 \tag{2-12}$$

在截面 2-2 输出的流动功为：

$$W_{f2}=(p_2A_2)\left(\frac{V_2}{A_2}\right)=p_2V_2 \tag{2-13}$$

把式(2-11)、式(2-12)、式(2-13) 代入式(2-10) 中，得

$$\Delta U+\frac{1}{2}\Delta u^2+g\Delta Z=Q-W_S-(p_2V_2-p_1V_1) \tag{2-14}$$

化简为：

$$\Delta U+\Delta(pV)+\frac{1}{2}\Delta u^2+g\Delta Z=Q-W_S \tag{2-15}$$

根据焓的定义 $H=U+pV$，则上式为：

$$\Delta H+\frac{1}{2}\Delta u^2+g\Delta Z=Q-W_S \tag{2-16}$$

式(2-16) 就是稳流体系的能量平衡方程，也称稳流体系的热力学第一定律表达式，其中五项的单位都是基于单位质量的流体所具有的能量，分别为焓变、动能变化、势能变化、与外界交换的热和轴功。

也可表达为：

$$\Delta H+\Delta E_P+\Delta E_K=Q-W_S \tag{2-17}$$

对于微元过程

$$dH+udu+gdz=\delta Q-\delta W_S \tag{2-18}$$

2.3.4　稳流体系能量平衡方程的实际应用

2.3.4.1　可忽略动能项、势能项的设备

体系在设备进、出口之间的动能、势能变化与其他能量项相比，其值很小，可以忽略不计，如流体流经压缩机、透平机、泵等，此时式(2-16) 可简化为：

$$\Delta H=Q-W_S \tag{2-19}$$

【例 2-1】　今有 95℃ 的热水连续地从一储槽以 5.5kg/s 的流量泵送，泵的功率为 3kW，热水在途中经一换热器，放出 698kJ/s 的热量，并输送到比第一储槽高 25m 的第二储槽中，试求第二储槽中水的温度。已知水的平均比定压热容为 4.184kJ/(kg·K)。

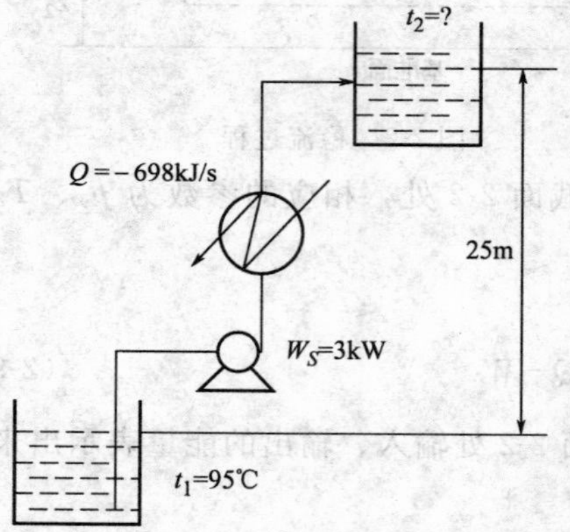

图 2-3　稳流体系的物料输送

解　图 2-3 为稳流体系的物料输送示意。以水为体系，1s 为计算基准。

因储槽可看成水容量无限大，故两储槽中水的流速均为零（或很小），故 ΔE_K 可忽略。

由稳流体系热力学第一定律得：

$$\Delta H=Q-W_S-mg\Delta Z=-698+3-5.5\times9.807\times25\times10^{-3}=-696.35\ (\text{kJ/s})$$

$$\Delta H=m\bar{c}_p(t_2-t_1)$$

$$t_2=t_1+\frac{\Delta H}{m\bar{c}_p}=95+\frac{-696.35}{5.5\times4.184}=64.74\ (℃)$$

计算发现，本题中位能变化也可以忽略。

2.3.4.2　对绝大多数化工静设备

当流体流经管道、阀门、换热器、吸收塔、精馏塔，流体经过时不做轴功，即 $W_S=0$，而且进、出口动能和势能变化也可忽略不计，此时式(2-16) 可简化为：

$$\Delta H=Q\quad 或\quad Q=H_2-H_1 \tag{2-20}$$

此式表明：体系与外界交换的热量等于体系的焓变，此式为稳流体系热量衡算的基本表

达式，其意义在于将一个难于计算的过程参数（Q）转化为容易计算的状态函数（ΔH）。

典型设备：换热器

【例 2-2】 30℃的空气，以 5m/s 的速率流过一垂直安装的热交换器，被加热至 150℃，若换热器进出口管径相等，忽略空气流过换热器的压降，换热器高度为 3m，空气的平均比定压热容为 1.005kJ/(kg·K)，试求 50kg 空气从换热器中吸收的热量。

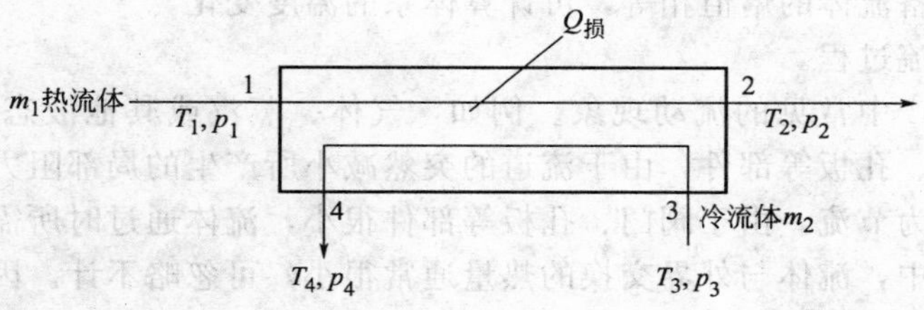

图 2-4　换热器示意图

解　换热器示意如图 2-4 所示。计算基准为 1s，以被加热的空气为研究对象，由稳流体系热力学第一定律得：

$$Q=\Delta H+\Delta E_P+\Delta E_K+W_S$$

其中 $\Delta H=m\bar{c}_p(t_2-t_1)=50\times1.005\times(150-30)=6030$ (kJ/s)

将空气视为理想气体，并忽略其压降，则由 $p_1=p_2$、$m_1=m_2$ 得：

$\dfrac{p_1V_1m_1}{RT_1}=\dfrac{p_2V_2m_2}{RT_2}\Rightarrow V_1=V_2\dfrac{T_1}{T_2}$，而 $V=\pi r^2u$，故：

$$u_2=u_1T_2/T_1=5\times423.15/303.15=6.98\ (\text{m/s})$$

$$\Delta E_K=0.5m\Delta u^2=0.5\times50\times(6.98^2-5^2)\times10^{-3}=0.593\ (\text{kJ/s})$$

$$\Delta E_P=mg\Delta Z=50\times9.807\times3\times10^{-3}=1.471\ (\text{kJ/s})$$

$$W_S=0$$

故空气从换热器中吸收的热量 Q 为：

$$Q=6030+0.593+1.471=6032.06\ (\text{kJ/s})$$

把动能与势能的变化值与焓变值比较有：

$$(\Delta E_K+\Delta E_P)/\Delta H=(0.593+1.471)/6030=0.034\%$$

结果表明，空气流经换热器吸收的热量主要用于增加空气的焓值，其动能与势能的变化可以忽略不计。

【例 2-3】 某液体物料在一换热器中恒压下从 100℃加热到 300℃，其 $\bar{c}_p=2.5$kJ/(kg·K)，加热用介质为高温烟气（可视为理想气体），流量为 40mol/h，恒压下从 600℃降到 400℃，其 $\bar{c}_p=30$kJ/(kmol·K)，换热器的热损失为 30000kJ/h，试求：(1) 液体的流量；(2) 该换热器的热效率。已知环境温度为 300K。

解　以整个换热器为体系，以 1h 为计算基准。

(1) 液体的流量

由稳流体系热力学第一定律得：$\Delta H_{气}+\Delta H_{液}=Q_{损}$

$$m_{气}\ \bar{c}_p\Delta T_{气}+m_{液}\ \bar{c}_p\Delta T_{液}=Q_{损}$$

代入数据有：$40\times30\times(400-600)+m_{液}\times2.5(300-100)=-30000$

解得：　$m_{液}=420.0$ (kg/h)

(2) 该换热器的热效率

$$\eta=\Delta H_{液}/(-\Delta H_{气})=420.0\times2.5\times(300-100)/[40\times30\times(600-400)]$$

$=2.1\times10^5/(2.4\times10^5)=87.5\%$

2.3.4.3 绝热、无功且可忽略 ΔE_K、ΔE_P 的静设备

当流体经过节流膨胀、绝热混合、绝热反应等过程，体系与环境既无热量交换，也无轴功交换，进出口动能变化、势能变化仍可忽略，此时式(2-16) 可简化为：

$$\Delta H=0 \tag{2-21}$$

利用进、出设备流体的焓值相等，可计算体系的温度变化。

典型过程：节流过程。

节流是实际生产中常见的流动现象。例如，气体、蒸汽或其他液态物流在流道中流动时，常需流经阀门、孔板等部件，由于流道的突然减小所产生的局部阻力，致使流体的压力降低，这种现象称为节流。由于阀门、孔板等部件很小，流体通过时所需时间很短，在节流孔前后有限的长度中，流体与外界交换的热量通常很小，可忽略不计。因此，通常所讲的节流，实际上就是指绝热节流。

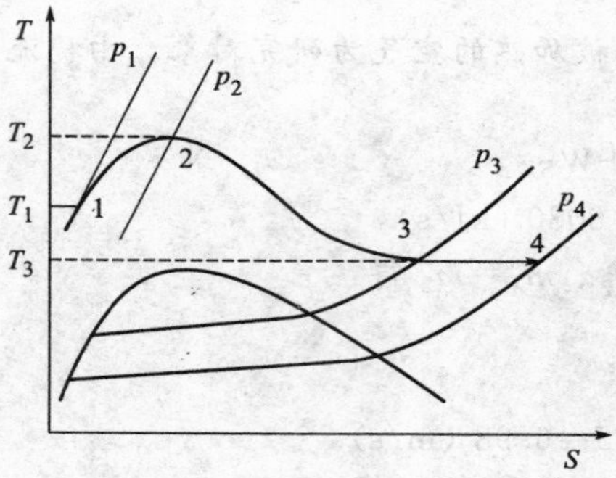

图 2-5 实际气体节流效应

由于节流过程中，高压流体与外界的热交换可看成绝热 $Q=0$，该过程不对外做功，故 $W_S=0$，节流前后流体的位差与速度变化可忽略不计，$g\Delta Z=0$、$\Delta u=0$，故由稳定流动能量方程式可得节流过程能量平衡方程为 $\Delta H=0$，此式表明，流体节流后，其焓值不变。

流体进行节流膨胀时，由于压力变化而引起的温度变化称为节流效应，也称焦耳-汤姆逊（Joule-Thomson）效应。

对于理想气体，因其焓只是温度的单值函数，即 $H=f(T)$，而节流前后流体焓值不变，故 $T_2=T_1$，即理想气体节流后，其温度不变。对于实际气体，由于其焓值与其温度、压力有关，即 $H=f(T,p)$，节流后温度可能降低，也可能不变或升高。

实际气体的节流效应可通过实际气体 T-S 图上的等焓线进行解释，图 2-5 所示为空气的 T-S 示意图，图中曲线 1-2-3-4 为一等焓线，当空气在高压段节流，即由 p_1 降到 p_2 时，从图中可明显看出，此时 $T_2>T_1$，即节流升温，称节流热效应；当空气在中、低压段节流，即由 p_2 降到 p_3 时，则可得 $T_3<T_2$，即节流降温，称节流冷效应；当空气在低压段节流，即由 p_3 降到 p_4 时，则可得 $T_4=T_3$，即节流前后温度不变，称节流零效应。

节流过程是个典型的不可逆过程，节流后导致流体能量下降，即做功能力减小。在实际生产中，应尽可能避免在管路中安装不必要的阀门、孔板等有局部阻力的部件。然而，节流过程也有较广的实用价值，如利用节流的冷效应进行制冷，利用节流孔板前后的压差测量流体的流量，测量湿蒸汽的干度等。

【例 2-4】 现有 1.5MPa 的湿蒸汽在量热计中被节流到 0.1MPa 和 403.15K，试求该湿蒸汽的干度。

解 利用节流来测量湿蒸汽干度的原理图，如图 2-6 所示。

方法 1——通过 H-S 图处理

将已知状态参数 p_1 的湿蒸汽，假定其状态点为 1，经节流降压后成为压力为 p_2 的过热蒸汽，状态点为 2，测出该过热蒸汽的状态参数 p_2、t_2，由 p_2、t_2 查水的 H-S 图可得 H_2，根据 $H_1=H_2$，由 H_1、p_1 即可确定湿蒸汽的状态点 1，从而查得该湿蒸汽的干度 x_1 之值。

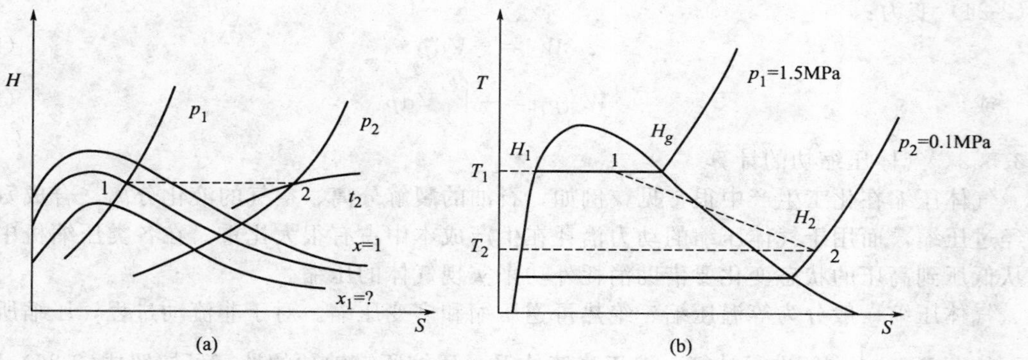

图 2-6 干度测量原理

方法 2——通过 T-S 图或水蒸气表处理

步骤一 由 $p_1=1.5\text{MPa}$ 查水蒸气表可得对应饱和蒸汽与饱和水的焓为：

$$H_g=2792.2\text{kJ/kg} \qquad H_1=844.89\text{kJ/kg}$$

步骤二 由 $p_2=0.1\text{MPa}$、$t_2=130℃$，查水蒸气表可得：

$$H_2=2736.5\text{kJ/kg}$$

步骤三 由 $M=M_\alpha(1-x)+M_\beta x$ 得：

$$H_2=H_1(1-x_1)+H_g x_1$$

$$x_1=0.9714$$

2.3.5 轴功及其计算

在化工生产中，常用的动力设备，如耗功设备——泵、风机和压缩机，产功设备——热力机械（蒸汽透平）和水力机械（水轮机），都是通过机械轴的转动实现体系和环境之间轴功的交换。

轴功有可逆轴功与实际轴功两种。可逆轴功又称理论轴功，可逆轴功就是无摩擦损耗时的轴功。实际轴功是有摩擦损耗的轴功。对耗功设备，由于其轴功为负值，就轴功的绝对值而言，实际轴功大于可逆轴功，其设备效率η定义为可逆轴功与实际轴功的比值。对于产功设备，轴功取正值，则可逆轴功大于实际轴功，其设备效率η定义为实际轴功与可逆轴功的比值。由上定义可知，设备效率η介于 0 和 1 之间，它是通过实际操作获取的经验数据。只要求得可逆轴功与设备效率，就可以确定实际轴功。

2.3.5.1 稳流过程的可逆轴功

流体经过散热很小的压缩机、透平机、泵、鼓风机等设备，进出口动能、位能变化可忽略不计，式(2-16) 可简化为：

$$\Delta H=-W_S \tag{2-22}$$

即此时体系与外界交换的轴功等于体系的焓变，由此可以求出轴功。

根据式(2-16)，有

$$\mathrm{d}H+u\mathrm{d}u+g\mathrm{d}Z=\delta Q-\delta W_S \tag{2-23}$$

其中 $\mathrm{d}H=T\mathrm{d}S+V\mathrm{d}p$，代入上式

$$\delta W_S=\delta Q-(T\mathrm{d}S+V\mathrm{d}p+u\mathrm{d}u+g\mathrm{d}Z)$$

对于可逆过程，$\delta Q=T\mathrm{d}S$，于是

$$\delta W_S=-V\mathrm{d}p-u\mathrm{d}u-g\mathrm{d}Z \tag{2-24}$$

式(2-24) 即为稳流过程可逆轴功的计算公式，当运转设备的动能、位能变化可忽略时，

式(2-24) 变为：

$$\delta W_S = -V\mathrm{d}p \tag{2-25}$$

或

$$W_{S(R)} = -\int_{p_1}^{p_2} V\mathrm{d}p \tag{2-26}$$

2.3.5.2 气体压缩功的计算

气体压缩在化工生产中很常见，例如，石油的裂解分离、空气的液化分离、合成氨等都要经过压缩，而用于气体压缩的动力消耗在生产成本中占有很大比重。在各类压缩机中，气体从低压到高压的状态变化要借助消耗外功来实现气体的压缩。

气体压缩一般分为等温压缩、绝热可逆压缩和多变压缩。对于非流动过程，压缩所需外功可按照 $W=\int p\mathrm{d}V$ 进行计算。对于稳流体系，压缩所需轴功的计算可按照式(2-26) 进行，但需要知道压缩过程 $V=f(p)$ 的关系式用于积分计算。

在 p-V 图上，轴功量相当于压缩过程向纵轴投影而形成的一块面积。

(1) 理想气体等温可逆压缩功的计算　根据 $pV=nRT$，变换为 $V=nRT/p$，代入式(2-26) 可得到：

$$W_{S(R)} = -\int_{p_1}^{p_2} \frac{nRT}{p}\mathrm{d}p = -nRT\ln\frac{p_2}{p_1} \tag{2-27}$$

(2) 理想气体可逆绝热压缩功的计算　理想气体可逆绝热压缩过程满足：

$$pV^k = \text{常数} \quad \text{或者} \quad p_1V_1^k = p_2V_2^k$$

代入 $W_{S(R)} = -\int_{p_1}^{p_2} V\mathrm{d}p$，进行积分可得到：

$$W_{S(R)} = -\frac{k}{k-1}nRT_1\left[\left(\frac{p_2}{p_1}\right)^{\frac{k-1}{k}}-1\right] \tag{2-28}$$

(3) 理想气体可逆多变压缩功的计算　只需将绝热指数 k 换算成多变指数 m 即可。

$$W_{S(R)} = -\frac{m}{m-1}nRT_1\left[\left(\frac{p_2}{p_1}\right)^{\frac{m-1}{m}}-1\right] \tag{2-29}$$

上述三种压缩过程可在 p-V 图上进行比较，如图 2-7 所示。

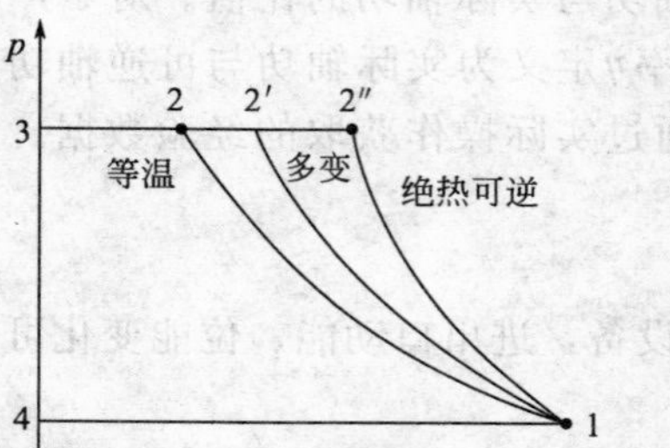

图 2-7　三种单级理论压缩的比较

【例 2-5】 现有 1kg 空气，压力为 0.1013MPa、温度为 25℃。如果将其压缩到 0.6MPa，求其等温压缩、可逆绝热和多变压缩过程（$m=1.25$）压缩机的理论功耗、终点温度。

解　对于等温压缩过程，显然压缩终温为 298K，根据相应压缩功的计算公式为：

$$W_{S(R)} = -\int_{p_1}^{p_2} \frac{nRT}{p}\mathrm{d}p = -nRT\ln\frac{p_2}{p_1}$$

得到

$$W_{S(R)} = -nRT\ln\frac{p_2}{p_1} = -\frac{1}{0.029}\times 8.314\times 298\ln\frac{0.6}{0.1013} = -151.97(\text{kJ/kg})$$

对于可逆绝热压缩过程，压缩终温由 $\frac{T_2}{T_1}=\left(\frac{p_2}{p_1}\right)^{\frac{k-1}{k}}$ 得到

$$T_2 = \left(\frac{p_2}{p_1}\right)^{\frac{k-1}{k}}T_1 = \left(\frac{0.6}{0.1013}\right)^{\frac{1.4-1}{1.4}}\times 298 = 495.38(\text{K})$$

将数据代入相应压缩功计算公式，有

$$W_{S(R)}=-198.06\text{kJ/kg}$$

对于多变压缩过程，将数据代入相应压缩功计算公式，有

$$W_{S(R)}=-182.52\text{kJ/kg}$$

终态温度为：

$$T_2=\left(\frac{p_2}{p_1}\right)^{\frac{m-1}{m}}T_1=\left(\frac{0.6}{0.1013}\right)^{\frac{1.25-1}{1.25}}\times 198=425.33(\text{K})$$

通过计算可知，在压缩比一定的条件下，等温压缩功耗最小，终温最低；绝热可逆压缩功耗最大，终温最高；多变压缩过程介于二者之间。

(4) 理想气体可逆绝热多级压缩最小功的计算　若将气体压缩到很高压力，采用单级压缩是不行的。因为实际压缩接近于绝热压缩，压缩后气体的温升很高，会带来压缩机润滑油的失效，如超过其闪点会产生燃烧等危险；过高的温度还会导致被压缩的气体分解或聚合，这是工艺不允许的。因此，一般采取多级压缩、中间冷却的有效方法。

多级压缩、中间冷却就是将气缸—冷却器—气缸……依次连接起来。具体过程就是先将气体压缩到某一个中间压力，然后通过一个中间冷却器，借助循环冷却水使其在等压下冷却，降低压缩过程中气体的温度；这样依次进行逐级压缩和冷却，达到所需压力，而气体的温度又不至于升得过高。整个压缩过程趋近于等温压缩还可减少压缩功耗，如图 2-8 所示。

对于一定的总压缩比，从理论上讲，分级越多，越接近等温压缩线，功耗也就减少得越多，但级数越多，压缩装置的结构、运行、维修就越复杂，造价也就越高，同时要考虑流动阻力的增大，因此超过一定的限度，节省的功有限，但设备费和压降的猛增也是不经济的。

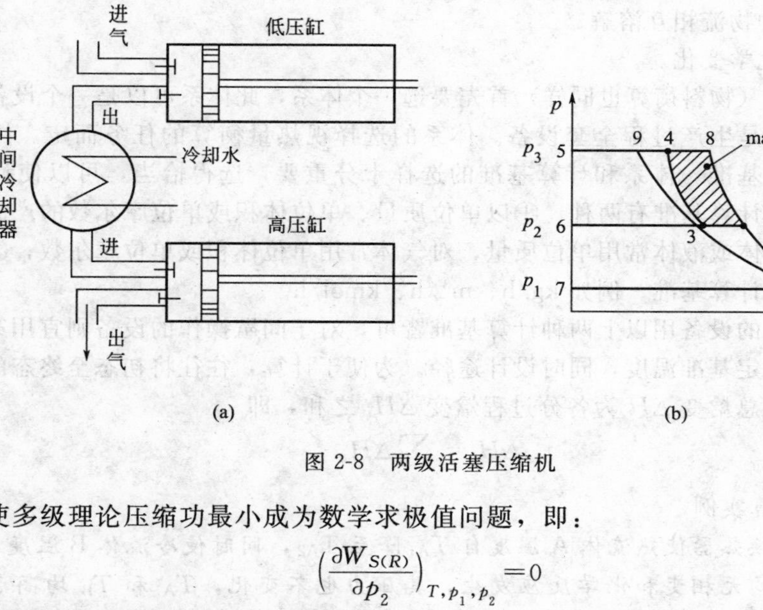

(a)　(b)

图 2-8　两级活塞压缩机

如何使多级理论压缩功最小成为数学求极值问题，即：

$$\left(\frac{\partial W_{S(R)}}{\partial p_2}\right)_{T,p_1,p_2}=0 \tag{2-30}$$

此时各级压缩比相等，总的压缩功耗最小。

$$W_{S(R)}=-\frac{Nk}{k-1}nRT_1\left[\left(\frac{p_{N+1}}{p_1}\right)^{\frac{k-1}{kN}}-1\right] \tag{2-31}$$

式中　N——压缩级数。

总的来说，多级压缩有以下几个优点。

① 降低压缩终温，防止终温过高导致输送物料的反应，甚至发生爆炸，防止润滑油结焦、设备因热胀冷缩而使材质无法承受等。一般压缩无机气体，如合成氨原料气时，终温不

超过 140℃，对应的压缩比为 3；压缩有机混合气体时，如烃类裂解的气体时，压缩终温一般要求控制在 90～100℃，对应的压缩比只有 2 左右。

② 节省压缩功耗；多级压缩后可使压缩过程向等温压缩靠拢；对往复式压缩过程，可以减少压缩过程余隙造成的影响。

③ 满足不同的工艺要求。

2.3.6 热量平衡

无轴功交换、仅有热交换的能量衡算称为热量衡算。稳流过程热量衡算的基本关系式为：

$$\Delta H = q \tag{2-32}$$

确定化工生产过程的工艺条件、设备尺寸、热载体用量、热损失以及热量分布等都需要进行热量衡算。由于不存在脱离物质的热量，因此热量衡算往往是在物料衡算的基础上进行的，或者两者相互交叉进行。物料衡算与热量衡算是生产技术管理的基础，为节能提供依据的前提。

2.3.6.1 热量衡算的一般方法

热量恒算的实质就是按能量守恒定律把各股物流所发生的各种热效应关联起来。对化工生产过程各种热效应进行分析时，经常遇到的不外乎几种基本热效应的叠加或综合。这些基本热效应发生于：

① 物流温度变化（显热）；

② 物流的相变化（潜热）；

③ 两种或多种物流相互溶解；

④ 体系中的化学变化。

进行热量衡算（物料衡算也同样）首先要选一个体系，此体系可以是一个设备，也可以是一组设备，甚至是生产过程全套设备。体系的选择视热量衡算的任务而定。体系确定之后，还要选择计算基准。体系和计算基准的选择十分重要，选得恰当，可以使计算大为简化。工程上常用的计算基准有两种：①以单位质量、单位体积或单位摩尔数的产品或原料为计算基准。对于固体或液体常用单位质量，对气体常用单位体积或单位摩尔数；②以单位时间产品或原料量为计算基准。例如 kg/h、m^3/h、kmol/h。

对于连续操作的设备用以上两种计算基准皆可，对于间歇操作的设备则宜用第一种。热量衡算有时还要选定基准温度，同时设计途径。为便于计算，往往将初态至终态的全过程分解为几个分过程，总焓变 ΔH 为各分过程焓变 ΔH_i 之和，即

$$\Delta H = \sum_i \Delta H_i \tag{2-33}$$

2.3.6.2 热量衡算实例

【例 2-6】 某换热器使热流体 A 温度自 T_{A1} 降至 T_{A2}，同时使冷流体 B 温度自 T_{B1} 升至 T_{B2}。热、冷流体均无相变和化学反应发生，其压力也不变化，T_A 和 T_B 均高于大气（环境）温度。已知热、冷流体的流量分别为 m_A 和 m_B（kmol/h），在有关温度范围的平均比定压热容为 C_{pmh}^{A}、C_{pmh}^{B} [kJ/(kmol·K)]。求此换热器的热损失。

解　根据题意画出换热器示意图（见图 2-9）。选定换热器为体系，以每小时为计算基准，以便进行热量衡算。根据热量衡算的基本式(2-32)，对于换热器有：

$$\Delta H_{换热器} = Q_L \tag{A}$$

式中，$\Delta H_{换热器}$ 即为热、冷流体通过换热器的焓变；Q_L 为热损失。

$$\Delta H_{换热器} = \Delta H_A + \Delta H_B \tag{B}$$

式中，ΔH_A 和 ΔH_B 分别为热、冷流体的焓变。已知有关温度范围内的平均等压热容，忽略压力变化，则有

$$\Delta H_A = m_A C_{pmh}^{A}(T_{A2}-T_{A1}) \tag{C}$$

$$\Delta H_B = m_B C_{pmh}^{B}(T_{B2}-T_{B1}) \tag{D}$$

将式(B)、式(C) 和式(D) 代入式(A)，可得

$$Q_L = m_A C_{pmh}^{A}(T_{A2}-T_{A1}) + m_B C_{pmh}^{B}(T_{B2}-T_{B1}) \tag{E}$$

设热流体放出的热量为 Q_A，冷流体吸收的热量为 Q_B，则

$$Q_A = \Delta H_A \qquad Q_B = \Delta H_B$$

将上述两式代入式(B)，并再代入式(A)，可得

$$Q_A + Q_B = Q_L \tag{F}$$

（－）（＋）（－）

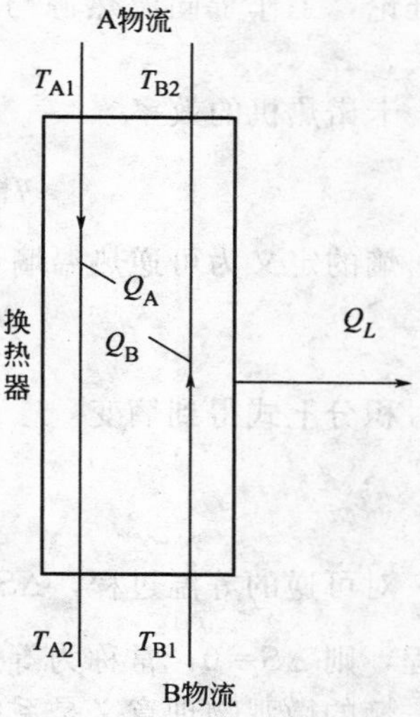

图 2-9　换热器的热量平衡示意图

假如 Q_L 为已知数（工厂里可能有经验数据），则也可利用式（E）或式（F）求出其他未知的参数，如 T_{A1} 和 T_{A2}、T_{B1} 和 T_{B2}、m_A 和 m_B 等。总之，一个方程可解出一个未知数。此未知数视具体情况而定。

式(F) 为化工生产技术人员所常用，但它出自热力学第一定律在敞开系统稳流过程的应用，往往未受人注意。

2.4　热力学第二定律

2.4.1　热力学第二定律的表述

热力学第一定律说明了能量在转化和传递过程中的数量关系，不能指出能量传递的方向、条件和限度。但并不是符合热力学第一定律，某过程就一定能够实现，它还必须同时满足热力学第二定律的要求。也就是说，热力学第二定律是从过程的方向性上限制并规定着过程的进行。热力学第一定律和热力学第二定律分别从能量转化的数量和转化的方向两个角度相辅相成地规范着自然界过程的发生。

热力学第二定律的常见表述如下。

(1) 克劳修斯（Clausius）说法　热不可能自动从低温物体传给高温物体。

(2) 开尔文（Kelvin）说法　不可能从单一热源吸热使之完全变为有用的功而不引起其他变化。

上面表达的实质即是“自发过程都是不可逆的”，克劳修斯的说法说明了热传导过程的不可逆性，而开尔文说法则描述了功转化为热的过程的不可逆性。

2.4.2　熵及熵增原理

热力学第二定律揭示了热和功之间的转化规律，热机的效率η定义为热机循环过程中所做的功 W 与高温热源吸收的热量 Q_1 之比值。

$$\eta = \frac{W}{Q_1} \tag{2-34}$$

按照热力学第一定律，系统从热源吸收的热只能部分转化为功，即 $W < Q_1$，所以热机的实际效率$\eta<1$，而只有卡诺（Carnot）循环的效率最高。

卡诺定律： 所有工作于同温热源和同温冷源之间的热机，以可逆热机效率最高。而且可

以推论，工作于同温热源与同温冷源之间的可逆机，其效率相等，并与工作介质（工质）无关。

卡诺热机的效率

$$\eta=\frac{W}{Q_1}=\frac{|Q_1|-|Q_2|}{Q_1}=\frac{T_1-T_2}{T_1}=1-\frac{T_2}{T_1} \tag{2-35}$$

熵的定义为可逆热温熵

$$dS=\frac{dQ_R}{T} \tag{2-36}$$

积分上式得到熵变

$$\Delta S=S_2-S_1=\int_1^2\frac{dQ_R}{T} \tag{2-37}$$

对可逆的等温过程，$\Delta S=\frac{Q_R}{T}$或$Q_R=T\Delta S$。如可逆汽化过程$\Delta S=\frac{\Delta H^{Vap}}{T}$；对绝热可逆过程，则$\Delta S=0$，常称为等熵过程；对非可逆过程，$\Delta S$用状态函数的性质来计算。

熵的微观物理意义是系统的混乱程度大小的度量，单位是J/K，可以证明封闭系统中进行任何过程，都有

$$dS\geqslant\frac{\delta Q}{T} \tag{2-38}$$

这就是热力学第二定律的数学表达式。

孤立系统，$\delta Q=0$，则上式变为：

$$dS_{孤立}\geqslant 0\ 或\ (\Delta S)_{孤立}\geqslant 0 \tag{2-39}$$

式(2-39）即为熵增原理的数学表达式。若将系统和环境看作一个大系统，它即为孤立系统，则总熵变等于封闭系统熵变ΔS和环境熵变ΔS_0之和。

$$\Delta S_t=\Delta S+\Delta S_0\geqslant 0 \tag{2-40}$$

熵增原理即是自发进行的不可逆过程，只能向着总熵增加的方向进行，最终趋向平衡态。此时总熵变达到最大值，即$\Delta S_t=0$达到了过程的终点。熵增原理提供了判断过程进行的方向和限度。需要注意的是，判断的依据是总熵变而不是系统的熵变。

2.4.3　熵产生和熵平衡

2.4.3.1　熵产生

由于实际过程的不可逆性引起能量品质的损耗，这是热力学第一定律无法计算的。建立熵平衡关系可以精确地衡量过程的能量利用效率。式(2-38）用于可逆过程为等号，而用于不可逆过程为大于号，即系统的熵变大于热温熵，因为不可逆过程中，有序的能量耗散为无序的热能（如摩擦等），并为系统吸收而导致系统熵的增加，这部分熵常称为熵产生，记为ΔS_g，它不是系统的性质，而是与系统的不可逆过程有关，过程的不可逆程度越大，熵产生量ΔS_g越大，但可逆过程则无熵产生。将式(2-38）改写为如下的等式，引入熵产生变量dS_g。

$$dS=\frac{\delta Q}{T}+dS_g \tag{2-41}$$

其积分形式为：

$$\Delta S=\int\frac{\delta Q}{T}+\Delta S_g \tag{2-42}$$

由式(2-42）可以看出系统的总熵变由两部分组成。一部分是由于与外界存在热交换Q（可逆与不可逆）而引起的，被称为热熵流$\left(\int\frac{\delta Q}{T}\right)$，另一部分是由于经历过程的不可逆而引

起的。熵的质量和能量不同，无论是可逆或不可逆，孤立系统质量和能量是守恒的，而熵却不同，可逆过程的熵守恒，不可逆过程的熵不守恒。

2.4.3.2　熵平衡

图 2-10 是敞开系统熵平衡示意图，假设系统从环境吸收热量 Q，同时对外做功 W，系统与环境之间既有质量交换，也有能量交换。随质量的流入和流出，熵也被带入和带出，流入熵为 $\sum_{\text{in}} m_i S_i$，流出熵 $\sum_{\text{out}} m_i S_i$。与能量交换有联系的熵为 $\int \frac{\delta Q}{T}$。需要注意的是能量中只有热量 Q 与熵变有关，功 W 与熵变无关。由于过程的不可逆行引起的熵产生为 ΔS_g。于是，针对上述敞开系统有

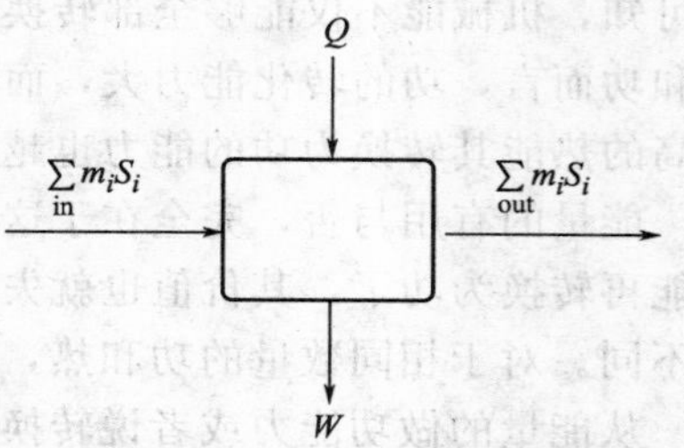

图 2-10　敞开系统熵平衡图

$$\sum_{\text{in}} m_i S_i + \int \frac{\delta Q}{T} + \Delta S_g - \sum_{\text{out}} m_i S_i = \Delta S_A \tag{2-43}$$

式中，ΔS_A 为该系统累计的熵变。

实际上，式(2-43) 也可被看作是用于任何热力学体系的通用的熵平衡式，也可以进一步根据系统的具体特点，进行简化、具体化。

(1) 稳流系统的熵平衡　此时，由于系统无累计，那么 $\Delta S_A = 0$。于是，稳流系统熵平衡式为：

$$\sum_{\text{in}} m_i S_i + \int \frac{\delta Q}{T} + \Delta S_g - \sum_{\text{out}} m_i S_i = 0 \tag{2-44}$$

进一步，如果该稳流系统经历的是可逆过程，那么 $\Delta S_g = 0$，则稳流系统经历可逆过程的熵平衡式为：

$$\sum_{\text{in}} m_i S_i + \int \frac{\delta Q}{T} - \sum_{\text{out}} m_i S_i = 0 \tag{2-45}$$

(2) 封闭系统的熵平衡　此时，由于体系没有物质进出，因而也就没有与质量流有关的 $\sum_{\text{in}} m_i S_i$ 和 $\sum_{\text{out}} m_i S_i$ 项，同时，该系统累计的熵变 ΔS_A 就是系统的熵变 ΔS。于是，封闭系统的熵平衡式为：

$$\int \frac{\delta Q}{T} + \Delta S_g = \Delta S \tag{2-46}$$

进一步，如果该封闭系统经历的是可逆过程，那么 $\Delta S_g = 0$，则封闭系统经历可逆过程的熵平衡式为：

$$\int \frac{\delta Q}{T} = \Delta S \tag{2-47}$$

熵平衡与能量守恒和质量守恒一样，是任何一个过程必须满足的条件式，它可以用来检验过程中熵的变化，进而表明过程的不可逆程度。通过计算熵产生 ΔS_g 的大小，找出不同化工过程的能量消耗部位。

2.5　理想功与损失功

2.5.1　能量的品质

能量有多种形式，如机械能、电能、热能、化学能、核能等。热力学第一定律确定各种

形式的能量可以相互转换，在转换中总量保持不变。热力学第二定律指出能量的转换过程具有方向性，并非任意形式的能量都能全部无条件地转换成任意其他形式的能量。从理论和实践可知，机械能不仅能够全部转换为热量，而且能够全部转化为其他任意形式的能量；就热能和功而言，功的转化能力大，而热能只能部分地转化为功；就温度不同的热量而言，温度越高的热能其转换为功的能力也越大。

能量的有用与否，完全在于这种能量形式可转换为功的能力或者说做功能力，一旦能量不能再转换为功了，其价值也就失去了。由此可知，能量不仅有数量之分，不同的能量品质也不同。对于相同数量的功和热，它们的做功能力是不相当的，功的品质要高于热。

从能量的做功能力或者说转换为功的能力角度，可把能量分为三类：高级能量、低级能量和僵态能量。

① 理论上可以完全转化为功的能量，称为高级能量，如机械能、电能等；

② 理论上只能部分转化为功的能量，称为低级能量，如热能、物质的内能等；

③ 完全不能转换为功的能量，称为僵态能或寂态能。

由高品质的能量变成低品质的能量，称为能量的贬值或降级。能量的贬值意味着能量做功能力的损耗。高温热变为低温热，或者功直接耗散为热，虽然能量的总量没有变，保持能量守恒，但能量的品质降低了，导致做功能力下降。孤立体系的熵增原理也称为能量贬值原理，它意味着：一切实际过程，总是朝着总的能量品质下降的方向进行；只有在完全可逆的理想条件下，总的能量品质才不变；使孤立系统总能质量提高的过程是不可能发生的。

2.5.2 理想功（W_{id}）（也称最大可用技术功）

理想功是指在一定的环境条件下，体系的状态变化按完全可逆的过程进行时表现出的功效应，即对做功过程可做出最大功，对耗功过程只耗最小功。

完全可逆有两层意思：

① 体系内部可逆，即到处处于热平衡、力平衡、化学平衡、相平衡……

② 体系与外界之间可逆，即内外达力平衡，如做功过程无压力差；内外达热平衡，即只能与温度为 T_0 的环境进行热交换，也就是 $T_{sys}=T_{sur}=T_0$。

实际过程都是不可逆过程，对于实际过程而言，理想功是理论上的极限值，理想功是一切实际过程功耗大小的比较标准。

下面只讨论稳流过程的理想功。根据稳流体系的能量平衡方程，有：

$$\Delta H+\Delta E_P+\Delta E_K=Q-W_S$$

若过程满足完全可逆过程，则体系对外界做的轴功即为此完全可逆过程的理想功，此时体系与环境交换的热量 Q 可以表示为：

$$Q=T_0\Delta S_{sys}$$

故有

$$W_{id}=W_{S(R)}=T_0\Delta S_{sys}-(\Delta H+\Delta E_P+\Delta E_K) \tag{2-48}$$

忽略 ΔE_P、ΔE_K 时，有

$$W_{id}=T_0\Delta S_{sys}-\Delta H_{sys} \tag{2-49}$$

【例 2-7】 计算 1kg、压力为 1.5MPa、温度为 540℃的过热水蒸气在流动过程中可能做出的最大功量。环境温度为 15℃。又问，若该蒸汽为 1.5MPa 的饱和蒸汽，则可能做出的最大功量又为多少?

解 水为体系；1kg 为计算基准。由水蒸气表查得各状态下的 H、S 值列于表 2-2 中。

表 2-2 水蒸气的 H、S 值

状态	p/MPa	T/℃	H/(kJ/kg)	S/[kJ/(kg·K)]
水	0.101325	15	62.85	0.2223
过热蒸汽	1.5	540	3560.7	7.7026
饱和蒸汽	1.5	—	2792	6.445

(1) 1.5MPa、温度为 540℃的过热水蒸气变化到环境状态时给出的最大功为：

$$W_{id1}=-\Delta H_{sys1}+T_0\Delta S_{sys1}=(H_1-H_0)+T_0(S_0-S_1)$$
$$=(3560.7-62.85)+288.15\times(0.2223-7.7026)=1342.40\ (\text{kJ/kg})$$

(2) 1.5MPa 的饱和水蒸气变化到环境状态时给出的最大功为：

$$W_{id2}=-\Delta H_{sys2}+T_0\Delta S_{sys2}=(H_2-H_0)+T_0(S_0-S_2)$$
$$=(2792-62.85)+288.15\times(0.2223-6.445)=936.08\ (\text{kJ/kg})$$

【例 2-8】 试计算非流动过程中 1kmol 氮气从 800K、4MPa 变至 373K、1.013MPa 时可能做的理想功。若氮气进行的是稳定流动过程，理想功又为多少？设大气的 $T_0=298\text{K}$、$p_0=0.1013\text{MPa}$，氮气的等压热容为 $27.87+4.268\times10^{-3}T$[kJ/(kmol·K)]，氮气可视为理想气体。

解 以 1kmol 氮气为计算基准，氮气为体系。

(1) 氮气在非流动过程中的理想功计算

$$W_{id}=T_0\Delta S_{sys}-\Delta U_{sys}-p_0\Delta V_{sys}$$
$$\Delta U_{sys}=\Delta H_{sys}-\Delta(pV)_s$$

故

$$W_{id}=T_0\Delta S_{sys}-\Delta H_{sys}+\Delta(pV)_s-p_0\Delta V_{sys}$$

$$\Delta H_{sys}=\int_{T_1}^{T_2}c_p^*\,\mathrm{d}T=\int_{800}^{373}(27.87+4.268\times10^{-3}T)\mathrm{d}T=-14038.2(\text{kJ/kmol})$$

$$\Delta(pV)_s=nR(T_2-T_1)=1\times8.314\times(373-800)=-3550.08\ (\text{kJ/kmol})$$

$$\Delta S_{sys}=\int_{T_1}^{T_2}\frac{c_p^*}{T}\mathrm{d}T-R\ln\frac{p_2}{p_1}=-11.670[\text{kJ/(kmol·K)}]$$

$$p_0\Delta V=p_0nR\left(\frac{T_2}{p_2}-\frac{T_1}{p_1}\right)$$
$$=0.1013\times10^3\times1\times8.314\times\left(\frac{373}{1.013\times10^3}-\frac{800}{4\times10^3}\right)=141.671\ (\text{kJ/kmol})$$

$$W_{id}=6868.826\ (\text{kJ/kmol})$$

(2) 氮气在稳定流动过程中的理想功计算

$$W_{id}=T_0\Delta S_{sys}-\Delta H_{sys}=298\times(-11.670)+14038.2=10560.54(\text{kJ/kmol})$$

2.5.3 损失功（W_L）（也称损耗功）

对于相同的状态变化过程，实际功与对应的理想功的差值称为损失功，也称为损耗功。即对于做功过程，实际过程与对应的理想过程相比少做出的功量；对于耗功过程，实际过程比对应的理想过程多耗的功量。其基本表达式为：

$$W_L=W_{id}-W_{S(ac)} \tag{2-50}$$

由于 $W_{id}=T_0\Delta S_{sys}-\Delta H_{sys}$，$W_{S(ac)}=Q_{sys}-\Delta H_{sys}$，得到

$$W_L=W_{id}-W_{S(ac)}=T_0\Delta S_{sys}-\Delta H_{sys}-(Q_{sys}-\Delta H_{sys})=T_0\Delta S_{sys}-Q_{sys}$$

即

$$W_L=T_0\Delta S_{sys}-Q_{sys} \tag{2-51}$$

式中，ΔS_{sys}是系统的熵变；Q_{sys}为系统与环境交换的热量。就环境而言，其得到的热量

Q_0 在数值上等于 Q_{sys}，但符号相反，因此

$$\Delta S_{sur}=\frac{-Q_{sys}}{T_0}$$

由此得到

$$W_L=T_0(\Delta S_{sys}+\Delta S_{sur}) \tag{2-52}$$

$$W_L=T_0\Delta S_t=T_0 S_g \tag{2-53}$$

此即为著名的高乌-斯托多拉（Gouy-Stodola）公式。根据热力学第二定律，一切实际过程都为不可逆过程，都朝着总熵增大的方向进行，存在 $\Delta S_t>0$ 或者 $S_g>0$，因此 $W_L>0$，即实际过程的损耗功永远为正值。可逆过程的损耗功为 0。

【例 2-9】 试计算比较下列两种情况下由于水温下降引起的功损失，计算结果说明了什么？(1) 1kg、0.1MPa、92℃的水变为同压下 67℃的水；(2) 1kg、0.1MPa、82℃的水变为同压下 57℃的水。水的比定压热容为 4.1868kJ/(kg·K) 且视为常数，$T_0=198.15$K。

解 体系为热水，基准为 1kg 水。

(1) 1kg、0.1MPa、92℃的水变为同压下 67℃的水

$Q_1=\Delta H_{sys1}=mc_p(t_2-t_1)=1\times4.1868\times(67-92)=-104.67$ (kJ/kg)

$\Delta S_{sys1}=mc_p\ln(T_2/T_1)=1\times4.1868\ln(340.15/365.15)=-0.2969$ [kJ/(kg·K)]

$\Delta S_{sur1}=-Q/T_0=-(-104.67)/298.15=0.3511$ [kJ/(kg·K)]

$W_{L1}=T_0(\Delta S_{sys1}+\Delta S_{sur1})=298.15\times(-0.2969+0.3511)=16.16$ (kJ/kg)

(2) 1kg、0.1MPa、82℃的水变为同压下 57℃的水

$Q_2=Q_1=-104.67$ (kJ/kg)

$\Delta S_{sys2}=mc_p\ln(T_2'/T_1')=1\times4.1868\ln(330.15/355.15)=-0.3056$ [kJ/(kg·K)]

$\Delta S_{sur2}=\Delta S_{sur1}=0.3511$ [kJ/(kg·K)]

$W_{L2}=T_0(\Delta S_{sys2}+\Delta S_{sur2})=298.15\times(-0.3056+0.3511)=13.57$(kJ/kg)

说明不同温度的水，在损失相同数量能量的情况下，温度高的能量的能级高，其功损失大，因此，对于高温的能量，应尽可能防止其损失。

【例 2-10】 节流过程的损失功计算。240℃、2.0MPa 的水蒸气，经节流后变为 1.0MPa 的水蒸气，环境温度为 300K，试求此过程损失的功？

解 体系水蒸气，计算基准为 1kg H_2O(g)。

查表得 240℃、2.0MPa 下水蒸气的焓、熵分别为：

$$h_1=2876.5\text{kJ/kg} \qquad s_1=6.4952\text{kJ/(kg·K)}$$

因节流过程前后焓相等，故：$h_2=h_1=2876.5$kJ/kg

由 h_2、1.0MPa 查水蒸气表得：$s_2=6.7926$kJ/(kg·K)

$$\Delta S_{sys}=s_2-s_1=6.7926-6.4952=0.2974[\text{kJ/(kg·K)}]$$

而节流过程 $Q=0$，故 $\Delta S_{sur}=0$

总熵变为 $\Delta S_t=\Delta S_{sys}+\Delta S_{sur}=\Delta S_{sys}=0.2974$[kJ/(kg·K)]

故 $W_L=T_0\Delta S_t=300\times0.2974=89.22$ (kJ/kg)

而此过程的理想功为：

$$W_{id}=\Delta H_{sys}-T_0\Delta S_{sys}=-89.22(\text{kJ/kg})$$

说明节流过程是一个高度不可逆过程，其本来可以做功的能力在节流过程被完全损失掉。因此在化工厂管道设计时，应尽可能地少安装不必要的管件和阀门等。

【例 2-11】 设有 1mol 理想气体在恒温下由 1MPa、300K 做不可逆膨胀至 0.1MPa。已知膨胀过程做功 4184J。计算过程总熵变和损失功以及理想功，环境温度为 298K。

解 以理想气体为研究对象，计算基准为1mol理想气体。

因为理想气体恒温，所以$\Delta H=0$，$Q=W_{S(ac)}=4184$ (J/mol)

所以 $$\Delta S_{sur}=-Q/T_0=-4184/298=-14.04\ [J/(mol\cdot K)]$$

而 $$\Delta S_{sys}=-nR\ln\frac{p_2}{p_1}=-1\times 8.314\ln\frac{0.1}{1}=19.14\ [J/(mol\cdot K)]$$

$$\Delta S_t=\Delta S_{sys}+\Delta S_{sur}=19.14-14.04=5.10\ [J/(mol\cdot K)]$$

$$W_L=T_0\Delta S_t=298\times 5.10=1519.8\ (J/mol)$$

$$W_{id}=-\Delta H_{sys}+T_0\Delta S_{sys}=0+298\times 19.14=5703.7\ (J/mol)$$

2.5.4 热力学效率（η_T）

体系对外界做功过程，理想功是确定始态和终态变化时所能提供的最大功，实际过程都是不可逆的，实际过程提供的功（$W_{S(ac)}$）必定小于对应的理想功（W_{id}）。实际功与理想功的比值即为热力学效率，记为η_T。

热力学效率是过程热力学完善性的量度，是衡量过程中能量质量利用程度的重要参数。相应的热力学效率表达式如下：

做功过程 $$\eta_T=W_{S(ac)}/W_{id} \tag{2-54}$$

耗功过程 $$\eta_T=W_{id}/W_{S(ac)} \tag{2-55}$$

【例2-12】 有一换热器，采用1MPa的饱和水蒸气作为加热介质，出换热器时冷凝为对应的饱和水，水蒸气的流量为1000kg/h，被加热的液体进口温度为80℃、流量为5800kg/h、$\bar{c}_p=3.9080$kJ/(kg·K)，换热器的热损失为201480kJ/h，过程为等压。试求：(1) 被加热液体的出口温度；(2) 该换热器的热效率；(3) 该换热器的损失功；(4) 该换热器的热力学效率。已知环境温度为298K。

表2-3 所用的焓、熵数据

状态	焓 h/(kJ/kg)	熵 s/[kJ/(kg·K)]
饱和蒸汽	$h_g=2777.67$	$s_g=6.5859$
饱和水	$h_1=762.84$	$s_1=2.1388$

解 以整个换热器为体系，1h计算基准。表2-3中列出了所用数据。

(1) 被加热液体出口温度的计算

由题意及稳流热力学第一定律得 $\Delta H_{蒸}+\Delta H_{液}=Q_{损}$

即 $$m_{蒸}(h_1-h_g)+m_{液}\bar{c}_p(t_{出}-t_{入})=Q_{损}$$

代入数据得

$$1000\times(762.84-2777.67)+5800\times 3.9080(t_{出}-80)=-201480$$

解得 $$t_{出}=160.0℃$$

(2) 换热器热效率的计算

$$\eta=\Delta H_{液}/(-\Delta H_{蒸})=90.0\%$$

(3) 换热器损失功的计算

$$W_{id蒸}=T_0\Delta S_{蒸}-\Delta H_{蒸}=T_0 m_{蒸}(s_1-s_g)-\Delta H_{蒸}=689594.2\text{kJ/h}$$

$$W_{id液}=T_0\Delta S_{液}-\Delta H_{液}=T_0 m_{液}\bar{c}_p\ln(T_{出}/T_{入})-\Delta H_{液}=-434119.8\text{kJ/h}$$

$$W_L=W_{id蒸}+W_{id液}=255474.4\text{kJ/h}$$

(4) 换热器热力学效率的计算

$$\eta_T=(-W_{id液})/W_{id蒸}=62.95\%$$

2.6 能量的㶲分析法

2.6.1 㶲（exergy）与㶲平衡方程

2.6.1.1 㶲概念的起源和发展

早在1824年卡诺就指出，工作在高温热源 T_1 与低温热源 T_2 之间的任何热机，当从高温热源吸收的热量为 Q 时，最多可以转变为有用功的部分为 $(1-T_2/T_1)Q$，当以温度为 T_0 的周围环境作为低温热源时，上式变为 $(1-T_0/T_1)Q$。热量 Q 的做功能力取决于高温热源（T_1）与低温热源（T_2）。这就是最早关于能量可用性的分析。

1868年英国的 Tait 第一次使用了可用性（availability）的概念，确定了热量中的可用部分和不可用部分。1871年英国科学家 maxwell 使用了可用能（available energy），并推导了不流动过程的输出总功，用封闭体系达到寂态时的可逆净功表示系统的可用能。1873年，Gibbs 导出了封闭系统的可用能公式。

1889年法国人 Gouy 用总的可逆轴功分析可用能，并得出了总轴功仅与状态有关而与路径无关的重要推论。1898年瑞士 Stodola 导出了稳定流动体系的最大功，还和 Gouy 各自独立地推出了 Gouy-Stodola 公式，把可用能损失与熵产联系起来，从而奠定了计算可用能损失的理论基础。

1941年，Keenan 较系统地介绍了可用能、功损的概念，形成了较完整的理论体系。1956年，Rant 提出用一个新的词 exergie（英文 exergy）来统一可用性、可用能、做功能力等的命名，即是现在所说的“㶲”。Rant 随后将㶲定义为：当系统由任意状态可逆变化到给定环境相平衡的寂态时，理论上能够最大限度转换为有用功的那部分能量。

目前，“㶲”这一概念已被人们普遍采用，一般认为㶲的定义是：系统与环境作用，从所处的状态到与环境相平衡的状态的可逆过程中对外界做出的最大有用功。按照基本定义，㶲实际上是以环境为基准的相对量，是体系偏离环境参数程度的指标。热㶲是系统由于温度同环境的差别而具有的对外界做出最大有用功的能力；压力㶲是系统由于压力同环境不平衡而具有对相关外界做出最大有用功的能力；化学㶲是构成系统的物质由于化学结构、组成以及聚集状态同环境的差异而具有的对相关外界做出最大有用功的能力。

㶲概念的引入对于准确评价能量有效利用起了十分重要的作用，20世纪70年代由于“能源危机”促使人们认真研究各种能源的开发与合理利用，有关㶲分析的理论受到重视，㶲的基本概念与表达式、环境模型、㶲效率的定义、㶲的计算方法等基础理论在这段时间得到深入的研究，形成了系统成熟的㶲分析方法。

现在，㶲分析方法已广泛地应用于能量系统及化工、动力、石油、冶金、能源工程等工业部门。同时，㶲概念得到了泛化，㶲的广义本质为“事物的质”、“事物的可用性”。㶲分析的发展已经不再局限于热力学，㶲方法在经济学、环境科学、生态学、管理学以及社会科学等领域都得到了应用。

2.6.1.2 㶲的基本概念

(1) 㶲（exergy） 体系与环境作用，从所处状态变化到某与环境相平衡的可逆过程中，对外界做出的最大有用功为该体系在该状态下的㶲，也称为有效能，记为 Ex。

(2) 㶲损失（exergy loss） 由于过程的不可逆性所造成的体系的做功能力的减少称为该体系的㶲损失 Ex_L。㶲损失可分为内部㶲损失（internal exergy loss）和外部㶲损失（external exergy loss）两部分，三者之间的关系为：

$$Ex_L = Ex_{L,in} + Ex_{L,ex} \tag{2-56}$$

（3）㶲分析（exergy analysis）　运用㶲和㶲损失的概念，对实际过程中㶲的转化、传递、使用和损失等情况的分析称为㶲分析，通过㶲分析可以揭示出㶲损失的部位、大小和原因，为改善过程的能量利用指出方向和途径。

（4）环境模型（environmental referencemodel）　在㶲分析中，物质或系统的㶲值实际上就是它与环境参数偏离程度的指标，其㶲值大小表示以环境为基准，体系的状态与环境之间差异的程度。为了计算㶲值，首先应对自然环境加以定量的描述。在计算物理㶲时，对于环境只需知道压力和温度即可。但为了计算化学㶲，对环境的描述则要详尽得多，不仅要知道环境的温度和压力，而且要知道基准物质体系，也就是要知道环境是由哪些物质以怎样的状态和浓度构成的。然而，真实的环境是复杂的，它的压力因时因地而变化，它的组成有各种各样的物质。环境内部存在着温度差、压力差和化学势差，自然环境是不可以用同一温度、同一压力、同一组成来描述的，也就是自然环境本身并不完全处于寂态，因此，真实的环境不能直接作为热力学意义上的环境，需要在自然环境的基础上进行抽象，把自然环境看成具有恒定温度、恒定压力和恒定化学组成，由处于完全平衡状态下无限广阔的大气、地表、水域所构成的特定环境。

在㶲分析中的“环境”，实际上是“环境模型”，也称为“环境参考态模型”。环境模型是在自然环境的基础上进行抽象，把自然环境看成具有恒定温度、恒定压力和恒定化学组成，由处于完全平衡状态下无限广阔的大气、地表、水域所构成的特定环境，既有客观的实在性，又有人为的规定性。

2.6.1.3　㶲平衡方程

任何不可逆过程必然引起㶲损失，只有在理想的可逆过程才不引起㶲的损失。因此，在实际的过程中，不存在㶲的守恒规律，㶲总是不断减少的。系统在一个不可逆的过程中各项㶲的变化是不满足平衡关系式的，只有附加一项㶲损失才能给一个系统或过程建立㶲平衡方程式。

设输入系统的㶲为 Ex_{in}，输出的㶲为 Ex_{out}，系统的㶲损失为 Ex_L，以及体系内部的㶲积聚量为 ΔEx_{sys}，建立平衡关系有：

$$Ex_{in} = Ex_{out} + Ex_L + \Delta Ex_{sys} \tag{2-57}$$

在稳定流动的状态下，ΔEx_{sys} 值为 0。

此外，根据分析的需要可以把体系的㶲分为支付㶲 Ex_p、收益㶲 Ex_g 以及相应的㶲损失 Ex_L，对于稳流体系可以建立㶲平衡：

$$Ex_p = Ex_g + Ex_L \tag{2-58}$$

式中，支付㶲 Ex_p 是为了实现某种能量利用目标而消耗的㶲，收益㶲 Ex_g 则是支付㶲中被利用的部分。

2.6.1.4　㶲分析的评价指标

（1）㶲效率　㶲效率表示体系中㶲的利用率，记作 η_e。基于式(2-57)，㶲效率可以为输出㶲 Ex_{out} 与输入㶲 Ex_{in} 之比，此称普遍㶲效率：

$$\eta_e = \frac{Ex_{out}}{Ex_{in}} \tag{2-59}$$

基于式(2-58)，㶲效率可以为体系的收益㶲 Ex_g 与支付㶲 Ex_p 之比，也称为目的㶲效率：

$$\eta_e = \frac{Ex_g}{Ex_p} \tag{2-60}$$

(2) 局部㶲损失率　子系统的㶲损失 Ex_L 与总体系的支付㶲 Ex_p 之比一般称为局部㶲损失率 ξ，即为：

$$\xi=\frac{Ex_L}{Ex_p} \tag{2-61}$$

(3) 单位产品（或单位原料）的支付㶲　总体系的支付㶲 Ex_p 除以对应的总产量 M 即得单位产品支付㶲 ω，计算式为

$$\omega=\frac{Ex_p}{M} \tag{2-62}$$

2.6.1.5　㶲分析的方法

㶲分析方法的基本出发点是求出系统变化中㶲损失及其分布情况，通过对各个环节上㶲效率的分析，从而对全局进行分析。㶲分析的步骤如下：

① 确定体系—明确体系的边界、子体系的分割方式以及穿过边界的所有物质和能量，必要时辅以示意图；

② 明确环境基准——说明采用的环境基准、使用的热力学基础数据的来源；

③ 㶲平衡的计算——建立体系的㶲平衡关系，用表和图辅助表示计算结果，基于㶲平衡关系做输入㶲与输出㶲、损失㶲平衡表，计算出㶲效率、局部㶲损失率和单位产品的支付㶲等评价指标；

④ 评价与分析——针对计算结果，分析能量损失和㶲损失的原因，探讨体系进一步有效利用能量的措施及可能性。

2.6.2　常见类型㶲的计算

2.6.2.1　电能、各类机械能

此类能量的㶲即其能量数值的本身。

2.6.2.2　热能㶲

恒温热源传出的热量中具有的㶲

$$Ex_Q=-W_c=\eta_c\,|Q|=(1-T_0/T)|Q| \tag{2-63}$$

变温热源传出的热量（$T_1 \rightarrow T_2$）中具有的㶲（过程恒压或不考虑压力的影响）

$$Ex_Q=-\Delta H_{sys}+T_0\Delta S_{sys}=\int_{T_2}^{T_1}c_p\mathrm{d}T-T_0\int_{T_2}^{T_1}\frac{c_p}{T}\mathrm{d}T=\int_{T_2}^{T_1}\left(1-\frac{T_0}{T}\right)c_p\mathrm{d}T \tag{2-64}$$

2.6.2.3　物理㶲

体系由所处状态变化至与环境成约束性平衡状态的理想功的数值称此体系的物理㶲，或体系由所处状态变化至环境状态（标准状态）时的理想功的数值。其计算式为：

$$Ex_{ph}=-(h_0-h)+T_0(s_0-s) \tag{2-65}$$

式中　h_0，h——该体系或工质在环境状态和当前所处状态下的比焓；

s_0，s——该体系或工质在环境状态和当前所处状态下的比熵。

2.6.2.4　化合物的标准化学㶲（Ex_{ch}^0）

为了计算化学㶲，需要确定环境模型，主要是确定基准物质体系，不同的环境模型其基准物质体系各不相同。目前，典型的环境模型有两种：

① J. Szargut（斯蔡尔古特）模型，前苏联及东欧各国采用；

② 龟山-吉田模型，此模型为日本学者龟山秀雄和吉田邦夫在 1979 年提出，它包含了 80 种元素的基准物质。此模型较为实用，现已被日本计算化学㶲的国家标准和我国能量系统㶲分析技术导则的国家标准所采用。

龟山-吉田的环境模型具体内容如下。

① 环境温度 $T_0=25℃$，环境压力 $p_0=1atm$（101325Pa），这与斯蔡尔古特的环境模型相同；

② 空气中含有的元素以空气相应的组成气体为基准物质，而以饱和湿空气的物质的量成分为基准物质的成分，见表 2-4；

③ 其他元素则以含有该元素的最稳定的纯物质（液态或固态）为其基准物质，考虑到实际固态物质的扩散难于利用，采取 T_0、p_0 条件下各纯固态基准物质的值为 0；

表 2-4　龟山-吉田模型基准物质中空气的组成

组分	N_2	O_2	H_2O	CO_2	Ar	Ne	He
体积分数/%	75.57	20.34	3.16	0.03	0.901	0.0018	0.000524

④ 对于部分元素，出于实用方便的考虑，即使一种普遍存在的物质其稳定性比另一种不常见物质差些，仍以前者为基准物质。

从应用的角度看，斯蔡尔古特模型中的基准物质由于受环境中天然物质的限制，不一定能选出最稳定的基准物质，同时考虑到自然环境中基准物质的含量与成分不易测准等因素，龟山-吉田模型较为实用。

根据环境模型，可以计算各元素的标准化学㶲 $e^0(X)$。确定了各元素的标准㶲后，只要能查到某化合物的标准摩尔生成自由焓 $\Delta_f G_m^0$ 数据，就可以确定该化合物的标准化学㶲。

设纯物质 $A_aB_bC_c$ 由单质或元素 A、B、C 经过一般反应得到：

$$aA+bB+cC+\cdots \longrightarrow A_aB_bC_c\cdots$$

如果已知元素 A、B、C 的标准㶲，则此物质的标准化学㶲为：

$$e^0(A_aB_bC_c\cdots)=\Delta_f G_m^0(A_aB_bC_c\cdots)+ae^0(A)+be^0(B)+ce^0(C)+\cdots \tag{2-66}$$

式中，$\Delta_f G_m^0(A_aB_bC_c\cdots)$ 是该化合物的标准摩尔生成自由焓。

下面以龟山-吉田模型为例，了解基准物质的选取方法以及计算相应元素标准㶲和物质标准㶲的方法。

(1) 确定基准元素的标准㶲　龟山-吉田模型规定 $T_0=298.15K$ 和 $p_0=1atm$（101325Pa）下的饱和湿空气作为空气中所包含气体的基准物，由此出发，可首先确定 O、N、C、H 元素的标准㶲。对于 O_2、N_2、CO_2、H_2O 纯气体来说，它们本身就是基准物质，只是与环境状态下的基准物质浓度不同，它们的化学㶲也就是扩散㶲。

$$e^0(O)=\frac{1}{2}e^0(O_2)=-\frac{1}{2}RT_0\ln(X_{0,O_2}) \tag{2-67}$$

$$e^0(N)=\frac{1}{2}e^0(N_2)=-\frac{1}{2}RT_0\ln(X_{0,N_2}) \tag{2-68}$$

对于碳元素，先计算纯 CO_2 的标准㶲：

$$e^0(CO_2)=-RT_0\ln(X_{0,CO_2}) \tag{2-69}$$

式(2-66)～式(2-68) 中，X_{0,O_2}、X_{0,N_2}、X_{0,CO_2} 分别表示 O_2、N_2、CO_2 气体在环境状态下的摩尔分数。然后根据生成反应 $C+O_2 \longrightarrow CO_2$，计算碳元素的标准㶲为：

$$e^0(C)=-\Delta_f G_m^0(CO_2)-2e^0(O)+e^0(CO_2) \tag{2-70}$$

同理，可以计算氢元素的标准㶲。

(2) 计算其他元素的标准㶲　为了计算元素 X 的标准㶲，从环境模型中找到元素 X 的基准物质 $X_xA_aB_bC_c$，则该物质的标准㶲 e^0（$X_xA_aB_bC_c$）等于 0，根据生成反应：

$$xX+aA+bB+cC \longrightarrow X_xA_aB_bC_c$$

由此得到元素 X 的标准㶲：

$$e^0(X)=\frac{1}{X}[-\Delta_f G_m^0(X_xA_aB_bC_c)-ae^0(A)-be^0(B)-ce^0(C)] \tag{2-71}$$

式中，$e^0(A)$、$e^0(B)$、$e^0(C)$ 为元素 A、B、C 的已知标准㶲。

为了选择基准物质，必须把一切已有标准摩尔生成自由焓（$\Delta_f G_m^0$）数据的物质都代入到此式中计算，选取求得 $e^0(X)$ 值最大的物质作为该元素的基准物质。

（3）确定化合物的标准㶲　确定了各元素的标准㶲后，只要能查到某化合物的标准摩尔生成自由焓 $\Delta_f G_m^0$ 数据，就可以确定该化合物的标准㶲，具体见式(2-66)。

2.6.3 常见化工过程的㶲分析应用

2.6.3.1 换热器用能的㶲分析

传热过程的不可逆损耗主要有两个原因，一为流体阻力，另一为温差传热。要减少传热过程的不可逆损耗，就应该从减少传热温差和减少阻力入手。结构一定的换热器，通常流体阻力一定（当然，随着换热器内垢层增厚，阻力必然增大）。因此，影响传热过程㶲损失的主要因素是传热温差，具体表现为在换热设备中，由于流体的温差分布不合理，有较大的传热温差而引起的㶲损失，同时也包括设备保温不良而散热于大气，或低于常温的冷损失。

设某换热器，若不计此换热器的散热损失，高温流体 A 在温度为 T_A 时将热量 Q 传给温度为 T_B 的低温流体 B，$T_A>T_B$，根据高乌-斯托多拉公式，传热过程的损耗功即㶲损失为：

$$W_L=Ex_L=T_0\Delta S_t=T_0(\Delta S_{sys}+\Delta S_{sur}) \tag{2-72}$$

由于忽略换热器的热损失，则 $\Delta S_{sur}=0$，即：

$$W_L=Ex_L=T_0\Delta S_{sys}=T_0(\Delta S_A+\Delta S_B) \tag{2-73}$$

式中，ΔS_A、ΔS_B 分别为高温流体和低温流体的熵变。

若为恒温传热，则有：

$$W_L=Ex_L=T_0\Delta S_{sys}=T_0(\Delta S_A+\Delta S_B)=T_0Q(\frac{T_A-T_B}{T_AT_B}) \tag{2-74}$$

若为变温传热，T_A、T_B 都是变量，此时 T_A、T_B 要用热力学平均温度 $\overline{T}_A$、$\overline{T}_B$ 代替，于是上式变为：

$$W_L=Ex_L=T_0\Delta S_{sys}=T_0Q\left(\frac{\overline{T}_A-\overline{T}_B}{\overline{T}_A\overline{T}_B}\right) \tag{2-75}$$

其中，平均温度可以用下式计算：

$$\overline{T}=\frac{T_2-T_1}{\ln\dfrac{T_2}{T_1}} \tag{2-76}$$

式中，T_1、T_2 分别是流体的初温和终温。

根据以上分析，换热设备即使没有热损失，热量在数量上完全回收，仍然有㶲损失（功损失）。在环境温度 T_0、传热量 Q 一定时，传热过程的㶲损失正比于传热温差（T_A-T_B）。因此，能耗费随传热温差减小而降低，但对于一定的传热量，为减少传热温差必须增加传热面，这就导致设备投资费用增大。这里存在能耗费和投资费的矛盾，考虑到投资费是一次性的，能耗费是经常性的，由于当前的能源价格急剧上涨，减小温差节约的能耗费在短期内可以补偿投资费的增加。

另外，传递单位热量的㶲损失还反比于热、冷流体温度的乘积（T_AT_B）。显然，低温传热比高温传热的㶲损失要大。例如，60K 的冷交换器的功损失是 600K 级热交换器的 100 倍。假如要求㶲损失 Ex_L 一定，则高温传热允许有较大的传热温差，低温传热只允许有较小的传热温差，深冷工业换热设备的温差有时只有 1～2℃，就是这个原因。

当 T_A、T_B 均大于环境温度 T_0 时，传热过程的热力学效率为：

$$\eta_e=\frac{Ex_{out}}{Ex_{in}}=\left(1-\frac{T_0}{T_B}\right)\Big/\left(1-\frac{T_0}{T_A}\right) \tag{2-77}$$

【例 2-13】 有一个锅炉，燃烧器的压力为 0.1013MPa，传热前后燃烧气的温度分别为 1400K 和 810K。水在 0.7MPa、423K 时进入锅炉，以 0.7MPa、523K 时的过热蒸汽送出。设燃烧气的 $c_p=4.56$kJ/(kg·K)，试分析此锅炉产生过热蒸汽过程的㶲损失和热力学效率。

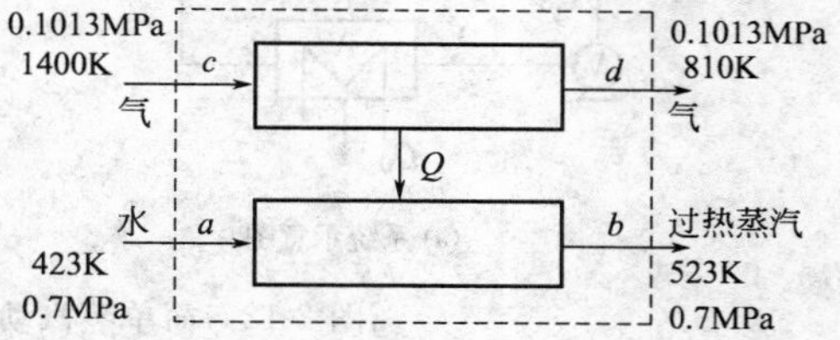

图 2-11　锅炉传热过程

解　将锅炉视为并流换热器，如图 2-11 所示。

(1) 由能量平衡分析确定燃烧气和水的质量比

查蒸汽表，0.7MPa、423K 时的热水，$h_a=632.2$kJ/kg，$s_a=1.8418$kJ/(kg·K)；

0.7MPa、523K 时的过热蒸汽，$h_b=2972$kJ/kg，$s_b=7.144$kJ/(kg·K)

得到：

$$\frac{m_{气}}{m_{水}}=\frac{h_b-h_a}{\overline{c}_p(T_c-T_d)}=\frac{2972-632.2}{4.56\times(1400-810)}=0.87$$

(2) 计算燃烧气给出的㶲和水蒸气得到的㶲

取 1kg 水为计算基准，设环境温度 $T_0=298$K，环境压力 $p_0=0.1$MPa。

收益㶲 Ex_g 为：

$$\begin{aligned}Ex_g&=Ex_b-Ex_a=(h_b-h_a)-T_0(s_b-s_a)\\&=(2972-632.2)-298\times(7.144-1.8418)=759.7\ (\text{kJ/kg})\end{aligned}$$

支付㶲 Ex_p 为：

$$\begin{aligned}Ex_p&=Ex_c-Ex_d=(h_c-h_d)-T_0(s_c-s_d)\\&=0.87\,\overline{c}_p\left(T_c-T_d-T_0\ln\frac{T_c}{T_d}\right)\\&=1693.7\ (\text{kJ/kg})\end{aligned}$$

(3) 锅炉产生蒸汽过程的㶲损失 Ex_L

对整个系统列㶲平衡式有：

$$Ex_a+Ex_c=Ex_L+Ex_b+Ex_d$$

$$\begin{aligned}Ex_L&=Ex_a+Ex_c-(Ex_b+Ex_d)=Ex_c-Ex_d-(Ex_b-Ex_a)\\&=1693.7-759.7=934\ (\text{kJ/kg})\end{aligned}$$

(4) 整个系统目的㶲效率

$$\eta_e=\frac{Ex_g}{Ex_p}=\frac{759.7}{1693.7}=44.85\%$$

本例锅炉传热过程的㶲损失每千克水蒸气高达 934kJ，热力学效率仅为 44.85%。其原因在于锅炉的传热温差特别是热端温差太大，如果提高锅炉给水压力并进一步使蒸汽过热，则整个锅炉的传热温差相应减小，㶲损失会降低，㶲效率便可得到提高。

2.6.3.2　简单蒸汽动力循环的㶲分析

简单蒸汽动力循环——Rankine 的系统以及其在 T-S 图上的表示如图 2-12 所示，对其进行㶲分析的关键是计算每个设备的㶲变化和整个循环系统的㶲效率。

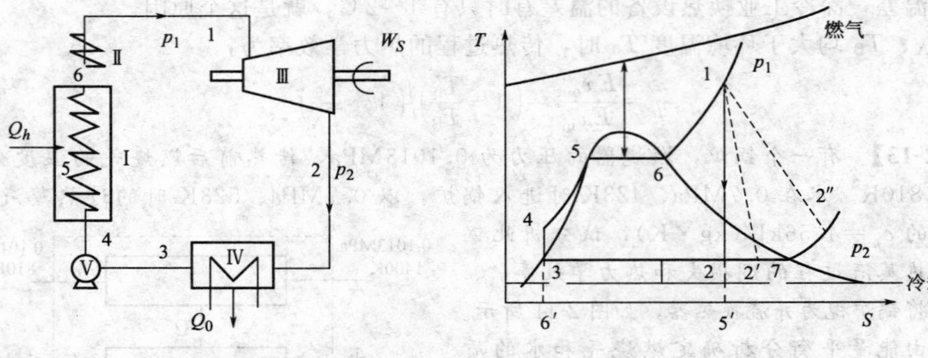

(a) 系统示意图　　(b) *T-S* 图

图 2-12　简单蒸汽动力系统示意图及循环的 *T-S* 图

【例 2-14】 某一蒸汽动力循环的已知参数如下：锅炉出口蒸汽压力为 $p_1=6\text{MPa}$，蒸汽温度为 $t_1=500℃$；汽轮机出口蒸汽压力为 $p_2=0.00516\text{MPa}$，蒸汽温度 $t_2=32.9℃$；环境温度为 $T_0=288\text{K}$，环境压力为 $p_0=0.1\text{MPa}$；锅炉内烟气最高温度为 $T_{\max}=1700\text{K}$，锅炉效率 $\eta_{锅炉}=0.90$；汽轮机的相对内部效率为 0.88；燃料（煤）的热值为 $q_h=29300\text{kJ/kg}$，忽略管道的阻力损失、汽轮机的机械损失和发动机损失等，假设冷却水的温度、压力即为环境温度 T_0、环境压力 p_0。试分析循环的优劣。

解 根据已知数据，从水和水蒸气图表中查出各点有关参数，并列于表 2-5 中，其中符号含义为：比焓 h、比熵 s、压力 p、温度 t、比㶲 e、下标 0 表示环境状态。比㶲 e 满足：

$$e=(h-h_0)+T_0(s-s_0)$$

表 2-5　各状态点的参数

状态点	p/MPa	t/℃	h/(kJ/kg)	s/[kJ/(kg·K)]	e/(kJ/kg)
1	6	500	3422	6.8814	1441.53
2	0.005	32.9	2098	6.8814	117.13
3	0.005	32.9	137.77	0.4762	2.0
4	6		144.35	0.4762	8.58
2′	0.005	32.9	2256.9	7.401	126.79
0	0.1	15	63.05	0.2237	0

下面的计算是以 1kg 蒸汽作为计算基准，为了分析比较，分别采用能量平衡法、㶲分析法来评价循环的优劣。

(1) 能量平衡分析

以 1kg 蒸汽为计算基准。产生 1kg 蒸汽需要燃料提供的热量 q_1 为：

$$q_1=(h_1-h_4)/\eta_{锅炉}=(3422-144.35)/0.9=3641.83\ (\text{kJ/kg})$$

锅炉热损失占燃料提供热量 q_1 的百分比为 $(1-0.9)\times100\%=10\%$，故锅炉的排烟和散热等造成的热量损失为：

$$q'_{锅炉}=(1-0.9)\times3641.83=364.18\ (\text{kJ/kg})$$

不计管道的阻力损失和汽轮机的机械损失时，装置实际的循环净功为：

$$w_{\text{net}}=(h_1-h'_2)-(h_4-h_3)=1158.52\ (\text{kJ/kg})$$

$$w_p=h_4-h_3=6.58\ (\text{kJ/kg})$$

$$w_{汽轮机}=h_1-h'_2=1165.1\ (\text{kJ/kg})$$

循环功占 q_1 的百分比为（循环热效率）：

$$\eta_t = w_{net}/q_1 = (1158.52/3641.83)\times 100\% = 31.81\%$$

冷凝器冷却水带走的热量 q_2（冷凝器热损失）：

$$q_2 = h_2' - h_3 = 2119.13\ (\text{kJ/kg})$$

冷凝器热损失占 q_1 的百分比为：

$$q_2/q_1 = 58.19\%$$

（2）㶲分析

以燃料的化学㶲为基准，计算各设备的㶲损失率，每产生 1kg 蒸汽所需的燃料量为：

$$m_{燃料} = q_1/(q_h\cdot\eta_{锅炉}) = 0.1243\text{kg}$$

对于固体燃料，一般假定 1kg 燃料的㶲值即为其本身的高发热值 Q_h，即每产生 1kg 蒸汽，燃料提供的燃料化学㶲为：

$$e_{ch} = m_{燃料}\cdot q_h = q_1/\eta_{锅炉} = 3641.83\text{kJ/kg}$$

① 锅炉。对锅炉列㶲平衡式，输入㶲包括燃料化学㶲 e_{ch}，来自水泵压缩后过冷水具有的㶲 e_4；输出㶲 Ex_{out} 主要是 1kg 过热蒸汽具有的㶲；内部㶲损失包括燃料燃烧不完全、燃烧过程、有限温差传热过程等的㶲损失；外部㶲损失主要为散热、排烟以及灰渣带走的㶲损失。

以 $e_{L,锅炉}$ 表示锅炉中总的㶲损失，则

$$e_{L,锅炉} = e_{ch} + e_4 - e_1 = 3641.83 + 8.58 - 1441.53 = 2208.88\ (\text{kJ/kg})$$

对于 1kg 蒸汽而言，由锅炉中烟气传出的热量 q_1 所具有的烟气㶲 $e_{烟气}$ 为：

$$e_{气} = \left(1 - \frac{T_0}{\overline{T}_{气}}\right)\times q_1$$

其中 $\overline{T}_{气} = \dfrac{h_{气,1700\text{K}} - h_{气,288\text{K}}}{s_{气,1700\text{K}} - s_{气,288\text{K}}} = \dfrac{1880.1 - 288.15}{8.5978 - 6.6612} = 822.03\ (\text{K})$

即

$$e_{烟气} = 2365.91\ (\text{kJ/kg})$$

（说明：假设锅炉的燃烧过程在环境压力下进行，将烟气近似地看做空气，由已知的烟气最高温度 1700K 与环境温度 288K，可以从空气热力学性质表查得对应的焓值和熵值。）

已知烟气㶲，可以进一步列相应㶲平衡式，求得锅炉中由于散热和有限温差传热的㶲损失 $e_{L,锅炉1}$ 以及不可逆燃烧引起的㶲损失 $e_{L,锅炉2}$。

$$e_{L,锅炉1} = e_{烟气} + e_4 - e_1 = 932.96\ (\text{kJ/kg})$$

$$e_{L,锅炉2} = e_{ch} - e_{烟气} = 3641.83 - 2365.91 = 1275.92\ (\text{kJ/kg})$$

对应的散热和有限温差传热的㶲损失率 $\varepsilon_{锅炉,1}$ 为：

$$\varepsilon_{锅炉,1} = (932.96/3641.83)\times 100\% = 25.62\%$$

对应的不可逆燃烧引起㶲损失率 $\varepsilon_{锅炉,2}$ 为：

$$\varepsilon_{锅炉,2} = (1275.92/3641.83)\times 100\% = 35.04\%$$

② 汽轮机。根据㶲平衡式，有：

$$e_{L,汽轮机} = e_1 - e_2' - \omega = 1441.53 - [126.79 + (h_1 - h_2')]$$

$$= 1441.53 - [126.79 + (3422 - 2256.9)] = 149.64\ (\text{kJ/kg})$$

故汽轮机由于摩擦和涡流引起的㶲损失率为：

$$\varepsilon_{汽轮机} = (149.64/3641.83)\times 100\% = 4.11\%$$

汽轮机的目的㶲效率为：

$$\eta_{e,汽轮机} = w/(e_1 - e_2) = 88.62\%$$

③ 冷凝器。根据㶲平衡式，有：

$$e_{L,冷凝器} = e_2' - e_3 = 126.79 - 2.0 = 124.79\ (\text{kJ/kg})$$

故冷凝器的㶲损失率为：

$$\varepsilon_{冷凝器}=(124.79/3641.83)\times100\%=3.43\%$$

④ 水泵。由于水泵被视为绝热可逆压缩，故㶲损失为0，列㶲平衡式有：

$$w_p=e_4-e_3=8.58-2.0=6.58\ (\mathrm{kJ/kg})$$

⑤ 整个蒸汽动力循环系统的总㶲损失。

$$e_L=e_{L,锅炉1}+e_{L,锅炉2}+e_{L,汽轮机}+e_{L,冷凝器}$$
$$=932.96+1275.92+149.64+124.79=2483.31\ (\mathrm{kJ/kg})$$

⑥ 整个装置的㶲平衡验算。

对整个装置列㶲平衡式：输入㶲主要包括燃料化学㶲 $e_{ch}=3641.83\mathrm{kJ/kg}$；输出㶲 Ex_{out} 主要是汽轮机对外做功的㶲 $w_{汽轮机}=1165.1\mathrm{kJ/kg}$，考虑水泵的耗功，装置实际的循环净功 $w_{net}=1158.52\mathrm{kJ/kg}$，其余为㶲损失 e_L。故

$$e_L=3641.83+6.58-1165.1=2483.31\ (\mathrm{kJ/kg})$$

计算结果吻合。

整个装置的㶲损失率：$\varepsilon=(2483.31/3641.83)\times100\%=68.19\%$

整个装置的㶲效率为：$\eta_e=(w_{汽轮机}-w_p)/e_{ch}=31.83\%$

(3) 能量平衡分析和㶲分析比较

将能量平衡分析和㶲分析的结果分别用能流图和㶲流图画出，如图2-13所示。

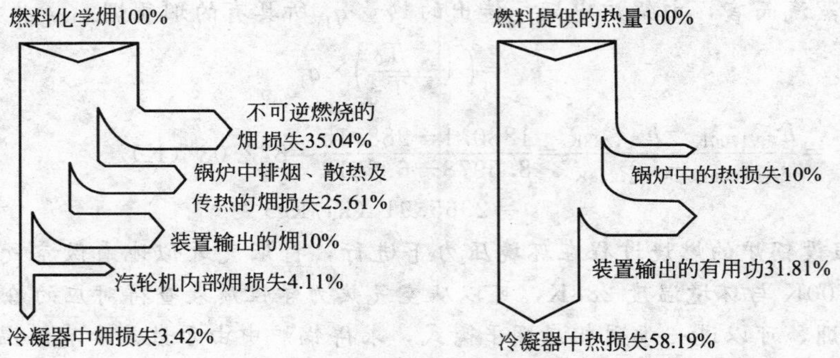

图2-13 㶲流图与能流图

① 在锅炉里，锅炉效率为90%，排烟以及散热的热损失仅占10%，但㶲分析得出，锅炉里由于不可逆燃烧、排烟、散热、温差传热等引起的㶲损失率高达60.65%。这从本质上指出，高温烟气传热给低温蒸汽，虽然热量的数量未变，但该热流的做功能力即能量的“品质”或“有用性”降低了，为此要设法提高水蒸气的最高温度或平均吸热温度。

② 冷凝器中乏汽放给冷却水的热量很大，占烟气提供热量的58.19%，但其㶲损失率只有3.42%。说明冷凝器中的热损失虽然很大，但实际的做功能力（㶲）损失并不大。

③ 汽轮机的不可逆膨胀引起的㶲损失占4.11%，但通过能量平衡分析，无法反映出这部分能量损失。

因此，能量平衡分析虽然能够在数量上反映能量利用情况，但并不能真正揭示能量损失的本质原因，而通过㶲分析法可以具体地说明循环中各种不可逆因素造成的㶲损失。

2.7 节能理论的新进展

2.7.1 可避免㶲损失与不可避免㶲损失

㶲分析法克服了热力学第一定律的局限性，能够分析各种过程的热力学不完善性，例如

温差传热、节流、绝热燃烧，这些过程并不导致能量量的损失，但引起能量质的降低。但是，㶲分析只指出了过程特性改进的潜力或可能性，而不能指出这些可能的改进是否可行。这是因为㶲分析法是以无驱动力的理想过程为基准来分析实际过程的，而任何实际过程都需要一定的驱动力来使过程进行。这些驱动力包括温差、压差、化学势差。当有驱动力存在时，就有㶲损失；驱动力越大，过程进行的速度就越快，㶲损失也就越大。要使过程进行，就不可避免要有一些㶲损失，这种不可避免的㶲损失随过程的不同而不同。具有大的㶲损系数的过程也许很难改进，因为其中大部分㶲损失是不可避免的。此外，当前的技术和经济条件也限制了一些改进的可能性。因此，用常规的㶲分析法有时也并不能给出正确的指导。例如，锅炉的㶲效率达到66%已属不可能，而蒸汽透平的㶲效率达到80%还有改进的余地。所以，它们与理想过程的差距并不等价于它们的改进余地。

因此，将㶲损失划分为两部分：可避免㶲损失（AVO）和不可避免㶲损失（INE）

$$Ex_L = AVO + INE \tag{2-78}$$

不可避免㶲损失定义为技术上和经济上不可避免的最小㶲损失。如果一个过程的㶲损失小于其不可避免㶲损失，要么技术上无法实现，要么经济上不可行。因此，不可避免㶲损失是随技术进步和经济环境在变化。

如果能够确定不可避免㶲损失，就可以只分析可避免㶲损失，从而确切知道哪里可避免㶲损失较大，可以得到显著改进。

在可避免㶲损失和不可避免㶲损失概念的基础上，可以定义一个实用㶲效率：

$$\eta_e' = Ex_g / (Ex_p - INE) \tag{2-79}$$

常规㶲效率是将实际过程与理想过程相比较，而这里定义的实用㶲效率是将实际过程与技术经济上可以达到的最好的过程相比较，因而可以指出可行的改进。下面用一个例子来说明。

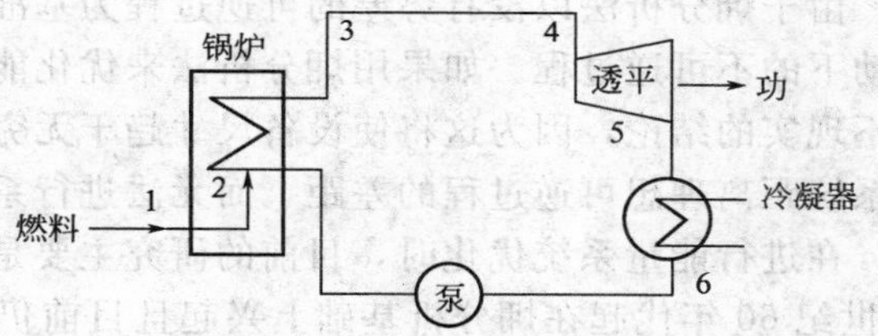

图 2-14 简单蒸汽动力厂循环

考虑如图 2-14 所示简单蒸汽动力厂，相关参数为：燃料热值 29306kJ/kg，蒸汽压力 10.3MPa，绝对燃烧温度 1927℃，锅炉到透平压降 1.03MPa，炉膛热损失 12%，透平效率 80%。图中各点的操作参数见表 2-6，参考状态为 21℃及环境压力下的液体。

表 2-6 系统操作参数

状态点	温度/℃	压力/kPa	焓/(kJ/kg)	熵/[kJ/(kg·K)]	㶲/(kJ/kg 燃料)
1	1927	100	29306	—	29306
2	—	—	—	—	25817
3	482	10300	3354	6.5787	11350
4	479	8960	3340	6.6059	11164
5	29	4.1	2233	7.4106	442
6	29	4.1	121	0.4187	9.3

为了计算不可避免㶲损失，假定：最高燃烧效率 0.90，蒸汽透平最高效率 0.90，最高燃烧温度 1927℃，泵最高效率 0.90，冷凝器中最小传热温差 8℃。表 2-7 给出了用常规㶲分析法和可避免㶲损失法的计算结果。可见，两者结果是很不相同的。常规的㶲分析法指出炉膛中燃烧过程的㶲损失相当大，但在当前的技术条件下，材料的极限限制了燃烧温度，所以炉膛中的燃烧过程已近于完善（实用㶲效率达 98%），其㶲损失几乎都是不可避免的。用常规的㶲分析法，冷凝器的㶲效率只有 2%，距离理想过程甚远；但由于其冷凝温度与环境温

度只有8℃温差，在当前的经济条件下，所有的㶲损失都是不可避免的，没有改进的余地，所以其实用㶲效率为100%。采用可避免㶲损失的概念后，透平的㶲损失跃为第二，存在改进的余地。例如若采用再热循环可增加透平乏汽的干度，从而可提高透平效率。两种方法均指出锅炉中的㶲损失最大，这是由于锅炉中的传热温差远高于许可的最小值所致。提高新汽温度和压力、采用回热等，可以大大改善锅炉中的能量转换。

表 2-7 常规㶲分析法与可避免㶲损失法的计算结果

状态点或部件	㶲/(kJ/kg)	常规方法		可避免㶲损失方法	
		㶲损失/(kJ/kg)	η_e/%	AVO/(kJ/kg)	η_e'/%
1	29306	—	—	—	—
炉膛	—	3489	88	586	98
2	25817	—	—	—	—
锅炉	—	14513	44	5819	66
4	11164	—	—	—	—
透平	—	1884	82	1105	89
5	442	—	—	—	—
冷凝器	—	433	2	0	100

2.7.2 热经济学

由于㶲分析法以没有势差的可逆过程为基准分析实际过程，而实际过程均是在一定势差驱动下的不可逆过程。如果用㶲分析法来优化能量系统，就会得出过程驱动势差趋于零这样极不现实的结论，因为这将使设备尺寸趋于无穷大。因此，采用㶲分析方法只能分析实际能量系统距离理想可逆过程的差距，而无法进行系统的优化。

在进行能量系统优化时，目前的研究主要是引入经济量来衡量。其中具有代表性的就是20世纪60年代起在㶲分析基础上兴起且目前仍为研究热点的热经济学（thermoeconomics，也称为㶲经济学 exergoeconomics）。

热经济学分析，是把热力学分析与经济优化理论相结合的技术。其特征是在一个合适的热力学指标㶲效率和基本建设投资间找到适当的平衡，以达到单位成本最小。

考虑仅有一种能量输入（㶲单位成本 c_{in}）和一种产品输出（㶲率 E，㶲单位成本 c_{out}）的系统，其成本方程即热经济学分析的目标函数为

$$c_{out}=C/E+c_{in}/\eta_e \tag{2-80}$$

式中，C 为年度化了的设备费与运行费等。

例如考虑一个最简单的余热回收换热器的优化。假定有初温为120℃、流率为18.8kg/s，比定压热容为4.2kJ/(kg·k)的余热流，要回收其余热，回收后该物流排弃。考虑用该余热加热锅炉给水，给水初温为环境温度25℃，为简化问题，假定该给水流率和比定压热容均与余热流相同。

由于余热流用后要排弃，若将其余热回收得越多，能量的损失就越少，系统的㶲效率就越高；但由于此时过程温差减小，故换热器投资就要增加，故存在最优化问题。

假定选用FB型换热器，总传热系数为0.7kW/(m²·K)，其年度化的设备费与运行费等为 $C=1000+0.038(5505+97F)$

式中，F 为换热面积，m²，可用下式计算

$$F=\frac{Q}{K\Delta t_m}=\frac{18.8\times4.2(t_2-25)}{0.7(120-t_2)}$$

系统输出㶲率与给水终温 t_2 有关（假定年运行小时数为6000）

$$E=18.8\times4.2\times3600\times6000\{(t_2-25)-298\ln[(t_2+273)/298]\}$$

由于余热流用后要排弃，故输入的㶲率可按其所具有的㶲率考虑，因而系统㶲效率为

$$\eta_e=\frac{t_2-25-398\ln\dfrac{t_2+273}{298}}{120-25-298\ln\dfrac{393}{298}}$$

若 c_{in} 按自来水价 0.14 元/吨折合得 2.66×10^{-6} 元/kJ，则可得目标函数为

$$c_{out}=\left\{1000+0.038\left[5505+97\times\frac{18.8\times4.2(t_2-25)}{0.7(120-t_2)}\right]+18.8\times4.2\times3600\times6000\times2.66\times10^{-6}\left(120-25-298\ln\frac{393}{298}\right)\right\}\Big/\left[18.8\times4.2\times3600\times6000\left(t_2-25-298\ln\frac{t_2+273}{298}\right)\right]$$

可见目标函数只与 t_2 有关。将该函数对 t_2 求导并令导数为零，可解得最优的 t_2 为 114.5℃，此时输出㶲的单位成本 c_{out} 为 3.38×10^{-6} 元/kJ。

综上所述，热经济学分析法的任务除了研究体系与环境间的相互作用外，还要研究体系内部的参量与环境的经济参量之间的作用，这就是热经济学分析法与热力学分析法之间既有联系又有区别的地方。

2.7.3　有限时间热力学

由于㶲分析法是以没有势差的可逆过程为基准，这就要求过程进行得无限缓慢，因而可逆热机循环的功率趋于零，而工程实际对此是无法接受的。

有限时间热力学认为过程应在有限时间内进行，势差并不是越小越好，而是有一个最佳值，以使“率”最大。

以卡诺循环为例，已知卡诺循环的最大效率为

$$\eta_{c,\max}=1-T_2/T_1$$

但由于过程进行得无限缓慢，其输出功率为 0。

为求循环在最大功率输出时的效率，假定绝热过程可逆，而等温过程的热通量正比于热源与工质之间的温差，即

$$Q_1=\alpha(T_1-T_{1W})$$

$$Q_2=\beta(T_2-T_{2W})$$

式中　Q_1，Q_2——吸热和放热过程的热通量；

T_1，T_2——高温热源和低温热源的温度；

T_{1W}，T_{2W}——吸热和放热过程中工质的温度；

α，β——吸热和放热过程的传热系数。

假定吸热和放热过程分别持续 t_1 和 t_2 时间，则吸热过程输入能量 W_1

$$W_1=Q_1t_1$$

放热过程放出热量

$$W_2=Q_2t_2$$

由于绝热过程是可逆的，则有

$$W_1/T_{1W}=W_2/T_{2W}$$

则热机功率 P 为

$$P=(W_1-W_2)/(t_1+t_2)\gamma$$

式中，$(t_1+t_2)\gamma$ 是完成循环的时间。

用前面几式消去 t_1 和 t_2，求 P 对吸热和放热过程温差的偏导，并令该两偏导为 0，就

可求得对应最大热机功率的效率为

$$\eta'=1-(T_2/T_1)^{1/2}$$

2.7.4　积累㶲理论

㶲分析不仅因其以可逆过程为基准而无法进行系统优化，而且因其常规分析中系统选取的局限而会导致一些不合理的结论。

例如，比较电炉取暖和煤炉取暖的能量利用情况，设室内温度为20℃，环境温度0℃。煤炉的热效率为80%，给室内供应1kJ的热量所具有的㶲为

$$e_{收益}=1-273/293=0.07\ (\text{kJ/kJ})$$

用电炉取暖时，电全部是㶲，1kJ的电变成了1kJ的热，故其㶲效率 $\eta_{e1}=0.07$。当用煤炉取暖时，取煤的化学㶲等于其热值，但由于煤炉的热效率为80%，供应1kJ的热㶲需要(1/0.8)kJ的煤，故煤炉取暖的㶲效率为

$$\eta_{e2}=0.07\times0.8=0.056$$

比较两者的㶲效率，似乎电炉取暖的能量利用情况更为有利，但这与人们的概念是相反的。问题就出在系统的选取上。由于系统仅考虑要取暖的房间，对能量仅考虑输入系统的能量的㶲。至于该能量是如何来的，不在考虑之列。而由于电不是一次能源，而是从一次能源转换而来的，因此电能所具有的㶲与一次能源煤所具有的㶲是不等价的。

为了衡量这种不等价，就需要以一个相同的基准来衡量不同形式能量的㶲。斯蔡尔古特提出的积累㶲理论就提供了这样的一个基准。

定义自然资源具有的㶲为一次㶲。积累㶲是指从自然资源到所研究的过程系统中的单元所经历的一系列簇状过程所消耗的一次㶲累积值。它以自然界存在的资源为出发点，具有全生命周期分析（包括产品和过程）的思想。

还以上面的例子为例，假定从一次能源煤转换为电能的㶲效率为30%，则要提供1kJ热量（0.07kJ㶲），电炉取暖要消耗1/0.3=3.3（kJ）的一次㶲。而煤炉取暖只需要1/0.8=1.25（kJ）的一次㶲。显然煤炉取暖优于电炉取暖。

但斯蔡尔古特提出的积累㶲理论在分析问题时忽略了设备这样的因素，因而只能用于分析系统，以及比较不同的生产路线的优劣，不能用于进行系统的优化。此外，由于没有考虑废弃物的影响，不是完整的全生命周期分析方法。

针对该弱点，在积累㶲理论中加入设备部分和废弃物的处理部分，使得积累㶲成为一个统一的标准，以自然界存在的资源为出发，衡量系统的各种因素，用于过程系统中的原材料、能量、设备、废弃物以及产品等，从而积累㶲建立衡算式，以产品积累㶲最小为目标函数，既能分析、比较系统，也能进行系统的优化。

2.7.5　能值分析

积累㶲理论虽然以自然界存在的资源为出发，用积累㶲统一衡量系统的各种因素，但自然界存在的资源的㶲是否都等价呢？比如1kJ煤的化学㶲与1kJ太阳能的化学㶲是否等价？煤的化学㶲最初也是来源于太阳能，经过许多世纪的积累才得以形成，所以1kJ煤的化学㶲当然比1kJ太阳能的化学㶲更为珍贵。

考虑到地球上的能源大多来源于太阳能的辐射，也是生物圈能量运动的原始驱动力，把贯穿于能源运动始终的太阳能作为过程分析的本质或者说作为一种等价的媒介，就形成了能值（emergy）分析理论。该理论是由美国系统生态学家H. T. Odum提出的，他在对生态学的多年研究中发现，自然的因素（如日光、风、土壤、气候水文甚至地热等）和社会的因素（如基础设施的投资、人的劳动、知识信息的投入等）对系统的影响同样重要，将每种物质

或者能量所含的太阳能（emergy）作为统一的指标，就可以把任何复杂系统的所有影响因素（包括自然界）放在一起进行综合的考虑，进而得出比较全面的结论。

能值表示了在时间和空间上进入产品的所有能量。也就是说，它不仅考虑了产品所包含能量的质和量，还体现了能量的历史积累。因此产品的产地、生产方式，以及生产过程中的技术条件、管理效率等，都会影响产品最终的能值。例如：生产一张木桌，树木生长的气候条件影响木质的好坏，生长地与加工地之间的距离以及运输方式影响成本，木桌的加工技术、生产规模、管理效率等一切过程的参与因素都影响最终产品——木桌的能值，只有把所有影响因素的能值都计算在内才是生产一张木桌的代价。像能量一样，系统的能值是守恒的，即外界给系统输入的能值等于系统向外界输出的能值，这样就可以对复杂系统进行能值衡算。

另外，由于在过程分析中，能值理论除了包含自然环境对系统的输入以外，还考虑了系统向环境排放的废物，这样就把整个能量运动过程考虑得更加完整，也使此分析评价方法符合能源利用的可持续发展原则。

2.7.6 综合考虑资源利用与环境影响的㶲分析

由于㶲参数以环境状态为基准，衡量一系统或一物流与环境的差异，因而只要合适地选择环境状态，不仅可以衡量系统的能量或资源利用，也可以衡量排放物对环境的污染。据此建立了综合考虑资源利用与环境影响的㶲分析方法。

首先将传统的㶲分析方法应用范围扩展到可以考虑系统的环境效应。

系统对环境的影响可以用系统的㶲排放损失来衡量。系统对环境的㶲排放损失包括两部分：一部分是系统的散热㶲损失；另一部分是系统排放物本身所具有的物理㶲和化学㶲。散热㶲损失是以热量的形式为环境所吸收，可以说对环境不产生什么危害。而系统的排放物中有多种成分，而且各种成分由于其化学性质（毒性、温室效应性、光化学效应性、同温层臭氧损耗性、酸雨性等）的不同，对环境造成的危害程度也各不相同。所以在计算系统排放物的㶲损失时，不能只是将这些成分的㶲损失简单叠加，应该考虑到上述因素。可以引入危害系数来反映它们对环境所造成的危害程度的不同，这样计算出的排放物的㶲损失由于已经不满足㶲平衡方程，所以不再是传统意义上的㶲损失了。因此，定义一个新概念——系统的环境负效应（ENE）作为评价系统对环境的影响程度的指标。定义式如下

$$ENE=\sum_{t} B_i Ex_i \tag{2-81}$$

式中　ENE——系统的环境负效应；

Ex_i——系统排放物中第 i 种成分所具有的物理㶲和化学㶲；

B_i——系统排放物中第 i 种成分对环境的危害系数。

当考虑系统在资源利用与环境影响的综合效应时，在前面所定义的环境负效应的基础上，可以很方便地将㶲分析方法应用范围扩展至可以综合评价系统的资源利用性和环境影响性。将此综合评价指标定义为系统负效应（SNE）。

因为所有的㶲损失均造成资源的浪费，所以系统对资源的负效应可以用系统的所有㶲损失的总和 $Ex_{L,\mathrm{tot}}$ 来表示，它等于系统㶲耗散和㶲排放损失之和。

此外，如前所述，系统的㶲排放损失还造成了环境的污染，因此，在考虑系统的总效应时，这部分㶲损失需要计及两次：对资源的浪费在 $Ex_{L,\mathrm{tot}}$ 计及，对环境的负效应在 ENE 中计及。然而，由于系统对资源的浪费和系统对环境的污染两者并不等价，所以不能将它们简单叠加来求取系统负效应。同样，引入效应系数来考虑这种不等价。

定义系统负效应为

$$SNE = C_1 Ex_{L,tot} + C_2 ENE \tag{2-82}$$

式中　SNE——系统负效应；

$Ex_{L,tot}$——系统总的㶲损失；

C_1，C_2——效应系数；

若取资源效应系数 C_1 为 1，则式(2-82) 变为

$$SNE = Ex_{L,tot} + C_2' ENE \tag{2-83}$$

式中，C_2'为折合环境效应系数，它是环境效应系数 C_2 与资源效应系数 C_1 之比。

2.8　节能原理的指导意义

合理用能总的原则是：按照用户所需能量的数量和质量来供给它。用能过程中要注意以下几点。

(1) 防止能量无偿降级（能量品位降低）　用高温热源去加热低温物料，或者将高压蒸汽节流降温、降压使用，或者设备保温不良造成的热损失（或冷损失）等情况均属能量无偿降级现象，要尽可能避免。

(2) 合理组织能量梯次利用　化工厂许多化学反应都是放热反应，放出的热量不仅数量大而且温度较高，这是化工过程一项宝贵的余热资源。对于温度较高的反应热应通过废热锅炉产生高压蒸汽，然后将高压蒸汽先通过蒸汽透平做功或发电，最后用低压蒸汽作为加热热源使用，即先用功后用热的原则。对热量也要按其能级高低回收使用，例如用高温热源加热高温物料，用中温热源加热中温物料，用低温热源加热低温物料，从而达到较高的能量利用率。现代大型化工企业正是在这个概念上建立起来的用能体系。

(3) 采用最佳推动力的工艺方案　过程推动力是过程能以一定速度完成的必要条件，如果过程无推动力，则体系处于平衡状态，过程难以进行。一般，推动力越大，过程进行的速率也越大，设备投资费用可以减少，但过程推动力也是造成系统能量损耗的根本原因，大的推动力将导致有效能损失增大，能耗费用增加。反之，减小推动力，可减少有效能损失，能耗费减少，但为了保证产量只有增大设备，则投资费用增大。采用最佳的推动力的原则，就是确定过程最佳的推动力，谋求合理解决这一矛盾，使总费用最小。

思考题与习题

2-1　什么是过程用能的热力学分析法?

2-2　何谓体系、环境，并区分封闭体系、孤立体系和敞开体系。

2-3　简述各基准状态的确定。

2-4　什么是稳流体系？稳流体系有何特点?

2-5　为什么稳流体系的能量平衡计算中通常可以忽略动能项和势能项?

2-6　什么是轴功？如何计算轴功?

2-7　简述热力学第二定律及其在过程节能中的应用。

2-8　什么是熵增原理？讨论其有何实际意义?

2-9　损失功和过程熵变有何关系?

2-10　试比较热效率、热力学效率及㶲效率。

2-11　简述合理用能的原则。

2-12　某厂用功率为 2.4KW 的泵将 90℃ 水从储水罐压到换热器，水流量为 3.2kg/s。在换热器中以 720kJ/s的速率将水冷却，冷却后水送入比第一储水罐高 20m 的第二储水罐，求进入第二储水罐的水温。

2-13　试求 0.6078MPa、1kmol 的空气（1）等压下由 303K 冷却至 101K 时所需移走的热量；（2）等压下由 233K 加热至 303K 时所需的热量；（3）冷却和加热时空气的有效能变化（T_0＝298K）。

2-14　有一逆流式换热器，利用废气加热空气。空气由 0.1MPa、293K 被加热到 398K，空气的流量为 1.5kg/s；而废气从 0.13MPa、523K 冷却到 368K。空气的等压比热容为 1.04kJ/(kg·K)，假定空气与废气通过换热器的压力与动能变化可忽略不计，而且换热器与环境无热量交换，环境状态为 0.1MPa、293K。试求：（1）换热器中不可逆传热的有效能损失；（2）换热器的有效能效率。

2-15　设有温度 T_1＝90℃、流量 m_1＝20kg/s 的热水，与温度 T_1＝50℃、流量 m_2＝30kg/s 的热水进行绝热混合。试求此过程产生的熵。此绝热过程是否可逆？

2-16　有 1.57MPa、757K 的过热蒸汽推动透平机做功，并在 0.0687MPa 下排出。此透平机既不绝热也不可逆，输出的轴功相当于可逆绝热膨胀功的 85%。由于隔热不好，每 1kg 的蒸汽有 7.12kJ 的热量散失于 293K 的环境。求此过程的理想功、损耗功及热力学效率。

2-17　有一燃气轮机装置如图 2-15 所示。空气流量 m＝10kg/s，在压气机进口处空气的焓 H_1＝290kJ/kg，经过压气机压缩后，空气的焓 H_2＝580kJ/kg，在燃烧室中喷嘴燃烧生成的高温燃气，其焓为 H_3＝1250kJ/kg，在燃气轮机中膨胀做功后，焓降低为 H_4＝780kJ/kg，然后排向大气。试求：（1）压气机消耗的功率；（2）燃料消耗量（已知燃料发热量 H_V＝43960kJ/kg）；（3）燃气轮机产出的效率；（4）燃气轮机输出的功率。

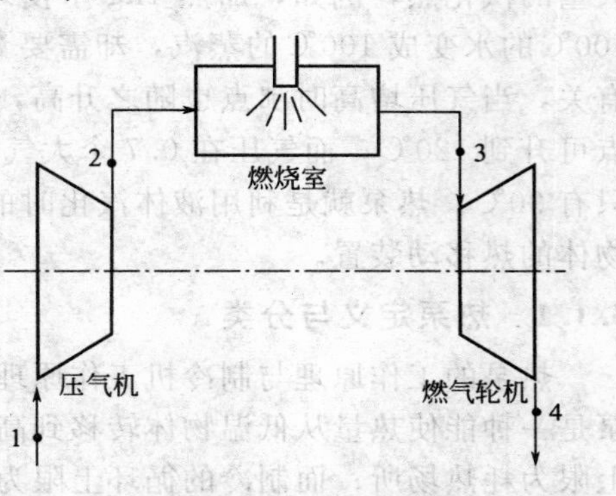

图 2-15　习题 2-17 附图

2-18　试求 25℃、0.1013MPa 的水变为 0℃、0.1013MPa 的冰的理想功。已知 0℃冰的溶解焓变为 334.7kJ/kg。设环境温度为（1）25℃；（2）－25℃。

2-19　试求以碳、水和空气为原料生产合成氨的理想功，已知其总反应式为：

$$0.883C+1.5H_2O(l)+0.133O_2+0.5N_2 \longrightarrow NH_3(g)+0.883CO_2(g)$$

2-20　某公司有一输送 90℃热水的管道，由于保温不良，致使使用时水温降至 70℃。计算每千克热水输送过程中由于散热而引起的损耗功。已知环境温度为 25℃，水的比定压热容为 4.18kJ/(kg·K)。

2-21　试计算以下三种状态下稳流过程水蒸气的㶲，设环境温度为 25℃。

p/MPa	10.0	5.0	10.0
t/℃	500	500	400

2-22　试用龟山-吉田环境模型求甲烷 CH_4 气体的标准摩尔化学㶲。

2-23　某合成氨厂用废热锅炉回收二段炉转化气的热量，转化气进、出废热锅炉的温度分别为 1000℃与 380℃，转化气流量为 5160m³/t(NH_3)。废热锅炉进水温度为 50℃，产生 4.0MPa、430℃的过热蒸汽。蒸汽通过透平机做功，乏汽压力为 p_3＝0.0123MPa，焓 H_3＝2557kJ/kg。乏汽进入冷凝器用 30℃的冷却水冷凝，冷凝水在温度为 50℃时进入废热锅炉。在有关范围内，转化气的平均比定压热容为 36kJ/(kmol·K)。试分别用能量衡算法、熵分析法与㶲分析法评价过程的能量利用情况。锅炉的热损失忽略不计。基准态（点 0）温度为 30℃。

已知：点 1　50℃，4.0MPa，H_1＝213.3kJ/kg，S_1＝0.7080kJ/(kg·K)

点 2　430℃，4.0MPa，H_1＝3284.6kJ/kg，S_1＝6.8729kJ/(kg·K)

点 3　50℃，0.0123MPa，H_1＝2557kJ/kg，S_1＝7.9694kJ/(kg·K)

点 4　50℃，0.0123MPa，H_1＝209.3kJ/kg，S_1＝0.7038kJ/(kg·K)

点 0　30℃，0.1013MPa，H_1＝125.7kJ/kg，S_1＝0.4365kJ/(kg·K)

第3章　通用过程节能技术

3.1　热泵节能技术

水泵能把水从低处输送到高处，而热泵能把热量从低温处抽吸到高温处。液体汽化需要大量的汽化热，例如，加热 1kg 水使之升高 1℃需要 4.186kJ 的热量，而要把 1kg 温度为 100℃的水变成 100℃的蒸汽，却需要 2256kJ 的热量。一种流体的沸腾温度即沸点与大气压有关，当气压增高时沸点也随之升高，当气压下降时沸点也下降。例如在高压锅炉中水的沸点可升到 120℃，而气压在 0.7 个大气压（1 大气压$=1.013\times10^5$Pa）时，水的沸点可降到只有 90℃。热泵就是利用液体汽化时的上述规律制成的一种能使热量从低温物体流向高温物体的热移动装置。

3.1.1　热泵定义与分类

热泵的工作原理与制冷机工作原理大体相同，只是应用目的和工作温度的范围不同。热泵是一种能使热量从低温物体转移到高温物体的能量利用装置，它循环的下限为低温热源，上限为耗热场所；而制冷的循环上限为周围环境，下限为用冷场所。适当应用热泵，可以把那些不能直接利用的低温热能变成有用的热量，从而提高能源利用率，节省燃料。

根据热力学第二定律，热量不会自发从低温物体传到高温物体，因此，热泵系统要完成自己的工作，就必须从外界输入一部分有用的能量，以实现这种能量的传递。按输入能量方式的不同，热泵可分以下几种：按输入机械能方式可分为压缩式、回转式、离心式；按输入热能的方式可分为吸收式、蒸汽喷射式；按输入电能式方式可分为电子式。

热泵的基本能量转换关系如图 3-1。理想的热泵循环是逆向卡诺循环，但实际更接近朗肯循环。目前热泵的能量转换经济性主要用热泵性能系数 *COP* 来表示，其定义为：

$$COP=\text{有效制热量}/\text{净输入能量}$$

由于热泵输入的能量是机械能，也可能是热能，用性能系数来评价不同形式输入能量是不合适的，因此近期有人提出用有效能效率或一次能源利用系数来评价热泵。一次能源利用系数 *PER* 旨在把输入能量折合成产生该能量的一次能源消耗量，其定义式为：

$$PER=\text{有效制热量}/\text{所消耗的一次能源量}=COP\times\eta$$

式中　η——从一次能源转换为输入能量的转换效率。

近几年随着节能意识的不断提高、能源价格的上涨，热泵得到了普遍的应用，热泵技术日渐成熟。热泵主要应用在以下两个方面：一是应用于民用方面，主要是以建筑空调为中心的热泵采暖；二是应用于工业方面，主要是应用热泵回收热量用于加热和回收潜热用于溶液的浓缩和蒸馏。如热泵应用于精馏和干燥上可达到很好的节能效果。

下面对常用的压缩式、吸收式、蒸汽喷射式和第二类吸收式热泵工作原理及过程给予介绍。

3.1.2　压缩式热泵

3.1.2.1　工作原理

压缩式热泵是以消耗机械能为代价而制热的装置。压缩式热泵循环系统一般包括蒸发

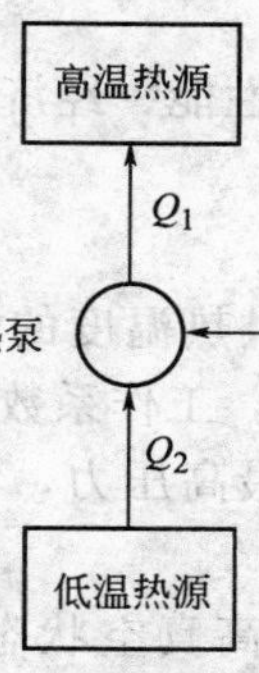

图 3-1　热泵的基本能量转换关系

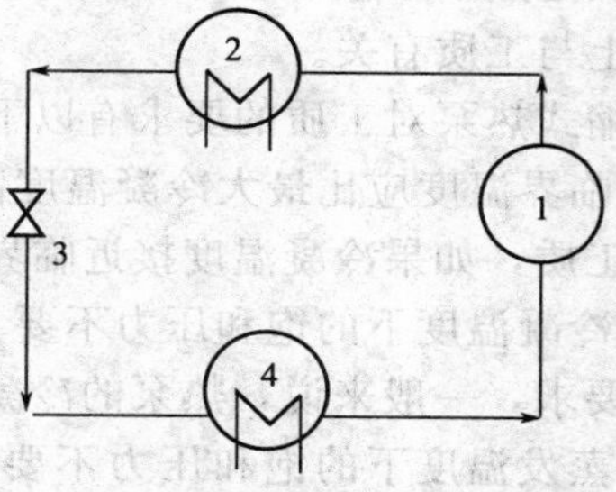

图 3-2　压缩式热泵循环系统

器、冷凝器、压缩机和节流阀，如图 3-2 所示。热泵工作时，来自蒸发器 4 的工质蒸汽为压缩机所 1 吸入，经压缩提高压力与温度后排入冷凝器 2，在冷凝器 2 中蒸汽放出热量而成为液体，冷凝后的高压液体经节流阀 3 降低压力和温度，然后进入蒸发器 4，在蒸发器 4 中工质在低温下吸取热量又变成蒸汽，如此不断循环。

图 3-3 是压缩式热泵理论循环在压焓图（lg$p$-h 图）和温熵图（T-S 图）上的表示。

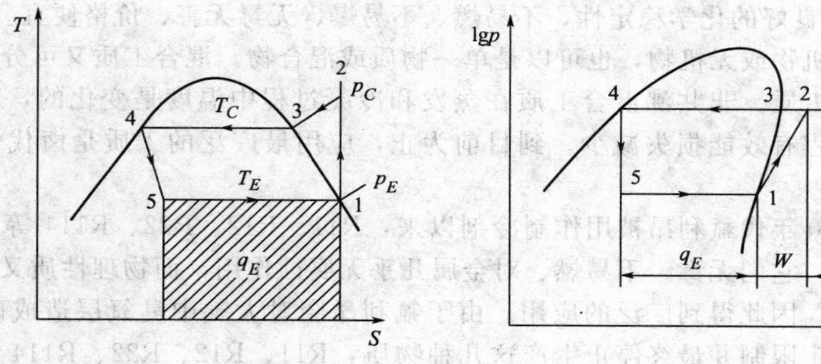

图 3-3　压缩式热泵理论循环

① 过程 1～2 为等熵压缩过程，单位质量工质耗功量为

$$W = h_2 - h_1$$

② 过程 2～4 为等压放热过程，单位质量工质供热量为

$$q_C = h_2 - h_4$$

③ 过程 4～5 为节流过程，节流前后，工质的比焓不变，即

$$h_4 = h_5$$

④ 过程 5～1 为等压吸热过程，单位质量工质吸热量为

$$q_E = h_1 - h_5$$

其能量平衡时式为

$$q_C = W + q_E$$

热泵性能系数为

$$COP = (h_2 - h_4)/(h_2 - h_1)$$

上述的热泵系统为闭式循环系统，如热泵与用热装置结合为一体，系统中工质不循环使用的系统称为开式循环系统。闭式、开式系统其热功转换的关系是相同的。

目前，压缩式热泵可达到的最高供热温度为 150℃左右。

3.1.2.2 工质要求

工质是热泵中赖以进行能量转换与传递的物质，热泵系统的性能、经济性、可靠性在很大程度上与工质有关。

压缩式热泵对工质的要求有以下几点。

① 临界温度应比最大冷凝温度高很多。只有临界温度高于供热温度的物质才可能作为热泵的工质，如果冷凝温度接近临界温度，循环的节流损失增大，工作系数会急剧降低。

② 冷凝温度下的饱和压力不要太高。冷凝压力是系统中的最高压力，它影响到对系统强度的要求，一般来说，热泵的冷凝压力最高不超过 2.5MPa。

③ 蒸发温度下的饱和压力不要低于大气压力，以免蒸发在高真空状态下运行。否则，空气将有可能漏入热泵装置，降低系统的制热能力并增加功耗，而且空气中的水分带入热泵装置，会给运行带来不良影响。

④ 一般情况下，要求热泵工质的单位容积制热量要大，这样在同样的制热量下，可以缩小压缩机的尺寸。单位容积制热量与工质的汽化潜热成正比，与蒸汽的比体积成反比。

⑤ 液体的比热容要小，亦即饱和液体的线要陡，这样节流损失小。

⑥ 随着饱和压力的变化饱和蒸汽比熵的变化要小，亦即饱和蒸汽线要陡，这样可以避免压缩机排气温度过高，减少过热损失。

⑦ 工质应有良好的化学稳定性，不易燃、不易爆、无毒无害、价格便宜。

工质可为有机物或无机物，也可以是单一物质或混合物。混合工质又可分为共沸混合工质和非共沸混合工质。非共沸混合工质在蒸发和冷凝过程中温度是变化的，若用于变温热源，可使传热过程有效能损失减少。到目前为止，应用最广泛的工质是卤代烃与无机物氨和水。

自 20 世纪 30 年代氟利昂被用作制冷剂以来，R11、R12、R22、R114 等一直被认为是理想的热系工质，它们无毒、不易燃、对金属几乎无腐蚀作用，而物理性质又能很好地满足热力循环的要求，因此得到广泛的应用。由于氟利昂会对大气中臭氧层造成破坏，1987 年蒙特利尔协议决定限制并最终停止生产这几种物质，R11、R12、R22、R114 近几年被新的制冷剂取代，如 R134a、R123、R141b、R236c。

3.1.3 吸收式热泵

3.1.3.1 工作原理

吸收式热泵以消耗热能为补偿，实现能量从低温热源向高温热源转移的过程。图 3-4 为吸收式热泵闭式循环系统的原理图。与压缩式热泵相同的是，它也有冷凝器、节流阀与蒸发器，高压制冷剂蒸汽在冷凝器中冷凝，放出热量；经过节流阀变成低温低压的液体，然后在蒸发器中蒸发，吸取低温热源的热量。它与压缩式热泵不同的是，它是用一个溶液回路代替了压缩机，该溶液回路由吸收器、溶液泵、发生器及溶液回路节流阀等部件构成；溶液回路中用消耗热能取代了压缩机中所消耗的机械能。因此，吸收式热泵有两个循环，即制冷剂回路和溶液回路。

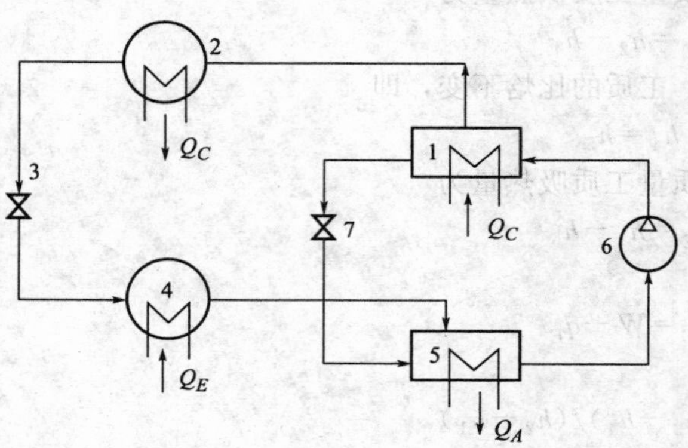

图 3-4 吸收式热泵闭式循环系统

1—发生器；2—冷凝器；3—节流阀；4—蒸发器；5—吸收器；6—溶液泵；7—溶液回路节流阀

在制冷剂回路中，由发生器产生的制

冷剂蒸汽在冷凝器中冷凝，经节流阀到蒸发器中蒸发成蒸汽，蒸汽进入吸收器被吸收。

在溶液回路中，由发生器的稀溶液（制冷剂含量低的溶液）经节流阀进入吸收器，在低压情况下，吸收蒸发器中来的低压蒸汽，并放热，从而形成浓溶液（制冷剂含量高的溶液）；浓溶液由溶液泵提高工作压力送回发生器，通过外界加热使之沸腾，部分制冷剂便分离出来成为高温高压的蒸汽。

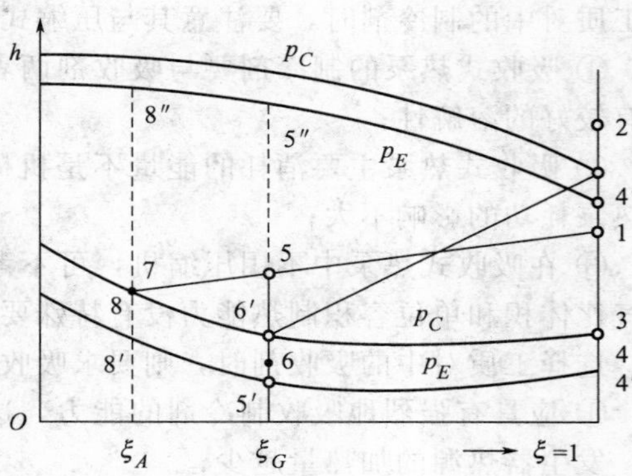

图 3-5　h-ξ 图上的吸收式热泵理论循环

在进行吸收式循环计算时，一般采用二维的焓-浓度图（h-ξ图），如图 3-5 所示。图中，6-6′为溶液在发生器中被定压加热到沸点的过程；6′-2 为工质从溶液中分离的过程，2 点为工质在冷凝压力下的过热蒸汽状态；2-3 为工质在冷凝器中的冷凝过程，3 点为工质在冷凝压力下的饱和液体状态；3-4 为工质节流过程，因焓和浓度均不变，节流前后的状态点在 h-ξ图上是重合的，4 点处于蒸发压力下的两相区；4-1 为工质在蒸发器中的蒸发过程；6′-7 为发生器中溶液的沸腾过程；7-8 为溶液的节流过程，状态 7 和 8 在 h-ξ图上是重合的；8-5 为溶液在吸收器中的吸收过程；状态 1 的工质蒸汽被状态 8 的稀溶液吸收，最终形成状态 5 的浓溶液；5-5′为溶液的冷却过程；5′-6 为浓溶液经溶液泵提高压力后送入发生器的过程。

吸收式热泵进行如下能量交换：①工质在冷凝器中的放热过程，放热量为 Q_C；②工质在蒸发器中的吸热过程，吸热量为 Q_E；③在吸收器中吸收剂吸收工质的放热过程，放热量为 Q_A；④在发生器中溶液沸腾的吸热过程，吸热量为 Q_G；⑤溶液泵的驱动功率为 W_P。

溶液泵的功相对于发生器中所消耗的热量来说是很小的，可以忽略。因此，吸收式热泵的能量衡算式为

$$Q_C+Q_A=Q_G+Q_E \tag{3-1}$$

各热量所处的温位不同，其中 Q_G 温度最高，Q_C 和 Q_A 的温度基本相同，为中温，而 Q_E 的温度最低。

吸收式热泵的性能系数为：

$$COP=\frac{Q_C+Q_A}{Q_G} \tag{3-2}$$

一个实际的吸收式热泵，除含有基本元件外，还可能设有精馏器、回流冷凝器（分凝器）、过冷器、换热器等设备。例如，如果溶液中两种组分（制冷剂和吸收剂，如氨和水）沸点比较接近，发生器产生的制冷剂蒸汽（如氨）中就会带有吸收剂蒸汽（如水蒸气），若直接将含有吸收剂蒸汽的制冷剂送入制冷剂回路，就会影响供热效果，使供热量减少。为了得到纯度高的制冷剂蒸汽，就需设置分凝和精馏设备。

3.1.3.2　工质对

吸收式循环由制冷剂循环和溶液循环组成。在吸收式热泵中循环变化的工作物质，除与压缩式热泵相似的工质外，还要有吸收剂。在吸收式热泵中，工作物质是由两种沸点不同的物质组成的二元混合物。因此，把制冷剂与吸收剂两者称为工质对。在工质对中，沸点低的物质为制冷剂，沸点高的物质为吸收剂。

工质对中制冷剂在热力学、物理、化学等方面的要求基本上与压缩式热泵一样。常用在压缩式热泵中的工质，如氨、饱和碳氢化合物的衍生物等，也常用在吸收式热泵上。但在选

择工质对中的制冷剂时，要注意其与压缩式热泵工质的要求不同，主要体现为以下几点：

① 吸收式热泵的制冷剂要与吸收剂两者组成工质对，因此，选择的制冷剂应在吸收剂中有较好的溶解性；

② 吸收式热泵主要消耗的能量不是机械能，而是热能，因此，工质的压缩比对于吸收式热泵耗功的影响不大；

③ 在吸收式热泵中不用压缩机，可不考虑压缩机排气量对供热量的影响，即对工质的吸气比体积和单位容积制热能力没有特殊要求。

选择工质对中的吸收剂时，则要求吸收剂具有下列一些特性：

① 应具有强烈地吸收制冷剂的能力，这种能力越强，循环中所需要的吸收剂循环量越少，发生器热源的加热量越少；

② 在相同的压力下，沸点比制冷剂高，而且相差越大越好，两者沸点差最好大于200～300℃，这样，在发生器中蒸发出来的工质纯度高，有利于提高性能系数，可避免设置其他装置；

③ 应具有比热容小、热导率高、黏度低、化学稳定性好、无毒、不易燃、不易爆、无腐蚀性、对生态环境无破坏等特性。

工质对一直是吸收式热泵研究的最重要的课题，已经被开发应用的工质对较多，这里介绍几种常用的工质。

(1) 氨-水　氨-水工质对中，氨是制冷剂，水是吸收剂。氨具有较好的热力性质，蒸发潜热大，压力适中，热导率高，价廉易得，且氨极易溶于氨水溶液，因此氨水溶液是一种理想的吸收剂。氨-水工质对工作温度范围广，单级吸收温度就可高达60℃。

氨和水的沸点相差只有133℃左右，因此，在发生器中氨蒸发出来的同时也有部分水被蒸发出来，这样就必须采用精馏装置，以提高蒸汽浓度。由于增设精馏装置，使系统庞大而笨重，增加运行费用。

氨具有强烈刺激性，有一定毒性，可燃并有爆炸危险，在高温时会分解，要求发生器的温度不宜超过160～170℃。另外，氨水溶液对有色金属有腐蚀作用。

(2) 水-溴化锂　目前，供空调用的吸收式制冷设备中，广泛地使用溴化锂溶液。它是由固体的溴化锂溶解在水中而成，水作制冷剂，溴化锂作吸收剂。

在常压下，溴化锂的沸点为1265℃，而水的沸点为100℃，两者相差1165℃。因此在发生器中溶液沸腾时产生的蒸汽几乎都是水的成分，而不含有溴化锂的成分，使热泵装置无须设置精馏装置。

水的临界温度高，化学性质稳定，无毒，不可燃，宜于制成高温热泵。溴化锂水溶液对一般金属具有较大的腐蚀性，对此可通过加缓蚀剂予以改善。且由于溴化锂水溶液易结晶，因此一般溶液浓度应小于0.65。

(3) 氨-硝酸钾　该工质对与溴化锂水溶液有相近的性质，沸点差大，吸收能力强，尤其是在高温下，它的吸收能力比氨水工质强，不需设精馏装置。但它在140℃下运行有化学分解的危险，对除铜和铜合金以外的金属无腐蚀作用。

3.1.4　蒸汽喷射式热泵

蒸汽喷射式热泵同吸收式热泵一样，也是靠消耗热能来完成工作。它具有结构简单、几乎没有机械运动部件、价格低廉、操作方便、经久耐用等优点。因此，尽管喷射式热泵性能系数低，仍得到广泛的应用。

蒸汽喷射式热泵是由蒸汽喷射器、冷凝器、蒸发器、节流阀和泵等组成，其系统如图3-6所示。

工作原理与压缩式热泵相同，只不过是用一台喷射器代替了压缩机来驱动系统工作。喷射器由喷嘴、混合室、扩压管等部分组成。

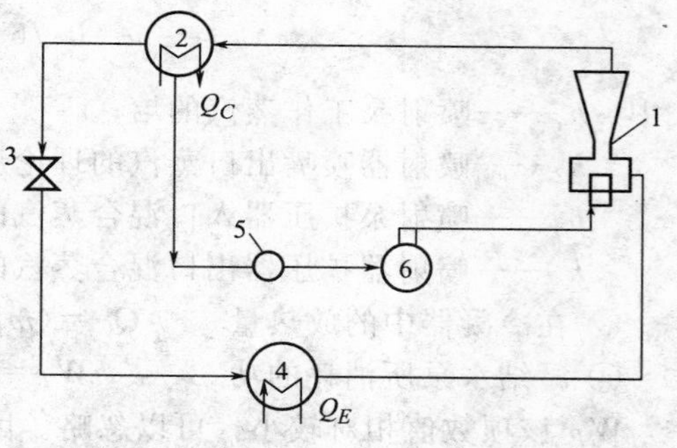

图 3-6　蒸汽喷射式热泵闭式系统

在热泵工作时，来自锅炉等蒸汽发生器的高压工作蒸汽，进入喷射器经喷嘴绝热膨胀，产生很高的流速和真空度，吸引蒸发器内的低压蒸汽，与工作蒸汽在混合室混合后一起进入扩压管，通过扩压管降低速度提高压力达到冷凝压力，然后进入冷凝器。在冷凝器中凝结的液体从冷凝器引出后分为两路，一路用凝结水泵打入发生器作为给水，另一路经节流阀降压后进入蒸发器。其余过程与压缩式热泵相同。

图 3-7 是蒸汽喷射式热泵理论循环在压-焓图（p-h 图）和温-熵图（T-S 图）上的表示。系统中使用单一工质。图中，9-0 是流量为 m_E 的工质在蒸发器中的蒸发过程；2-3 和 0-3 是流量为 m_G 的工作蒸汽（状态 2）与流量为 m_E 被引射蒸汽（状态 0）的等压混合过程，混合后的状态为 3，流量为 $m_C=m_G+m_E$；3-4 为在喷射器扩压管中的等熵压缩过程，压力由蒸发压力 p_E 提高到冷凝压力 p_C；4-8 为在冷凝器中的等压冷凝过程；状态 8 的冷凝水分成两部分，一部分（m_E）经节流膨胀过程 8-9 进入蒸发器，另一部分（m_G）经压缩过程 8-10 进入发生器，在发生器中经等压加热过程 10-1 成为高压工作蒸汽；状态 1 的高压工作蒸汽进入喷射器的喷嘴进行等熵膨胀 1-2。

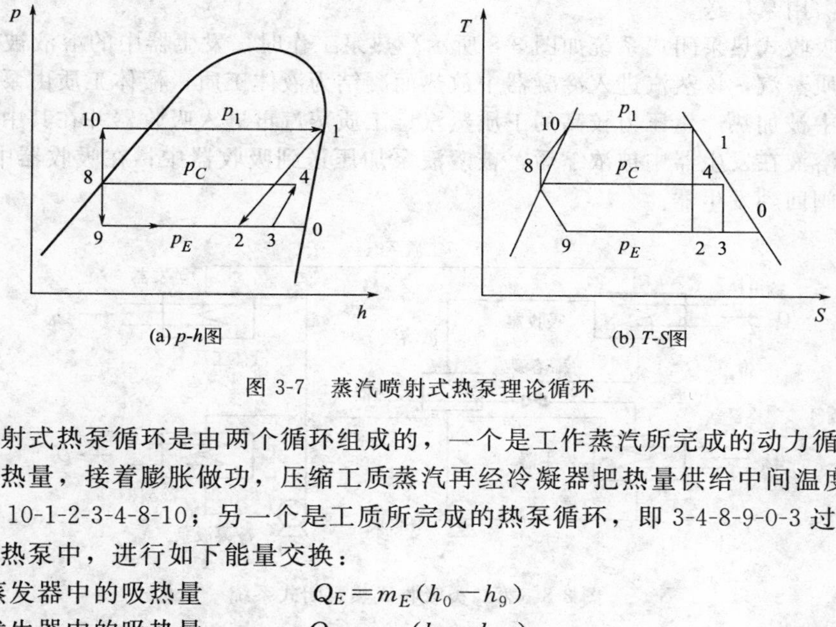

图 3-7　蒸汽喷射式热泵理论循环

蒸汽喷射式热泵循环是由两个循环组成的，一个是工作蒸汽所完成的动力循环，即从高温热源吸收热量，接着膨胀做功，压缩工质蒸汽再经冷凝器把热量供给中间温度的热用户，循环过程为 10-1-2-3-4-8-10；另一个是工质所完成的热泵循环，即 3-4-8-9-0-3 过程。

喷射式热泵中，进行如下能量交换：

① 在蒸发器中的吸热量　　$Q_E=m_E(h_0-h_9)$

② 在发生器中的吸热量　　$Q_E=m_G(h_1-h_{10})$

m_E 与 m_G 的关系可由喷射器的热平衡求得

$$m_E h_0+m_G h_1=(m_E+m_G)h_4$$

得

$$u=\frac{m_E}{m_G}=\frac{h_1-h_4}{h_4-h_0} \tag{3-3}$$

式中　u——喷射系数，表示每单位质量工作蒸汽所能引射的低压蒸汽量，是衡量喷射器性能的一个重要指标，可用如下经验公式确定。

$$u=0.765\frac{(h_1-h_2)^{0.5}}{(h_4-h_3)^{0.5}}-1 \tag{3-4}$$

式中　h_1——喷射泵工作蒸汽的焓；

h_2——喷射器喷嘴出口蒸汽的理论焓；

h_3——喷射泵扩压器入口混合蒸汽的实际焓；

h_4——喷射器扩压器出口混合蒸汽的理论焓。

③ 在冷凝器中的放热量　　$Q_C=(m_E+m_G)(h_4-h_8)$

④ 凝结水泵所消耗的功　　$W_P=m_G(h_{10}-h_8)$

W_P 该项数值相对较小，可以忽略。因此，蒸汽喷射式热泵的能量衡算式为

$$Q_C=Q_G+Q_E \tag{3-5}$$

性能系数为

$$COP=\frac{Q_C}{Q_G}=1+u\frac{h_0-h_9}{h_1-h_{10}} \tag{3-6}$$

蒸汽喷射式热泵也有闭式与开式之分，图 3-6 所示为闭式喷射式热泵系统，在化工过程中实际采用开式系统。目前，蒸汽喷射式热泵主要以水为工质。

3.1.5　第二类吸收式热泵

前面所讲的吸收式热泵，又可称为第一类吸收式热泵，主要利用工质冷凝放热。而第二类吸收式热泵主要利用吸收过程放热，驱动热源温度低于热泵供热温度。其循环不同于第一类吸收式热泵。它的主要特点是热泵循环中工质的蒸发压力比冷凝压力高，从冷凝器进入蒸发器的工质需用泵压送。

第二类吸收式热泵闭式系统如图 3-8 所示。热泵工作时，发生器中的溶液被加热产生压力较低的工质蒸汽，该蒸汽进入冷凝器中放热而凝结为液体工质；液体工质由泵加压送到蒸发器并在其中被加热产生压力较高的工质蒸汽；工质蒸汽再进入吸收器并在其中被溶液吸收而放热。稀溶液在发生器中被浓缩后，被溶液泵加压送到吸收器中；在吸收器中被稀释后，又通过节流阀回到发生器。

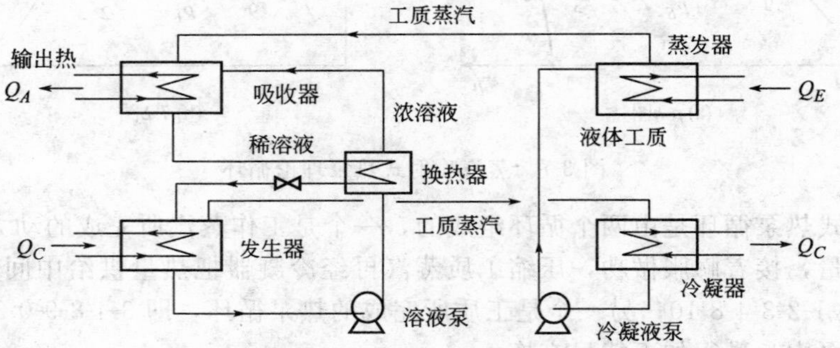

图 3-8　第二类吸收式热泵闭式系统

同第一类吸收式热泵一样，可在焓-浓度图（h-e 图）上标出这种热泵的循环过程。在第二类吸收式热泵中发生的能量转换过程与第一类吸收式热泵一样，其能量衡算式为

$$Q_A=Q_G+Q_E-Q_C \tag{3-7}$$

各热量的温位为：Q_A 温度最高；Q_G 和 Q_E 基本相等，为中温；Q_C 温度最低。也就是说，第二类吸收式热泵可以产生高于驱动热源温度的热量。第二类吸收式热泵也有开式系统。

3.1.6　经济上可行的工业热泵的临界热泵性能系数 COP_{cr}

热泵能取得明显的节能效果，但热泵的应用并不广泛，主要原因是人们对热泵的经济性还持怀疑态度。的确，热泵的投资费用较高，虽然能节能，但有时并不能节约费用。这里介绍一个判断热泵经济上是否可行的简单方法——临界热泵性能系数 COP_{cr}。

热泵性能系数 COP 定义为热泵有效制热量即输出热量 Q_H 与输入能量 E 之比，即

$$COP=Q_H/E \tag{3-8}$$

当投资一个热泵装置时，其投资 Y 的简单回收期 PBP 为

$$PBP=Y/(X-Z) \tag{3-9}$$

式中　Y——投资费，元/年；

X——节省的供热费用，元/年；

Z——热泵输入能量的费用，元/年。

$$Y=A\times Q_H$$

式中　A——单位供热量的投资费用，元/kW；

Q_H——供热量，kW。

$$X=3600B\times Q_H\times P_H$$

式中　B——年运行时间，h/年；

P_H——热能价格，元/kJ。

$$Z=3600B\times E\times P_1$$

式中　E——热泵输入能量的数量，kW；

P_1——热泵输入能量价格，元/kJ。

上述公式通过数学处理得 COP_{cr} 为：

$$COP_{cr}=\frac{r}{1-\dfrac{\theta}{B\times PBP}} \tag{3-10}$$

式中，$r=P_1/P_H$，为输入能量价格与热价之比；$\theta=\dfrac{A}{3600P_H}$，为设备价格与热价之比。

COP_{cr}是指在一定的经济环境下，对应用户所要求的投资最长回收年限的热泵性能系数。由上式可以看到，除投资回收期 PBP 外，其他参数都由经济条件决定。COP_{cr}并不是热泵实际的性能系数。当企业要决定是否上热泵项目时，可分别计算 COP_{cr}和拟采用热泵的实际 COP 值（根据热泵蒸发和冷凝温度计算出），然后将两者相比，若 COP_{cr}值较大，则说明所需投资回收期长于企业所能承受的最长回收期，因而采用热泵不经济；若实际 COP 值大于COP_{cr}，则说明所需投资回收期较短，在企业的期望范围之内，则采用热泵是经济的。

3.2　热管节能技术

3.2.1　热管的工作原理

热管利用密闭管内工质的蒸发和冷凝来进行传热。热管的典型结构如图 3-9 所示，它由三个基本部分构成。

① 密闭管壳，为一两头封闭的金属圆管。

② 管芯，为起毛细作用的多孔结构物（多孔金属、金属丝网、烧结的多孔陶瓷材料等），覆盖在管壁的内表面。

③ 工作介质（工质），管内充有一定量的液体，用以传递热能。热管的一端为蒸发段，

另一端为冷凝段，根据需要中间可设一段绝热段。

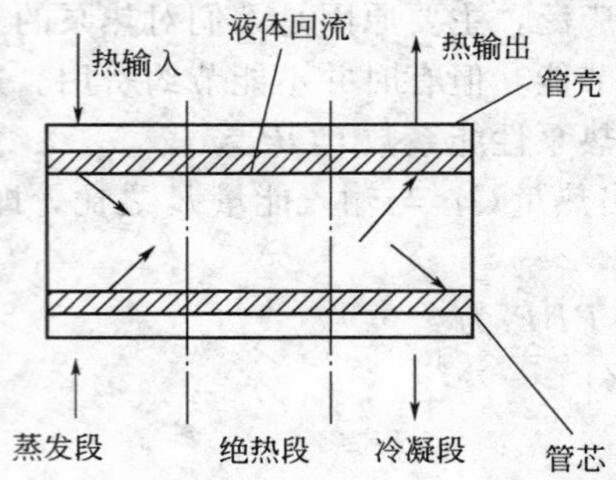

图 3-9　热管工作原理

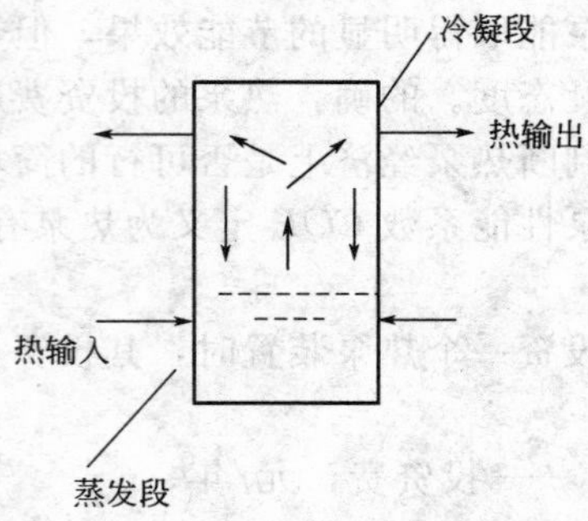

图 3-10　重力热管

热管的工作过程：热管的蒸发段与热流体接触，管芯内的工质受热后蒸发，从热流体吸取潜热→蒸汽在中心通道从蒸发段经绝热段流向冷凝段→热管的冷凝段与冷流体相接触，工质向冷流体放热并冷凝→依靠管芯的毛细作用，冷凝液体返回蒸发段。这样即完成一个工作过程，使热量从热流体传到冷流体。

这种靠吸液芯毛细作用使冷凝液返回蒸发段的热管称为吸液芯热管或称毛细管式热管。

如果热管内不装吸液芯，冷凝液依靠其自身的重力返回蒸发段，这种热管称为重力热管或热虹吸式热管。重力热管仅有管壳和工作介质两部分组成，如图 3-10 所示，冷凝段在上，蒸发段在下。管下部的液体工质受管外热流体加热后蒸发而上升，到冷凝段放热给管外冷流体而凝结为液体，液体依靠重力返回蒸发段。重力热管的有效工作范围为与水平成 10°～90°的倾斜角范围内。重力热管结构简单，但冷凝液流容易分布不均，出现蒸汽带液体冲刷内壁等现象，影响热管的工作性能。若在热管内壁沿轴向开槽，则可使凝结液分布均匀、槽顶液膜减薄、内壁表面积增加，从而增强传热效果。

如果热管内不装吸液芯，而是靠管子旋转产生离心力使冷凝液从冷凝段回到蒸发段，这种热管称为旋转热管。由于离心力的作用，冷凝液流分布不均，可用于冷却旋转液体。

从热管的工作原理，可以看出热管具有以下几个基本特点。

① 较大的传热能力。热管内部主要依靠工质的蒸发与冷凝来传送热量，传热热阻小。热管内高度真空，工质受热后极易蒸发而产生压差，向冷凝段传输基本上不存在阻力，使热管近乎等温传热，因而可在较小的温差下传递较多的热量。在热管换热器中，冷流体和热流体都是横掠热管束，且热管加热段和冷却段的外表面均能设置肋片，所以热管换热器的总传热系数大。

② 具有较高的等温性，适用温度范围广。热管在传热过程中，主要由相变和蒸汽流动这种小温差的传热方式进行，相对其他传热方式热管具有较高的等温性。而热管的工作温度是由工质和内外换热条件决定的，可选用不同种类的工质。而且热管的热源不受限制，可以是烟气、水蒸气、电加热、日光辐射或其他热源，冷却也可采用多种形式，如对流、辐射或传导。

③ 热流密度可调，结构简单。热管换热器的热管元件为独立安装，不仅结构简单，而且热管元件的数量可根据换热量而增减，同时还可单独进行更换。由于冷热流体相互隔离，可完全避免冷热流体之间的相互泄漏与污染。此外，改变冷凝段和蒸发段长度的比例，即可调节热流密度及热管壁温。

然而，热管最大的特点是在有引力和摩擦损耗下，完全从热输入中得到液体和蒸汽循环所必需的动力，不用使用外加的抽送系统，热管的传输效率比相同尺寸铜棒高 500 倍，比不锈钢棒高6300倍。

热管中工质的选用要考虑到蒸汽运行的温度范围，以及工质与管芯和管壳材料的相容性问题。在合适的温度范围和相容的前提条件下，还要根据热管内工质热流所受到的热力学的各种限制来选择工质的种类和充装量，这些限制包括黏性限、声速限、毛细限、携带限和核沸腾限等。热管工质具体应满足以下原则：①工质应适应热管的工作温度区，工质工作的合适温度范围在凝固点、临界点之间，工质适合的压力受管壳强度与热管的声速极限和携带极限的限制。在某些温度区域内，有几种工质可被选用时，须考虑其他因素；②工质与壳体材料、管芯应相容，且具有热稳定性，如壳体或吸液芯材料与工质发生了化学反应，将产生不凝性气体，这些不凝性气体聚积到冷凝段端部，使热管的传热能力越来越小，直至丧失工作能力；③工质应有良好的热稳定性；④其他，包括经济性、毒性、环境污染等也应考虑。

3.2.2 热管的分类

如上所述，根据热管的工作原理，热管可分为吸液芯式热管、重力热管及旋转式热管，其中应有最广的是重力热管，它广泛应用于工业余热回收系统。目前，随着反应-换热集成系统研究的深入，对旋转式热管的研究也已引起人们的兴趣。

根据工作温度范围的不同，热管可分为以下四类。

(1) 深冷热管　工作温度在2～200K范围内的热管称为深冷热管，在此温度区工作的热管其工质可采用纯化学元素单质（如氦、氩、氮、氧）或化合物（如乙烷、氟利昂等)。

(2) 低温热管　工作温度在200～550K范围内的热管称为低温热管，这类热管的工作介质可采用氟利昂、氨、酒精、丙酮、水及某些有机物。在这类热管中最普及的工作介质是水，它具有很好的物理性质。

(3) 中温热管　工作温度在550～750K范围内的热管称为中温热管。这类热管的工作介质有导热姆A（联苯-苯醚共溶体)、汞、硫或铯等，其他更好的工作介质还有待进一步的研究和发现。

(4) 高温热管　工作温度在750K以上的热管称为高温热管。这类热管的工作介质可以是钾、钠、锂、铅、银及其他高沸点液态金属。这些热管的传热性能极高，例如锂热管的轴向热流密度可达到$15kW/cm^2$以上。温度在1300K以上的热管管壳一般用耐高温材料制成，并且这种热管只能在真空中或惰性气体保护下工作，因为在此高温下材料的氧化腐蚀是很剧烈的。

3.2.3 热管的工作特性

热管虽然是一种传热性能极佳的元件，但是它的传热率受到一定的限制。热管在正常情况下，蒸发段和冷凝段之间的温差不超过5～10℃。若温差过大，则表明热管工作不正常。这种不正常现象若发生在低热流下，则说明热管元件的质量不好；若发生在高热流下，则表示热管已达到其工作极限。热管的热流极限与工作温度、倾斜角等有关。

3.2.3.1 吸液芯热管的热流极限

对吸液芯热管，一般存在四种极限。

(1) 声速极限　热管蒸汽腔内的流动与缩放喷管中气体的流动十分类似。在一根圆柱形的热管内，沿蒸发段的整个长度，蒸汽量不断增加，由于截面不变，蒸汽被不断加速，压力不断下降，这类似于缩放喷管内的收缩段。在蒸发段的出口处，流速达到最大值，压力降为最低值。而在冷凝段，情况正好相反，沿着冷凝段，蒸汽不断凝结，流速不断减小，压力逐渐上升，这类似于缩放喷管中的渐扩段。蒸发段末端相当于喷管的喉部，以声速为正常工作的上限。当热管达到声速极限时，便出现流动阻塞现象。在声速极限时，冷凝段温度的变化

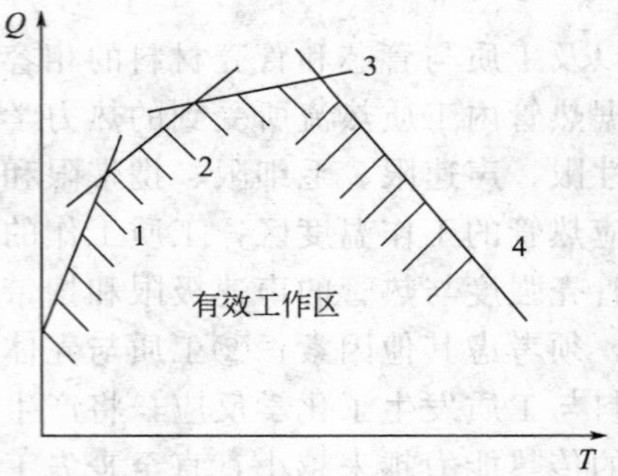

图 3-11 热管工作极限

1—声速极限；2—携带极限；3—毛细极限；4—沸腾极限

不能向上游传递，此时即使进一步减小冷凝段与冷源之间的热阻，也只能使冷凝段的温度降低，而热流量不会增加，并且冷凝段的温度降低对蒸发段的温度不产生影响，造成热管沿轴向的温度变化很大，传输能力迅速降低。

由于通过热管传输的热量与蒸汽流速成正比，而声速与热力学温度的 0.5 次方成正比，因此只有在较低温度下，声速极限才可能成为传热的一个限制，如图 3-11 中曲线 1 所示。

(2) 携带极限 在热管内，蒸汽与回流液体的运动方向是相反的，因此在蒸汽和液体的交界面上产生剪切力。当热管中蒸汽流速足够高时，蒸汽流就可能夹带吸液芯表面的液体，造成凝结液返回量减少。当蒸汽流夹带液体足够多时，使返回蒸发段的液体量不能满足蒸发段的需要，从而蒸发段的吸液芯会出现干涸的现象，成为携带极限，如图 3-11 曲线 2 所示。当达到携带极限时，可以听见携带的液滴撞击冷凝段端部的声音，而继续增大热流时，蒸发段管壁温度明显增高。

热管的携带极限还与吸液芯材料表面毛细孔尺寸及形状、工质的表面张力、热管的尺寸及放置的角度有关。蒸汽流中携带的凝结液量与蒸汽、液体之间的密度差有关。热管的工作温度越高，蒸汽与液体的密度差越小，蒸汽所携带的凝结液越少，携带极限所对应的允许最大热流值也相应增大。

(3) 毛细极限 热管内工质循环是靠吸液芯的毛细作用。毛细作用的抽吸压力（即毛细压头）Δp_B 必须大于或等于蒸汽从加热段流向冷却段的压力降 Δp_V、冷凝液体从冷却段回流到蒸发段的压力降 Δp_L 以及重力压差（对水平热管该项为零）Δp_g 三者之和，即

$$\Delta p_B \geqslant \Delta p_V + \Delta p_L + \Delta p_g \tag{3-11}$$

Δp_V 和 Δp_L 一般随热负荷的增大而增大，而 Δp_B 则是由吸液芯的结构形式决定的。

毛细压头是有限的，如果加热量超过一定数值，蒸发段内蒸发的工质超过了毛细作用所能提供的液流，就会造成蒸发段内吸液的干涸，致使蒸发段管壁温度急剧升高，甚至出现烧坏管壁的现象，为毛细极限，如图 3-11 中曲线 3 所示。

吸液芯毛细压头的大小与吸液芯的尺寸、孔径和工质的种类有关，因此毛细极限对不同的热管有很大差异。毛细极限的最大热流值由实验测定。

(4) 沸腾极限 当热负荷升到到一定程度，会在吸液芯中出现旺盛的泡沫沸腾现象。气泡堵塞住整个毛细孔隙而形成蒸汽膜，阻碍了凝结液的回流，使蒸发段的吸液芯中工作液体中断，导致热管在该处温度升高而破坏的现象，为沸腾极限，如图 3-11 曲线 4 所示。沸腾极限与其他极限不同，沸腾极限是指从热管管壁指向管中心的径向热流密度极限，而其他极限是指轴向热流密度极限。

由于热管的沸腾曲线受吸液芯形式的影响很大，所以其临界热流值应由实验来确定。

总之，为保证热管安全工作，必须使工况保持在上述四个极限之内，如图 3-11 的阴影区域。由图 3-11 的曲线分布可知，随着热管工作温度的升高，将依次出现声速极限、携带极限、毛细极限和沸腾极限。在设计热管或热管发生故障时，应校核热管的热负荷是否在安全工作范围内。

3.2.3.2 重力热管的热流极限

对于重力热管，其内部工作状态十分复杂，至今还没有一个完整的理论模型。根据实

验，一般认为存在三个传热极限。

（1）干涸极限　当热管充液量少时，若加热量较大，工质回流到蒸发段底部之前就已蒸发，没有工质回流到蒸发段的液池，而蒸发段仍不断受到加热产生蒸汽，使得处于只有气化没有液体补充的现象，造成蒸发段的液面逐渐下降，蒸发段出现局部干涸，直至全部干涸，壁温上升，形成干涸极限。当蒸发段的下端壁温逐渐升高（这种升温可能是脉动的）而绝热段和冷凝段的壁温保持不变时，可以判定重力热管达到了干涸极限。

（2）沸腾极限　沸腾极限出现在充液量较多且蒸发段径向热流密度较大的情况下。当热流密度达到某一临界值时，在蒸发段的液池壁面上形成的蒸汽膜把壁面与液体隔开。由于气体的热导率低，热阻大，造成由壁面输入的热量只有很少一部分传给液体，致使壁面温度突然升高，形成沸腾极限。

（3）携带极限　干涸极限和沸腾极限都是受径向热流密度的限制，而携带极限是受轴向热流密度的限制。

当重力热管的热流不断提高时，管内蒸汽流动与冷凝液的回流之间的相对速度以及气液界面上的切应力也随之提高，以致高速的蒸汽流夹带液体到冷凝段，当聚积的液滴的重力比蒸汽流动阻力大时，这些液滴就会落下，对蒸发段液池造成冲击。若进一步增加轴向热流量，会使返回蒸发段的工质完全停止，引起蒸发段的局部干涸甚至全部干涸，形成携带极限。

发生携带极限时，可以听见液滴对冷凝段端壁的撞击声，冷凝段端部的壁温降低，蒸发段的壁温升高，管壁过热。

对重力热管，当充液量较小时，一般首先出现干涸极限。在充液量较大，蒸发段径向热流密度较大而轴向热流密度较小时，将首先产生沸腾极限。在充液量较大，轴向热流密度较大而蒸发段径向热流密度较小时，则首先发生携带极限。

影响重力热管传热性能的因素很多，例如管子的几何特性、管子的倾角、充液量、工质的物性以及管内的蒸汽温度等。其中，充液量和倾角是最主要的因素。

充液量少时，随热流量增大，蒸发段上部容易出现干涸；充液量多时，蒸发段底部液体上下的温差增大，使热管的总热阻增加。实验研究结果是液体的容积与蒸发段容积之比应为1/5～1/3。

重力热管是靠重力使工质从冷凝段返回蒸发段，因此热管的最大传热能力与热管放置的倾角有关。当倾角大于60°的时候，传热量比较稳定；当倾角在10°～60°之间时，传热量不稳定；当倾角小于10°时，传热量大大下降。所以，重力热管最好在大倾角下工作。

3.2.4　热管换热器

热管在20世纪60年代首先在宇航技术和核反应堆中得到应用，进入70年代后，热管又在余热回收和节省能源方面大显身手。目前许多国家都在大力研究，美、英、日、德等国均有热管的工业生产。热管现已在航空、化工、石油、电子、机械、建筑、交通等许多领域中推广应用。这里主要介绍化工上应用最广的热管换热器。

利用热管导热能力强、传热量大的特点，以多根热管作为中间传热元件，实现冷、热流体换热的设备叫热管换热器，其结构如图3-12所示，它具有传热效率高、压力损失小、工作可靠、结构紧凑、维护费少等优点，在化工生产和余热回收方面应用较多。

热管换热器属于冷、热流体互不接触的表面式换热器。一般情况下，热管换热器有一个矩形的外壳，在矩形外壳中布满了带肋片的热管。热管的布置可以是错列三角形排列，也可以是直列正方形排列。在矩形壳体内部的中央有一块隔板把壳体分成两部分，一部分与热流体通道相连，为热管的蒸发段；另一部分与冷流体通道相连，为热管的冷凝段。冷、热流体

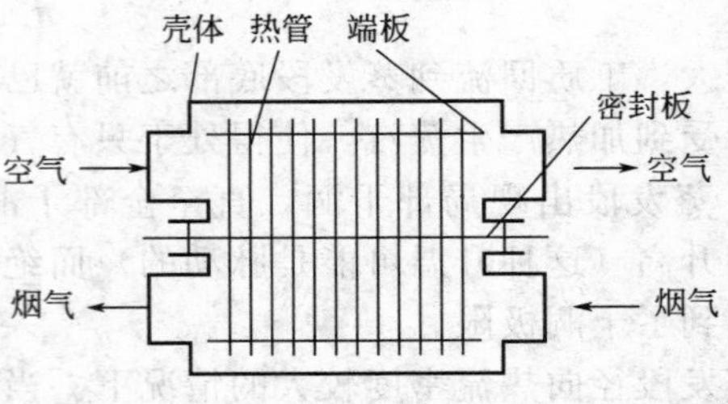

图 3-12 热管换热器结构

均在热管外部横向流过，通过热管轴向传输热量，将热量从热流体传给冷流体。

3.2.4.1 热管换热器的特点

与传统的换热器相比，热管换热器存在以下优点。

① 无运动部件，不需要外部动力，可靠性高。

② 冷热流体之间有固体壁面隔开，消除了横向混渗。传统的间壁换热器只要有一处换热元件损坏，就必须停车检修。热管换热器设备则不然，它是二次间壁换热，由热管群组成换热设备，一旦单根热管破损，两种换热流体不可能相混，因而不影响整体换热效果，亦无需停车检修，这就使得高效现代化生产获得可靠保证。

③ 装置简单紧凑，适用温度范围宽。低温时可达零下几十度，高温时可达几千度。

④ 热量可以沿任何方向传递。

⑤ 热阻小，可以通过较小的温差获得较大的传热率，且轴向表面温度均匀。

⑥ 可根据需要调整热管冷、热两侧热阻的相对大小，控制热管壁温，能有效防止腐蚀。

⑦ 通过热管进行管外换热，避免了传统换热器通过管壳换热，使热管换热器能够灵活布置和安装，故障少，便于修理，同时也解决了普通换热器无法灵活处理灰尘这一比较棘手的问题。

按冷、热流体各自的状态，热管换热器可分为气-气式、气-液式。由于热管换热器可在热流体和冷流体两侧增设肋片，使气-气换热器的传热量大大提高，因而在气-气换热器中采用热管换热器最为有效，应用最多的是热管式空气预热器。气-液式换热器，由于液体侧的放热系数已经很高，因此没有必要再增设肋片，仅在气体侧设肋片，其有效性比气-气换热器要低些。在液-液换热器中采用热管换热器就没有意义，其有效性不如列管换热器。

3.2.4.2 热管换热器的传热计算

冷、热流体在热管换热器中的传热与一般的间壁式换热器不同，它是流体通过热管壁同管内的工质进行换热，再通过热管轴向传输热量。但是，由于热管传递热量的能力很强，内部热阻很小，从加热段到冷却段的温降也很小，因此，对每根热管的传热过程可简化为通过间壁的传热，采用传热速率方程式进行计算。

冷、热流体通过热管换热器进行换热时，在所有的热阻中，冷、热流体与热管外壁之间的对流换热热阻是传热过程的控制热阻，两项之和占总热阻的 90%以上，其他的如冷凝段和蒸发段的导热热阻、放热热阻、蒸发热阻等所占的比例很小。这里只列出冷、热流体与热管外壁之间的对流换热热阻的计算式。

冷流体与热管外壁之间的对流换热热阻

$$R=\frac{R_a+1/\alpha}{fL\eta} \tag{3-12}$$

式中 R_a——污垢热阻，$(m^2 \cdot K)/W$；

α——对流传热系数，$W/(m^2 \cdot K)$；

f——单位长度热管的外表面积，m^2/m；

L——热管冷凝段长度，m；

η——肋片效率，定义为实际散热量与假设整个肋表面处于肋基温度下的散热量之比，目前所采用的肋片管的肋片效率在 80%～86%之间。

3.2.4.3 热管的冷、热段长度比

在热管换热器中，还有一个不同于一般间壁式换热器的特殊情况需要考虑，这就是热管的冷、热段长度比。热管的冷、热段长度比是一个重要的参数，它关系到冷、热段的传热面积比和流通截面比，直接影响热管换热器的传热能力和阻力特性，还影响到热管的经济性能。

① 流通长度比。热管换热器冷、热流体的通道宽度相等，因此，流通截面的大小之比取决于长度之比，由于要求的流通截面与流体的质量流量 m 成正比，与质量流速 G 成反比，因此根据流体流通要求的热段与冷段的长度比 L_1 为

$$L_1=\frac{m_h/\dot{m}_c}{G_h/G_c} \tag{3-13}$$

式中，下角标 h 表示热流体；下角标 c 表示冷流体。

② 经济长度比。经济长度比是使热管的总传热热阻最小时的长度比，或单位热管外表面积的传热量为最大时的长度比。在该长度下，对于相同的传热量和传热温差，热管具有最小的传热面积，因此成为经济长度比。

热管的传热热阻主要集中在管外侧，如果不计污垢热阻的影响，根据经济长度比的含义，可将热管经济长度比 L_2 简化为

$$L_2=[(af\eta)_C/(af\eta)_E]^{0.5} \tag{3-14}$$

式中，下角标 C 表示蒸发段；下角标 E 表示冷凝段。

3.3 余热回收节能技术

3.3.1 余热的品味与种类

化工企业中大量的余能都没有充分利用，这些尚未充分利用的余能中绝大部分是以热能的形式存在。也有少数是气体的压力能和一部分带压力的冷却水的剩余压头。余热资源属于二次能源。从广义上说，凡是具有一定温度的排气、排液和高温待冷却的物料所包含的热能均属于余热。它包括燃料燃烧产物经利用后的排气显热、高温成品的显热、高温废渣的显热、冷却水带走的显热。在不同的工序有不同的种类和形态，不同的余热，其数量和品位有很大差别。余热品味的高低主要与其温度高低有关，温度越高，余热的品味越高，余热做功能力越大。工业企业中，余热资源的形态通常有固体、气体、液体三种。具体可将余热分为以下六种。

(1) 排气余热 气体余热中，大多数为炉窑排出的废气所带的余热。这种余热资源数量大，分布广，占余热资源总量的一半左右。排气余热的温度范围差别很大，既有 200～500℃的中温气体，也有大量 700℃以上的高温气体，例如，转炉炉气高达 1600℃以上，焦炉煤气出口温度有 750℃，玻璃窑炉的排气温度高达 650～900℃。

(2) 高温产品和炉渣的余热 工业生产上有许多高温加热过程，如金属的冶炼和加工、煤的汽化和炼焦、石油炼制、水泥烧制、耐火材料、陶瓷烧结等。因此，它们的成品或半成品及炉渣废料都有很高的温度，一般温度在 500℃以上，例如红焦炭、石油炼制中的汽油或柴油等，这些产品一般都要冷凝/冷却到常温后才能使用，所以在冷凝/冷却过程中还有大量的余热可以利用。在能量平衡分析中，成品得到的热属于有效热，它的热再次加以回收利用，所以又叫重热回收。

(3) 冷却介质的余热 工业上各种高温炉窑和动力、电气、机械等用能设备，在运行过程中温度会急剧上升，为了保证设备的使用寿命和安全，需要进行人工冷却；化工生产中许

多化学反应需要冷却降温，许多气态物质需要冷凝冷却成常温液体。常用的冷却介质为水，也有用油、空气和其他物质的。从设备的冷却要求来说，可分为两类：一类是由于生产的要求，冷却介质的温度要尽可能低。例如，为了提高热力发电厂的效率，要求蒸汽冷凝器中的冷却水的温度不超过25～30℃。另一类是对金属构件的冷却，从保证金属的强度来说，水温超过100℃，采用汽化冷却方式也是允许的。但是，有时因硬水结垢温度的限制，不能超过45℃。根据调查，冷却介质的余热占总余热量的15%～25%，它们带走的热量很大，但品味较低，回收利用价值较小。

（4）化学反应余热　化学反应余热是在化工企业中放热反应过程所放出的热量。例如，在硫酸生产过程中，硫铁矿焙烧时发生下列化学反应：

$$4FeS_2+11O_2=2Fe_2O_3+8SO_2+3696kJ/mol$$

即每生成1mol的SO_2，可伴随产生462kJ的热量，反应热使炉内温度达到850～1000℃。如果用余热锅炉回收60%的热量，则每焙烧10t的硫铁矿可以得到相当于1tce的发热量。在氨合成塔、硝酸氧化炉、盐酸反应炉等反应设备中也都有这类余热。

（5）可燃废气、废液、废料余热　工业生产会产生大量的可燃废气、废液、废料，这些可燃废气、废液和废料都具有能量。例如焦化厂煤气、炼油厂的可燃废气、化工厂电石炉废气等，其可燃成分及发热量见表3-1。可燃废液包括炼油厂下脚渣油、废机油、造纸厂黑液、油漆厂的废液及化工厂的废液等。可燃废料包括木材废料及其他固体废料，如纸张、塑料、甘蔗渣、甜菜渣等。这种余热约占余热资源的8%。

表3-1　工业废气可燃成分及发热量

种类	可燃成分/%			标准发热量 kJ/m³
	CO	H_2	CH_4	
焦炉煤气	5～8	55～60	23～27	16300～17600
高炉煤气	27～30	1～2	0.3～0.8	3770～4600
转炉煤气	56～61	1.5		6280～7540
铁合金冶炼炉排气	70	6		>8400
合成氨甲烷排气			15	14650
化工厂流程排放气			20	8400～12600
电石炉排放气	80	14	1	10900～11700

（6）废气、废水余热　在使用蒸汽和热水为生产所需热源的工厂，例如化工、机械、轻工、纺织、冶金等，均存在这种余热。蒸汽锤的排气余热占用汽热量的70%～80%；蒸汽凝结水有90～100℃的温度。

3.3.2　余热的特点

化工余热一般具有以下一些特点。

① 高温烟气中往往含有SO_2、SO_3、H_2S、NO_x、NH_3等腐蚀性气体，有时这些气体的浓度还相当大，因此，会对余热回收设备造成腐蚀。如余热锅炉的受热面腐蚀问题比一般锅炉严重。

② 废气中不但有丰富的显热，有时还有可燃烧气体，例如石油重整催化再生气、燃气轮机废气、磷炉尾气、电石炉尾气等均含有CO等可燃性气体，回收时必须设置特殊的燃烧装置将其燃尽。

③ 废气中有大量的半熔状态的粉尘或烟炱等，因此余热回收设备的高温受热面容易结灰和结焦。为保证余热回收设备的正常运行，必须设置清灰除焦装置。

④ 废气等热源的温度差别有时很大，高的可达1350℃（如石油裂解气），低的只有500℃左右（如煤气平炉），因此，余热回收设备的种类和式样较多。例如，余热锅炉多半是分散地装置

在工艺过程的各部位中，因此，它的安全性、可靠性以及稳定性和持久性要求很高。

⑤ 工艺废气是高温高压的，有些气体还有爆炸性，这就要求余热回收设备要有高度密封性，要经受得住高温热应力、高温腐蚀物和高温气体入口的突然冷却冲击，特别是余热锅炉管板，为解决其高温热应力，往往在很多结构上都要有所改变，有专门的要求。

⑥ 液体余热一般温度较低，但量很大。

⑦ 化工生产中固体余热相对较少。

3.3.3　余热利用的策略

回收余热可以节约能源消耗，但是，不能为了回收而回收。因此，在考虑余热回收方案前首先要调查装置本身的热效率是否还有提高的能力。若装置的热效率存在提高的潜力，则应先研究提高装置热效率的方法，尽管提高装置热效率会减少余热量，但它可以直接节约能源消耗，比通过余热装置回收更为经济、有效。同时，如果不考虑装置本身的潜力而设置了余热回收装置，则当装置提高效率后，余热源会减少，余热回收装置就不能充分发挥作用，造成投资浪费。其次应考虑余热能否返回到装置本身，例如用于预热助燃空气或燃料。它可以起到直接减少装置的能源消耗、节约燃料的效果，比回收余热供其他用途（例如产生蒸汽），节能效果要大。最后才具体研究回收余热的方法。如工厂有多种余热有待回收时，余热回收方案优先顺序如图 3-13 所示。从余热资源看，首先回收气体余热，然后回收液体余热，最后才回收固体余热；从余热资源数量看，首先回收高温余热，然后回收低温余热；从余热资源数量看，首先回收量大余热，然后才回收量小余热。

余热利用总的原则是根据余热资源的数量和品味以及用户的需求，尽量做到能级的匹配，在符合技术经济原则的条件下，选择适宜的系统和设备，使余热发挥最大的效果，余热回收的难易程度及其回收的价值与余热的温度高低、热量大小、物质形态有关。

根据先易后难、效应大的优先原则，按图 3-13 的顺序进行回收。其中，以数量大的高温气体的热回收最为容易，效益也大。

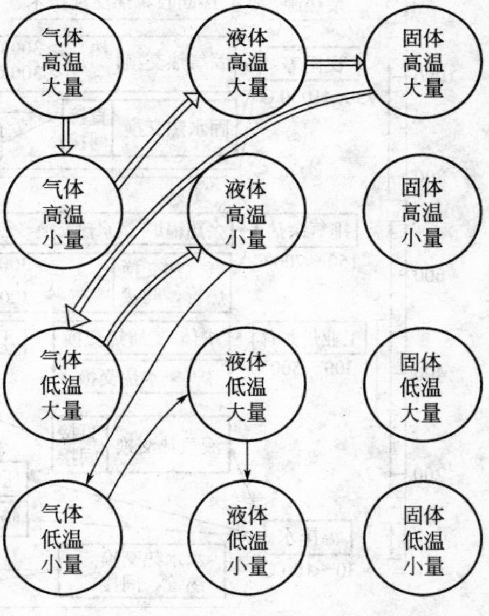

图 3-13　余热回收方案优先顺序

3.3.4　余热利用途径

余热利用途径很多，常用的有以下三种。

3.3.4.1　余热的直接利用

如果有合适的热用户能直接利用余热，则最为经济、方便，常用的热用户有以下几种。

（1）预热空气或煤气　利用烟气余热，通过换热器（空气预热器）预热工业炉的助燃空气或低热值煤气。将热返回炉内，同时提高燃烧温度和燃烧效率，节约燃料消耗。

（2）预热或干燥物料　利用烟气余热来预热、干燥原材料或工件，将热带回装置内，也可起到直接节约能源的作用。

（3）生产蒸汽或热水　通过余热锅炉回收烟气余热，产生蒸汽或热水，供生产工艺或生活的需要。温度在 40℃以上的冷却水也可直接用于取暖。

（4）余热冷却　用低温余热或蒸汽作为吸收式制冷机的热源，加热发生器中的溶液，使工质蒸发，通过制冷循环达到制冷的目的。当夏季热用户减少，余热有富裕时，余热制冷不失为一种有效利用余热的途径。

3.3.4.2　余热发电

电能是一种使用方便、灵活的高级能。对高温余热，采用余热发电系统更符合能级匹配的原则。对较低温度的余热，在没有适当的热用户的情况下，将余热转换成电能再加以利用，也是一种可以选择的回收方案。余热发电有以下几种方式：①利用余热锅炉首先产生蒸汽，再通过汽轮发电机组，按凝汽式机组循环或背压式供热机组循环发电；②以高温余热作为燃气轮机工质的热源，经加压、加热的工质推动汽轮机做功，在带动压气机工作的同时，带动发电机发电；③采用低沸点工质回收中、低温余热，产生的低沸点工质蒸汽按朗肯循环在透平中膨胀做功，带动发电机发电。

3.3.4.3　热泵系统

对不能直接利用的低温余热，可以将它作为热泵系统的低温热源，通过热泵提高其温度水平，然后加以利用。

除以上三种方式外，根据余热资源的具体条件，还可考虑综合利用系统，做到热尽其用。例如，高温烟气余热的梯级利用，除预热空气外，同时供余热锅炉产生蒸汽；在进行蒸汽动力回收时，尽可能提高蒸汽参数，采用热电联合循环机组，在发电的同时进行供热；对有一定压力的高温废气，可先通过燃气轮机膨胀做功，然后再利用其排气供给余热锅炉，在余热锅炉中产生的蒸汽还可供汽轮机膨胀做功，形成燃气-蒸汽联合循环，以提高余热的利用率。在比较不同的余热回收方案时，基本原则是：回收效率尽可能高；回收成本尽可能低，或投资回收期尽可能短；适应负荷变化的能力强。各种余热回收利用的基本方式如图 3-14 所示。

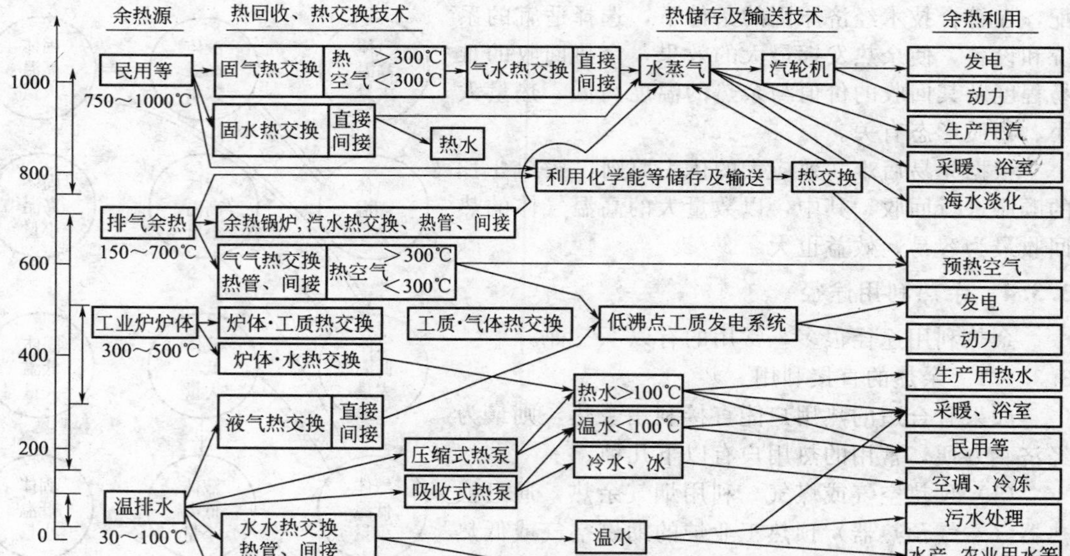

图 3-14　各种余热回收利用的基本方式

3.4　过程系统节能技术——夹点技术

3.4.1　过程系统节能的意义

能源危机以来，各国政府和企业开始重视节能工作。节能工作的开展经历了以下几个过程：第一阶段，属于"捡浮财"的阶段，主要表现在回收余热，但在此阶段所着眼的只是单个的余热流，而不是整个的热回收系统；第二阶段，考虑单个设备的节能，例如将蒸发设备从双效改为三效、采用热泵装置、减少精馏塔的回流比、强化换热器的传热等；第三阶段，也就是现在所处的阶段，考虑过程系统节能，这是由于20世纪80年代以来过程系统工程学的发展使人们认识到，要把一个过程工业的工厂设计的能耗最小、费用最小和环境污染最少，就必须把整个系统集成起来作为一个有机结合的整体来看待，达到整体设计最优化。因此，现在已进入过程系统节能的时代，过程集成成为热点话题。过程集成方法中目前最实用的是夹点技术。夹点技术已成功地在世界范围内取得了显著的节能效果。采用这种技术对新厂设计而言，比传统方法可节能30%～50%，节省投资10%左右；对老厂改造而言，通常可节能20%～35%，改造投资的回收年限一般只有0.5～3年。

夹点技术能取得明显的节能和降低成本的效果，正日益受到重视。如赫斯特、拜尔、联碳、孟山都、杜邦、ICI等都早已采用了夹点技术，有名的大工程设计公司如凯洛格、詹姆斯、千代田、东洋等都设立了夹点技术组。现在国际上一些大公司在投标时，先进行夹点技术分析已成为必要条件。可见，由于夹点技术以整个系统为出发点，同以前只着眼于局部、只考虑某几股热流的回收、某个设备或车间的改造的节能技术相比，节能效果和经济效益要显著得多。

只考虑局部而没有考虑整个系统的节能方案是有其弊病的，轻则节能方案没有达到最好，随着节能工作的开展，还需要进一步改造；重则可能会出现从全系统考虑，该节能方案不仅不节能，反而耗能，同时还增加了投资。下面用两个例子说明这一点。

第一个例子是一个简单生产过程的余热回收方案，如图3-15所示。在该生产过程中，原料物流从5℃加热到200℃进入反应器进行反应，反应的产物由200℃冷却至35℃进入分离器，分离塔底产品由200℃冷却至125℃出装置，而塔顶轻组分则返回，与反应进料混合。

为了回收反应产物和塔底产品的热量，使其与进料冷物流进行换热，按温位的高低设置了三台换热器，如图3-15(a)所示，换热过程最小传热温差取10℃。进料预热不足部分由

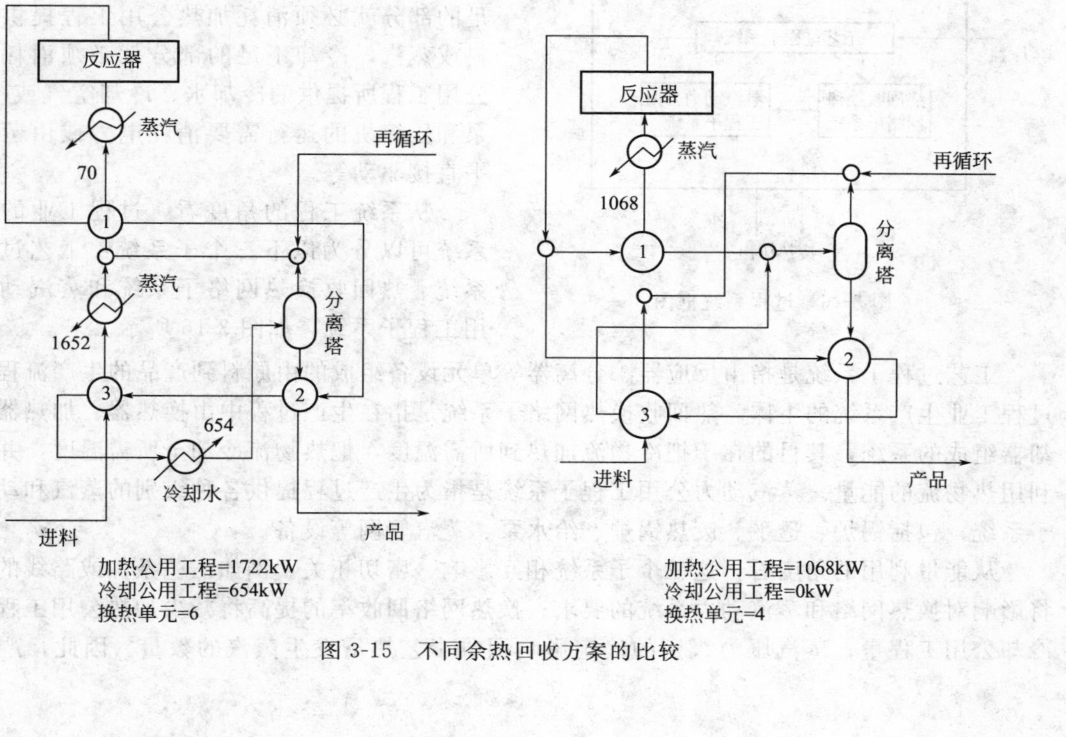

图3-15　不同余热回收方案的比较

蒸汽来补充，系统所需的加热公用工程量为1722kW，冷却公用工程量为654kW。该方案初看起来是合理的，但是否还有进一步改造的余地？

应用夹点技术进行设计，得到了最优的方案，如图3-15(b)所示，该方案可使加热公用工程减至1068kW，减少了40%；冷却公用工程减为0；而且换热单元数目（包括蒸汽加热器、换热器）由6台降为4台。其结果是既大大降低了生产过程的能量消耗，又降低了换热网络的设备投资。

图3-15(a)所示的节能方案虽然没有达到最好，但还能取得一些节能效果。这里要举的第二个例子则不但不节能，反而耗能耗资。某企业为了回收利用一个蒸发器的二次蒸汽，采用了热泵系统，但经夹点技术分析，发现该蒸发器位于夹点以下，这意味着整个系统中有足够多的余热可以提供给该蒸发器作为热源。而在这种情况下采用热泵装置，其总效果是将外加的功转化成了废热排给了冷却公用工程，造成了能量浪费，更不要提还要花费热泵本身的设备投资了。

所以，当站在整个系统的角度采用夹点技术考虑节能时，所得的结论有时是很不同于仅考虑单个物流、单独设备时的情形。由于以前过程系统的设计和节能改造没有采用夹点技术这样的过程系统节能技术，因此夹点技术无论是指导现有系统的改造还是指导设计新过程，均会取得很大的节能和经济效益。

3.4.2 夹点技术的应用范围及其发展

夹点技术适用于过程系统的设计和节能改造。过程系统就是过程工业中的生产系统。所谓过程工业是指以处理物料流和能量流为目的的行业，如化工、冶金、炼油、造纸、水泥、食品、医药、电力等行业。

在过程工业的生产系统中，从原料到产品的整个生产过程，始终伴随着能量的供应、转换、利用、回收、生产、排弃等环节。例如，进料需要加热，产品需要冷却，冷、热流体之间的换热构成了热回收换热系统，加热不足的部分就必须消耗加热公用工程提供的燃料或蒸汽，冷却不足的部分就必须消耗冷却公用工程所提供的冷却水、冷却空气或冷量；泵和压缩机的运行需要消耗电力或由蒸汽透平直接驱动等。

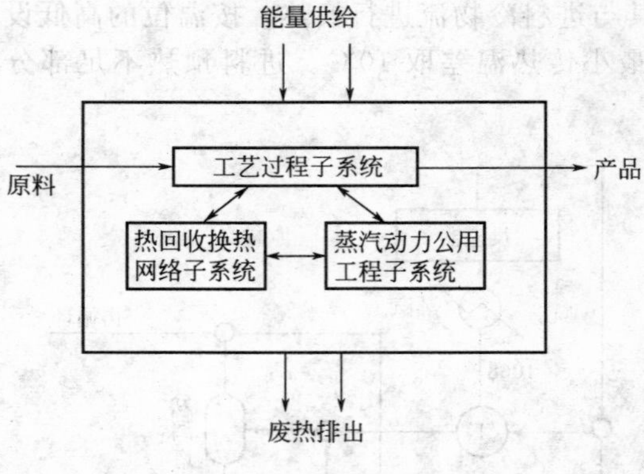

图3-16 过程系统框图

从系统工程的角度看，过程工业的生产系统可以分为以下三个子系统：工艺过程子系统、热回收换热网络子系统和蒸汽动力公用工程子系统，如图3-16所示。

工艺过程子系统是指由反应器、分离器等单元设备组成的由原料到产品的生产流程，是过程工业生产系统的主体。热回收换热网络子系统是指在生产过程中由换热器、加热器、冷却器组成的系统，其目的在于把冷物流加热到所需温度，把热物流冷却至所需温度，并回收利用热物流的能量。蒸汽动力公用工程子系统是指为生产过程提供各种级别的蒸汽和动力的子系统，包括锅炉、透平、废热锅炉、给水泵、蒸汽管网等设备。

从能量利用的角度看，这三个子系统相互影响、密切相关。例如工艺条件或路线的改变将影响对换热网络和蒸汽动力系统的要求；换热网络回收率的提高将减少加热公用工程量和冷却公用工程量；蒸汽压力级别的确定影响回收工艺热量发生蒸汽的数量。因此，严格地讲，要想获得能量的最优利用，应当进行系统整体优化，即三个子系统的联合优化，而这无疑是十分困难的，需要有一个发展过程。

夹点技术最初源于热回收换热网络的优化集成。在成功地应用于热回收换热网络的基础上，夹点技术的应用范围扩展到蒸汽动力公用工程子系统，而后又进一步发展成为包括热回收换热网络子系统和蒸汽动力公用工程子系统的总能系统。另一方面，应用夹点技术在工艺过程子系统中的分离设备的节能取得了初步的成功，在此基础上，开始考虑分离设备在过程系统中的集成。

夹点技术既可用于新厂设计，又可用于已有系统的节能改造，但两者无论在目标上还是在方法上都是有区别的。在优化的目标方面，夹点技术最初是以能量为系统的目标，然后发展为以总费用为目标，又进一步考虑过程系统的安全性、可操作性、对不同工况的适应性和对环境的影响等非定量的工程目标。

因此，夹点技术现在不仅可用于热回收换热网络的优化集成，而且可用于合理设置热机和热泵，确定公用工程的等级和用量，去除“瓶颈”，提高生产能力，分离设备的集成，减少生产用水（即节水），减少废气污染排放等。

3.4.3 夹点的形成及其意义

3.4.3.1 温-焓图和复合曲线

物流的热特性可以用温-焓图（T-H 图）很好地表示。温-焓图是以温度 T 为纵轴，以焓 H 为横轴。热物流（需要被冷却的物流）线的走向是从高温向低温。冷物流（需要被加热的物流）线的走向是从低温向高温。物流的热量用横坐标两点之间的距离（即焓差 ΔH）表示，因此物流线左右平移，并不影响其物流的温位和热量。

当一股物流吸入或放出热量 $\mathrm{d}Q$ 时，其温度发生 $\mathrm{d}T$ 的变化，则

$$\mathrm{d}Q = CP \cdot \mathrm{d}T \tag{3-15}$$

式中 CP——热容流率，即质量流率与比定压热容的乘积，kW/K。

如果把一股物流从供给温度 T_S 加热或冷却至目标温度 T_T，则所传的总热量为：

$$Q = \int CP \cdot \mathrm{d}T \tag{3-16}$$

若热容流率 CP 可作为常数，则

$$Q = CP \cdot (T_T - T_S) = \Delta H \tag{3-17}$$

这样就可以用温-焓图上的一条直线表示一股冷流被加热［图 3-17(a)］或一股热流被冷却［图 3-17(b)］的过程。CP 值越大，T-H 图上的线越平缓。

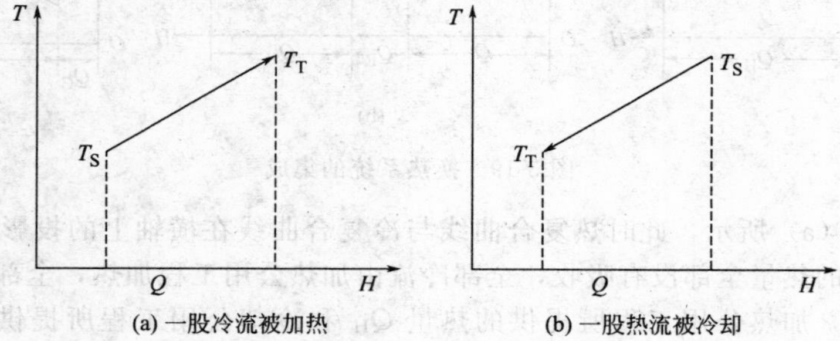

(a) 一股冷流被加热　(b) 一股热流被冷却

图 3-17　T-H 图上的一股物流

在过程工业的生产系统中，通常总是有若干冷物流需要被加热，而又有另外若干热物流需要被冷却。对于多股热流，可将它们合并成一根热复合曲线；对于多股冷流，也可将它们

合并成一根冷复合曲线。图 3-18 表示了如何在温-焓图上把三股热流合并成一根复合曲线。设有三股热流，其热容流率分别为 A、B、C（kW/K），其温位分别为（$T_2 \rightarrow T_5$）、（$T_1 \rightarrow T_3$）、（$T_2 \rightarrow T_4$），如图 3-18(a) 所示。在 T_1 到 T_2 温度区间，只有一股热流提供热量，热量值为（$T_1 - T_2$）（B）$= \Delta H_1$，所以这段曲线的斜率等于曲线 B 的斜率；在 T_2 到 T_3 温区内，有三股热流提供热量，总热量值为（$T_2 - T_3$）（$A+B+C$）$= \Delta H_2$，于是这段复合曲线要改变斜率，即两个端点的纵坐标不变，而在横轴上的距离等于原来三股流在横轴上的距离的叠加，即在每一个温区的总热量可表示为

$$\Delta H_i = \sum_j CP_j (T_i - T_{i+1}) \tag{3-18}$$

式中　j——第 i 温区的物流数。

照此方法，就可形成每个温区的线段，使原来的三条曲线合成一条复合曲线，如图 3-18(b) 所示。以同样的方法，也可将多股冷流在温-焓图上合并成一根冷复合曲线。

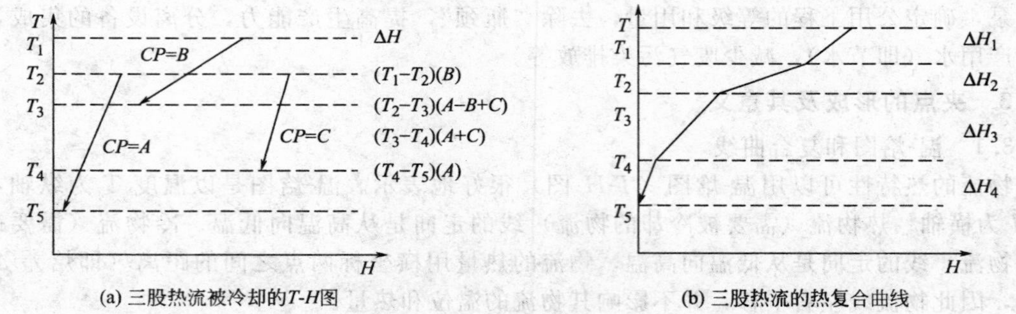

图 3-18　复合温-焓线

3.4.3.2　夹点的形成

当有多股热流和多股冷流进行换热时，可将所有的热流合并成一根复合曲线，所有的冷流合并成一根复合曲线，然后将两者一起表示在温-焓图上。在温-焓图上，冷、热复合曲线的相对位置有三种不同的情况，如图 3-19 所示。

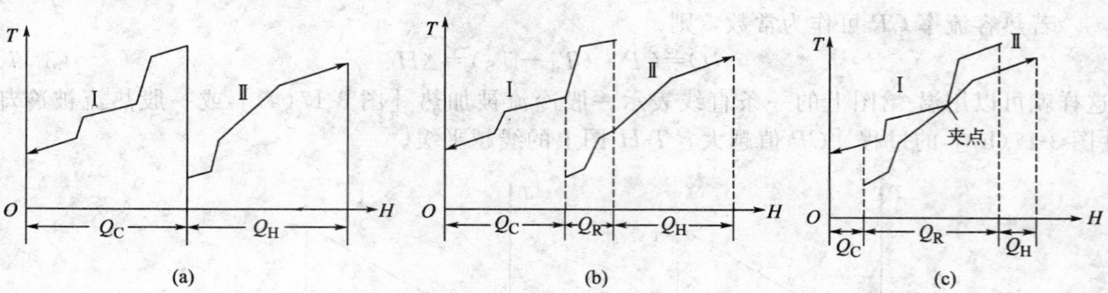

图 3-19　换热系统的集成

① 如图 3-19(a) 所示，此时热复合曲线与冷复合曲线在横轴上的投影完全没有重叠部分，表示过程中的热量全部没有吸收，全部冷流由加热公用工程加热，全部热流由冷却公用工程冷却。此时，加热公用工程所提供的热量 Q_H 和冷却公用工程所提供的冷却量 Q_C 为最大。

② 如图 3-19(b) 所示，将冷复合曲线Ⅱ平行左移，则热复合曲线与冷复合曲线在横轴上的投影有 Q_R 部分重叠，表示热物流所放出的一部分热量 Q_R 可以用来加热冷流，所以加热公用工程所提供的热量 Q_H 和冷却公用工程所提供的冷却量 Q_C 均相应减少，回收利用的

余热为 Q_R。但此时由于是以最高温度的热流加热最低温度的热流，传热温差很大，可回收利用的余热 Q_R 也有限。

③ 如果继续将冷复合曲线Ⅱ向左推移至如图 3-19(c) 所示，使热复合曲线Ⅰ和冷复合曲线Ⅱ在某点恰恰重合，此时，所回收的热量 Q_R 达到最大，加热公用工程所提供的热量 Q_H 和冷却公用工程所提供的冷却量 Q_C 达到极限，重合点的传热温差为零，该点即为夹点。

但是，在夹点温差为零时操作需要无限大的传热面积是不现实的。不过，可以通过技术经济评价而确定一个系统最小的传热温差——夹点温差。因此，夹点可定义为冷热复合温焓线上传热温差最小的地方。夹点温差的确定将在后面介绍。确定了夹点温差之后的冷热复合温-焓线图如图 3-20 所示。图中，冷、热曲线的重叠部分 $ABCEFG$，即阴影部分，为过程内部冷、热流体的换热区，包括多股热流和多股冷流，物流的焓变全部通过换热器来实现；冷复合曲线上端剩余部分 GH，已没有合适的热流与之换热，需用公用工程加热器使这部分冷流升高到目标温度，GH 为在该夹点温差下所需的最小加热公用工程量 $Q_{H,\min}$；热复合曲线下端剩余部分 CD，已没有合适的冷流与之换热，需用公用工程冷却器使这部分热流降低到目标温度，CD 为在该夹点温差下所需的最小冷却公用工程量 $Q_{C,\min}$。

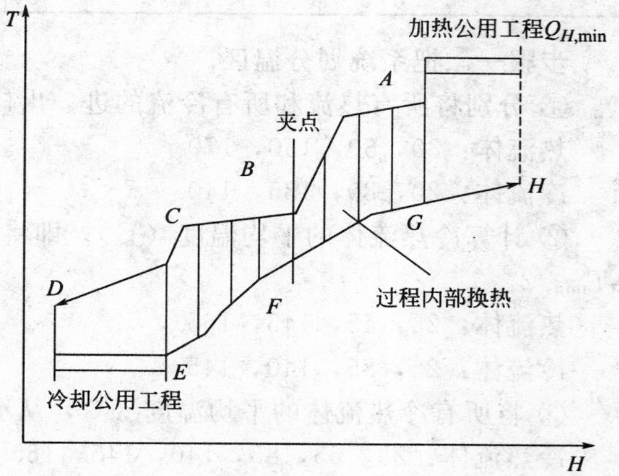

图 3-20　冷热复合温-焓线

3.4.3.3　问题表法

当物流较多时，采用复合温-焓线很繁琐，且不够准确，此时常采用问题表来精确计算。问题表法的步骤如下。

① 以冷、热流体的平均温度为标尺，划分温度区间。冷、热流体的平均温度相对热流体，下降 1/2 个夹点温差（$\Delta T_{\min}/2$）；相对冷流体，上升 1/2 个夹点温差（$\Delta T_{\min}/2$）。这样可保证在每个温区内热流比冷流高 $\Delta T_{\min}$，而满足了传热的需要。

② 计算每个温区内的热平衡，以确定各温区所需的加热量和冷却量，计算式为

$$\Delta H_i = (\sum CP_C - \sum CP_H)(T_i - T_{i+1}) \tag{3-19}$$

式中　ΔH_i——第 i 区间所需外加热量，kW；

$\sum CP_C$，$\sum CP_H$——该温区内冷、热物流热容流率之和，kW/K；

T_i，T_{i+1}——该温区的进、出口温度，℃。

③ 进行热级联计算。第一步，计算外界无热量输入时各温区之间的热通量。此时，各温区之间可有自上而下的热流流通，但不能有逆向热流流通。第二步，为保证各温区之间的热通量不小于 0，根据第一步级联计算结果，取绝对值最大的为负的热通量绝对值为所需外界加入的最小热量，即最小加热公用工程用量，由第一个温区输入；然后计算外界输入最小加热公用工程量时各温区之间的热通量；而由最后一个温区流出的热量，就是最小冷却公用工程用量。

④ 温区之间热通量为零处，即为夹点。

下面通过一个例子，说明问题表法的计算。

某一换热系统的工艺物流为两股热流和两股冷流，其物流参数如表 3-2 所示。取冷、热流体之间最小传热温差为 10℃。现用问题表法确定该换热系统的夹点位置以及最小加热公

用工程量和最小冷却公用工程量。

表 3-2 物流参数

物流编号和类型	热容流率/(kW/℃)	进口温度/℃	出口温度/℃
1 热流	3.0	170	60
2 热流	1.5	150	30
3 冷流	2.0	20	135
4 冷流	4.0	80	140

步骤一 把系统划分温区。

① 分别将所有热流和所有冷流的进、出口温度（℃）从小到大排列起来。

热流体：30，60，150，170

冷流体：20，80，135，140

② 计算冷热流体的平均温度（℃），即将热流体温度下降 $\Delta T_{\min}/2$，将冷流体温度上升 $\Delta T_{\min}/2$。

热流体：25，55，145，165

冷流体：25，85，140，145

③ 将所有冷热流体的平均温度（℃）从小到大排列起来。

冷热流体：25，55，85，140，145，165

④ 整个系统可以划分为五个温区，如图 3-21 所示，分别为

温区 1　165→145　温区 2　145→140

温区 3　140→85　温区 4　85→55

温区 5　55→25

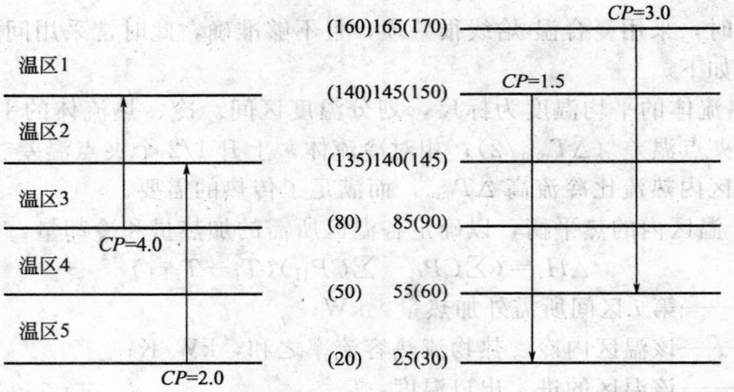

图 3-21 温区划分

步骤二 温区内热平衡计算，用式(3-19)，计算结果命名为“亏缺热量”，列于表 3-3 第三列。

温区 1：$\Delta H_1 = -3.0(165-145) = -60$ (kW)

温区 2：$\Delta H_2 = (4.0-3.0-1.5)(145-140) = -2.5$ (kW)

温区 3：$\Delta H_3 = (4.0+2.0-3.0-1.5)(140-85) = 82.5$ (kW)

温区 4：$\Delta H_4 = (2.0-3.0-1.5)(85-55) = -75$ (kW)

温区 5：$\Delta H_5 = (2.0-1.5)(55-25) = 15$ (kW)

ΔH_i 为负值表示该温区有剩余热量。

步骤三 计算外界无热量输入时各温区之间的热通量，命名为“累积热量”，此时，第

一温区的输入热量为零，其余各温区的输入热量等于上一温区的输入热量，每一温区的输出热量等于本温区的输入热量减去本温区的亏缺热量 ΔH，计算结果列于表 3-3 第四列。

温区 1：输入热量＝0（因外界无热量输入）(kW)，输出热量＝0＋60＝60（kW）

温区 2：输入热量＝60kW，输出热量＝60＋2.5＝62.5（kW）

温区 3：输入热量＝62.5kW，输出热量＝62.5－82.5＝－20（kW）

温区 4：输入热量＝－20kW，输出热量＝－20＋75＝55（kW）

温区 5：输入热量＝55kW，输出热量＝55－15＝40（kW）

步骤四　确定最小加热公用工程用量。从步骤三的计算中可以看到，当外界无热量输入时，温区 3 向温区 4 输出的热量为负值，这意味着温区 4 向温区 3 提供热量，在热力学上是不合理的。为消除这种不合理的现象，使各温区之间的热通量≥0，就必须从外界输入热量，使原来的负值至少变为零，因此得到最小加热公用工程量为 20kW。

表 3-3　问题表

温度和温区	物流	亏缺热量/kW	累积热量/kW		热通量/kW	
			输入	输出	输入	输出
温区 1 165～145℃		－60	0	60	20	80
温区 2 145～140℃		－2.5	60	62.5	80	82.5
温区 3 140～85℃		82.5	62.5	－20	82.5	0
温区 4 85～55℃		－75	－20	55	0	75
温区 5 55～25℃		15	55	40	75	60

步骤五　计算外界输入最小加热公用工程量时各温区之间的热通量。换热网络所需的最小加热量可从第三温区以上的任何温区中输入。为方便起见，本例假定该热量从温区 1 输入。计算方法同步骤三完全相同，计算结果形成问题表的最后一列——热通量。

温区 1：输入热量＝20kW，输出热量＝20＋60＝80（kW）

温区 2：输入热量＝80kW，输出热量＝80＋2.5＝82.5（kW）

温区 3：输入热量＝82.5kW，输入热量＝82.5－82.5＝0

温区 4：输入热量＝0kW，输出热量＝0＋75＝75（kW）

温区 5：输入热量＝75kW，输出热量＝75－15＝60（kW）

由最后温区输出的热量 60kW 即为最小冷却公用工程用量。

步骤六　确定夹点位置。温区 3 和温区 4 之间热通量为零，此处就是夹点，即夹点在平均温度 85℃（热流温度 90℃，冷流温度 80℃）处。

3.4.3.4　夹点的意义

由上面的分析可知，夹点是冷热复合温焓线中传热温差最小的地方，此处热通量为零。

夹点的出现将整个换热网络分成了两部分：夹点之上和夹点之下。夹点之上是热端，只有换热和加热公用工程，没有任何热量流出，可看成是一个净热阱；夹点之下的是冷端，只有换热和冷却公用工程，没有任何热量流入，可看成是一个净热源；在夹点处，热流量为零，如图 3-22(a) 所示。

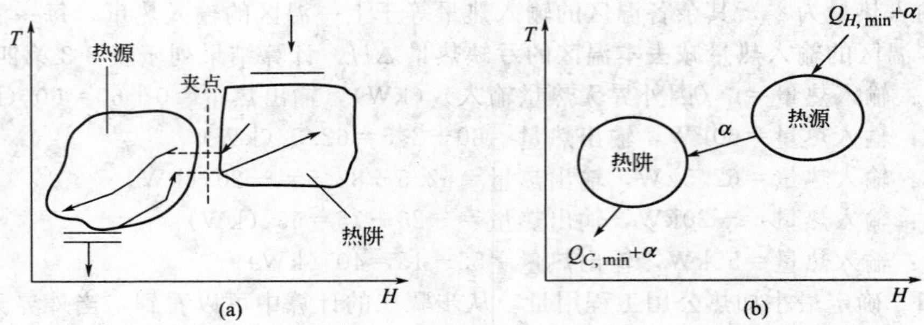

图 3-22 夹点的意义

如果在夹点之上热阱子系统中设置冷却器，用冷却公用工程移走部分热量，其量为 β，根据夹点之上子系统平衡可知，β 这部分热量必然要由加热公用工程额外输入，结果加热和冷却公用工程量均增加了 β。

同理，如果在夹点之下热源子系统中设置加热器，加热和冷却公用工程用量也均相应需增加。

如果发生跨越夹点的热量传递 α，即夹点之上热物流与夹点之下冷物流进行换热匹配，则根据夹点上下子系统的热平衡可知，夹点之上的加热公用工程和夹点之下的冷却公用工程量均相应增加 α，如图 3-22(b) 所示。

因此，为达到最小加热和冷却公用工程量，夹点方法的设计原则是：①夹点之上不应设置任何公用工程冷却器；②夹点之下不应设置任何公用工程加热器；③不应有跨越夹点的传热。

此外，夹点是制约整个系统能量性能的“瓶颈”，它的存在限制了进一步回收能量的可能。如果有可能通过调整工艺改变夹点处物流的特性，例如使夹点处热物流温度升高或使夹点处冷物流温度降低，就有可能把冷复合曲线进一步左移，从而增加回收的热量。

3.4.4 换热网络设计目标

3.4.4.1 能量目标

能量目标就是指最小加热公用工程量和最小冷却公用工程量，上一节中已经分析了怎样在温焓图或问题表上确定这些能量目标。

能量目标随夹点温差而变，夹点温差一定，所分析系统的能量目标一定；若夹点温差增大，加热公用工程和冷却公用工程的用量均增大，且增大的数量相等。

如果发现一个系统的夹点温差大大地超过最经济的夹点温差 $\Delta T_{\min}$ 时，则可知通过缩小夹点温差就可以挖掘出节省公用工程的潜力。

3.4.4.2 换热单元数目目标

一般来说，换热单元数目的增加将导致投资费用的增加，而且相对换热面积而言，单元数目对设备投资费用的影响更大。因为每台换热器的费用中封头、外壳、土建基础等占很大比例，而管束面积只是费用中的一部分，这一点也可以从换热器费用计算公式中看出，换热器费用与面积成指数关系，一般可表示为

$$C=a+bA^{c} \tag{3-20}$$

式中 A——换热面积

a，b，c——价格系数，一般 $c=0.6$。

可见面积对费用的影响不如换热器台数的影响大。因此在换热网络设计中，通常把能量目标和换热单元数目目标看做是比换热面积目标更重要的目标。

一个换热网络的最小单元数目可由欧拉通用网络定理来描述

$$U_{\min}=N+L-S \tag{3-21}$$

式中 $U_{\min}$——最小换热单元数目，包括换热器、加热器和冷却器；

N——流股数目，包括工艺物流以及加热和冷却公用工程；

L——独立的热负荷回路数目，如图 3-23 中的 2 号和 4 号换热器所组成的回路（将在下一节中详细介绍）；

S——可能分离成不相关子系统的数目。

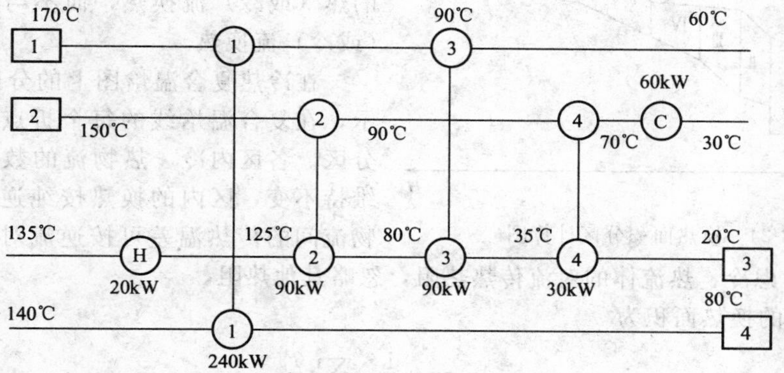

图 3-23　换热网络综合结果

当系统中某一热物流的热负荷和某一冷物流的热负荷恰好相等，且其间各处传热温差均不小于规定的最小传热温差（即夹点温差）$\Delta T_{\min}$时，则该两物流一次匹配换热就完成了各自所要求的换热负荷。此时，该两物流与其他物流没有关系，可以分离出作为独立的子系统。当系统中存在这样一个独立的子系统时，整个系统就可以分离成两个不相关的子系统。

通常，系统往往没有可能分离成不相关子系统，故 $S=1$；一般希望避免多余的换热单元，因此尽量消除回路，使 $L=0$，于是式(3-21) 变成

$$U_{\min}=N-1$$

另外，在设计之前，通常认为加热公用工程物流为1，冷却公用工程也为1。

但是，最大能量回收网络设计把整个网络分解成为夹点之上和夹点之下两个独立的网络。在这样的设计之下，整个网络的最小换热单元数目成为夹点之上和夹点之下两个子系统最小换热单元数目之和。例如 3.4.3.3 节中所举的例子，经夹点设计可初步综合为图 3-23 所示网络，在夹点之上 $N=5$（包括加热蒸汽），$L=0$，但 2-3 流股匹配与 2-4-H 匹配无关，$S=2$；夹点之下 $N=4$（包括冷却水），$L=0$，$S=1$，于是

$$U_{\min}=(5-2)+(4-1)=6$$

而如果有 α 热量穿过夹点传递，则会使加热和冷却公用工程量均增加 α，但此时夹点上、下就不再是独立的网络了，只能把整个换热网络作为一体对待，于是 $N=6$（包括加热蒸汽和冷却水），$S=1$，故

$$U_{\min}=6-1=5$$

也就是说，可以少用一个换热单元。

这样，就发生一个权衡问题，少用换热单元，可使设备投资减少，但又引起能量费用增加；按照最大能量回收设计换热网络，可使能量消耗降到最少，但投资大一些。

通常所说的换热单元数目目标，是指把整个换热网络作为一体对待时的最小换热单元数

目，即上例中所求出5。

3.4.4.3 换热网络面积目标

在进行换热网络设计之前，无法精确计算换热网络的面积，因此，换热网络的面积目标是物流按纯逆流垂直换热时的近似面积目标，即在冷热复合温焓图上计算各区间垂直传热所需的传热面积，然后加和而得。所谓垂直换热是指各区间的冷（或热）流只与本区间的热（或冷）流换热，而不与其他区间的热（或冷）流换热。

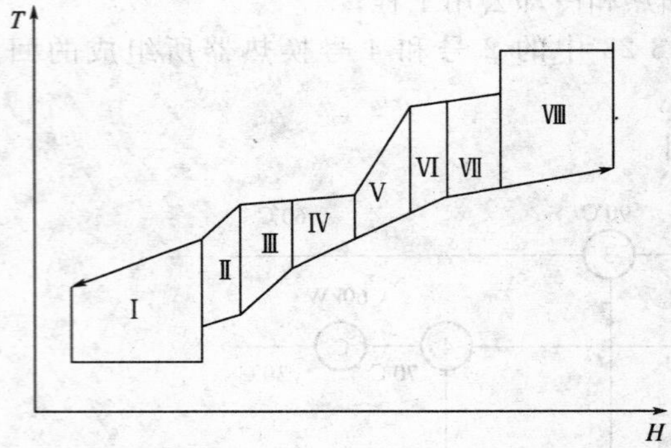

图 3-24 换热面积分区计算图

在冷热复合温焓图上的分区如图 3-24 所示，在复合温焓线的每个折点处做垂直进行分区。各区内冷、热物流的数目和热容流率维持不变，区内的换热按纯逆流换热，所以物流间的传热温差可按逆流对数平均传热温差计算。只考虑冷、热流体的对流传热热阻，忽略其他热阻。

第 i 区段的换热面积为

$$A_i = \frac{1}{\Delta T_{lmi}} \sum_j \frac{q_j}{h_j} \tag{3-22}$$

式中 A_i——第 i 区段的换热面积，m^2；

ΔT_{lmi}——第 i 区段的对数平均温差，℃；

q_j——区段内第 j 股物流的热负荷，kW；

h_j——第 j 股物流的传热膜系数，kW/(m·℃)

换热网络总面积为

$$\sum A_i = \sum_i \frac{1}{\Delta T_{lmi}} \sum_j \frac{q_j}{h_j} \tag{3-23}$$

这样分区后且垂直换热，就能保证具有最高输入温度的热物流与具有最高输出温度的冷物流匹配换热，具有中等输入温度的热物流与具有中等输出温度的冷物流匹配换热，具有最低输入温度的热物流与具有最低输出温度的冷物流匹配换热，获得最小换热网络面积。

3.4.4.4 经济目标

在换热网络设计中，经济目标有能量费用目标、设备投资费用目标和总年度费用目标。

能量费用目标在能量目标的基础上求取，具体的能量费用 C_E 为

$$C_E = C_H Q_H + C_C Q_C \tag{3-24}$$

式中 Q_H——加热公用工程用量，kW/h；

Q_C——冷却公用工程用量，kW/h；

C_H——单位加热公用工程费用，元/kW；

C_C——单位冷却公用工程费用，元/kW。

设备投资费用目标在换热网络面积目标和换热单元数目目标的基础上求取。在网络设计之前，先获得各项设计目标，是夹点技术的一个显著特点。但在网络综合前无法确定网络的换热单元数以及各单元的换热面积，因而假定换热单元数目为 U_{min}，并假定换热面积平均分配在各单元。这样，可求得换热设备投资费用 C_N 为

$$C_N = U_{min}[a + b(\sum A/U_{min})^c] \tag{3-25}$$

总费用目标为

$$C_T = C_E B + C_N / R \tag{3-26}$$

式中 C_T——总费用，元/年；

B——年运行时间，h/年；

R——设备折旧年限，年。

3.4.4.5 最优夹点温差的确定

在换热网络的综合中，夹点温差的大小是一个关键的因素。夹点温差越小，热回收量越多，则所需的加热和冷却公用工程量越少，即运行中能量费用越少。但夹点温差越小，整个网络各处的传热温差均相应减小，使换热面积加大，造成网络投资费用的增大。夹点温差与费用的关系见图 3-25。因此，当系统物流和经济环境一定时，存在一个使总费用目标最小的夹点温差，换热网络的综合，应在此最优夹点温差 ΔT_{opt} 下进行。

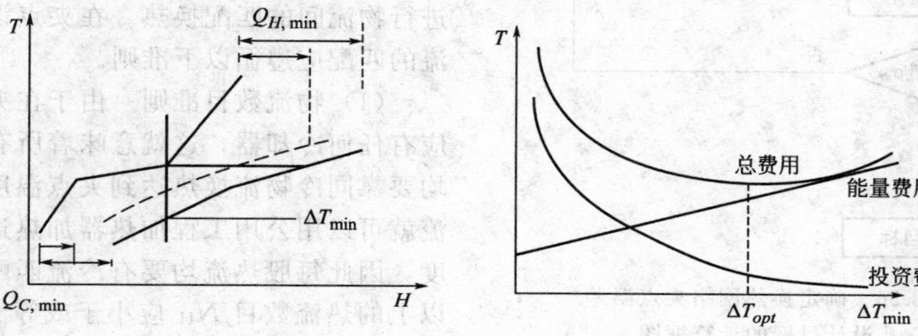

图 3-25 夹点温差与费用的关系

最优夹点温差的确定方法，大致有这样几类。

① 根据经验确定，此时需要考虑公用工程和换热器设备的价格、换热工质、传热系数、操作弹性等因素的影响。当换热器材质价格较高而能源价格较低时，可取较高的夹点温差以减少换热面积，例如对钛材或不锈钢换热系统，材质昂贵，可取 $\Delta T_{\min}=50℃$。反之，当能源价格较高时，则应取较低的夹点温差，以减少对公用工程的需求，例如对冷冻换热系统，因冷冻公用工程的费用较高，此时取 $\Delta T_{\min}=5\sim10℃$。

换热工质及传热系数对 $\Delta T_{\min}$ 也有较大影响。当传热系数较大时，可取较低的 $\Delta T_{\min}$，因为在相同负荷下，换热面积反比于传热系数与传热温差的乘积。

另外，企业出于操作弹性的考虑，往往希望传热温差不小于某个值，此时也可取该值作为夹点温差。

② 在不同的夹点温差下，综合出不同的换热网络，然后比较各网络的总费用，选取总费用最低的网络所对应的夹点温差。用这个方法所求得的最优夹点温差是实际的最优夹点温差，该方法的缺点是工作量太大。

③ 在网络综合之前，依据冷热复合温焓线，通过数学优化估算最优夹点温差。

ⅰ. 输入物流和费用等数据，指定一个 $\Delta T_{\min}$；

ⅱ. 作出冷热复合曲线；

ⅲ. 求出能量目标 Q_H 和 Q_C（能量目标也可用问题表法求取换热单元数目目标 $U_{\min}$ 和面积目标 $\sum A$）；

ⅳ. 计算总费用目标；

ⅴ. 判断是否达到最优，若是，则输出结果；若否，则改 $\Delta T_{\min}$，再转到步骤ⅱ，重新计算下一组数值。

图 3-26 为用数学优化法确定夹点温差及设计目标的计算框图。

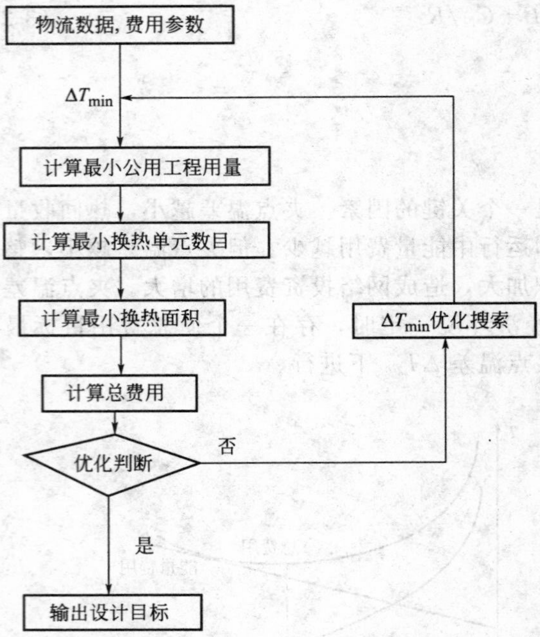

图 3-26 确定换热网络夹点温差及设计目标的计算框图

3.4.5 换热网络优化设计

3.4.5.1 夹点技术设计准则

在设计换热网络时，首先设计具有最大热回收（也就是达到能量目标）的换热网络，然后再根据经济性进行调优。

在夹点处，冷、热流体之间的传热温差最小。为了达到最大的热回收，必须保证没有热量穿过夹点。这些使夹点成为设计中约束最多的地方，因而要先从夹点入手，将换热网络分成夹点上、下两部分，分别向两头进行物流间的匹配换热。在夹点设计中，物流的匹配应遵循以下准则。

（1）物流数目准则　由于在夹点之上不应有任何冷却器，这就意味着所有的热物流均要靠同冷物流换热达到夹点温度，而冷物流就可以用公用工程加热器加热达到目标温度，因此每股热流均要有冷流匹配，即夹点以上的热流数目 N_H 应小于或等于冷流数目 N_C，即

夹点之上 $$N_H \leqslant N_C$$

同理，在夹点之下，为保证每股冷流都被匹配，应

夹点之下 $$N_H \geqslant N_C$$

要指出的是，这样的准则，不是对实际系统的要求，而是对设计者设计工作的指导，如果实际系统中物流数目不能满足上述准则，则应通过将物流人为地分流来满足该准则。例如若实际系统夹点之上有三股热流，两股冷流，如图 3-27(a) 所示，不满足物流数目准则。这时通过将一股冷流进行分支，就可增加冷流数目，使该准则得到满足，如图 3-27(b) 所示。

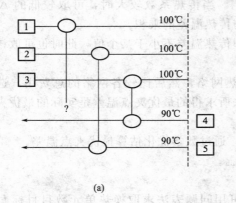

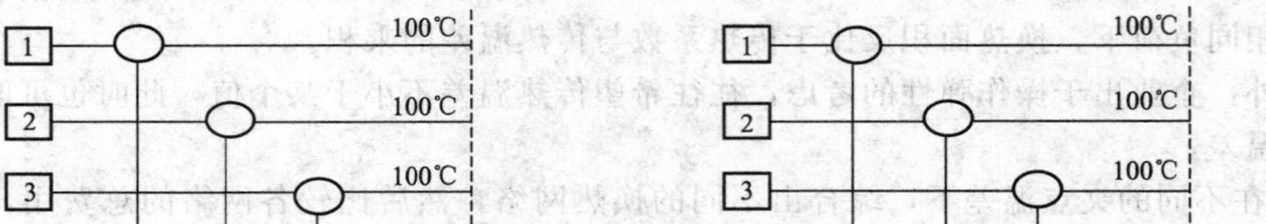

图 3-27 用流股分支来满足物流数目准则

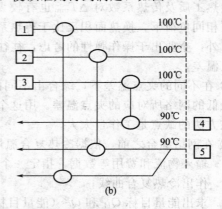

还要指出的是，该准则主要针对夹点处的物流，夹点处的物流必须遵守该准则；而在远离夹点处，只要温差许可，物流可逐次进行匹配，不必遵守该准则。例如，图 3-28 所示夹点之上的系统，虽然不满足物流数目准则，却不必分流，因为其换热器 2 的匹配已远离夹点，其冷热液体之间有足够的温差。

(2) 热容流率准则　本准则适用于夹点处的匹配。夹点处的温差 ΔT_{min} 是网络中的最小温差，为保证各换热匹配的温差始终不小于 ΔT_{min}，要求夹点处匹配的物流的热容流率满足以下准则

夹点之上　$CP_H \leqslant CP_C$

夹点之下　$CP_H \geqslant CP_C$

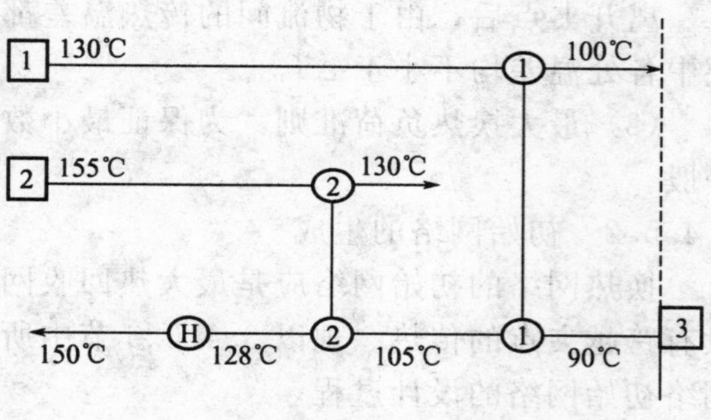

图 3-28　远离夹点处的匹配

该准则可用图 3-29 来解释。在夹点之下，换热器中热流进口和冷流出口处的温差等于 ΔT_{min}，若 $CP_H \leqslant CP_C$，则热流线比冷流线陡，在换热的过程中就会出现 $\Delta T < \Delta T_{min}$；反之，若 $CP_H \geqslant CP_C$，则匹配各处的传热温差将不小于 ΔT_{min}，如图 3-29(a) 所示。同样，在夹点之上，换热器中冷流进口和热流出口处的温差等于 ΔT_{min}，若 $CP_H \geqslant CP_C$，则冷流进入换热器后升温很快，热流降温较慢，换热的过程中就会出现 $\Delta T < \Delta T_{min}$；反之，$CP_H \leqslant CP_C$，就可以保证匹配各处的传热温差不小于 ΔT_{min}，如图 3-29(b) 所示。

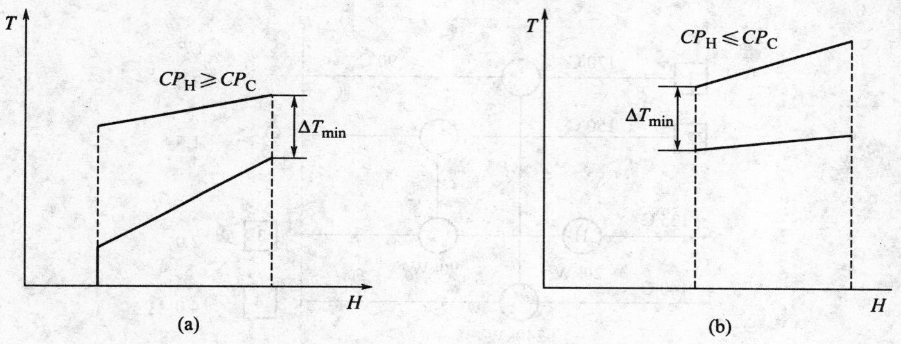

图 3-29　夹点处匹配的热容流率准则

同物流数目准则一样，这个准则，不是对实际系统的要求，而是对设计者设计工作的指导。如果夹点处的实际物流不能满足该准则，就应通过分流来减少夹点之上所需匹配的热流的热容流率或夹点之下所需匹配的冷流的热容流率。

例如在图 3-30(a) 所示的情形中，有一股热流，两股冷流，满足物流数目准则，但热流 1 的热容流率 $CP=4.0$，无法与冷流 2 和 3 相匹配。为了满足热容流率准则，将热流股 1 分支成两股，其热容流率各为 $CP=2.0$，然后分别与冷流股 2 和 3 匹配，如图 3-30(b) 所示，这样就同时满足了物流数目准则和热容流率准则。

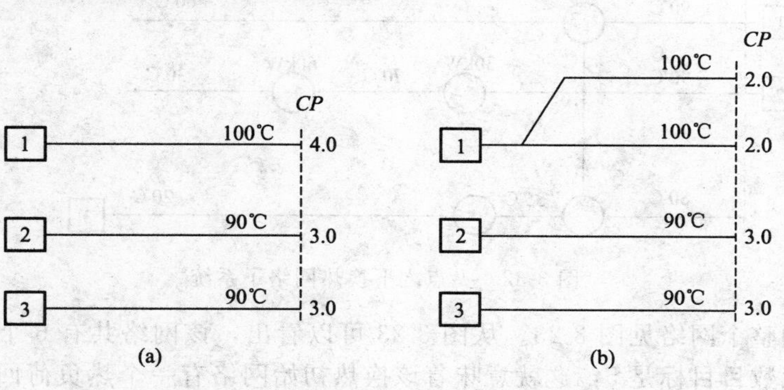

图 3-30　用流股分支来满足热容流率准则

离开夹点后，由于物流间的传热温差都增大了，就不必一定遵守该准则，但仍应保证匹配中各处温差均不小于 $\Delta T_{\min}$。

（3）最大换热负荷准则 为保证最小数目的换热单元，每一次匹配应换完两股物流中的一股。

3.4.5.2 初始网络的生成

换热网络的初始网络应是最大热回收网络，即具有最小公用工程。为达此目的，就要求没有跨越夹点的传热。现以 3.4.3.3 节中所举的物流系统为例说明采用夹点设计法生成换热网络初始网络的设计过程。

夹点以上：热流两股，冷流两股，满足物流数目准则。根据热容流率准则，应使流股 2 与流股 3 匹配，流股 4 与流股 1 匹配，满足 $CP_H \leqslant CP_C$。为满足最大换热负荷准则，每次匹配应换完两股物流中的一股，在流股 2 与流股 3 的匹配中，两股物流都被换完，说明该匹配在夹点之上为一独立的子系统；在流股 4 与流股 1 的匹配中，换完热负荷较小的物流，即流股 4；流股 1 所剩加热需求，由公用工程加热器提供。这样所设计的夹点之上的换热网络子系统如图 3-31 所示。

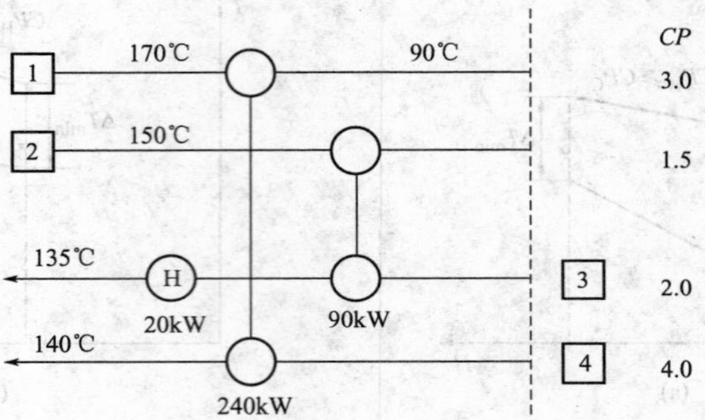

图 3-31 夹点之上换热网络子系统

夹点以下：热流两股，冷流一股，满足物流数目准则。根据热容流率准则，冷流 3 只能与热流 1 在夹点处进行换热，再根据最大热负荷准则，只要匹配的最小温差大于 $\Delta T_{\min}$，就不必再遵守热容流率准则，而让冷流 3 再与热流 2 进行换热，并根据最大热负荷准则，将热负荷较小的冷流 3 换完；流股 2 所剩冷却需求，由公用工程冷却器提供。这样所设计的夹点之下换热网络子系统如图 3-32 所示。

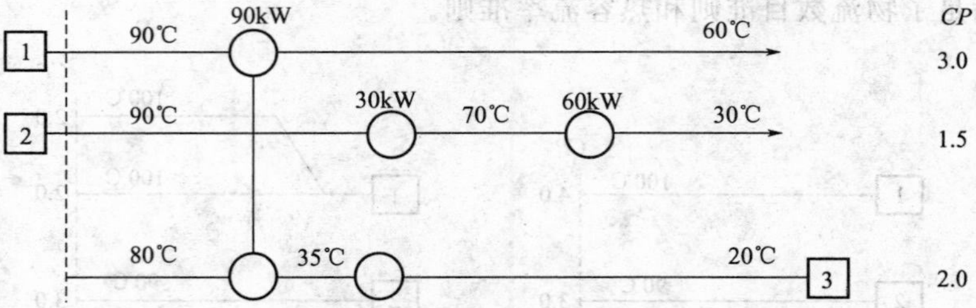

图 3-32 夹点之下换热网络子系统

最后得到的整个网络见图 3-23。从图 3-23 可以看出，该网络共有 6 个换热单元，而该系统的换热单元数目目标是 5，这就意味着该换热初始网络有一个热负荷回路，即由换热器 2 和换热器 4 组成一热负荷回路。换热单元数目较多意味着投资费较高，因此，初始网络还需进行调优以获得最佳经济性能。

下面再看一个需要分流的实例。该实例的物流参数见表 3-4，取夹点温差为 20°C，经计算知夹点位置在平均温度 80°C（即热流温度 90°C，冷流温度 70°C）处，最小加热公用工程量 107.5kW，最小冷却公用工程量 40kW。

表 3-4　物流参数

物流编号和类型	热容流率 CP/(kW/℃)	供应温度/℃	目标温度/℃
1 热流	2.0	150	60
2 热流	8.0	90	60
3 冷流	2.5	20	125
4 冷流	3.0	25	100

夹点之上：热流一股，冷流两股，满足物流数目准则。用该热流与任何一股冷流匹配，均满足热容流率准则，因而可构成两种匹配，如图 3-33 所示。不同的方案给了设计者更多的选择。这两种匹配均能实现最小加热公用工程目标和换热单元数目目标，但总换热面积不同，可操作性也不同。究竟哪个方案较优，可以有不同的考虑角度。例如可以从投资费上考虑，由于总换热面积不同，换热器投资费用不同；而管道的投资是方案二较高些。也可以从可操作性的角度考虑，方案一的可操作性要优于方案二，因为其在两股冷流上均设有加热器。

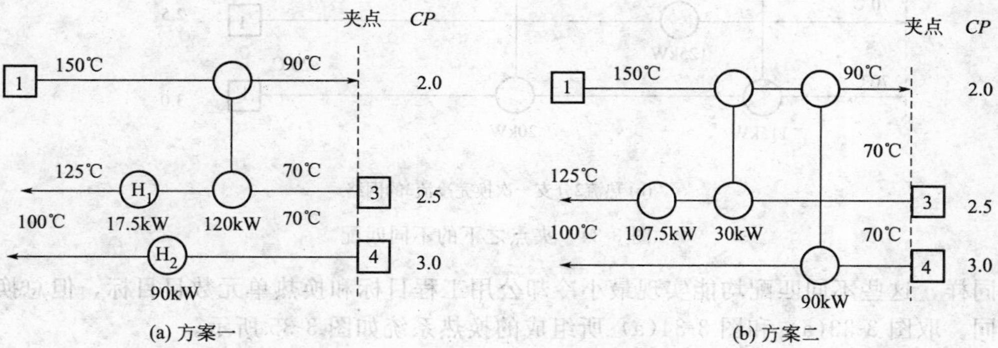

图 3-33　夹点之上的不同匹配

夹点之下：热流两股，冷流两股，满足物流数目准则。但热流 1 的热容流率小于任一冷流，不满足热容流率准则，为此需要将流股分支。

流股分支的方案常常不是唯一的，而是有多种选择。最容易想到的是将一股冷流分支，使其中一股支流的热容流率小于或等于热流 1 的热容流率，但这样做后相当于冷流增加为三股，又违反了物流数目准则，又需要将一股热流分支，使得流程过于复杂。考虑到热流 2 的热容流率大于冷流 3 和冷流 4 的热容流率之和，因此比较简单的流程是将热流 2 分支，将其两支流分别与两股冷流匹配。

但是，如何将热流 2 分支呢，即其两支流的热容流率各为多少合适呢？为了使换热单元数目较少，流股分支的分配原则是：其中一个匹配能恰好完成与之匹配的冷流的热负荷。这样热流 2 就有两种不同的分支分配：一次匹配换完冷流 3 的匹配和一次匹配换完冷流 4 的匹配。在热流 2 分支匹配之后，再使热流 1 与未换完的冷流匹配，因此时已离开夹点，故不必遵守热容流率准则。热流 2 不同分配分支下所综合的网络如图 3-34 所示。

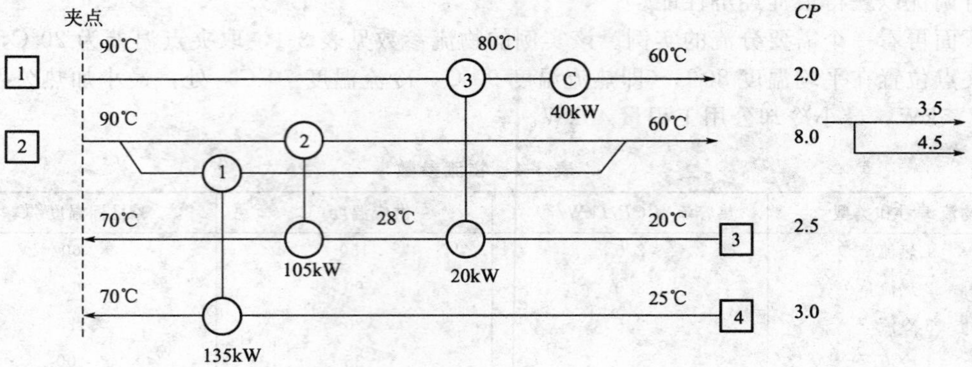

(a) 热流2分支一次换完冷流4的网络

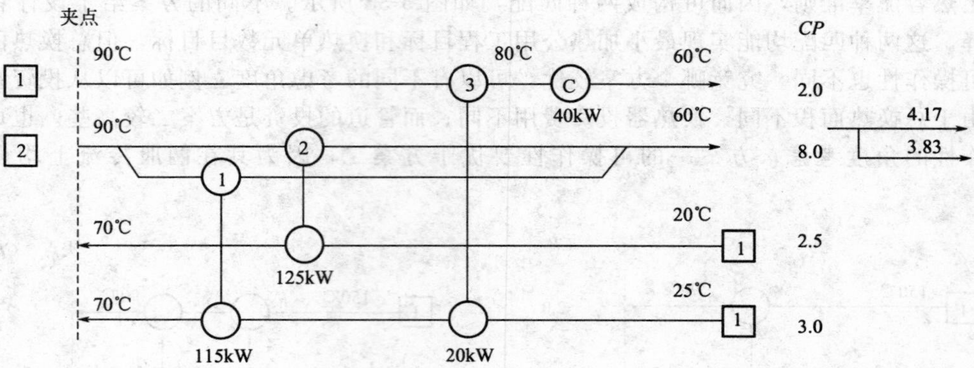

(b) 热流2分支一次换完冷流3的网络

图 3-34　夹点之下的不同匹配

同样，这些不同匹配均能实现最小冷却公用工程目标和换热单元数目目标，但总换热面积不同。取图 3-33(a) 和图 3-34(a) 所组成的换热系统如图 3-35 所示。

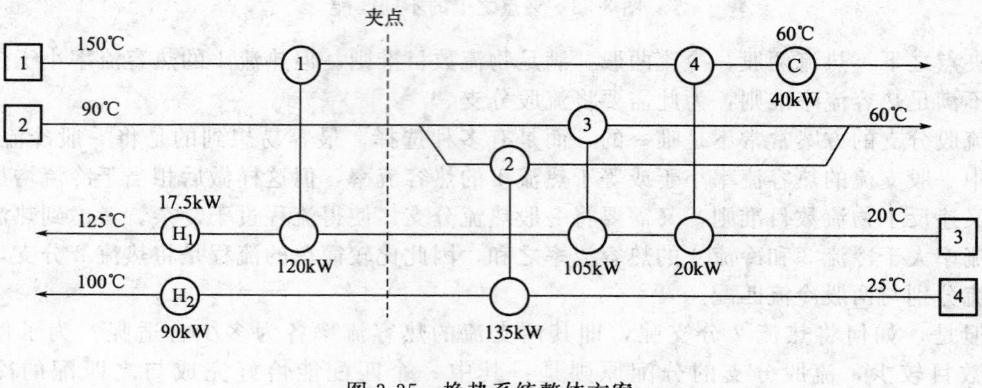

图 3-35　换热系统整体方案

从图 3-35 可以看出，该网络共有 7 个换热单元，而该系统的换热单元数目目标是 5，这就意味着该换热初始网络有两个热负荷回路，还要进行调优处理，以尽量减少换热单元数目，同时尽量维持能量目标，以使系统的总费用最小。

3.4.5.3　热负荷回路的断开与换热单元的合并

由于最大能量回收网络的设计是分夹点上、下分别进行匹配，有些物流在夹点上、下重复计算，这就不可避免地使网络换热单元总数大于将整个系统作为一体对待时的最小换热单元数目。另外，用其他方法综合的换热网络，其换热单元数目也常常大于最小单元数目。而换热单元数目对设备投资的影响很大，因此有必要通过合并换热单元对换热网络进行调优。

(1) 热负荷回路　当网络的换热单元数目超过将整个系统作为一体对待时的最小换热单元数目时，根据欧拉通用网络定理即式(3-21) 可知，网络中必然构成了热负荷回路。

热负荷回路的定义是：在网络中从一股物流出发，沿与其匹配的物流找下去，又回到物流，则称在这些匹配的单元之间构成热负荷回路，如图 3-36 所示，这里所说的物流也包括工业工程物流，如图 3-36(b) 所示。

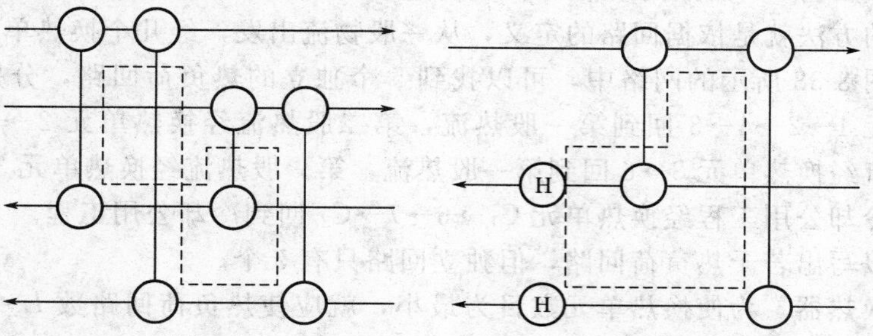

图 3-36　热负荷回路

一个系统中独立的热负荷回路数可以如下确定。

独立的热负荷回路数＝实际换热单元数－最小换热单元数

所谓独立的热负荷回路，是指热负荷回路相互独立，不会由其中几个的加减而得到另一个，例如图 3-37 所示的简单网络，本来一个换热单元就可完成的换热，却由三个换热单元来完成，故有两个独立的热负荷回路，但在辨认热负荷回路时，却可找出三个，分别是：1-2，1-3，2-3。可见这三个热负荷回路相互不独立，独立的只有两个。

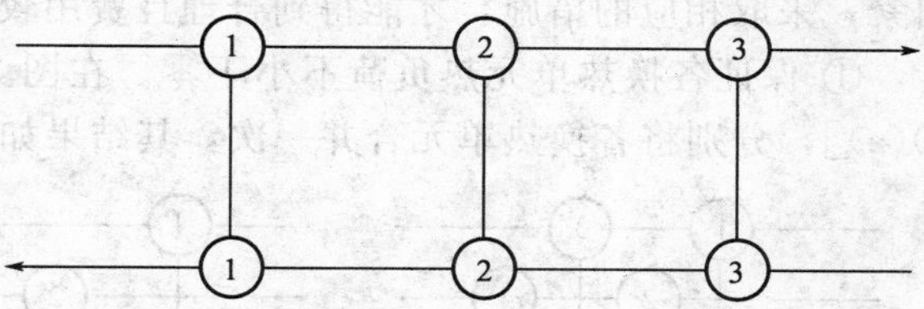

图 3-37　独立的热负荷回路

要确定热负荷回路是否独立，一个简单的办法是每找出的新的热负荷回路中，有一个前面所找到的回路中没有包括的换热单元。

在识别热负荷回路时，要注意以下两点。

① 如果在确定最小换热单元数目时，取加热公用工程数目为 1，则不同的加热器用的是同一股公用工程物流，可以连起来，如图 3-36(b) 的情形。同理，如果在确定最小换热单元数目时，取冷却公用工程数目为 1，则不同的冷却器用的是同一股公用工程物流，可以连起来，如图 3-38 中的 C_1→6→7→C_2 回路。

② 有分流的工艺物流，实际上是一股物流，故可将不同支流上的换热器直接连起来，如图 3-38 中的 H→2→3→H 回路。

下面以一个有较多热负荷回路的换热网络为例，说明识别回路的方法。在图 3-38 所示的网络中（该网络不是用夹点设计法综合的)，共有物流 6 股（包括一股加热和一股冷却公用工程)，换热单元 10 个。

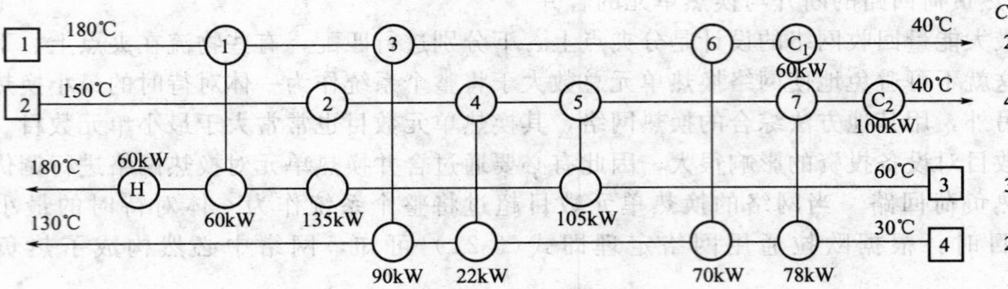

图 3-38 有热负荷回路的换热网络

如果将所有物流作为一个系统，在没有任何热负荷回路的条件下，用式（3-21）可求得最小换热单元数目为 5，而该网络中用了 10 个换热单元，说明回路数目 $L=5$。

识别回路的方法就是依据回路的定义，从一股物流出发，经几个换热单元，看是否又回到该物流。在图 3-38 所示的网络中，可以找到 5 个独立的热负荷回路，分别是：从第一股热流经换热单元 1→2→4→3 回到第一股热流，第二股热流经换热单元 2→5 回到第二股热流，第一股热流经换热单元 3→6 回到第一股热流，第一股热流经换热单元 3→4→7→6 回到第一股热流，冷却公用工程经换热单元 C_1→6→7→C_2 回到冷却公用工程。

当然还可以写出若干热负荷回路，但独立回路只有 5 个。

（2）合并换热器　为使换热单元数目为最小，就应使热负荷回路数 $L=0$，即需要把网络中的热负荷回路断开。

热负荷回路的一个重要特点是，回路中各单元的热负荷可以相互转移，而不影响回路之外其他单元的热负荷。根据回路的这一特点，可以通过热负荷转移而使回路中一个换热单元的负荷为零（即将该换热单元合并），从而断开回路达到合并换热器的目的。

在打破回路、合并换热器的过程中，并非所有的换热器都可简单地合并，还要考虑一些因素，采取相应的措施，才能得到合理且费用较少的网络。

① 保证各换热单元热负荷不小于零。在图 3-38 的 1→2→4→3 的热负荷回路中［图 3-39(a)］，分别将各换热单元合并一次，其结果如图 3-39(b)～(e) 所示。

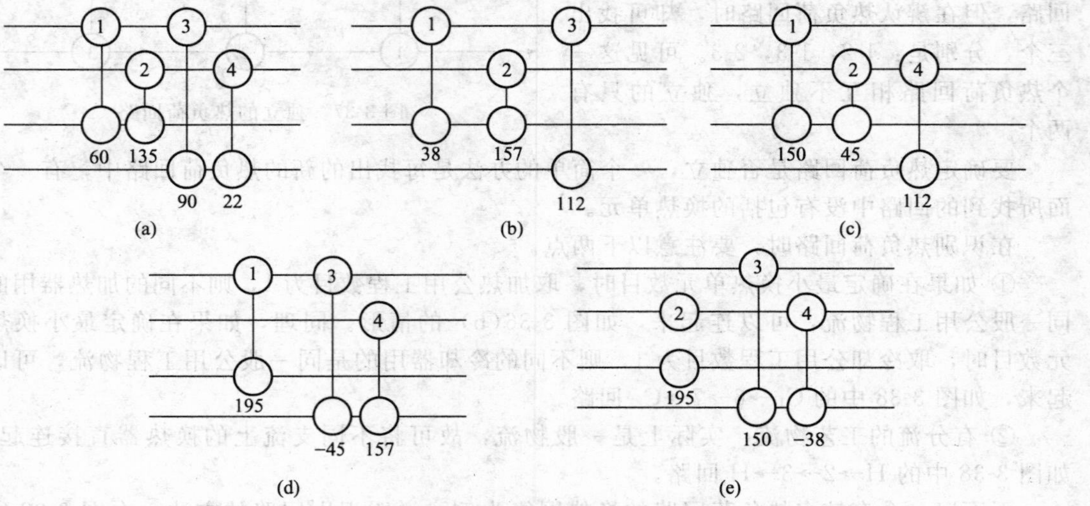

图 3-39 回路中热负荷的转移

合并的过程如下：从要合并的单元开始，按回路所经的顺序排出换热单元次序，然后从各奇数位置的单元设备的热负荷中减去所要合并的单元（位置1）的热负荷，在各偶数位置的单元中加上所要合并的单元的热负荷。

例如，要合并单元4时，从单元4开始，将回路中各单元按回路所经顺序排列，为：4(1)→3(2)→1(3)→2(4)或4(1)→2(2)→1(3)→3(4)，括号外为换热单元号，括号内为单元次序位置号。单元4的热负荷为22kW。从各奇数单元中减去22kW，则有，单元4热负荷为零（等于零即为合并了的换热单元），单元1为60－22＝38（kW），单元2为135＋22＝177（kW），单元3为90＋22＝112（kW）。其结果如图3-39(b)所示。

用同样的方法，合并换热单元3、2、1，所得结果分别如图3-39(c)～(e)所示，从图中可以发现，当合并单元2和单元1时，其他单元产生了负的热负荷，说明这是不可行的合并方案，应该放弃。

实际上可行的合并方案最多只有两个。从回路中任一个单元开始，可以把所有的单元分成两组：奇数组和偶数组。可以合并的单元是两组中热负荷最小的单元。

有一条设计经验是：总是合并回路中热负荷最小的换热器。这样可以保证合并后回路各单元的热负荷不小于零，同时也使合并换热单元对系统的影响最小。如上例中单元4的合并。

② 传热温差的考虑与适当增加公用工程用量。分析图3-35可知，该换热网络有两个热负荷回路，1→4和H_1→3→2→H_2。为打破1→4回路，较好的方案是合并换热器4，因为它的热负荷最小，这样，就将换热器4的20kW热负荷全部加到换热器1上，使换热器1的热负荷增加到140kW。合并换热器后的网络如图3-40所示。

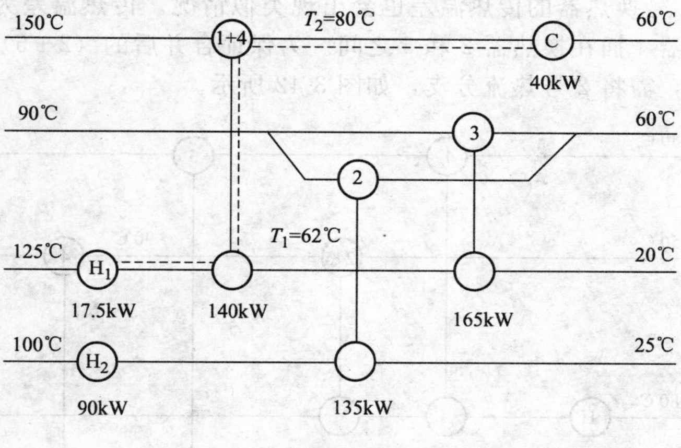

图3-40　图3-35系统合并换热器

通常，合并换热器后，会使局部传热温差减小，因此，在合并换热器后，应检验传热温差，看是否满足最小传热温差的限制。

在上例中，合并后有一端得传热温差为$T_2-T_1=80-62=18$（℃），而夹点温差值为20℃。温差18℃，虽然小于夹点温差，但技术上是允许的，只是换热面积要增加。如果要维持最小温差20℃不变，就要采取一些措施，如适当增加公用工程量、物流分支等。

当采用适当增加公用工程用量来维持最小传热温差时，首先要定义一个概念，就是路径。

路径：网络中连接一个加热器和一个冷却器的一条热流路线，它包括沿此路线的所有换热器。

热负荷可以这样沿路径转移，给加热器中增加热负荷X，则该加热器所在物流的另一换

热器中减少热负荷 X，以维持该物流的总热负荷不变；而在负荷减少的换热器中与该物流匹配的另一股物流同时减少了热负荷 X，必须在这股物流的另一个换热器或冷却器中再加上热负荷 X；当冷却器增加了热负荷 X 后，热负荷的转移结束，整个路径的热负荷平衡。

当要通过增加公用工程用量来维持最小传热温差时，首先要找到需要恢复传热温差的换热器所在的路径，例如在上例中，可找到该路径为 $H_1 \rightarrow (1+4) \rightarrow C$，如图 3-40 中虚线所示；然后以最小传热温差为约束条件，求出所要转移的热负荷量，然后沿此路径转移该热负荷量，使传热温差恢复到允许的最小值。

当热负荷沿路径 $H_1 \rightarrow (1+4) \rightarrow C$ 转移时，加热器 H_1 负荷增加 X，换热器（1+4）负荷减少 X，冷却器负荷增加 X，T_1 温度不变，欲使 T_2 达到 82℃，有

$$T_2 = 150 - (140 - X)/2.0 = 82\ (℃)$$

$$X = 4\text{kW}$$

此时，虽然温差得到恢复，但以付出 4kW 的加热公用工程和 4kW 的冷却公用工程为代价。因此，在本例的情况下，存在增加公用工程与增加换热面积之间的权衡。

采用适当增加公用工程用量来维持最小传热温差的方法又称为“能量松弛法”，就是把换热网络从最大能量回收的紧张状态下“松弛”下来，调整参数，使能量回收减少，公用工程消耗加大，传热温差也加大。

③ 采用分支维持最小传热温差。为打破图 3-38 中的 2→5 回路，将两台换热器合并成一台，放在换热器 4 的上游，如图 3-41 所示。检验温差时发现换热器 4 一端的温差为 90－95.38＝－5.38（℃），这在热力学上显然是不可行的。如果将换热器 2 和 5 合并后放在换热器 4 之后，(2+5) 号换热器的传热温差也会出现类似情况。传热温差为负值的原因，主要是在热流上有换热器 4 插在换热器 2 和 5 之间。为保证合并后的（2+5）号和 4 号换热器均有较高的热流温度，需将 2 号热流分支，如图 3-42 所示。

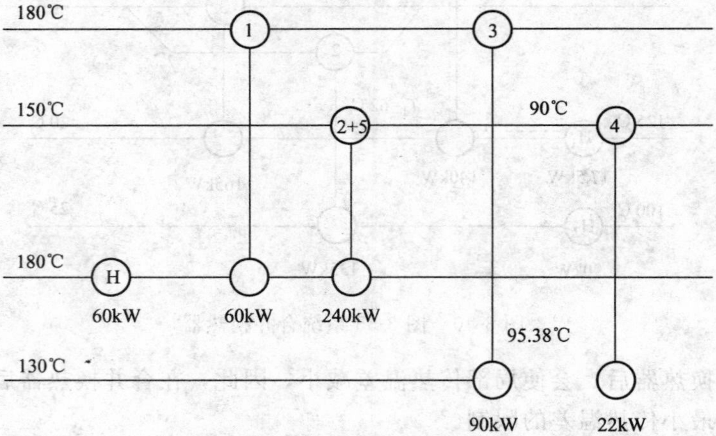

图 3-41 简单合并换热器

分支时分流率的分配应使每股流的传热温差均得到保证。分流率的分配不是唯一的，通常其中一股按最小分流率计算，即

$$CP_{\text{分支}} = \text{热负荷}/\text{最大允许温降（或温升）}$$

同时检验另一股分支是否满足传热温差的要求。在本例中，（2+5）号换热器的热负荷为 240kW，2 号热物流的最大允许温降为［150－(60+10)］＝80（℃），因此求得 2 号热物流在（2+5）号换热器上分支的热容流率为 3.0。再检验 4 号换热器的温差，其热流温度降

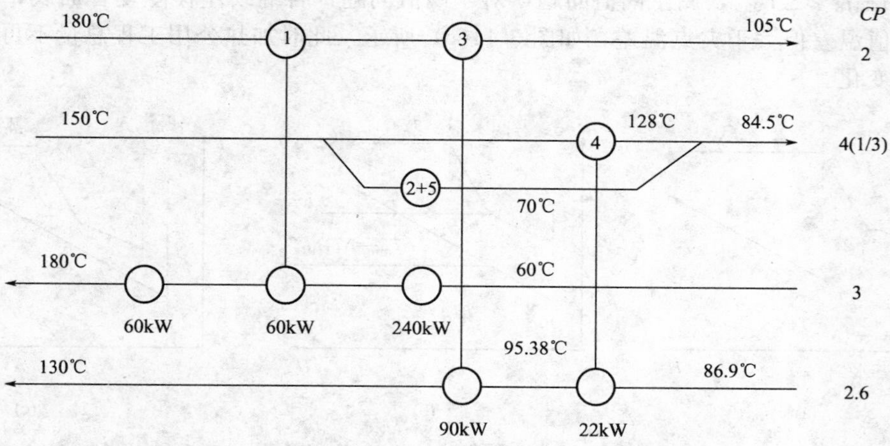

图 3-42　分支合并换热器

至 150－22/1.0＝128（℃），大于冷流 4 的进口温度 86.9℃加上最小传热温差，说明物流的分支是合理的。

按最小分流率方法所得的物流分支，可最大限度地保证换热匹配传热温差的要求，但不能保证是最小换热面积的匹配，所以不一定是最优的分流率。

虽然合并换热器使得换热单元数目减少，进一步降低了换热网络的投资费用，但要付出代价。或者是换热温差减小，使换热面积增加；或是增加公用工程用量，使能量费用增加；或者是采用分支等方式，使网络结构复杂化。在具体设计过程中，要以总费用为目标并全面考虑实际情况，来确定如何调优合并换热器。

3.4.5.4　阈值问题

并非所有的换热网络问题都存在夹点，只有那些既需要加热公用工程、又需要冷却公用工程的换热网络问题才存在夹点。只需要一种公用工程的问题，称为阈值问题，如图 3-43 所示，图 3-43(a) 为只需加热公用工程的阈值问题，图 3-43(b) 为只需冷却公用工程的阈值问题。

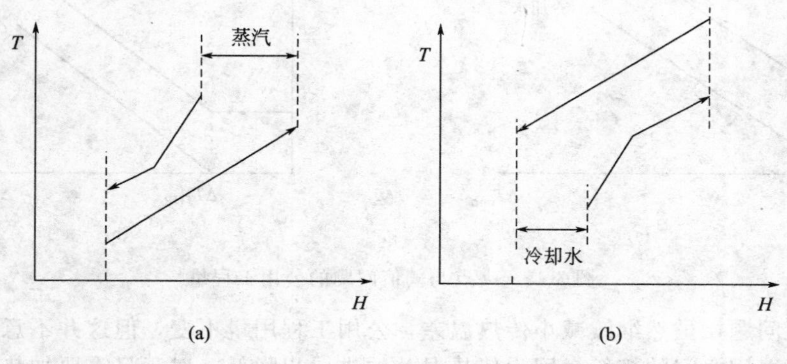

图 3-43　阈值问题

有些系统，当冷、热复合曲线距离较远时，既需要加热公用工程又需要冷却公用工程，是夹点问题，如图 3-44(a) 所示；向左平移冷复合曲线到图 3-44(b) 所示情形时，冷却公用工程消失，只剩下加热公用工程，成为阈值问题，此时的最小传热温差称为阈值温差，记作 ΔT_{THR}。因此，这样的系统属于阈值问题还是属于夹点问题，取决于夹点温差和阈值温差谁大谁小。若 $\Delta T_{\mathrm{THR}} < \Delta T_{\min}$，则属于夹点问题，因为系统不允许温差小于夹点温差；反

之，若 $\Delta T_{THR} \geqslant \Delta T_{min}$，属于阈值问题。对于阈值问题，若继续左移冷复合曲线，使最小温差小于阈值温差但大于夹点温差，如图 3-44(c) 所示，此时加热公用工程总量不再变化，但温位有所变化。

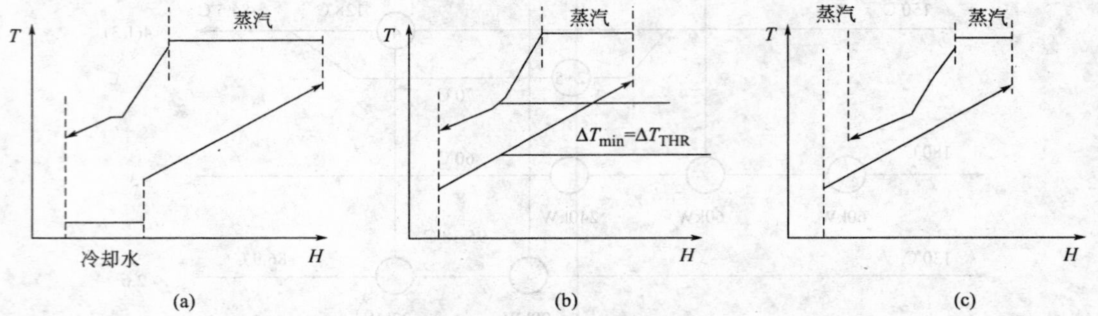

图 3-44　阈值问题与夹点问题

夹点问题的公用工程用量随最小传热温差的减小而减少，如图 3-45(a) 所示。而阈值问题则不同，当最小传热温差大于阈值温差时，公用工程用量随最小传热温差的减小而减少，但当最小传热温差小于阈值温差时，公用工程用量将保持不变，如图 3-45(b) 所示。

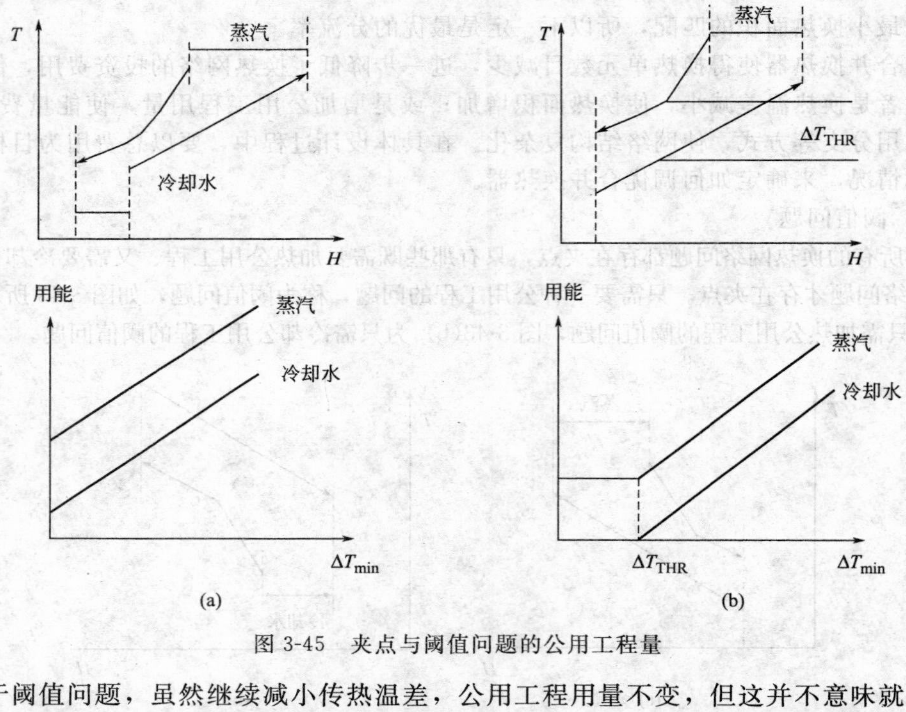

图 3-45　夹点与阈值问题的公用工程量

对于阈值问题，虽然继续减小传热温差，公用工程用量不变，但这并不意味就不存在能源费用与投资费用之间的权衡。因为传热温差的进一步降低，对于只需要加热公用工程的阈值问题，使一部分加热公用工程的需求温度降低，加热公用工程量的数量不变、温度降低，整个换热过程㶲损失降低，加热公用工程费用降低。对于只需要冷却公用工程的阈值问题，因为传热温差的降低，使一部分冷却公用工程的需求温度升高，对此，或者可以利用较高的余热产生蒸汽，或者可以减少较低温度冷量的需求，使整个换热系统㶲损失降低。但此时由于传热温差的降低，使换热面积增加，投资费用增加。所以，仍然存在一个优化的问题。

例如合成氨的变换工序就是只需要冷却公用工程的阈值问题。虽然有外界补充蒸汽进入系统，但这些蒸汽是作为工艺用而不是作为换热用的。将冷复合曲线向左平移，用热流体高温段的那部分热量来发生蒸汽，可以减少外界补充蒸汽量和冷却公用工程量，从而改进系统。采取这样的措施之后，补充蒸汽量比原流程减少了57%，冷却水用量比原流程减少了68%。

但相对夹点问题，阈值问题换热网络的匹配有更大的灵活性，各换热匹配不受所谓夹点温差的限制，可根据实际情况安排。

夹点问题和阈值问题是两种不同类型的换热网络问题，应当采取不同的设计方法。因此，当设计换热网络时，首先要判断是夹点问题还是阈值问题。如果公用工程用量一直是随最小温差的减小而减少，该问题为夹点问题。如果最小温差减小到一定程度后，一种公用工程消失，另一种公用工程不再变化，也不能肯定这就是阈值问题，还要进一步判断。这次的判断是根据最优夹点温差的计算来确定。若最优夹点温差大于阈值温差，则表示系统既需要加热公用工程也需要冷却公用工程，为夹点问题；若最优夹点温差小于或等于阈值温差，则表示一种公用工程消失，为阈值问题。

在阈值问题的换热网络设计中，为了确保只用一种公用工程，应该如下进行设计：对于只需要加热公用工程的阈值问题，可以将其视为只有夹点之上部分，应从低温侧开始设计，以保证较低温度下的热流体的热量能传给冷流体；而对于只需要冷却公用工程的阈值问题，可以将其视为只有夹点之下部分，应从高温侧开始设计，以保证较高温度下的冷流体能从热流体获取热量。

3.4.6　换热网络改造综合

换热网络的综合有两种类型：一种是新换热网络的设计综合，另一种是原有换热网络的改造综合。前面几节所介绍的均是新换热网络的综合方法。

一般说来，换热网络的改造综合比新换热网络的设计更为复杂，受到的约束更多，要考虑的因素也更多。首先，希望尽量保持原有的系统结构，主要的工艺设备例如反应器、精馏塔等尽量不动；其次，希望尽可能地利用原有的换热器，例如，工艺设备的位置已定，某些流股会因为距离太远而不便进行换热；再次，为了不更换流体输送泵，有时需要限制换热器中的流速或新增换热器的数目，以免流体压降过大。因此，在改造综合中，各种因素都要综合考虑。

3.4.6.1　现行换热网络的分析

当考虑对一个现行的换热网络进行节能改造时，通常要分析以下几个问题：①现行的换热网络是否合理？②若不合理，哪些用能环节不合理？③系统有多大的节能潜力？④应如何进行节能改造？

要回答这几个问题，可以根据夹点技术及其3.4.3.4节中所给出的三条原则：

① 夹点之上不应设置任何公用工程冷却器；

② 夹点之下不应设置任何公用工程加热器；

③ 不应有跨越夹点的传热。

下面通过一个简单的例子来分析一个已有的系统，并回答上述四个问题。

图3-46给出了一个简单的化工过程系

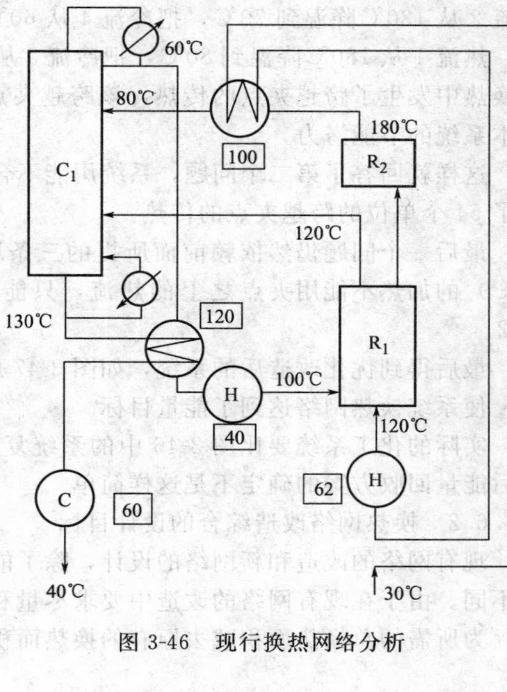

图3-46　现行换热网络分析

统，仅由两个反应器、一个精馏塔和几个换热器组成。该系统中的所有余热都已进行了回收，最后排给冷却公用工程的废热的温度只有70℃。此时，系统换热网络部分需要加热公用工程共102个单位，冷却公用工程共60个单位。这是一个看起来能量利用已经非常合理的系统。提取该过程的物流数据，如表3-5所示。

表3-5 图3-46的物流参数

物流编号和类型	热容流率 CP/(kW/℃)	供应温度/℃	目标温度/℃
1热流	1.0	180	80
2热流	2.0	130	40
3冷流	1.8	30	120
4冷流	4.0	60	100

取夹点温差为10℃，对该物流数据用问题表法求解，求得夹点位置在热流温度70℃，冷流温度60℃处，能量目标为：最小加热公用工程为48个单位，最小冷却公用工程为6个单位。

现在可以回答前面提出的第一个问题和第三个问题，首先，图3-46所示的能量系统是不合理的，其节能潜力可用下式计算

$$节能潜力=实际加热公用工程量-最小加热公用工程量 \tag{3-27}$$

故其节能潜力为1020－48＝54个单位，高达53％。

第二个问题和第四个问题的回答就要依赖于前面所提的三条原则。

首先检查由于夹点之上的冷却器。系统中只有一个冷却器，把热流2从70℃冷却到40℃，全部在夹点之下。故不存在夹点之上的冷却器。

然后检查有无夹点之下的加热器，系统中有两个加热器，一个把冷流3从85.5℃加热到120℃，另一个把冷流4从90℃加热到100℃。可见，这两个加热器均在夹点之上。故不存在夹点之下的加热器。

最后检查有无跨越夹点的传热。系统中有两个换热器，一个是热流2与冷流4的换热，热流2从130℃降温到70℃，把冷流4从60℃加热到90℃；另一个是热流1与冷流3的换热，热流1从180℃降温到80℃，把冷流3从30℃加热到85.5℃。可见，在热流1与冷流3的换热中发生了跨越夹点的传热，该跨越夹点的传热量为（60－30）×1.8＝54个单位，正是本系统的节能潜力。

这样就回答了第二个问题，系统用能不合理的环节出现在热流1与冷流3的换热中，发生了54个单位的跨越夹点的传热。

最后一个问题仍然依赖前面所提的三条原则来回答。即冷流3在夹点之下部分（30～60℃）的加热不能用夹点之上的热流，只能用夹点之下的热流，即只能用70℃以下的热流2。

最后得到优化改造后的系统，如图3-47所示，只增加一个换热器，就回收了53％的热量，使系统换热网络达到了能量目标。

实际的化工系统要比图3-46中的系统复杂得多，但分析的方法和步骤完全一样，只是最后能量回收方案的确定不是这样简单。

3.4.6.2 换热网络改造综合的设计目标

现有网络的改造和新网络的设计，除了能量目标的确定是相同的外，其他设计目标均有所不同。由于在现有网络的改造中要求尽量利用现有换热器，故面积目标变成为新增面积目标，为所需的总换热面积减去原有的换热面积。

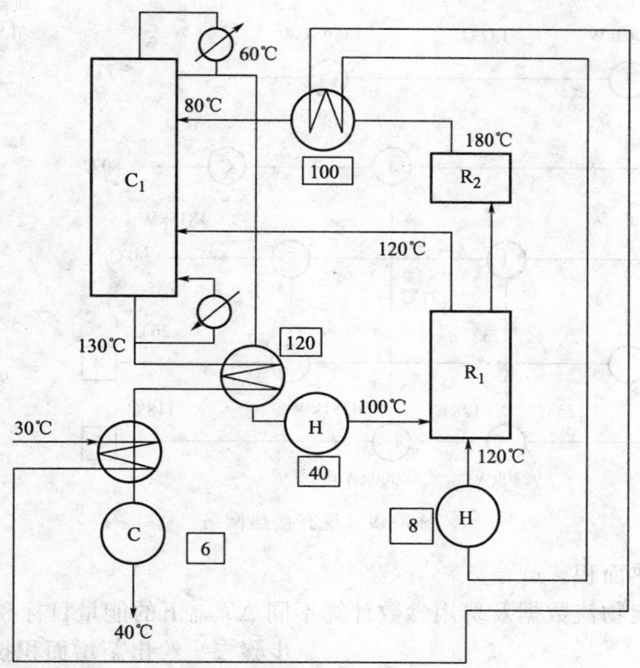

图 3-47　对图 3-46 系统换热网络改造

在经济目标方面，为能量费用节省目标、新增换热面积投资目标和投资回收年限目标。

能量费用节省目标为现有的能量费用减去用能量目标所确定的能量费用所得的差值。

在求新增面积投资目标时，首先用所需的面积减去已有面积而得到新面积，然后假定所有面积都在一个换热器上而求得新增面积的投资目标。

用新增面积投资目标除以年能量费用节省目标，就得到投资回收年限目标。

在确定夹点温差时，是取所要求的投资回收年限所对应的夹点温差。其具体做法是：首先作出能量费用节省与新增投资费用的曲线，其上每一个点对应一个特定的夹点温差。一般说来，能量费用节省越多，所需新增投资也越多，其曲线如图 3-48 所示；然后在能量费用节省与新增投资费用曲线图上作出所指定的投资回收年限曲线，由于投资回收年限等于新增投资费用除以能量费用节省，所以对指定的投资年限而言，该曲线为一直线（图 3-48）。一旦确定了投资回收年限，则可求得该直线与曲线的交点，该交点所对应的夹点温差就是最优夹点温差。

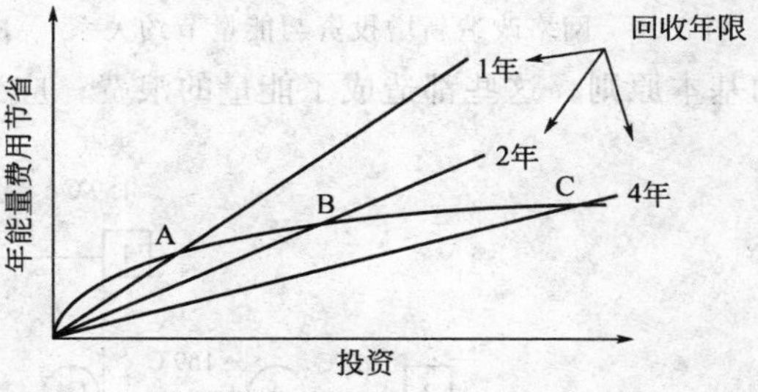

图 3-48　投资与节能关系曲线

3.4.6.3　换热网络改造步骤

现用一个例子，说明换热网络的改造步骤。

现有的换热网络如图 3-49 所示，有三股热物流、两股冷物流，所有物流数据均列于图中。

给定费用参数如下：

燃料费用＝63360 英镑/（MW·年）

换热器费用 $C_E=8600+670A^{0.83}$（英镑）

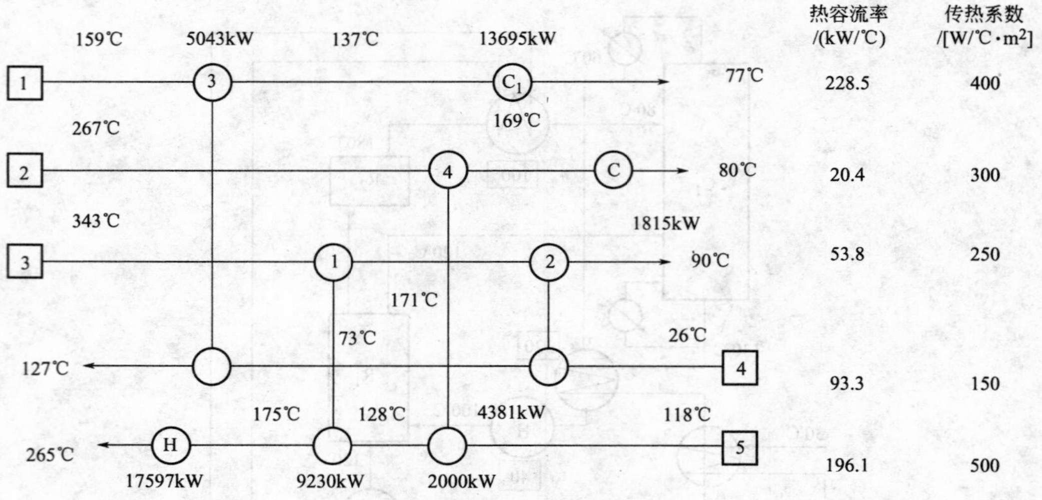

图 3-49 现有换热网络

式中，A 为换热面积，m^2。

步骤一 按给定物流数据及费用参数计算不同 ΔT_{min} 下的能量目标和面积目标。

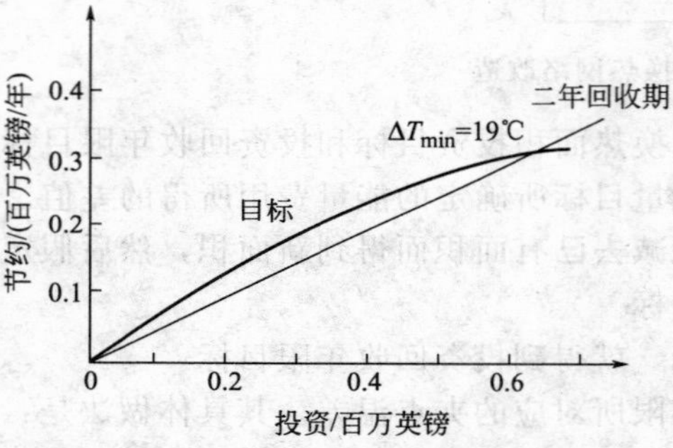

图 3-50 网络改造新增投资与能量节约关系

步骤二 绘出新增面积投资费用与能量节省费用的关系，如图 3-50 所示。以投资回收年限为两年计，确定 $\Delta T_{min}=19$℃，新增换热面积投资费用为 65 万英镑，年能量节省费用 32.5 万英镑。

步骤三 分析现有网络中违反夹点原则的匹配，如图 3-51 所示。从图 3-51 中可见，换热器 4 发生跨越夹点的传热；同时冷却器 C_2 将热物流 2 从 169℃冷却到 80℃；在 169℃→159℃这段冷却是在夹点之上用了冷却器，违反了夹点技术的基本原则。这些都造成了能量的浪费；应当加以纠正。

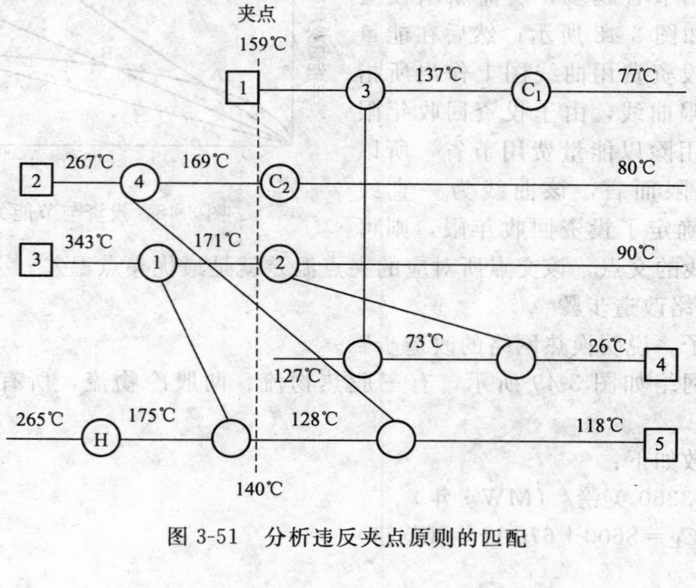

图 3-51 分析违反夹点原则的匹配

步骤四　去掉夹点之上的冷却器和夹点之下的加热器，消除跨越夹点的匹配。在本例中，只有夹点之上的冷却器和跨越夹点的匹配。在改造中，原有换热器都应利用。此例中，仅增加一台新换热器 A，改造后的初步设计如图 3-52 所示。

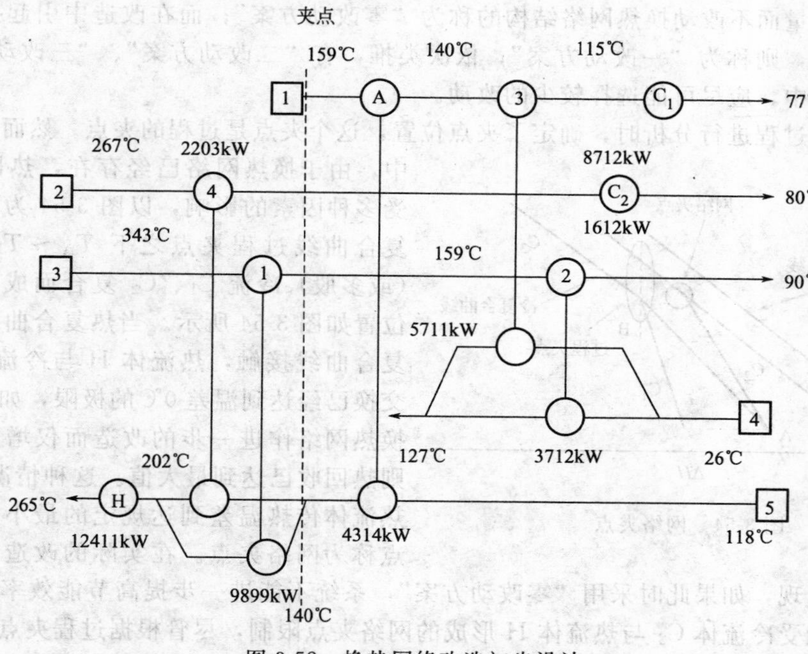

图 3-52　换热网络改造初步设计

步骤五　换热网络的进一步调优。为恰当地使用原换热器，需要对一些换热器的热负荷进行调整；或为保留原换热网络流程结构不变，尽量减少物流的分支。在此例中，1、A、3、2 四台换热器构成了热负荷回路，通过负荷转移及减少分支，最后确定的换热网络改造方案如图 3-53 所示，其中 1、2、4 换热器需新增部分面积，A 为新添置的换热器，改造结果是新增换热面积费用为 63 万英镑，投资回收年限 1.9 年。

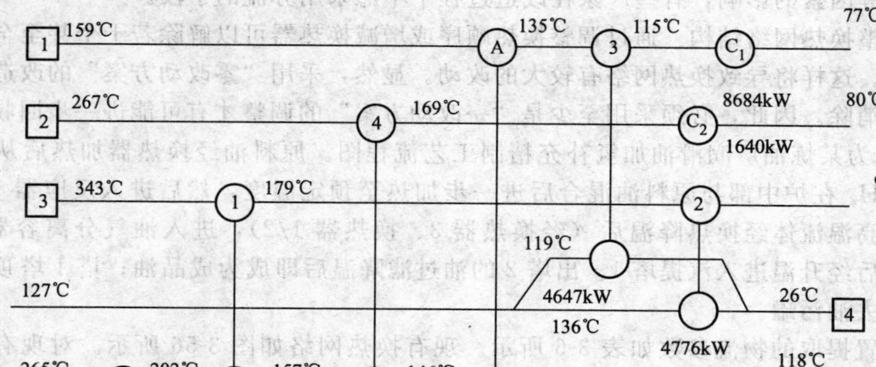

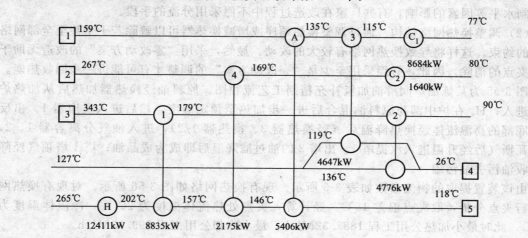

图 3-53　调整后换热网络改造方案

这是比较理想化的换热网络改造步骤，可以针对比较简单的系统。对于复杂系统，虽然原理上仍适用，但要考虑的实际问题要多得多。

3.4.6.4 受网络夹点控制装置的改造分析

装置改造一般将引起系统换热网络结构的变动，改造的基本原则是：在尽量保持原有流程的基础上取得尽可能大的热回收。根据结构变动的程度，可作如下定义：仅以增加换热器面积来回收热量而不改动换热网络结构的称为“零改动方案”；而在改造中引起换热网络结构的一次改动，则称为“一改动方案”；依次类推，有“二改动方案”、“三改动方案”等。在实际的改造中，应尽可能选择较少的改动。

在对现行过程进行分析时，确定了夹点位置，这个夹点是过程的夹点。然而在改造过程中，由于换热网络已经存在，热回收的极限受多种因素的影响，以图 3-54 为例，如果冷复合曲线过程夹点之下 $T_A \sim T_B$ 段由两股（或多股）冷流 C_1、C_2 复合而成，其对应的位置如图 3-54 所示。当热复合曲线尚未与冷复合曲线接触，热流体 H 与冷流体 C_2 的热交换已经达到温差 0℃的极限，如果此时不对换热网络作进一步的改造而仅增加换热面积则热回收已达到最大值。这种情况下单股冷、热流体传热温差到达规定的最小传热温差的点称为网络夹点。在实际的改造中网络夹点可能在多处出现，如果此时采用“零改动方案”，系统不能进一步提高节能效率。如图 3-54 中，系统节能受冷流体 C_2 与热流体 H 形成的网络夹点限制，尽管根据过程夹点分析显示出系统尚有节能潜力。

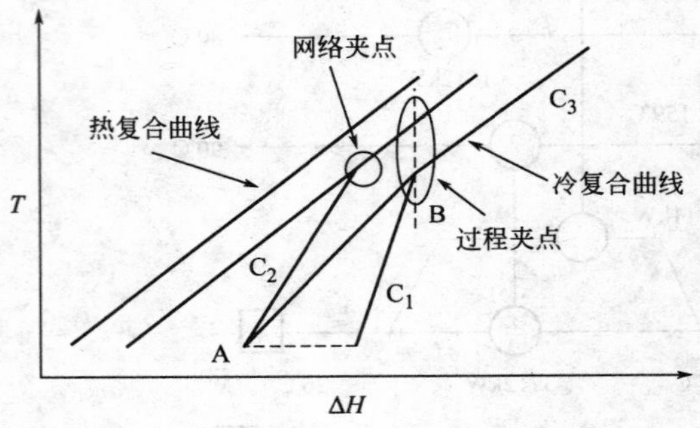

图 3-54 网络夹点

这一类装置，可以称之为受网络夹点控制的装置。要对其进行节能改造，就必须首先消除业已形成的网络夹点。这可以通过以下两种方法来达到。

(1) 分流 将不满足物流数目准则的冷流体或热流体分流，分流以后的各流股必须遵循热容流率准则。在相同的换热负荷情况下，由于采用了分流，网络夹点之下的部分热量转移到网络夹点之上，传热温差增大，对应的网络夹点将得到解除。但在实际的生产中，由于受到控制水平等因素的影响，有些厂家在改造过程中不愿采用分流的手段。

(2) 调整换热网络结构 通过调整换热顺序或增减换热器可以解除若干个甚至全部网络夹点的约束。这样将导致换热网络有较大的改动。显然，采用“零改动方案”的改造无助于网络夹点的消除。因此，必须采用至少是“一改动方案”的调整才有可能进一步回收热能。

图 3-55 为某炼油厂润滑油加氢补充精制工艺流程图。原料油经换热器加热后从加热炉顶部进入；H_2 在炉中部与原料油混合后进一步加热至预定温度，然后进入反应器 1。出反应器底部的高温流体经换热降温后（经换热器 3、换热器 1/2)，进入油气分离容器 1、2，去除瓦斯气后经升温进入汽提塔 1。出塔 2 的油过滤降温后即成为成品油；塔 1 塔顶气经降温回收油污去油污罐。

由该装置提取的物流参数如表 3-6 所示。现有换热网络如图 3-56 所示。对现有换热网络进行夹点分析，取夹点温差 15℃。经计算，夹点处热流体温度为 264℃，冷流体温度为 249℃，此时最小加热公用工程 1882.32MJ/h，最小冷却公用工程 699.93MJ/h。

由图 3-56 可知，现有换热网络中的加热公用工程量（4992.2MJ/h）和冷却公用工程量（3811.7MJ/h）均大于计算值，究其原因主要是由于换热网络出现了夹点之上的加热炉 1，使得一些换热器平均换热温差较大。如果对该网络进行“0 改动方案”改造，通过增加换热面积（以换热器 5 为例）、减小传热温差，则可节约一定能量。当换热器 5 的传热温差

表 3-6　物流参数

物流类型	编号	名称	供应温度/℃	目标温度/℃	热量/(MJ/h)	平均热容流率/[MJ/(h·℃)]
热流	H_1	反应生成物	260	188	7084	93.42
	H_2	成品油	228	70	5200.1	32.91
	H_3	塔顶气	98	35	454.7	7.22
冷流	C_1	原料油	65	295	9411.6	40.92
	C_2	去瓦斯油	160	243	4509.6	54.33

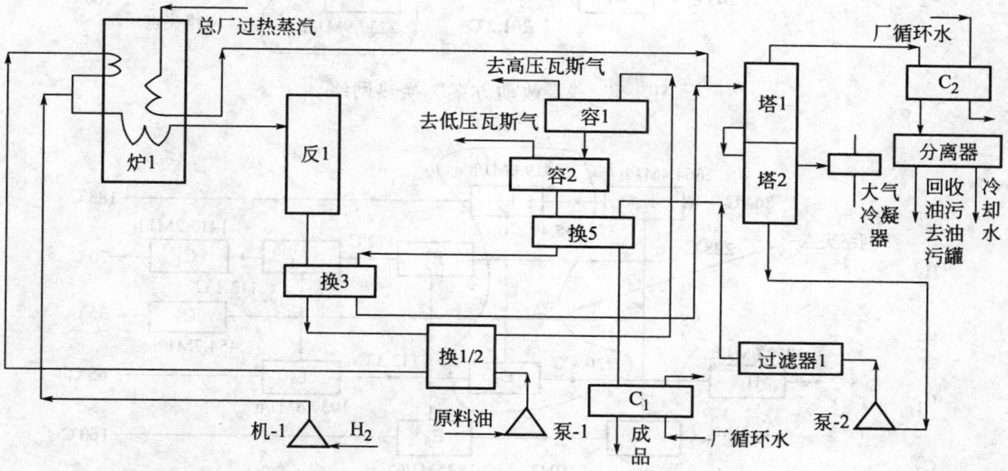

图 3-55　润滑油加氢补充精制工艺流程

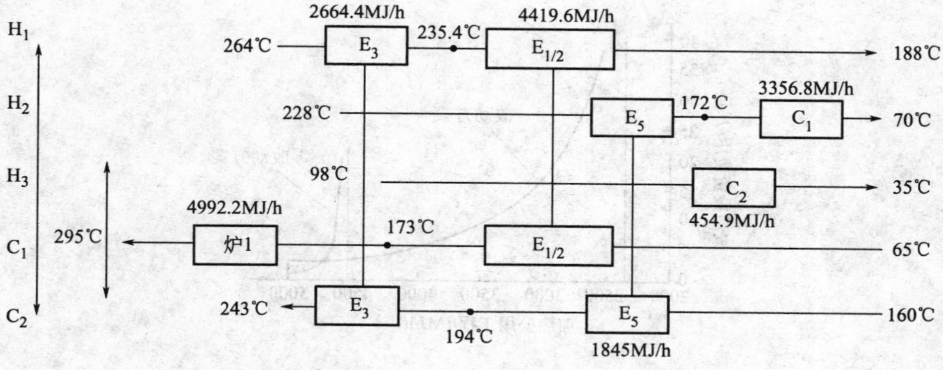

图 3-56　现有换热网络

达到极限 0℃，节约加热公用工程（4992.2－4602）＝390.2MJ/h，节约 7.8%。此时出现了网络夹点，如图 3-57 所示。当出现网络夹点时，在“零改动方案”中，以增加换热面积为代价的节能效果是有限的，即使某一个或几个换热器的面积为无穷大。

相对于“零改动方案”，如果在改造中通过增加换热器对原有换热网络进行“一改动方案”改造，如图 3-58 所示，则能回收热流体 H_2 被冷却的部分热量，其代价为增设一台换热器 E_1（流体 H_2～C_1 之间）。为了与“零改动方案”进行比较，分别对“零改动方案”和“一改动方案”进行计算，得到改造投资费用与加热公用工程的关系曲线如图 3-59 所示。由图 3-59 可知，“一改动方案”节约能源比“零改动方案”大得多，当然投资费用也要大。

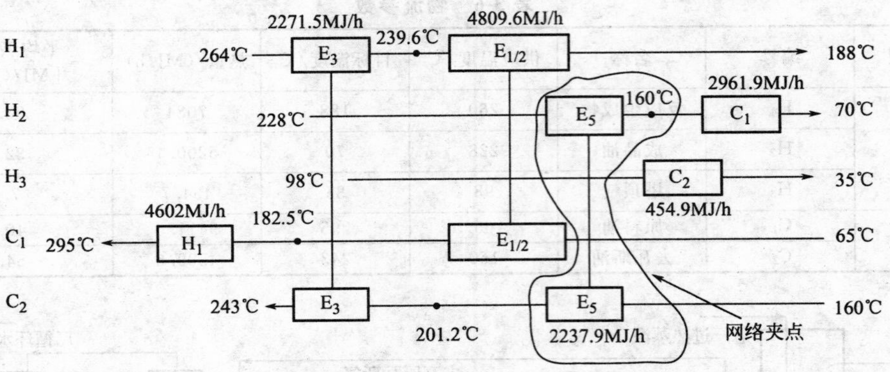

图 3-57 “零改动方案”换热网络

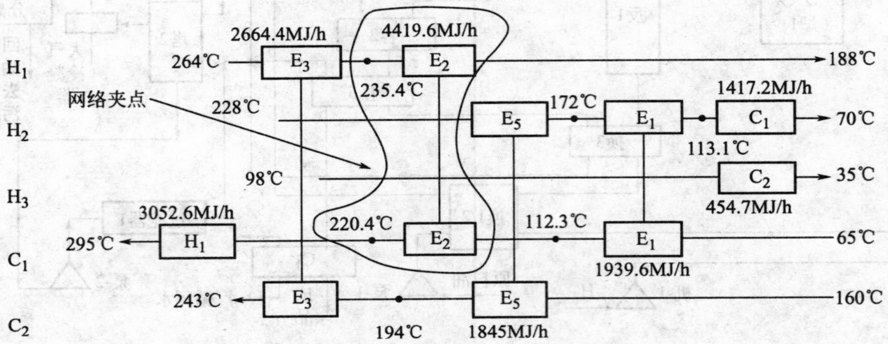

图 3-58 “一改动方案”换热网络

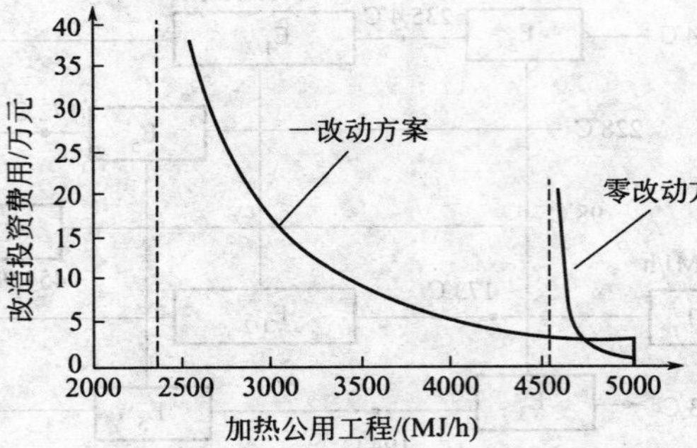

图 3-59 投资改造费用与加热公用工程的关系

思考题与习题

3-1 热泵循环与制冷循环的关系和区别有哪些？并以图示之。

3-2 简述热泵的主要种类及它们各自的工作原理。

3-3 热泵节能的经济性如何评价？

3-4 简述热管的结构与工作原理。

3-5 热管换热器有哪些优点？可用于哪些场合？

3-6 列举常见化工过程余热的种类及其利用途径。

3-7 简述化工过程余热的特点。

3-8　过程工业生产系统有哪些子系统？

3-9　什么是夹点？

3-10　简述夹点方法设计原则。

3-11　简述换热网络夹点技术设计准则。

3-12　简述利用夹点技术进行换热网络改造与新设计的差异。

3-13　什么是换热网络的阈值问题？

3-14　某换热系统的工艺物流为两股热流和两股冷流，其物流参数见表 3-7。取冷热物流之间的最小传热温差为 10℃。试用问题表法确定该换热系统的夹点位置、最小加热公用工程用量，并生成初始网络。

表 3-7　物流参数表

物　流	热容量流率/(kW/K)	进口温度/℃	出口温度/℃
1 热流	3.0	170	60
2 热流	1.5	150	30
3 冷流	2.0	20	135
4 冷流	4.0	80	140

第 4 章　典型单元过程与设备的节能

4.1　流体输送过程及泵与风机的节能

4.1.1　流体输送过程的热力学分析

气体和液体流经管道和设备，需克服摩擦阻力，这种阻力是不可逆的，因而构成了损耗功或有效能损失（即㶲损失）。过程工业企业消耗的动力（电能和机械能）大都直接用于弥补这项损耗，如泵、风机、压缩机等。这种有效能损失在一定程度上可理解为是为了推动过程进行所必须付出的有效能的代价，但这并不意味着这种有效能损失就是完全合理的。对于流体在管内流动过程的有效能损失也可以运用热力学和传递过程原理进行分析，以找出其变化规律，进行合理的管路设计。

流体在管内稳流过程中，与外界即无热量交换也无轴功的交换，而且一般流体流动时宏观势能和动能变化都不大，可忽略不计。根据热力学第一定律，对于一微元过程有：

$$dH = TdS + Vdp \tag{4-1}$$

$$dH = \delta Q - \delta W_S = 0 \tag{4-2}$$

可解得：

$$dS = -\frac{V}{T}dp \tag{4-3}$$

设环境温度为 T_0，则此微元过程的有效能损失（损失功）为：

$$dW_L = T_0 dS = -\frac{T_0}{T}Vdp \tag{4-4}$$

不论液体或气体，在绝热过程中相对密度均无太大变化，故体积流量可视为不变。则由上式积分可得管内流体绝热流动时的有效能损失为：

$$W_L = \int_1^2 -\frac{T_0}{T}Vdp = \frac{T_0}{T}V(p_1 - p_2)$$

即

$$W_L = \frac{T_0}{T}V\Delta p \tag{4-5}$$

式中，1、2 分别表示流体的进、出口状态。

4.1.2　流体在直管中流动的节能

流体流动是过程工业企业中最常见的一个重要问题。过程生产中所处理的物料中流体（气体和液体）占大多数，而且多数都具有腐蚀性、易挥发、有毒性，故流体输送常放在密闭的管路中进行。因此，流体输送管路在过程生产中起着极重要的作用。

流体输送管路由管道、管件、阀门、输送机械（泵和风机）、流量计等部分组成。它四通八达、纵横密布，泵和风机到处可见。对于这样大量的输送管路和输送设备，必须做到正确的设计、布置和选用，既要保证过程生产的正常运行，又要从节省有效能的角度出发，尽可能减少流动过程流体为克服摩擦阻力和局部阻力所造成的压降和有效能损失。这对于节省钢材、降低能耗和生产成本有重要意义。

4.1.2.1　流体在直管内流动时的有效能损失

不论是液体或气体在管内流动过程中温度及密度均无太大变化，则该有效能损失可由式(4-5) 和式(4-6) 表示为

$$W_L=\frac{2T_0VL_0u^2f}{DT} \tag{4-6}$$

由以上两式可以得知：

① 直管有效能损失与流体的绝对温度 T 成反比。因而当高温输送时，要注意保温；尤其在低温输送时，更应注意保冷；

② 直管有效能损失与压降 Δp 成正比。因而要尽可能减少管路上各种管体和阀门的数量，或适当降低流速以减小沿程阻力；

③ 直管有效能损失与流速 u 的平方成正比。降低流速则有效能损失随之下降，但在输送量 V 一定的条件下，降低流速必须增大管径，这将使投资增加。因此要解决好阻力减小使能耗下降和投资增大之间的矛盾，故应合理选择流体流动的适宜流速，寻求最经济的管径。

4.1.2.2　节流过程的有效能损失

化工管路的缩扩变化、各种调节阀门、限流板孔、高压流体的泄压和排放等这些节流装置在化工生产过程中到处可见，分析它们有效能损失的合理性，尽可能消除不必要的节流，对节省有效能很有意义。

由于节流过程是等焓过程，因此在压力 p 突降的同时，温度也有变化。

对于理想气体，有效能损失为：

$$W_L=RT_0\ln\frac{p_1}{p_2} \tag{4-7}$$

对不可压缩流体（如液体）可视 V 为常数，积分可得：

$$W_L=\frac{T_0}{T}V(p_1-p_2) \tag{4-8}$$

由上述讨论，可以得出以下结论：

① 节流的有效能损失正比于流体的流量 V，这是气体物流（蒸汽、空气及气相工艺物流等）节流有效能损失大于液体节流有效能损失的主要原因；

② 节流的有效能损失与物流的温度成反比，温度愈低，有效能损失愈大，在低于环境温度的单元过程中（各种冷冻及深冷过程）尤甚；

③ 液体的节流有效能损失正比于压差，而气体物流节流有效能损失却正比于压力比的对数值。因此必须注意低压下气体流动有效能的回收。例如气体压力由 0.2MPa 到 0.1MPa 的节流同由 10MPa 到 5MPa 的节流有效能损失是一样的。

流体在管路和设备中流动时摩擦阻力造成的压降和有效能损失也可以按照前述等焓节流过程来考虑和计算。

4.1.2.3　减阻剂的作用

为减少流体流动过程的不可逆损耗，可采用添加某些高分子聚合物作为减阻剂（drag reducing agent，DRA）的办法使流体在管道中流动的压降大为减小。特别是近年来，为降低不断上涨的泵的能耗，该法更加令人重视。

应用减阻剂减阻有两个突出的优点：一是减阻剂添加量极少，通常只需输送流体量的万分之一以下；二是减阻效果显著，可使管路的沿程阻力减少 50%以上。因此应用减阻剂具有很大的节能潜力。

（1）减阻流动的特性　在流体中添加微量的减阻剂后，会改变流动时的摩擦系数（λ)-雷诺数（Re）关系。典型的减阻流动 λ-Re 的关系如图 4-1 所示。

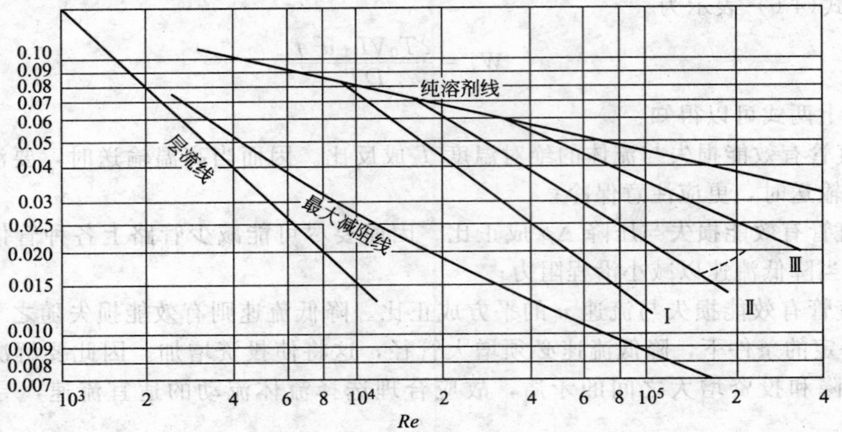

Ⅰ、Ⅱ、Ⅲ—减阻流动时的 λ-Re 关系曲线

图 4-1　圆管减阻流动的 λ-Re 关系

减阻流动具有以下特性。

① 层流下不减阻。在层流态时减阻剂不起作用，基本上不改变流体的 λ-Re 关系。

② 减阻起始现象。在湍流态下，当壁面切应力大于某一临界值后减阻剂才起作用，使 λ 小于纯流体时的相应值。临界壁面切应力与减阻剂种类和浓度有关。

③ 减阻效果。在减阻起始点以后，减阻剂的效果随流速增大而提高。

④ 最大减阻现象。随减阻剂浓度的增加，流体在给定 Re 下的 λ 值减小，但减小到图 4-1 中所示的最大减阻线后就不再减小。由不同减阻剂在各种给定管径下所得到的最大减阻线是相同的。

⑤ 管径增大效应。在相同减阻剂浓度和相同 Re 条件下，减阻剂的减阻效率随管径增大而降低，这对于评价减阻剂的工程应用效果是值得注意的。

⑥ 减阻剂的机械降解。如图 4-1 中线Ⅱ尾部向上弯曲的虚线表示管内切应力大到一定程度以后，会发生减阻剂的机械降解，失去了减阻的作用。减阻剂的降解是不可逆的，即使切应力减小也不能使减阻剂恢复减阻作用。

减阻效果可以用减阻百分数来表示：

$$减阻百分数=\frac{\Delta p_s-\Delta p_p}{\Delta p_s}\times 100\% \tag{4-9}$$

式中，Δp_s 是流体流过单位长度管道时因摩擦而产生的压降；Δp_p 是加入减阻剂后流体流过单位长度管道时产生的压降。也有用下式表示：

$$减阻百分数=\frac{f_s-f_p}{f_s}\times 100\% \tag{4-10}$$

式中，f_s 为清水时的摩擦因子，f_p 为添加减阻剂后的摩擦因子。如减阻百分数达 80%，就意味着流体输送能耗下降到原来的 1/5，这是非常可观的数字。

（2）减阻剂的特性　不同减阻剂减阻效率差别很大，高效的减阻剂只需添加百万分之几就能达到百分之几十的减阻效果，因此选用适宜的减阻剂十分重要。高效的减阻剂多为水溶性或油溶性的高分子聚合物，并具有以下特性：

① 在输送的流体中有良好的溶解性；

② 有很大的分子量，通常达 10^6～10^7 量级；

③ 具有柔性的线形分子结构；

④ 在流动过程中具有良好的抗机械降解性；

⑤ 对输送流体的使用无不良影响。

如表 4-1 所示为几种高效的减阻剂。

表 4-1　几种高效减阻剂

适用流体类别	减阻剂品种
水相流体	聚丙烯酰胺、聚氯乙烯、胍胶
油相流体	聚异丁烯、聚辛烯-1、氢化聚异戊二烯、长链 α-烯烃共聚物

以聚氧乙烯树脂（OCH_2CH_2）$_x$ 为减阻剂加入水中为例，图 4-2 表示了摩擦力降低百分数与聚合物浓度的关系。这种树脂分子量在 500000 以上，由长链短分子构成。

（3）减阻剂的使用方法　减阻剂在强剪切力作用下会发生不可逆的降解破坏，因此用于管路系统时，减阻剂通常都是在流体输送泵后再注入管道与流体混合。最常用的方法是先把减阻剂配成溶液（10%左右），再用计量泵按所需比例注入管道。如果用于搅拌系统，则可直接加入容器中。图 4-3 为一工程实例的减阻剂使用流程图。

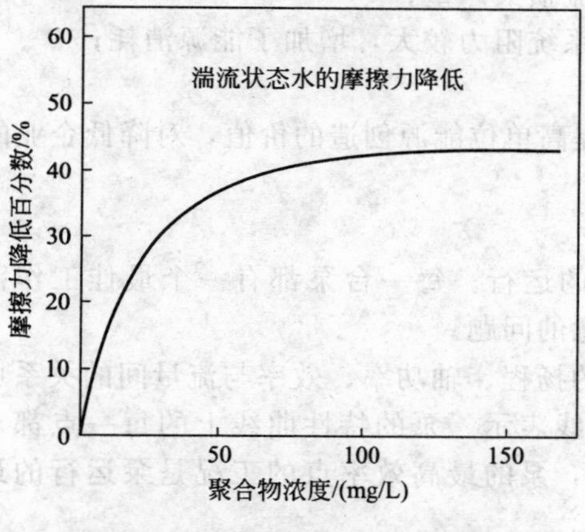

图 4-2　聚合物浓度与摩擦力降低的关系

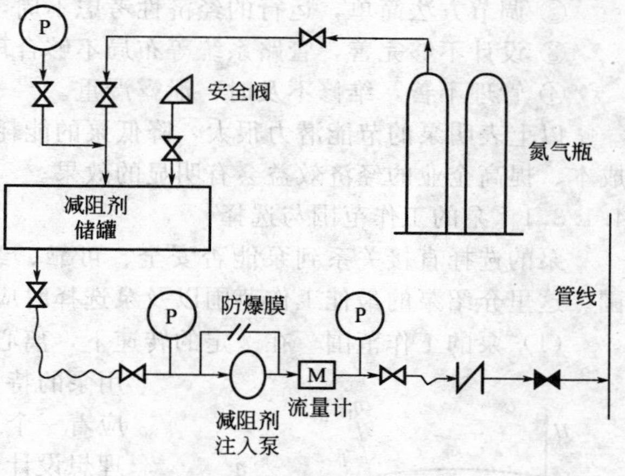

图 4-3　减阻剂使用流程图

（4）减阻剂的应用　减阻剂的应用领域十分广泛，与过程工业有关的主要有以下几类。

① 油品的输送。原油从油田或码头到炼油厂的输送以及成品油从炼油厂到用户的输送是减阻技术的重要应用领域。最早使用减阻剂的是美国阿拉斯加管线，该管线每天加入约 44kg 减阻剂，节省了一台 393kW 的输送泵，每天节电 9400kW·h。

对世界各地的 20 条输送各种汽油、柴油、燃料油及原油的工业管线统计，使用减阻剂后，平均减阻达 37.2%。

② 工业用水的输送。用于加热或冷却目的工业用水输送也适合应用减阻剂。据报道，在两条分别长 5km 和 7km 的热水输送管路上的试验表明，加入 0.0044%的减阻剂可使阻力减小 20%以上，并且对传热过程无不良影响。

③ 污水输送。工业或生活污水要用管道送往集中式的污水处理厂时，在污水中添加减阻剂可大大减少输送能耗。

④ 生化反应器的搅拌。在发酵罐或污水曝气池一类慢速生化反应器中使用减阻剂可节省搅拌功率，而不会影响反应过程的速率。

⑤ 液体喷嘴。在液体喷射泵或射流喷嘴系统中应用减阻剂可在不增加功率的情况下显著提高射流速率，从而提高泵的效率或增加射流的工作能力。

⑥ 固体物料的水力输送。利用水力输送粉状固体物料是非常方便而有效的运输方法，如水煤浆、矿浆、粉煤或灰渣的水力输送。在固体悬浮液中加入减阻剂不仅能降低输送能耗，而且还能增加悬浮液的稳定性。

4.1.3　泵的节能

泵广泛应用于国民经济的各个领域，无论是农业上的排灌，采矿工业中的排水，采掘、冶金工业中液体的输送，石油化工中的原油、化工流体等的输送，都离不开泵。

泵既是应用最广的通用过程机械，同时也是工厂企业中能耗比较多的流体机械。据统计，在全国的电能消耗中，泵的电能消耗约占 21%。在石油化工和炼油厂中流体输送机械的耗电量一般都为全厂用电量的 70%～80%。因此，在我国目前能源不足的情况下，在各工业部门中，合理使用流体输送机械，采用各种措施降低泵的能耗，杜绝能源的浪费，在国民经济中具有十分重要的意义。

目前，在泵的运行中尚存在着不少问题，表现如下：

① 系统与设备不匹配，选型不适当，考虑余量过大，或估算过高，使设备长期处在低效区工作，大马拉小车现象较为普遍，造成能源的极大浪费；

② 调节方法简单，运行的经济性考虑不周，节流损失严重；

③ 设计不够完善，管路系统等布局不够合理，系统阻力较大，增加了能源消耗；

④ 管理不善，维修不及时，泄露严重。

以上表明泵的节能潜力很大，降低泵的能耗，提高单位能源创造的价值，对降低企业的成本、提高企业的经济效益会有明显的效果。

4.1.3.1　泵的工作范围与选择

泵的选择直接关系到泵能否安全、可靠、经济的运行。每一台泵都有一个最佳工作范围。这里介绍泵的最佳工作范围以及泵选择时应注意的问题。

(1) 泵的工作范围　在一定的转速下，离心泵的扬程、轴功率、效率与流量间的关系可用泵的特性曲线表示。泵的特性曲线上的每一点都对应着一个工况，泵的最高效率点的工况是泵运行的最理想设计工况。

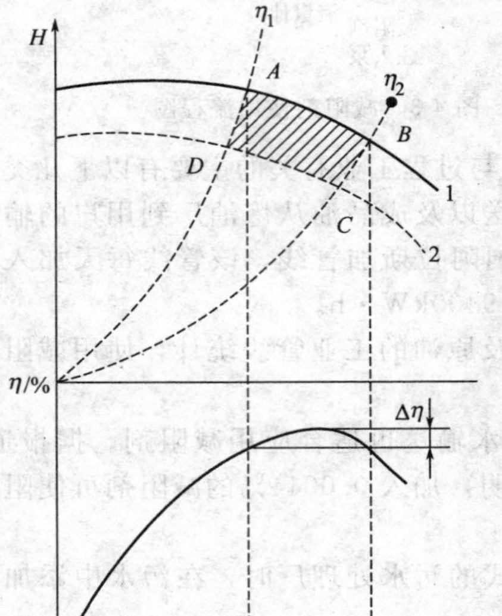

图 4-4　泵的工作范围

泵在最高效率点工作在实际运行中会有困难，但是运行的效率也不能偏低，因此，每一台泵都规定有一定的工作范围。泵的工作范围以效率下降不大于 7%为界限（一般为 5%～8%）。在图 4-4 中，曲线 1 表示叶轮直径未切割的扬程-流量曲线即 H-Q 线，曲线 2 表示叶轮在允许切割范围内，经切割后（或改变转速后）的 H-Q 线，η_1 与η_2 均为等效率曲线，四边形 $ABCD$ 所对应的流量与扬程范围就是泵的工作范围。泵在系统中运行是否经济，取决于泵正常运行工况点是否接近设备工况点或是否在泵的工作范围区内，否则泵的运行效率偏低，其运行经济性必然较差。

(2) 管路性能曲线与工作点　管路性能曲线是表示管路系统中流体的流量与所消耗的压头之间的关系，将单位质量的流体从吸入容器输送到压出容器所需能量可表达为：

$$L=h_a+\frac{p_2-p_1}{\rho g}+\sum h_f=h_a+\frac{\Delta p}{\rho g}+\sum h_f \tag{4-11}$$

式中　h_a——压出容器与吸入容器之间的高度差；

$\frac{\Delta p}{\rho g}$——压出容器与吸入容器之间的压头差；

$\sum h_f$——从吸入容器到压出容器间的沿程与局部阻力损失。

将上式标绘在图上所得的曲线称为管路性能曲线。泵的特性曲线与管路性能曲线的交点就是泵运行的工作点，如图 4-5 中的 M 点，M 点应落在工作范围区 AB 段内。

(3) 泵的选择　在泵的选择中，首先要确定泵的类型，然后确定其型号、规格、台数、转速以及配套电机的功率。各种类型泵的使用范围如图 4-6 所示，由图可见离心泵的使用范围最广，流量在 5～20000m³/h，扬程在 8～2800m 的范围内。离心泵的选择一般采用以下两种方法。

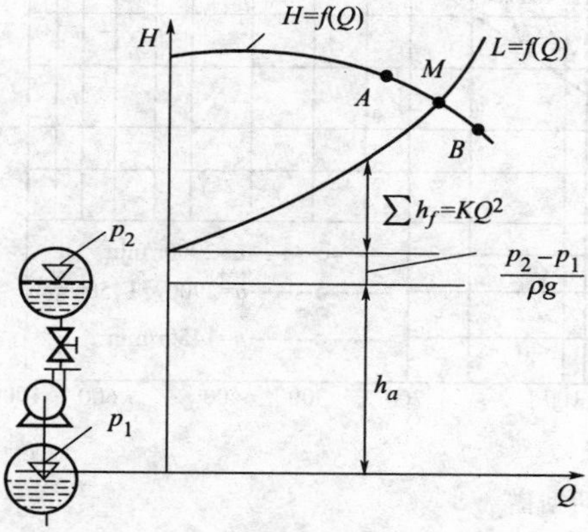

图 4-5　泵运转工作点

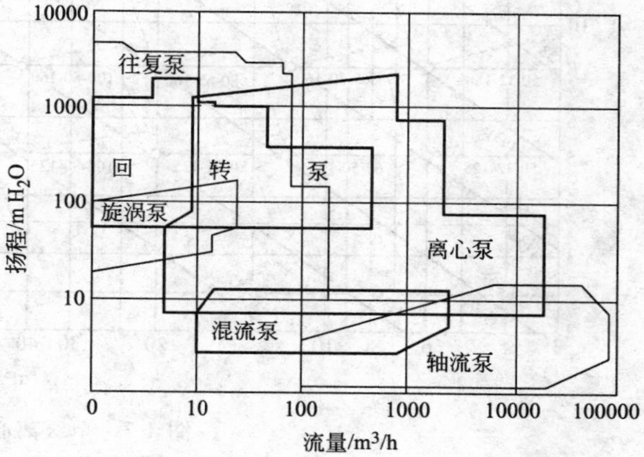

图 4-6　各种泵的使用范围

① 利用“离心泵性能表”选择。按计算的流量与扬程值查“离心泵性能表”，使其与表中列出的代表性流量与扬程相一致（一般为中间一行）。或者虽不一致，但在上下两行的工作范围内。若找不到合适的型号，应尽量选择与设计值相接近的泵，通过变径、变速等调节措施，使其符合生产要求。

② 利用“离心泵综合性能图”选择。将型号相同、规格不同的许多离心泵的工作范围区表示在一张图上称为离心泵综合性能图，或称型谱。单级离心泵系列型谱如图 4-7 所示。在确定所选泵的类型后，在该型的“离心泵综合性能图”上，根据计算的流量与扬程值，选取最合适型泵。

不论利用哪一种方式选择泵，在具体选定了泵的型号后，应从“水泵样本”中查出该台泵的性能曲线，并标绘出系统中管路运行性能曲线，复查泵在系统中运行的工作情况，看在流量、扬程变化的范围内，泵是否处在最高效率区附近工作。如果效率变化幅度不是太大，则选择就此为止，若偏离最高效率区较大，最好另行选择，否则运行经济性较差。

(4) 注意事项　离心泵选择应注意以下几个问题。

① 避免使用过大型号的泵，克服大马拉小车现象。实际选泵过大是普遍存在的问题，泵在运行一段时间后间隙增大，泄漏增加，管路阻力也随着运行时间而增加，所以在选择泵时留有一定的余量是必要的。但也要克服购置设备总是宜大不宜小，认为大保险的错误倾向。余量过大，使泵长期在比实际需要的流量与压头高得多的情况下工作，利用节流调节维

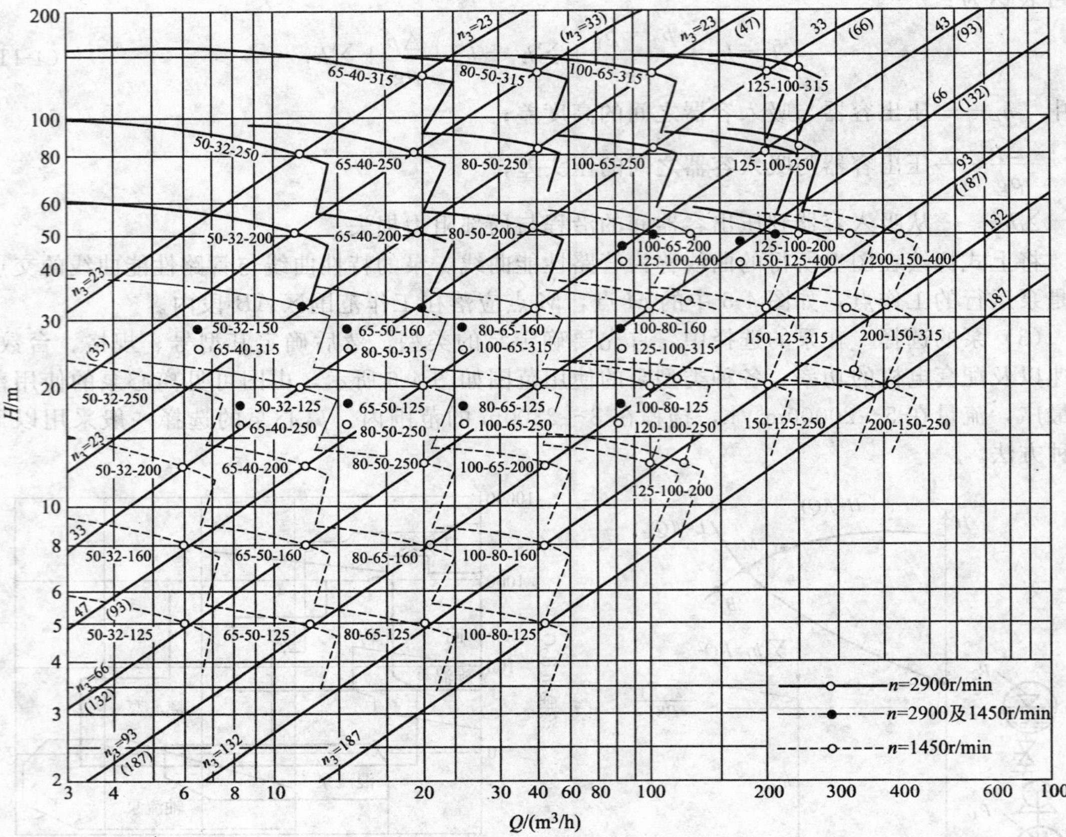

图 4-7 单级离心泵系列型谱

持泵正常运行，造成很大的节流能量损失。一般选择泵时余量控制在 8% 为宜，即实际选择的泵可取：

$$Q=(1.05\sim1.1)Q_{\max}$$

$$H=(1.1\sim1.15)H_{\max}$$

② 精心设计、精确计算。在选泵时，不要单凭经验，只有精心设计、精确计算，才能保证泵在最佳效率区工作。虽然计算往往是复杂的，但可以避免长年累月的电能浪费，这样做是值得的。

③ 多级泵。对大多数多级泵应避免流量低于最高效率点流量的 20%。

④ 采用大小泵配置的运行方式。在系统中配置半流量泵或 2/3 流量泵，当系统负荷要求发生变化时，启用相适应流量的泵，减少大泵的运行周期，可大大节约能耗，这是降低用电单耗的有效措施。如某电厂，采用 DG150-59 与一台半流量的 DG-59 型泵供水，实际大小泵配置方式，改造后一年就节电达 230 万千瓦时，取得明显的节电效果。

4.1.3.2 泵的能量损失及改善泵性能的措施

泵的效率是表示泵的能量转换程度的一个重要经济指标。为了寻求提高效率的途径，有必要对泵的各种能量损失进行分析。这里将讨论功率、损失、效率间的相互关系，以及改善泵性能的措施。

4.1.3.2.1 功率

(1) 有效功率 N_e 根据泵的实际流量与压头计算而得的功率称为泵的有效功率。假设

泵的流量为 $Q(m^3/s)$，扬程为 $H(m)$，流体的密度为$\rho(kg/m^3)$，则有效功率为：

$$N_e=\frac{QH\rho g}{1000} \tag{4-12a}$$

或
$$N_e=\frac{QH\rho}{102} \tag{4-12b}$$

（2）轴功率 N 电动机传给泵轴上的功率称为轴功率。有效功率与轴功率之比值称为离心泵的效率，即：

$$\eta=\frac{N_e}{N} \tag{4-13}$$

$$N=\frac{N_e}{\eta}=\frac{QH\rho}{102\eta} \tag{4-14}$$

4.1.3.2.2 泵内各种能量损失与泵的效率

泵的能量损失包括机械损失、容积损失和水力损失，轴功率减去这三项损失所消耗的功率就是泵的有效功率。图 4-8 表示轴功率、损失功率与有效功率之间的关系。

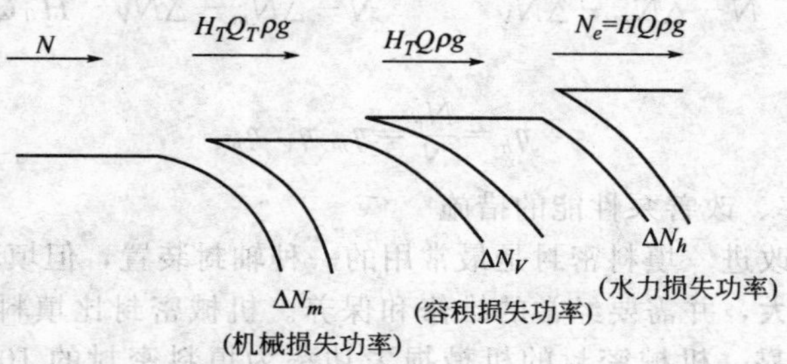

图 4-8 泵内能量平衡图

Q_T 和 H_T 分别为理论流量和理论扬程。

（1）机械损失 ΔN_m 机械损失包括轴承和轴封装置的机械摩擦损失，以及叶轮前后盖板表面与流体及盖板表面与壳体间流体之间的圆盘摩擦损失。机械损失功率的总和用 ΔN_m 表示，机械损失功率的大小用机械效率来衡量，即：

$$\eta_m=\frac{N-\Delta N_m}{N} \tag{4-15}$$

在机械损失中，轴承和轴封装置的摩擦损失占轴功率的 1%～5%；当叶轮在壳体中高速旋转时，由于离心力作用，使叶轮前后盖板两侧的流体形成回流运动，流体与旋转叶轮之间产生摩擦而产生能量损失，使输入轴功率减少，这部分圆盘摩擦损失占轴功率的 2%～10%，这是主要的机械损失。

圆盘摩擦损失与叶轮直径及叶轮回转线速度有关，圆盘摩擦损失 ΔN_d 可表达为

$$\Delta N_d=K\rho u_2^3 D_2^2 \tag{4-16}$$

式中 u_2——叶轮出口圆周速度，m/s；

D_2——叶轮出口直径，m；

K——盘摩擦系数，可由试验求得，K 值的大小与雷诺数 Re（$Re=Du_2\rho/\mu$）、圆盘外侧面与外壳内侧面的粗糙度、相对侧壁间隙 B/D_2（B 为叶轮与外壳或盖板之间间隙）有关。

由式(4-16) 可知，转速越高，叶轮直径越大，圆盘摩擦损失也越大。若用增加叶轮直径的办法来提高压头会使圆盘摩擦损失急剧增加。在产生相同压头时，若采用增加转速、减

少叶轮直径的方式将不会导致效率明显下降。

(2) 容积损失 ΔN_V 在泵中转动件与静止部件间存在着间隙，当叶轮转动时，叶轮出口处压力高于进口处压力，使一部分流体从泵腔通过间隙向叶轮进口处泄漏，泄漏部分的流体从叶轮中获得能量并消耗于泄漏的流动损失，这部分泄漏引起的能量损失称为容积损失。

容积损失功率 ΔN_V 的大小可用容积效率η_V 表示：

$$\eta_V=\frac{N-\Delta N_m-\Delta N_V}{N-\Delta N_m}=\frac{H_TQ\rho g}{H_TQ_T\rho g}=\frac{Q}{Q+q} \tag{4-17}$$

式中，q 为总泄漏量，一般为理论流量的 4%～10%。

(3) 水力损失 ΔN_h 单位质量流体流经泵所产生的流动能量损失称为水力损失或称流动损失。水力损失包括流体流经吸入室、叶轮流道、导叶或外壳的流动摩擦损失，流道断面改变所引起的局部损失，以及实际流量偏离设计点所造成的相对速率方向与叶轮及导叶入口安装角度不一致而引起的冲击损失。

流动损失功率 ΔN_h 的大小用水力效率η_h 表示：

$$\eta_h=\frac{(N-\Delta N_m-\Delta N_V)-\Delta N_h}{N-\Delta N_m-\Delta N_V}=\frac{N_e}{N-\Delta N_m-\Delta N_V}=\frac{HQ\rho g}{H_TQ\rho g}=\frac{H}{H_T} \tag{4-18}$$

泵的总效率：

$$\eta_h=\frac{N_e}{N}=\eta_m\ \eta_V\ \eta_h \tag{4-19}$$

4.1.3.2.3 提高效率、改善泵性能的措施

(1) 密封装置的改进 填料密封是最常用的一种轴封装置，但填料密封磨损大，泄漏严重，机械损失功率较大，并需要经常的维修和保养。机械密封比填料密封性能好，泄漏少，使用寿命长，运行可靠，机械密封的机械损失功率为填料密封的 10%～15%，所以高温、高压、高速泵的轴封应采用机械密封。

BA 型单级悬臂式离心泵是化工生产中最常用的离心泵，该型号泵目前仍采用填料密封结构，如图 4-9 所示。为改善泵的密封性能，可将其改成机械密封，改进方法如下。

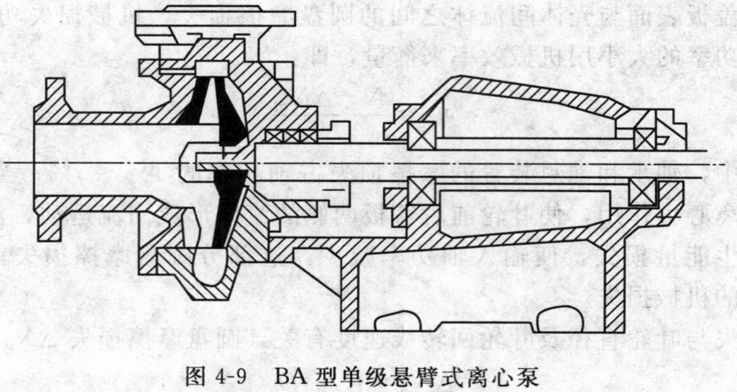

图 4-9 BA 型单级悬臂式离心泵

① 以改造泵轴为主。通常 BA 型泵填料函的径向空间较小，不足以容纳机械密封的安装，将填料处的泵轴切削小 5mm，便能安装机械密封，原填料函便成为改造后的密封腔(见图 4-10)。

② 以改造泵体为主。将泵体的填料函沿函底部全部切削，用与密封腔相同径向尺寸加工内孔，使其与泵室相通，改造后结构如图 4-11 所示。

③ 采用外装式机械密封。将泵体填料函所在的凸台去除后，使其与泵体和托架配合的轴颈端面相平，并在此端面上固定静环密封垫，改造后结构如图 4-12 所示。

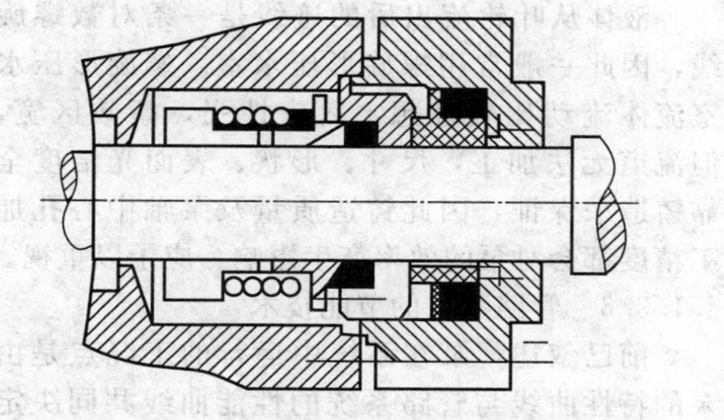

图 4-10　BA 型泵改装机械密封结构之一

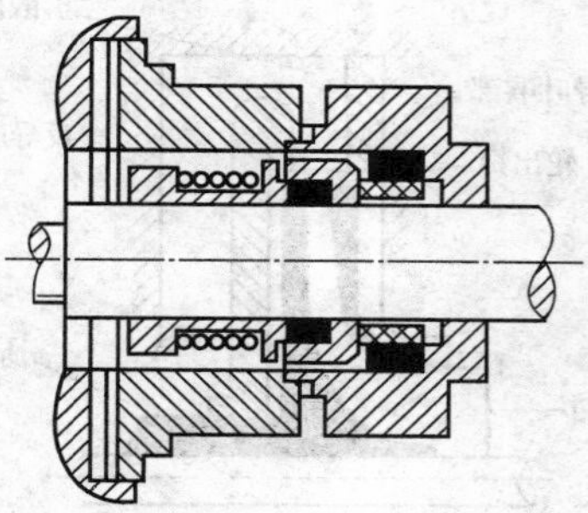

图 4-11　BA 型泵改装机械密封结构之二

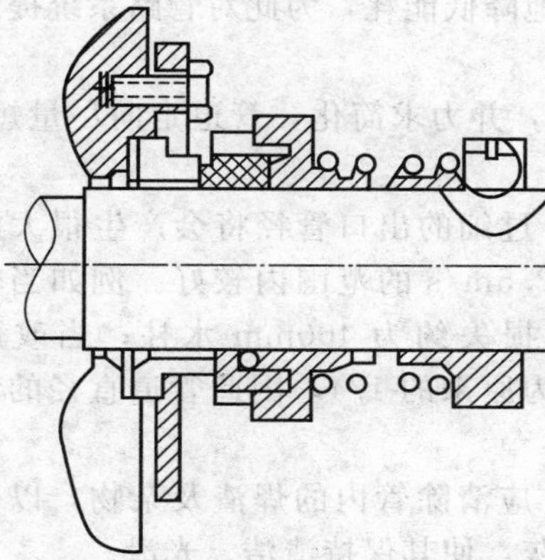

图 4-12　BA 型泵改装机械密封结构之三

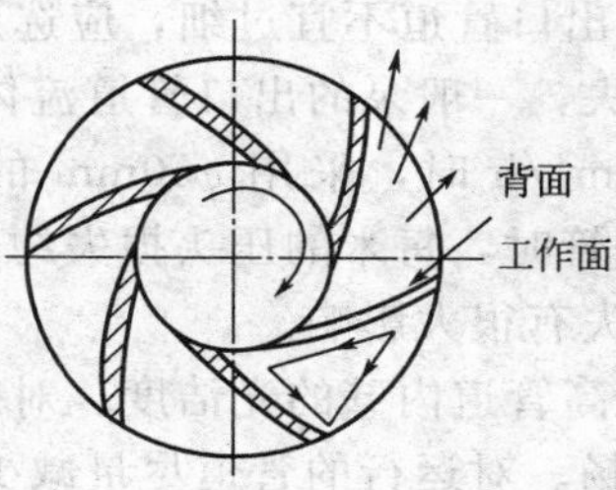

图 4-13　泵的工作面与背面

(2) 及时维修，良好保养　及时维修是保证泵高效运行的必要条件，由于泵的高速运转、输送流体的腐蚀都会使泄漏量增加。泄漏间隙越大，能量损失越大，对开式叶轮更为明显，因此及时维修并更换易损零件、减少间隙对节约能源是有帮助的。

(3) 务必使泵在工作范围区运行　泵效率的影响因素很多，但水力效率的大小基本上反映了泵性能的好坏。泵在设计工况点运行时水力损失为最小。如果泵运行时偏离设计值，过流部件的形状和流动状况不相适应，因此产生冲击损失。偏离设计流量越大，冲击损失越大，冲击损失大小与流量和设计流量偏离值 ΔQ 的平方成正比，要使泵有较高运行效率，其流量不能偏离泵的工作范围流量。

(4) 过流部件保持光洁圆滑　叶片的入、出口应保持光滑，过流部件要整洁光滑，以减少流动损失。

(5) 修削叶片出口部分的背面　修削叶片出口部分的背面（叶片的背面见图 4-13），可以增大叶片出口角和相邻叶片间出口面积，同时因有限叶片数而造成的流动偏离和速率分布不均匀得到了改善。经修削叶片出口背面的泵在相同流量条件下扬程可提高 2%～5%，在相同扬程下泵的流量可增加 5%～10%。

(6) 导叶轮的改进　叶轮与导叶轮的对中性要好，以减少水力冲击损失。另外适当增加导叶喉部的面积，以减少导叶的扩散度，可以有效地减少过渡区（转弯处）的水力损失，从而提高了泵的效率。图 4-14 为导叶处结构图。

(7) 注意泵体压水室铸造质量与轴孔中心加工精度　压水室是能量转换的过流部件，压水室的作用是：①收集从叶轮流出的流体；②降低液流速率；③消除液体从叶轮流出的旋转运动，以避免由此而造成的水力损失。

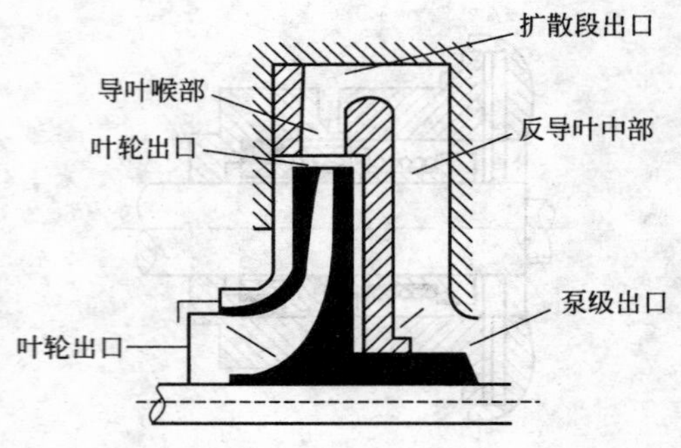

图 4-14 导叶处结构图

液体从叶轮流出后的迹线是一条对数螺旋线，因此一般常用螺旋形压水室。螺旋形压水室流体流动比较理想，适应性强，高效区宽，但流道无法加工，尺寸、形状、表面光洁度全靠铸造来保证，因此铸造质量及泵轴中心孔加工精度都会对泵的效率产生影响，应予以重视。

4.1.3.3 管路系统的节能技术

前已叙述，泵在系统中运行的工况点是由泵的特性曲线与管路系统的性能曲线共同决定的，因此管路系统的阻力将直接关系到要选择的泵及其运行的经济性。正确的管路装置设计可以有效地降低能耗，为此对管路系统提出如下要求。

① 简化管路、减少管道长度。在设计时流程要合理，并力求简化，管道走向尽量短直，避免不必要的沿程阻力损失。

② 泵出口管道不宜过细，应选用合理的经济管径。过细的出口管径将会产生很大的流动能量损失，一般泵的出口管道流体速率控制在 1.5～2.5m/s 的范围内较好。例如当输送流量为 $20m^3/h$ 时，采用 φ50mm 的管径，每米的压头损失约为 400mm 水柱；当改用由 φ70mm 钢管时，每米的压头损失约为 100mm 水柱，仅为原来的 1/4，因此管道直径的粗细对能量损失有很大影响。

③ 提高管道内壁的光洁度。对新安装的焊接管道，应清除管内的焊渣及杂物，以保证流道的通畅。对运行的管道尽量减少管壁的腐蚀物与积灰，使其保持清洁、光滑。

④ 去除不必要的管道、弯头、阀门。对可设可不设的附件应予以清除，对不必要的管道件或阀门应当去除，以减少流体的流动阻力损失。

⑤ 合理的进口段设计。为保证泵在运行中的最小气蚀余量，并减少泵进口管道的压头损失，离心泵的吸入口管径应比泵的出口管径要大一些，并尽量减少进口段的管子长度，在靠近吸入口处应尽量避免设置弯头，以避免扰乱液流，降低泵的效率。

⑥ 取消底阀，减少逆止阀。用自吸装置取代底阀，实现离心泵的无底阀运行，可以改善管路系统的性能。取消泵出口的逆止阀以减少泵的压头损失。

⑦ 选用形状合理的弯头及连接元件。管道的连接与转弯应力使流体平缓过渡，避免突然扩大、缩小与急转，各种焊制弯头应严格按照标准制作。

⑧ 减小流体的黏度。在泵前预热流体，减小流体的黏度，用于加热流体所消耗的能量常远小于用来克服因黏度大而增加的摩擦损失，这样做有一定节能效果。

⑨ 防止泥沙、夹杂物带入泵内。在水质较差的情况下，在泵前应设置滤网或沉淀池，减少泥沙，防止把杂物带入泵中。

⑩ 避免泵内夹带空气。对于离心泵，只要在液体中含有 1%～2%的气体，就会降低扬程与流量的 3%～5%，且会引起泵的振动及其他破坏形式，防止空气夹带，避免因扬程、流量的降低而引起泵的效率下降。

⑪ 防止和杜绝跑、冒、滴、漏。管道系统中严重的跑、冒、滴、漏会造成很大的原料及能源的浪费，应加强管理，及时维修。

4.1.3.4 离心泵运行的节能调节

由于受设计规范、泵系列、型号等限制，往往所选择的泵的流量和扬程过高，在运行中需要对泵的工况点进行调节，以满足实际流量与扬程的需要。改变运行工况点的途径有：

①改变泵的特性曲线；②改变管路性能曲线；③同时改变泵的特性曲线和管路性能曲线。

具体地，改变泵的特性曲线的方法有变速调节和切割叶轮调节两种方法；改变管路特性曲线的方法有出口节流调节；同时改变泵的特性曲线与管路性能曲线的方法为入口端节流调节。

在满足相同运行工况下，不同的调节方法所消耗的轴功率是截然不同的。采用节流调节，节流能量损失较大，运行经济性差。调速法和切割叶轮法与节流调节相比可节约能源40%～50%，节能效果较好。目前国内泵运行系统仍普遍采用节流调节法，造成能耗上很大浪费。国外已大量使用调速调压法，并取得了很好的经济效益。

现对不同的调节方法及其节能情况分别讨论。

4.1.3.4.1 节流调节

(1) 出口节流调节 在泵的出口管路上装置阀门，关小阀的开启度，管路的性能曲线随之改变，如图4-15所示。R_1为阀全开时的阻力曲线，工作点为M。当出口阀关小时，阻力曲线向左移动，如R_2曲线，工作点也由M移至A点。阀本身节流所造成的压头损失为h_3，因节流损失而多消耗的功率为：

$$\Delta N=\frac{h_3 Q_A \rho}{102\ \eta} \tag{4-20}$$

(2) 入口节流调节 用改变安装在进口管路上的阀门开启度来改变输送流量的方法称为入口节流调节。由于进入泵或风机前流体的压力已下降，所以入口节流调节不仅改变了管路性能曲线，同时也改变了泵与风机本身的性能曲线。如图4-16所示，当关小进口阀时，泵与风机的特性曲线将由Ⅰ移到Ⅱ，管路性能曲线由R_1移到R_2，交点B为改变工况后的工作点。

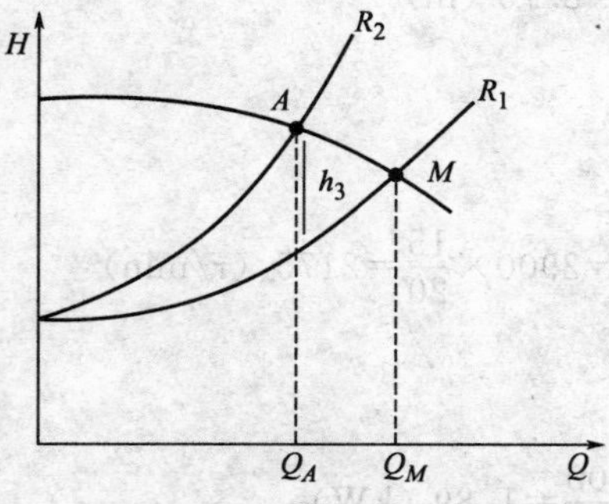

图4-15 出口节流调节

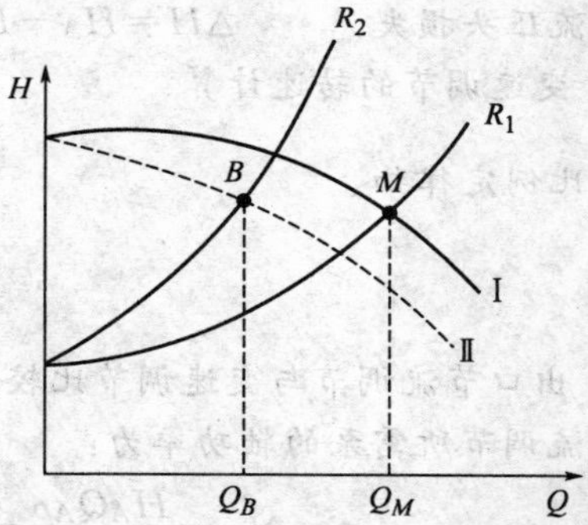

图4-16 入口节流调节

由图可见，对相同的流量变化，入口调节其附加节流阻力损失小于出口节流损失，表明入门节流调节优于出口节流调节。但入口调节容易使泵产生汽蚀现象，因此在水泵中不宜采用，一般只在风机中采用。

出口节流调节方法可靠，简单易行，但经济性差，故只宜在小功率泵上使用。

4.1.3.4.2 变速调节

(1) 变速调节法 对同一台泵，由比例定律可知，流量Q、扬程H、功率N与转速n的关系为：

$$\frac{Q_1}{Q_2}=\frac{n_1}{n_2};\ \frac{H_1}{H_2}=\left(\frac{n_1}{n_2}\right)^2;\ \frac{N_1}{N_2}=\left(\frac{n_1}{n_2}\right)^3 \tag{4-21}$$

式(4-21) 表明当实际所需流量与压头低于泵的设计值时，可以通过改变泵的转速达到，同时也表明采用变速调节方法轴功率随着转速的三次方下降，因此其节能效果显著。

现对节流调节和变速调节的经济性用例题比较如下。

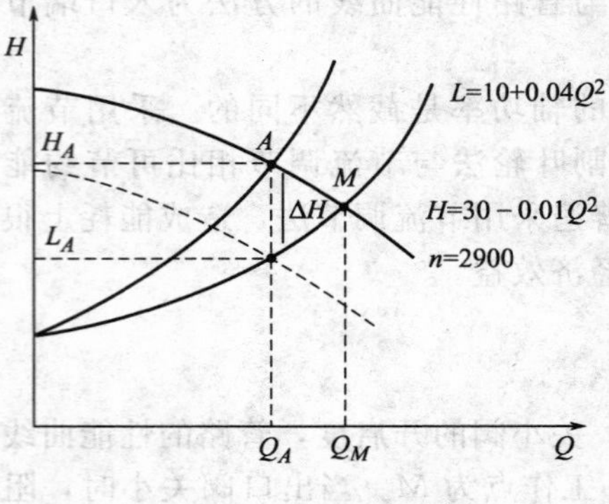

图 4-17　例题附图

【例 4-1】 某离心泵工作转速为 $n=2900\text{r/min}$，泵的特性曲线可用 $H=30-0.01Q^2$ (m) 表示，管路阻力曲线可表示为 $L=10+0.04Q^2$ (m)，式中 Q 的单位为 m^3/h，泵的效率取 $\eta=0.6$，供水量为泵在装置中运行的最大输水量的 75%时，求：

① 采用出口节流调节，节流损失的压头为多少？

② 采用变速调节时泵的转速为多少？

③ 出口节流调节与变速调节相比多消耗功率多少？

④ 若泵每年运行 8000h，每度电费为 0.4 元，出口节流调节全年将多支出操作费用为多少？

解　① 节流压头损失计算

M 点为泵在系统中运行的最大供水量（见图 4-17）

$$30-0.01Q_M^2=10+0.04Q_M^2$$

解得
$$Q_M=20\ (m^3/h)$$

实际供水量
$$Q_A=Q_M\times75\%=20\times75\%=15\ (m^3/h)$$

$$H_A=30-0.01Q_A^2=30-0.01\times15^2=27.75\ (m)$$

$$L_A=10+0.04Q_A^2=10+0.04\times15^2=19\ (m)$$

节流压头损失
$$\Delta H=H_A-L_A=27.75-19=8.75\ (m)$$

② 变速调节的转速计算

由比例定律知
$$\frac{Q_A}{Q_M}=\frac{n_A}{n}$$

$$n_A=n\frac{Q_A}{Q_M}=2900\times\frac{15}{20}=2175\ (r/min)$$

③ 出口节流调节与变速调节比较

节流调节所需泵的轴功率为：

$$N_H=\frac{H_AQ_A\rho}{102\eta}=\frac{27.75\times15\times1000}{3600\times102\times0.6}=1.89\ (kW)$$

变速调节所需的轴功率为：

$$N_L=\frac{L_AQ_A\rho}{102\eta}=\frac{19\times15\times1000}{3600\times102\times0.6}=1.29\ (kW)$$

节流调节多消耗功率：

$$\Delta N=1.89-1.29=0.6\ (kW)$$

$$\frac{\Delta N}{N_L}=\frac{0.6}{1.29}=0.465=46.5\%$$

④ 节流调节全年多支出操作费

$$0.6\times8000\times0.4=1920\ (元)$$

(2) 调速调压法调节　前已叙述，泵的效率为：

$$\eta=\frac{N_e}{N}$$

考虑到机械传动效率，电机轴功率为：

$$N_g=\frac{N}{\eta_k}=\frac{N_e}{\eta_k\eta} \tag{4-22}$$

另外电机本身尚存在一定的铁耗等能耗，若电机的效率为 η_g，电机的输入功率为：

$$N_g'=\frac{N_g}{\eta_g}=\frac{N_e}{\eta_g\eta_k\eta}=\frac{N_e}{\eta_T} \tag{4-23}$$

式中，η_T 为泵系统机组的总效率，上式表明，若能改善电机的运行性能，提高电机的运行效率，同样能起到一定的节能效果。

对于轻载下的电机，可以采用降低电机端电压的方法得到与轻载相适应的减弱磁场，这样既能满足在运行条件下所需转矩较低的要求，又降低了电机的铁耗，使电机的功率因素与电机效率都得到改善，这样不仅因调速降低了轴功率，又提高了电机效率，与单纯调速调节相比较节能效果更好，这种调节方法称为调速调压（n-V）法。

据报道，对一台 4kW 的离心泵在变频机组上做试验，用变频调速，并用调压器调压，如图 4-18 所示，调整端电压后电机功率因数、泵的机组效率及电流都得到改善。当电压从 380V 下降时，电流减少，由于电机效率的提高，泵机组效率明显提高。当电压下降到 320V 时，机组效率达到最高值，再继续降压，电流又开始回升。所以用调压法可以得到泵机系统的最佳机组效率。不同调节法泵运行性能工况如图 4-19 所示。

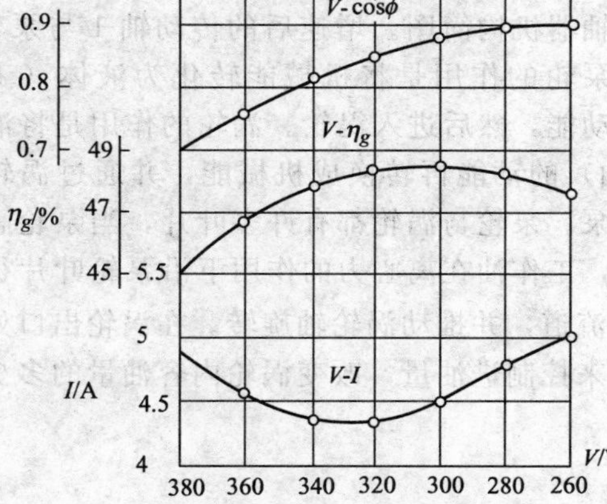

图 4-18　电压变化对电机特性的影响

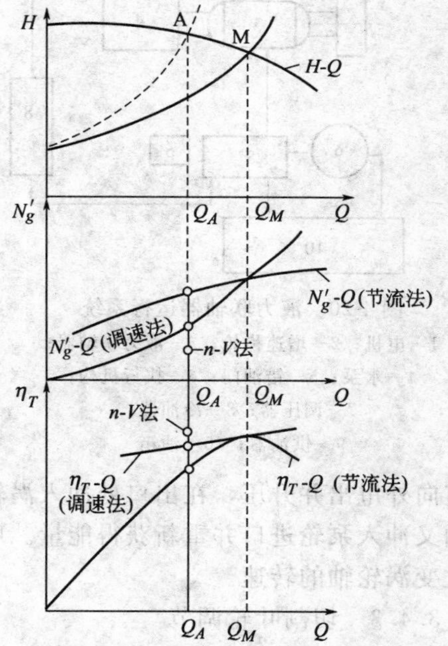

图 4-19　不同调节法泵运行性能工况比较

表 4-2 列出了（n-V）法的节能效果，由表中可见，与节流比较，采用（n-V）法可以节约电能 50％左右。

（3）变速调节方法　变速调节方法可归纳为以下几种：

① 直流电机驱动；

② 采用双速变极电机（原电机绕组接法相加改动即可达到变换极对数的目的），当低负

表 4-2　调速调压法节能效果

项目	节流调节	调速调节	调速调压调节
电流 I/A	7	5	4.4
机组效率 η/%	43	45.2	47.8
功率因素 $\cos\varphi$	0.9	0.69	0.85
电机输入功率/kW	4.2	2.3	1.9

荷时用低速挡，额定出力时用高速挡；

③ 调换皮带轮；

④ 在异步电机转子回路中串联可变电阻，以改变电机的转速；

⑤ 采用调频变速电机；

⑥ 用固定转速电极加液力联轴器转动；

⑦ 用汽轮机驱动。

直流电机价格昂贵，容量小，需直流电源，适用于试验装置。双速电机结构简单，收效快，但变速范围不大，变速后电机效率受到一定影响，一般应用于离心式风机。液力联轴器传动结构复杂，成本较高，但无摩擦元件，可靠性好、维修方便。联轴器本身效率达 97%～98%，适用于大型烧结鼓风机、高炉鼓风机以及锅炉的鼓引风机。此外中等功率的电厂采用液力联轴器较为合适，例如某电厂在 12.5kW 机组上安装液力联轴器调速水泵，与定速泵相比，每天节电 1.12 万千瓦时，投资费用一年就可收回。理想的调节方法是汽轮机驱动或采用可变频机组，可随负荷的变化进行调节，对于大型 30 万千瓦以上火力发电机组的给水泵广泛采用汽轮机驱动。

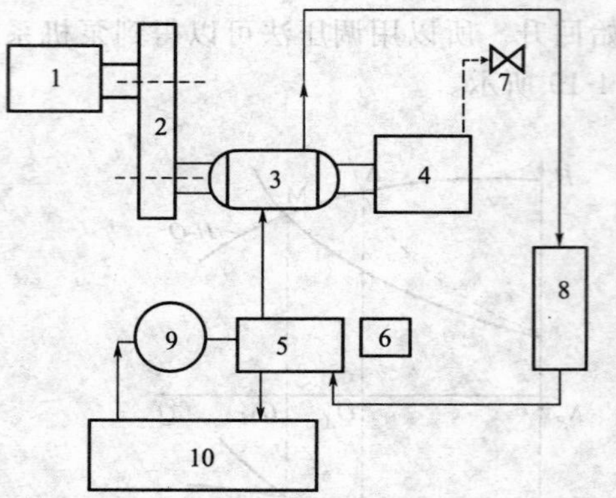

图 4-20　液力联轴器运行系统

1—电机；2—增速齿轮；3—液力联轴器；4—水泵；5—错油门；6—执行机构；7—调压器；8—冷油器；9—供油器；10—油箱

图 4-20 为液力联轴器的运行系统，图 4-21 为液力联轴器机构简图。增速后的传动轴 1 与泵轮 2 连接，泵轮的作用是将机械能转化为液体（工作油）的动能，然后进入涡轮。涡轮的作用是将液体（工作油）的动能再转换成机械能，并通过涡轮轴驱动水泵。泵轮与涡轮都有许多叶片，当泵轮高速旋转时，工作油在离心力的作用下沿泵轮叶片径向流道向外甩出并升压，在出口处冲入涡轮的径向流道，并推动涡轮轴旋转。在涡轮出口处工作油又冲入泵轮进口并重新获得能量。用错油门来控制进油量，改变涡轮内容油量的多少就可改变涡轮轴的转速。

4.1.3.4.3　切割叶轮调节

（1）切割叶轮调节法　若泵系统无需经常改变其运行工况，只需一次调节就能改变大马拉小车的状态，而当变速方法又难以实现时，可采用切削叶轮或换装小叶轮来调节泵的流量，这是一种既简单又经济的节能方法。根据泵的切割定律：

$$\frac{Q'}{Q}=\frac{D'}{D};\quad \frac{H'}{H}=\left(\frac{D'}{D}\right)^2;\quad \frac{N'}{N}=\left(\frac{D'}{D}\right)^3 \tag{4-24}$$

上式表明，通过切割叶轮，泵的轴功率随叶轮直径比的三次方下降。

泵的切割定律是在泵效率不变的前提下导出的，因此叶轮切割量有一定的限度。切割量

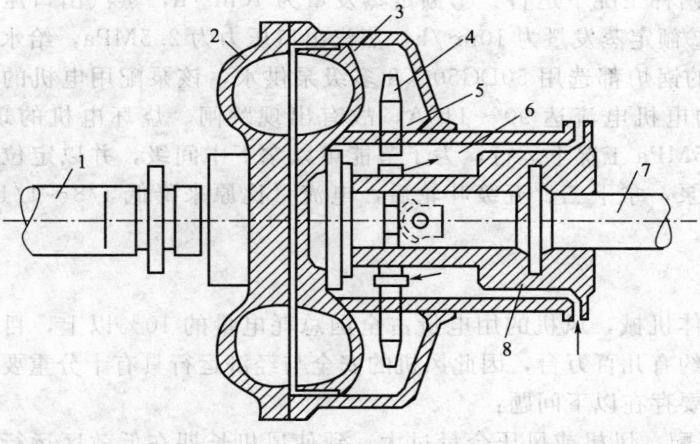

图 4-21　液力联轴器结构简图

大，偏离设计状态就大，效率就会有所改变。如果切割量过大，甚至会发生由效率下降而增加能耗超过扬程下降而节约的能耗。

对于离心泵一般控制切割率不超过 20％为宜，而且要了解制造厂是否已经切割过，防止切割率超过 20％。一般离心泵的切割量见表 4-3。

表 4-3　离心泵叶轮外径允许切割量

比转速 n_S	60～120	120～200	200～350
最大允许切割量/％	20	15～20	7～10

切割叶轮时，只需切削叶片，可保留前后盖板，切削后叶轮叶片出口处应用锉刀修光，以改善流动状态。

一般当 $Q>0.8Q_0$（Q_0 为设计额定流量）时，可用切割叶轮办法；当 $Q<0.8Q_0$ 时，应更换较小直径的叶轮。

（2）切割叶轮并调节电压法（D-V 法）　若在切割叶轮的同时调节电压，则可获得更好的节能效果。例如对流量为 $Q=27\text{m}^3/\text{h}$、扬程 $H=16\text{m}$、机组效率 $\eta=44.4\%$的离心泵做切割叶轮试验。若叶轮的外径切割量为 15％，此时流量为 $14\sim23\text{m}^3/\text{h}$，而泵的效率约下降 2％，电机的输入功率由 2.5kW 降为 1.76kW。若端电压由 380V 调到 340V，此时泵的最小电流为 3.5A，η_T 的最佳值为 44.2％，电机输入功率降低 1.68kW。表 4-4 列出了该试验离心泵切割叶轮后的节能效果，与节流调节相比，切割叶轮并调节电压法可节约电能 30％以上。

表 4-4　切割叶轮调节法的节能效果

调节方法	节流	切割叶轮	切割叶轮并调节电压
扬程/m	16.5	11.77	11.77
流量/(m^3/h)	23	23	23
机组效率 η/％	41.6	42.2	44.2
功率因数 $\cos\varphi$	0.791	0.704	0.815
电流 I/A	4.8	3.8	3.5
电机输入功率/kW	2.5	1.76	1.68

4.1.3.4.4　多级泵运行工况的节能调节

多级泵在运行中泵的实际压头往往高于系统装置所需的压头，造成不必要的能量损失。如果根据不同需要，将此多级泵拿下 1～2 个叶轮，以减少级数，在使用中便可节约能量。

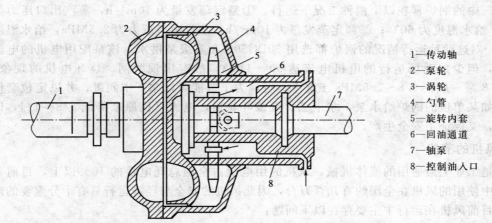

例如化工厂中的锅炉常在以下两种工况下运行：①额定蒸发量为 $10m^3/h$，蒸汽出口压力为 1.3MPa，给水温度为 60℃；②额定蒸发量为 $10m^3/h$，蒸汽出口压力为 2.5MPa，给水温度为 105℃。对这两种运行情况的锅炉都选用 50DG50×8 多级泵供水，该泵配用电机的电流为 74.3A，但少数现场运行的电机电流达 90～110A，故有出现跳闸、烧坏电机的现象。50DG50×8 泵一般在 0.8～2.5MPa 工况下运行，为了节能可以拿下中间级，并以定位套代替叶轮。如某单位的锅炉给水泵，拿下三、五级叶轮后，电流量比原来降低 1/8～1/4，即节约能源，又保证了安全生产。

4.1.4 风机的节能

风机是工业上最通用的流体机械，风机的用电量占全国总耗电量的 10%以上，目前各工业部门中使用的风机在全国约有几百万台，因此风机的安全与经济运行具有十分重要的现实意义。目前风机在运行中主要存在以下问题：

① 选择不当，与系统不匹配，风机或风压余量过大，致使风机长期在低效区运行，高效风机的低效运行造成能量的很大浪费；

② 没有相应的风机调节机械，当负荷变化时不能自动调节；

③ 系统装置设计不合理，管路阻力过高；

④ 操作管理不当，系统积灰、泄漏严重，风机部件磨损严重，这些都影响风机的运行效率。

4.1.4.1 风机能耗分析

风机运转所耗能量 W（kW·h）为

$$W=K\frac{PQt}{1000\eta}$$

$$\eta=\eta_1\eta_2\eta_3\eta_4$$

式中 Q——工艺所需风量，m^3/s；

K——与气体密度有关的系数；

P——工艺所需风压；

t——通风时间，h；

η——风机系统效率，%；

η_1，η_2，η_3，η_4——电机效率、传动效率、风机效率、管道效率。

管道漏风和风量的供大于求会造成能耗增加；通风管道的距离、管道配件、管道截面、管壁粗糙度以及风速对管道效率有直接影响；电动机的合理选型，传动方式的选择对整个风机机组的效率影响很大。

降低管道气流的沿程阻力，可减少风压，提高管道效率，该阻力损失由气流速度、管道长度、管道截面及管壁粗糙度等因素决定。

降低阻力损失，要注意以下几点。

① 按经济流速设计和选择管道截面。一般通风系统、除尘通风管道的空气流速分别见表 4-5 和表 4-6。

表 4-5 一般通风系统中常用空气流速 m/s

类别	风管材料	干管	支管	室内进风口	室内回风口	新鲜空气入口
工业建筑 机械通风	薄钢板、砖、 混凝土等	6～14 4～12	2～8 2～6	1.5～3.5 1.5～3.0	2.5～3.5 2.0～3.0	5.5～6.5 5～6
自然通风 机械通风		0.5～1.0 5～8	0.5～0.7 2～5			0.2～1.0 2～4

表 4-6　除尘通风管内最低空气流速　m/s

粉尘性质	垂直管	水平管	粉尘性质	垂直管	水平管
粉状的黏土和砂	11	13	铁和钢(屑)	19	23
耐火泥	14	17	灰土、沙尘	16	18
重矿物粉尘	14	16	锯屑、刨屑	12	14
轻矿物粉尘	12	14	大块干木屑	14	15
干型砂	11	13	干微尘	8	10
煤灰	10	12	染料粉尘	14～16	16～18
湿土(2%以下水分)	15	18	大块湿木屑	18	20
铁和钢	13	15	谷物粉尘	10	12
棉絮	8	10	麻(短纤维粉尘、杂质)	8	12
水泥粉尘	8～12	18～22			

② 缩短管道长度。缩短管长，即可节能，又可节约建设投资。

③ 减少管壁粗糙度。

④ 保持风道气流畅通，清除杂物。

⑤ 降低成本。为减小管道气流局部阻力损失，管道断面最好是圆形。拐弯时，要作成缓慢圆弧形。

提高风机机组效率，要注意以下几点：

① 合理配套，防止大马拉小车；

② 采用合理的调节运行手段改变负荷（约 70%的风机需要在运行中调节流量），避免用阀门节流或用放空回流的办法调整工况；

③ 采用传动效率高的传动方式，常用传动方式的传动效率见表 4-7。

表 4-7　常用传动方式的传动效率

传动方式	传动效率	传动方式	传动效率
电动机直连	1	三角皮带转动	0.95
一般平皮带转动	0.90	联轴器传动	0.98
尼龙片基平皮带转动	0.98	齿轮减速器传动	0.94～0.98

4.1.4.2　风机结构对性能及能耗的影响

根据介质在风机内的流动方向，风机可分为离心式、轴流式与混流式风机，见图4-22～图 4-25。

(a) 离心式风机　(b) 轴流式风机　(c) 混流式风机

图 4-22　各式风机的示意图

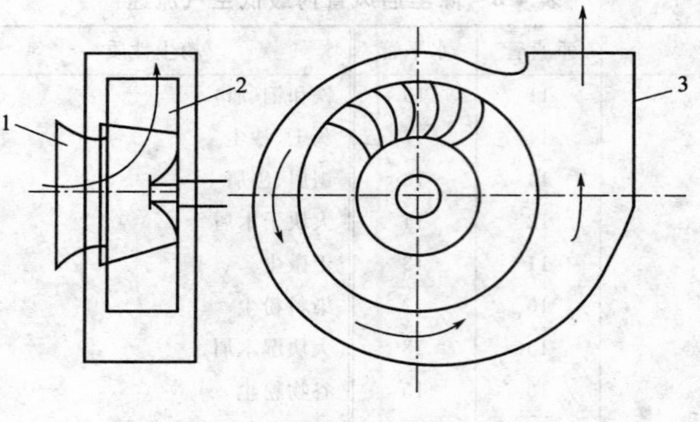

图 4-23 离心式风机

1—集流器；2—叶轮；3—机壳

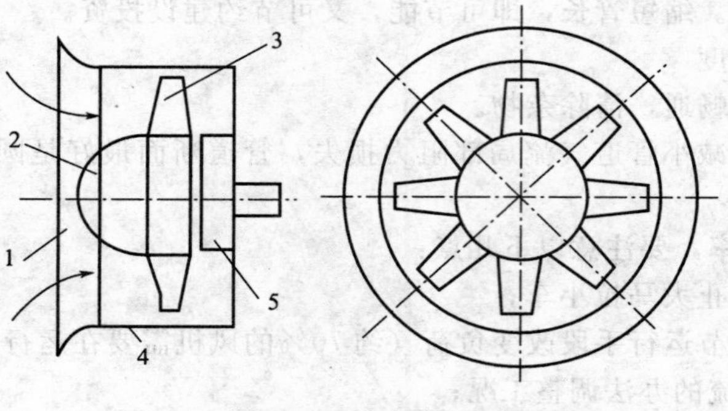

图 4-24 轴流式风机

1—集流器；2—整流罩；3—叶轮；4—机壳；5—后整流罩

风机的效率与风机的结构有关，正确的结构、合理的参数是保证风机高效运行的条件。

(1) 叶片的出口角 β_2 叶片的出口角 β_2 主要影响全风压和风机效率，β_2 愈大，全风压就愈高。另外后弯叶轮的流动效率比前弯叶轮要好，所以后弯叶轮风机多，高效风机采用后弯机翼型叶片，叶片出口角 β 以 30°～45°为宜。

(2) 叶轮宽度的影响 叶轮出口宽度的改变，对风机风量、风压、效率都有影响，尤其对流量的影响最大。实践证明，当叶轮宽度的变化在±15%以内，其效率下降不超过 50%，所以当风机的容量过大，使风机不能经济运行时，可以用改变风机叶轮和机壳的宽度来解决。

(3) 集流器的影响 集流器的作用是保证气流平稳的进入叶轮，从而减少流动损失。高效风机一般采用锥弧形集流器，如图 4-26 所示。气流进入集流器后逐渐加速，在喉部形成较高风速，由喉部出来的气流沿双曲线均匀扩散，并与叶轮的前盘很好配合。喉部半径 R 选取不当将影响风机效率 5%～6%，集流器形式不好，将会影响风机效率 8%左右。一般比转速 $n_S=20\sim50$ 时，取 $R/D_2=4\%$；当比转速 $n_S>50$ 时，取 $R/D_2=8\%$，通常取 α 角为 45°。

(4) 进风箱的影响 进风箱对风机性能参数影响较大，进风箱本身的阻力损失直接影响风机的有效压头。旧式进风箱为矩形截面的直角弯头，常出现涡流区，阻力较大。图 4-27 为通用的进风箱结构，在进风箱的转弯处加装了一块倾斜 30°的复板，底部采用后斜板，使进口气流平稳，气流阻力明显下降。另外在进风箱入口处不应带有弯头，以避免气流在入口处产生附加的气流冲击损失。

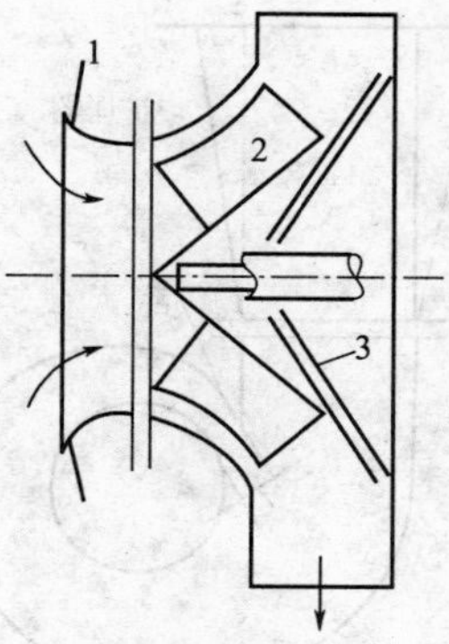

图 4-25　混流式风机

1—集流器；2—叶轮；3—机壳

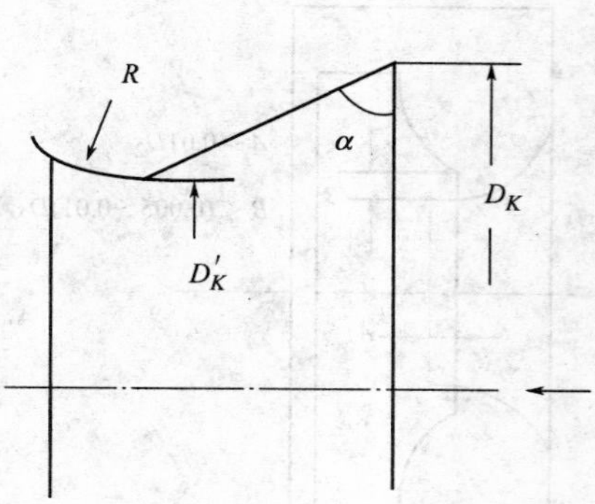

图 4-26　锥弧形集流器

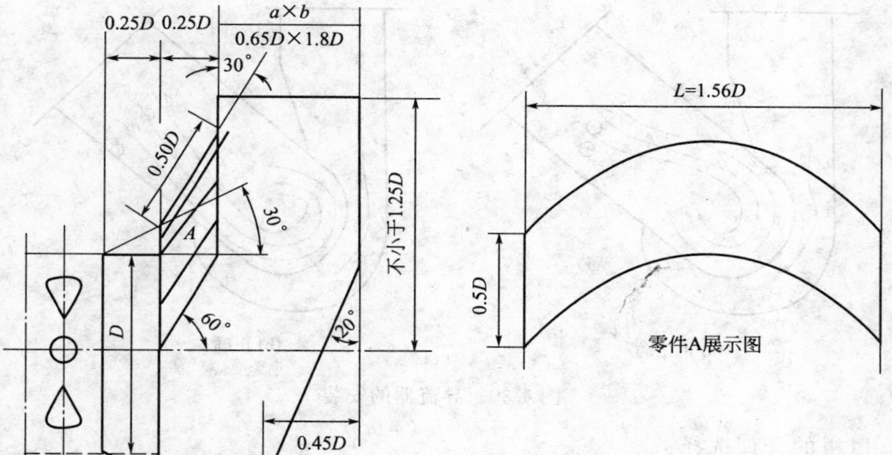

图 4-27　进风箱结构

(5) 进口间隙影响　集流器与工作叶轮前盘之间存在一定的间隙，由于间隙两侧风压不同，必然有部分气流经间隙流入叶轮进口，为避免泄漏的气流干扰进口处主气流，集流器应插入叶轮前盘，如图 4-28 所示。

(6) 机舌的影响　风机的机壳分有舌和无舌两种，机舌又可分为深舌和浅舌两种。深舌适用于低比转速风机，浅舌适用于高比转速风机。

当叶轮与舌间隙过大，将有相当一部分气流在机壳内循环回流，使风量、风压及效率都下降。但间隙过小也使风机效率下降并产生很大的噪声。一般取 $t/D_2=0.05\sim0.1$。

(7) 扩压器的影响　一般机壳出口气流是偏向叶轮一侧，所以扩压器宜做成向叶轮一侧扩压的单面扩压器，如图 4-29 中实线所示，扩散角通常为 6°～8°，图中虚线是不正确的布置位置。

(8) 导流器的正确安装　导流器的安装正确与否对风机的正常运行影响很大，导流器离叶轮愈近，其影响愈大。导流器的作用是使经导流器的气流获得较大的正预旋，减少或避免气流对叶轮的冲击。因为导流器之后是进风箱和集流器，若导流器安装错误，气流获得反旋，并以很大冲角冲击叶轮，将使损耗功率直线上升，图 4-30 表示导流器安装的正确位置。

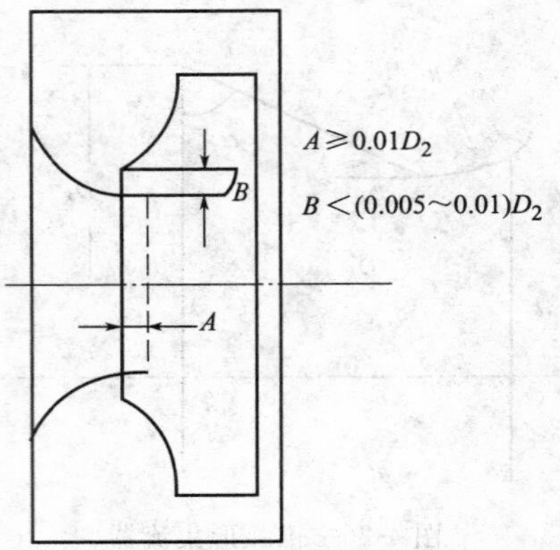

图 4-28 风机的进口间隙

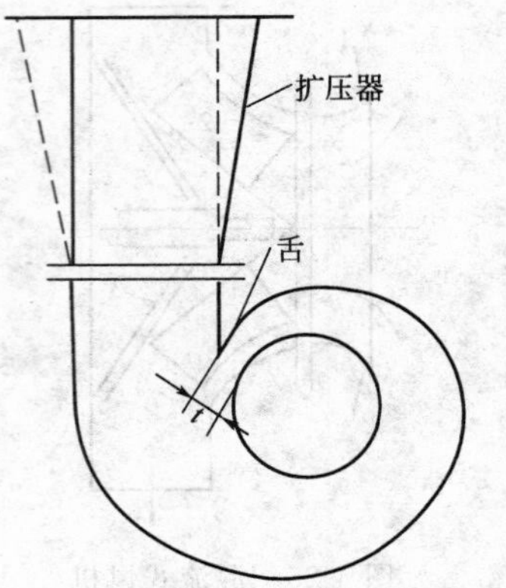

图 4-29 机舌与扩压器

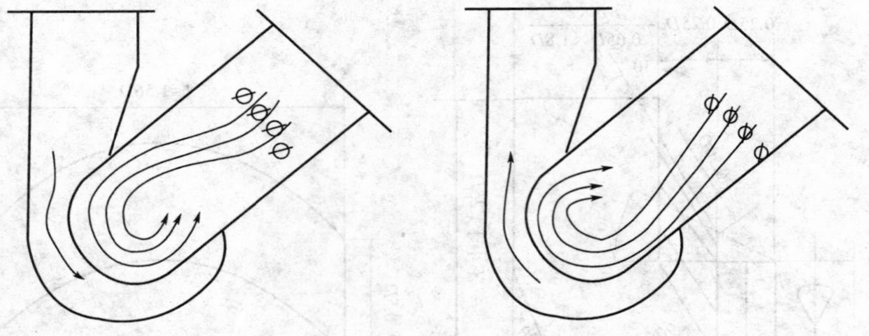

(a) 不正确 (b) 正确

图 4-30 导流器的安装

4.1.4.3 风机的合理选择

风机运行效率低是导致用电耗高的主要原因，选用新型节能风机，合理地与系统配套，并使风机经常处于最佳效率工况是保证风机有良好运行经济性的关键。在风机选择中应注意以下几点。

(1) 采用新型高效节能风机　20 世纪 70 年代后，随着能源危机的影响，各国对提高风机的效率做了大量的研究工作，在短短十几年内使风机效率提高了 10%～20%，并生产出一批新型高效风机用于各大工业企业。近年来我国将 10000 多台锅炉的旧式风机改为高效风机后节电效果显著，风机平均电耗下降 15%～20%，一年就可节约用电 2.5 亿千瓦时。表 4-8 为几种通风机的效率比较表。

表 4-8　几种风机效率比较

风机类型	效率/%	风机类型	效率/%	风机类型	效率/%
后向直叶片	60～65	多叶片	58～62	斜流型	78～80
后向弯叶片	60～78.5	后向机翼叶片	78～80	轴流风机	79～81

由表可知：

① 后向弯曲机翼形叶片的风机效率较高，效率可达 80%以上，且体积小、噪声低，目前已大量应用于锅炉鼓风机、引风机、空调、采暖等部门；

② 斜流型风机运行范围较宽，效率达 80%，在高比转速下可以替代离心式风机；

③ 轴流式风机风量大，负荷变化适应性好，与其他形式风机相比，轴流式风机的效率

高；据报道，轴流式风机当负荷由设计工况降到 50%时，风机的效率由 80%降到 70%，而离心式风机的效率将由 84%降至 25%；火力发电厂中锅炉采用轴流式风机效率高达 90%，对于高比转速下运行的矿井、电站、空调等风机都选用轴流式风机；

④ 对各种锅炉的送风机、燃油锅炉的引风机以及除尘效率较高的燃油锅炉引风机一般可采用 4-72 或 4-73 机翼型风机，效率达 85%～90%；

⑤ 对于除尘效率较低的燃煤锅炉引风机可采用 6-30、5-48、5-53 等直板型高效风机，此类风机结构简单，检修方便，检修周期长，效率一般在 85%左右；

⑥ 对于排粉风机，可选用 6-30、5-29 等型风机；

⑦ 对于多种型号的风机，应选择效率最高，制作简单且叶轮直径 D_2 又较小的一种风机。

(2) 合理的风机裕量　高效风机的风量与风压曲线一般都比较陡，故调节性能差，当工况点不在设计点时，风机的效率将明显下降，因此在选择风机时裕量不能过大，否则高效风机不高效，运行效率低。如图 4-31 所示，A 为风机的设计点，最高效率 90%的区域为风机的工作范围。若选择的风机风量与风压均过大，将造成能源的很大浪费。如果所选择的风机流量合适，而风压过高，如图中系统的阻力曲线为 R_2，实际需要的风压为 A'点，风机能提供的风压是 A 点，若采用节流调节，则造成了能量浪费。当风机的风量合适，而风压过低时，风机提供的风压不足以克服系统阻力，如图中的 R_3 线，系统需要的风压 A''高于风机能提供的风压 A 点，为了满足风压要求，只得降低风量，如图中的 C 点，此时不仅风量低，而且效率也低。

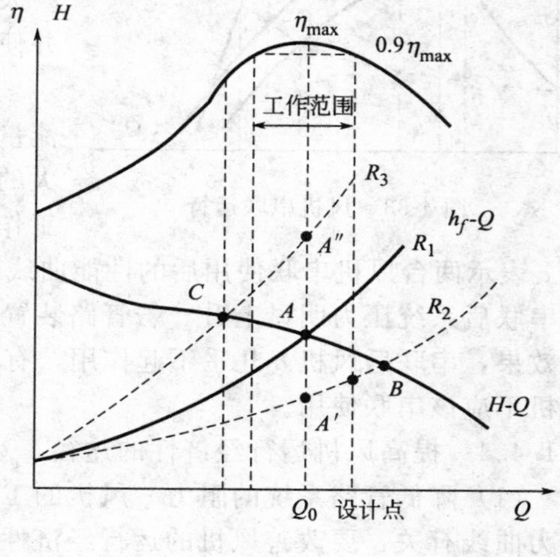

图 4-31　风机的选择

一般在风机选择中，按实际运行所需的最大风量与风压留有适当裕量，取风量裕量为 5%，风压裕量为 10%，即在风机的最高效率点稍偏右，但不低于最高效率的 90%区域。

(3) 保证并联运行风机在经济工况下工作　两台以上风机联合使用的效果比每台风机单独使用时的性能要差，但对容量较大的锅炉等往往将风机并联运行。对于并联运行的风机应使每台风机都在最高效率区运行。

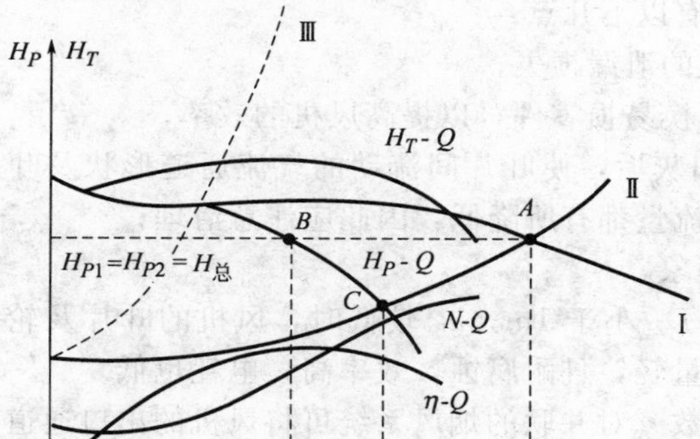

图 4-32　风机并联运行

① 两台性能相同的风机并联。对于经常在额定容量下运行的风机往往选用两台性能相同的风机。如图 4-32 所示，风机并联后风压不变，并联后风量为各台风机风量的代数和，图中曲线Ⅰ为并联后的工作点，每台风机运行的工况点为 B 点，此时每台风机都在最高效率点工作。

风机的并联只能用于管路系统阻力较小的场合，如图中的曲线Ⅱ，如果管路系统的阻力过大，如图中的曲线Ⅲ，当两台风机并联后不仅不能增加流量，反而有可能妨碍另一台风机的正常运行，此时不宜将风机并联

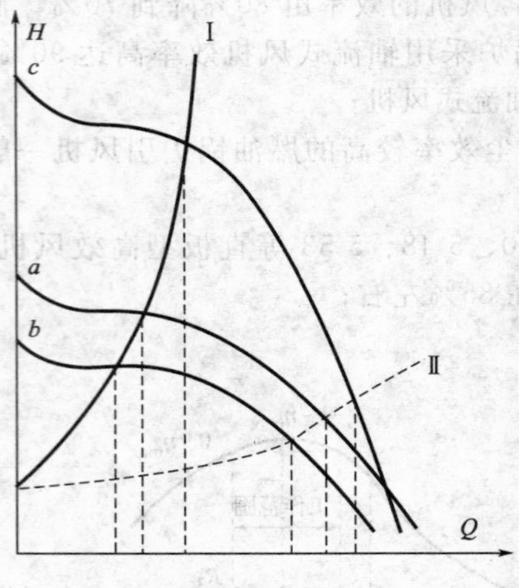

图 4-33 风机串联运行

使用。

为了节约用电，在低负荷时可以停用一台风机，单台运行的风机的工况点为 C，一般取 $Q_{单}=0.7Q_{总}$，此时风机的效率已有所降低，但是单台风机的运行功率毕竟要比两台风机同时运行的总功率要小，经济上还是合算的。

② 大小风机并联运行。对于经常在经济负荷下运行，短时在额定负荷或超负荷下运行的，可选用容量一大一小的两台风机，经常使用的是一台大容量风机，并使这台风机经常处于最佳效率点工作。

(4) 风机的串联运行 风机的串联运行是为了在流量不变的情况下增加系统的压力，它适用于阻力较大的管路系统。图 4-33 表示两台不同规格风机的串联工作情况，曲线 a 与 b 表示单台风机的性能曲线，曲线 c 表示两台风机串联使用后的性能曲线。当管路的阻力较大时，如图中的曲线Ⅰ，两台风机串联后系统压力明显上升。若管路装置阻力较小，如图中的曲线Ⅱ，风机串联使用并无明显效果，串联后风机 b 几乎不起作用，有时甚至会妨碍另一台风机的正常工作，在此情况下风机不应该串联使用。

4.1.4.4 提高风机运行经济性的途径

(1) 降低管路系统的阻力 风机的工作点不仅取决于风机的特性曲线，还与管路系统的阻力曲线有关，要改善风机的运行经济性，除必须采用新型风机外，还必须对布局等不合理的管道系统进行改造，只有这样才能收到更好的经济效果，对管路系统应注意以下问题。

① 减少烟、风道中局部流动阻力。一般烟、风道中局部阻力约占全部阻力的 80%，只要对弯头、三通、扩散管元件的不合理状态做些简单的改进，拆除不必要的挡板，就能大幅度地降低系统的阻力，这些改进方法简单，投资极少，收效甚大。

② 定期清理风道中的积灰。烟道、除尘器、预热器内的积灰会使气流通道相应缩小，增加了流动阻力。当发现有积灰现象时应予以疏通、清理，避免堵塞风道。

③ 堵塞漏风，以免影响风机的出力。管道上漏风包括风机出口至炉膛风道上往外泄漏的空气，以及炉膛至引风机烟道上往里吸入的空气。这些泄漏将会影响风机的工作，使风机必须有更大的出力才能保证正常工作。

(2) 加强管理，改善风机运行性能 主要有以下几点：

① 缩小风机各部分之间的间隙，降低风机的泄漏损失；

② 加强对风机的维护管理，定期检修、更换易损零件，以提高风机的效率；

③ 引风机上的叶片在运行中会黏附一层细灰垢，使叶片间流动的气流通道形状及叶片的进出角发生变化，这些变化使风机的风压及流量都有所降低，因此应注意清理；

④ 应配用合适的电机，避免大马拉小车现象。

(3) 采用特殊材质的风机 当叶轮的直径 D_2 小于 1m，u_2 较低时，风机的叶片及轮壳等可用玻璃钢、塑料等轻质材料制作，不仅重量轻，且耐腐蚀，效率高，电耗也低。

(4) 对并联的烟风系统应减少风机运行台数 对并联的烟风系统可将风机的出口通道打通，风机的进口加装风门，尽量做到单机运行，可以节约电能。

(5) 改善风机的调节性能，采用经济的调节方法 风机一般采用节流调节、导流器调节、改变转速调节三种调节方法。

① 节流调节。节流调节方法最简单，它利用安置在风机出口通道上的闸板或转动挡板来调节风机的风量与风压，但节流调节使风机在低效率下工作，而且因克服闸板或转动挡板的节流阻力无益地消耗了一部分功率，所以这种调节方法很不经济。

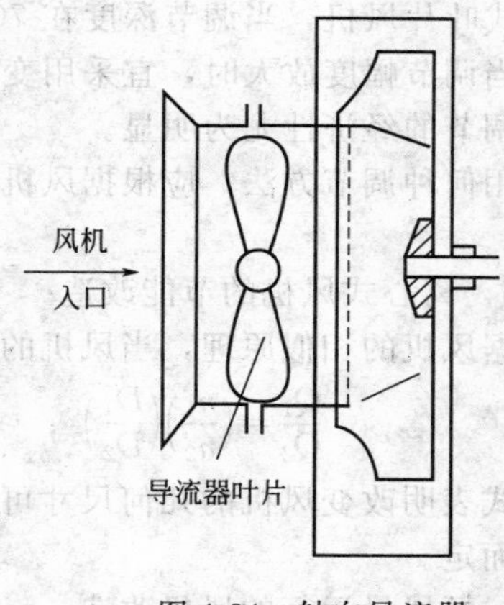

图 4-34　轴向导流器

② 导流器调节。通常采用的导流器有轴向和简易两种，如图 4-34 与图 4-35 所示。导流器与旋转挡板虽有共同之处，都是通过改变导流器叶片的开启度来调节风压与风量，但导流器安装在风机的进口，它通过改变进入叶轮气流的转向，从而改变风机的风压曲线，如图 4-36 所示。尽管采用导流器也会使风机的效率下降，但在调节幅度不大的情况下（70%～100%），它的经济性优于节流调节，且导流器结构简单，维护方便，所以在风机上被广泛应用。

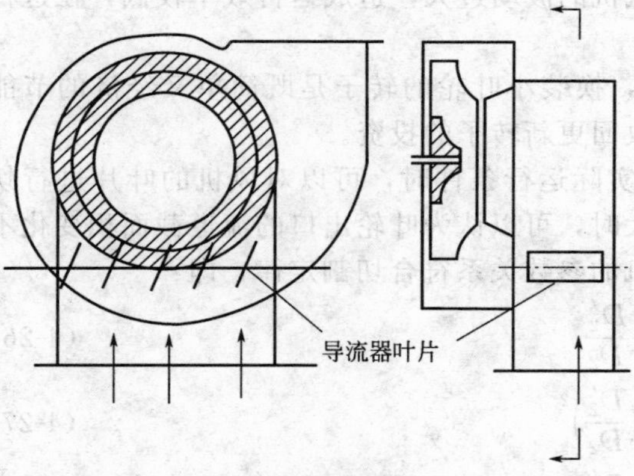

图 4-35　简易导流器

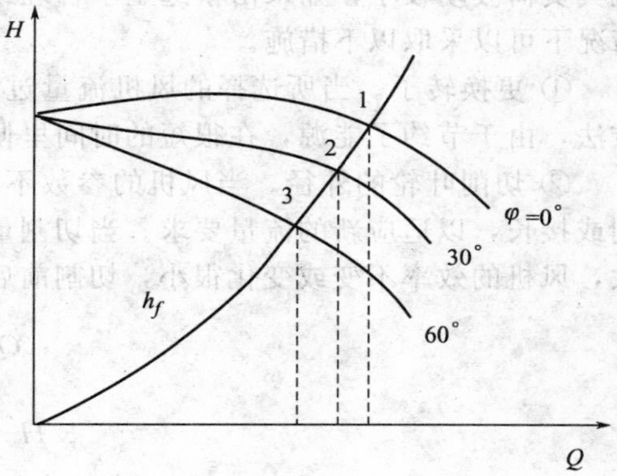

图 4-36　导流器调节

③ 改变转速调节。泵的比例定律同样适用于离心式通风机，风机的能耗与风机转速的三次方成正比，因此采用变速控制具有明显的节能效果。另外采用变速调节没有附加阻力所引起的能耗，因此效率高，经济性好。

④ 调节方法的比较。各种调节方法的比较见图 4-37。

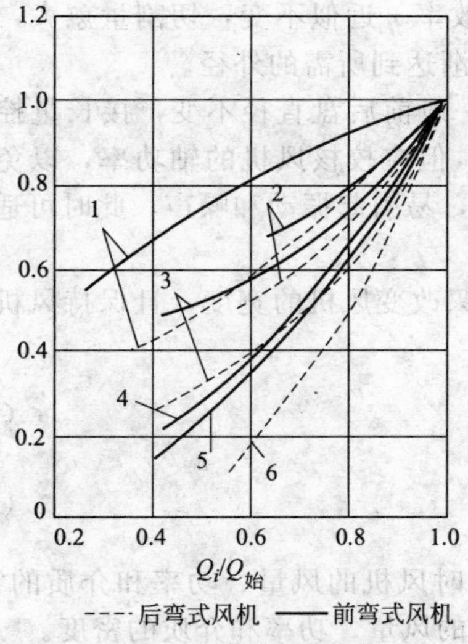

图 4-37　各种调节方法比较

1—节流调节；2—简易导流器调节；
3—轴向流导流器调节；4—液力联轴器调节；
5—转子电路中串联可变电阻调节；
6—理想转速调节（无损失时）

ⅰ. 最经济的方法是变速调节，其经济性与叶片的形状无关。

ⅱ. 调节经济性最差的是节流调节，其次是简易导流器调节，再次是轴向导流器调节，且它们的经济性与风机叶片的形式有关。

ⅲ. 前弯式叶片风机在调节经济性方面优于后弯式叶片的风机。

ⅳ. 调节方法的选择应根据调节的深度而定，当风机负荷变化不大时，采用导流器调节较为合理。对于前弯式叶片风机，当调节深度在70%以内时，轴向导流器的调节经济性并不次于变速调节法；当调节幅度放大时，宜采用变速调节，特别是后弯式叶片风机。当调节深度大时，采用变速调节的经济性尤为明显。

采用何种调节方法，应根据风机的尺寸、制造、投资、维修及运行等实际情况综合后择优而定。

4.1.4.5 离心式风机的节能改造

根据风机的相似原理，当风机的效率不变时，离心式风机的性能与几何尺寸的关系为：

$$\frac{Q_1}{Q_2}=\left(\frac{n_1}{n_2}\right)\left(\frac{D_1}{D_2}\right)^3;\quad \frac{H_1}{H_2}=\left(\frac{n_1}{n_2}\right)^2\left(\frac{D_1}{D_2}\right)^2;\quad \frac{N_1}{N_2}=\left(\frac{n_1}{n_2}\right)^3\left(\frac{D_1}{D_2}\right)^3 \tag{4-25}$$

上式表明改变风机的几何尺寸可以改变风机的运行性能，风机的节能改造应视不同的负荷情况而定。

(1) 恒风量运行的风机改造　一般高炉鼓风、烧结、动力供风或制药工业等所采用的风机其负荷波动较小，如果由于选型不合理致使风机的波动过大，造成运行效率较低，在这种情况下可以采取以下措施。

① 更换转子。当所选择的风机流量过大时，换装小叶轮的转子是既简单又经济的节能方法，由于节约了能源，在很短的时间里便可收回更新转子的投资。

② 切削叶轮的外径。当风机的参数不符合实际运行条件时，可以对风机的叶片进行切削或接长，以适应新的流量要求。当切割量不大时，可以认为叶轮出口的流道截面积变化不大，风机的效率不变或变化很小，切割前后风机的参数关系符合切割定律，即：

$$Q'=Q\frac{D_2'}{D_2} \tag{4-26}$$

$$H'=H\left(\frac{D_2'}{D_2}\right)^2 \tag{4-27}$$

$$N'=N\left(\frac{D_2'}{D_2}\right)^3 \tag{4-28}$$

一般当切割量不大于10%时，风机的出口角β_2及效率η近似不变，切割量愈大，偏差愈大。为了使切割量符合计算要求，可以分次切割，逐渐达到所需的外径。

叶片也可以按原方向接长，保持出口角β_2不变，一般前后盘直径不变，接长量控制在5%以内。叶片接长后，风机的风量与风压都有所提高，但应校核风机的轴功率，以免电动机过载。另外风机叶片接长后机舌与叶轮间的间隙减小，易引起振动和噪声，此时可适当增大间隙，叶轮的切割适用于调节范围不大的场合。

③ 改变风机的宽度（叶片宽度与机壳宽度）。如果只改变风机的宽度，且保持风机的效率不变，风量与风机功率的变化符合下列关系：

$$Q=Q_0\frac{b}{b_0} \tag{4-29}$$

$$N=N_0\frac{\rho}{\rho_0}\frac{b}{b_0} \tag{4-30}$$

式中，Q、N、ρ分别为风机宽度（叶轮宽度）为b时风机的风量、功率和介质的密度；Q_0、N_0、ρ_0分别是风机宽度（叶轮宽度）为b_0时风机的风量、功率和介质的密度。

对于后弯式机翼型离心式风机，效率曲线较陡，平坦区太小，当工况偏离最高效率点时，效率会大幅度下降。如果采用另外的活动后盘，当负荷变化时调节叶轮的宽度，则风机基本上仍能在高效区运行。

④ 改变扩压器的角度。对于多级离心式压缩机，当风量变化而使效率明显下降时，可

以将点焊的扩压器铲掉，重新变换一个角度，风机的效率将会明显得到改善。

(2) 变风量运行的风机节能改造　若风机的负荷变化幅度很大，偏离了设计运行点，使效率较低时，采用变速调节方法其经济性较高，当变速调节有困难时可采用以下方法。

① 进口节流控制。在风机入口管道上安装多叶片的调节门、百叶窗或碟形阀等节流装置，当负荷变化时，自动调节风量，以适应新的负荷要求。由于节流作用，使风机入口处流体压力显著下降，所需轴功率也随之减少，与无节流装置相比一般可降低功率 4%～7%。

② 进、出口导叶控制。在风机的进口处安装可以旋转角度的导叶，当负荷变化时，转动导叶角度，使气流的冲角随流量而变化，流体完全贴着叶片流线型流动，由于在叶片的后端不会出现涡流区，从而减少了流体流动阻力。

改变风机出口导叶角同样可以改善风机的流体力学性能，若两种方法同时使用则效果更好，风量可以在很大范围内变化，而风机的效率降低并不大。图 4-38 表示进、出口导叶改变后风机性能变化的情况。当入口导叶角 α 由 0°～45°，出口导叶角 β 由 0°～30°时，当风机的风量为原设计风量的 80%时，效率只降低了 3.5%，对没有安装导叶的风机则效率下降 14%。

图 4-39 是多级低速离心式鼓风机采用进口节流与单级高速离心式风机带进口导叶控制的轴功率比较，由此可见，入口导叶控制的节能效果优于进口节流控制。

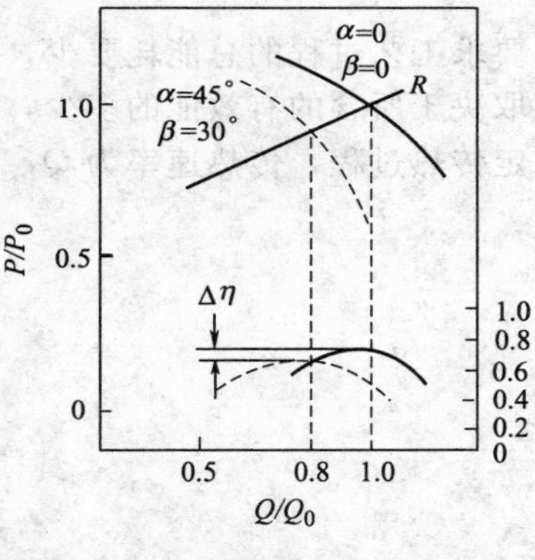

图 4-38　进、出口导叶调节性能

α—入口导叶角；β—出口导叶角

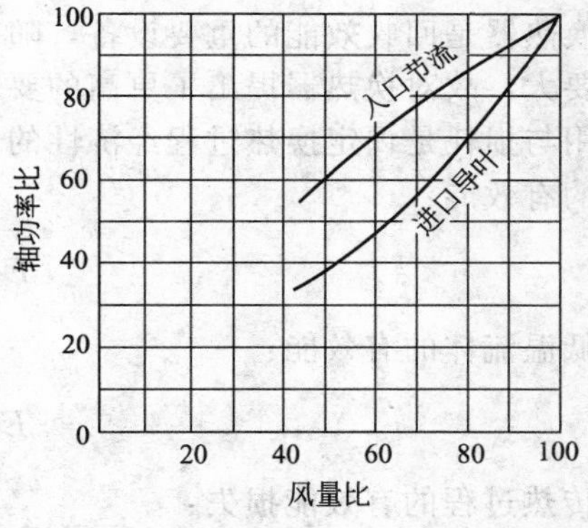

图 4-39　入口节流与进口导叶控制比较

4.2　传热过程及换热设备的节能

化工生产中传热的目的在于：①加热与冷却，使物料达到指定的温度；②控制化学反应过程在一定的温度下进行；③换热，以回收利用热量；④保温，以减少热量损失。

鉴于上述目的，换热设备成为保证化工生产正常运行不可缺少的设备，传热过程也成为化工过程中最常见的单元操作。一般在现代石化企业中，换热设备的投资占总投资的30%～40%；一套常减压蒸馏装置，换热设备的投资占总投资的 20%左右；在化工炼油装置中，换热设备重量占设备总重量的 40%；制冷装置中，蒸发器及冷凝器的重量占整个制冷系统重量的 40%～70%，动力消耗占总消耗的 20%～30%。因此，从投资、金属消耗、动力消耗来看，换热设备在整个工程中占有相当重要的地位。

热能是化工生产中的主要能源，蒸发、蒸馏、干燥等都是大量消耗热能的单元操作。表 4-9 为美国六大工业（冶金、化工、造纸、石油煤炭、食品、建材）不同单元操作的用能情况，表 4-10 中列举了石油炼制、造纸、化学产品三种工业中热能、电能消耗的比例。由表可见，热能消耗在总能量中所占比重很大，因此，在传热过程中如何节约能源，对化工生产具有重要意义。

表 4-9 美国六大工业中不同单元操作用能量

操作名称	用能量/($\times10^{12}$kJ)	电能或热能	操作名称	用能量/($\times10^{12}$kJ)	电能或热能
工艺物料直接加热	7440±1670	主要为热能	干燥	1130±210	热能与电能
压缩	1420±630	电能或机械能	蒸煮、消毒	770±125	热能
精馏	1250±420	热能	原料	2050±210	
电解	1420±210	电能	其他	2920±210	
蒸发	690±125	热能			

表 4-10 三种工业中热能、电能消耗比例

需用能形式	石油炼制	造纸	化学产品
总能量/(kJ/a)	3.2×10^{15}	2.8×10^{15}	3.2×10^{15}
蒸汽用量/%	29	82	41
过程加热用能量/%	64	6	19
电能或机械能/%	7	12	40

4.2.1 传热过程节能的理论基础

4.2.1.1 传热过程的有效能损失

换热器是回收效能的重要设备，随着生产的发展，要求工艺过程的总能耗要少，回收的热能要大，故对换热器提出了更高的要求。能量的价值取决于所含的有效能的多少，有效能的利用与损耗是评定换热过程经济性的重要指标。对稳定传热过程，传热速率为 Q，则高温流体的有效能：

$$E_{Xh}=\left(1-\frac{T_0}{T_h}\right)Q \tag{4-31}$$

低温流体的有效能：

$$E_{Xl}=\left(1-\frac{T_0}{T_l}\right)Q \tag{4-32}$$

传热过程的有效能损失：

$$L_W=E_{Xh}-E_{Xl}=T_0\left(\frac{1}{T_l}-\frac{1}{T_h}\right)Q=\frac{T_0}{T_hT_l}(T_h-T_l)Q \tag{4-33}$$

传热过程的有效能效率为：

$$Q_r=\frac{E_{Xl}}{E_{Xh}}=\frac{T_h(T_l-T_0)}{T_l(T_h-T_0)} \tag{4-34}$$

式(4-34) 表明：

① 传热过程有效能损失愈大，有效能效率就愈低，能量的降级也愈大。例如对于温度为 $T_h=300$℃ 的热流，如环境温度 $T_0=15$℃，当冷流为 $T_1=270$℃（从 250℃ 预热到 290℃）的油品时，有效能损失为 5.6%，换热回收有效能效率为 94.4%；当冷流为 25℃ 空气时，有效能损失达 93.2%，有效能效率仅 6.8%；

② 传热过程的能量损失来自于热温差，温差愈大，损耗功也愈大，因此，对于增大温差来提高传热速率的换热设备，在节能上都存在着潜力；

③ 损耗功与绝对温度成反比，对于深冷工程这点尤为重要；

④ 设备热损失所引起的损耗功不仅取决于散热量，而且与其温度有关，温度越远离常温，损耗功也愈大，在上升中，若 T_l 为 T_0，因为 Q 与 (T_h-T_l) 成正比，因此损耗功正比于 $(T_h-T_l)^2/T_h$，这里反映了保温工作的重要性；

⑤ 随着节能工作的深入，传热温差将减少。传热温差的减少，使管壳式换热器的热应力减小，从而使固定管板式换热器有更大的使用范围。另外传热温差的减少，有利于减轻污垢。但传热温差的减少，必然会降低传热速率，若要改善换热器的经济性，就必须提高总传热系数 K 值。

4.2.1.2　换热器的热能图

换热器的热能图能反映换热过程有效能损失。图 4-40 表示热有效能图，其上半部为物料的 Q-T 图，横坐标表示热量，即焓值，纵坐标为温度，ab 相当于显热，bc 为汽化热，cd 表示蒸汽的显热。图中下半部以 T_0/T 为纵轴，并从上往下计算，图中阴影部分表示有效能。图 4-41 为无相变逆流换热器的热能图，图中阴影区是两流体热交换而引起的有效能损失。

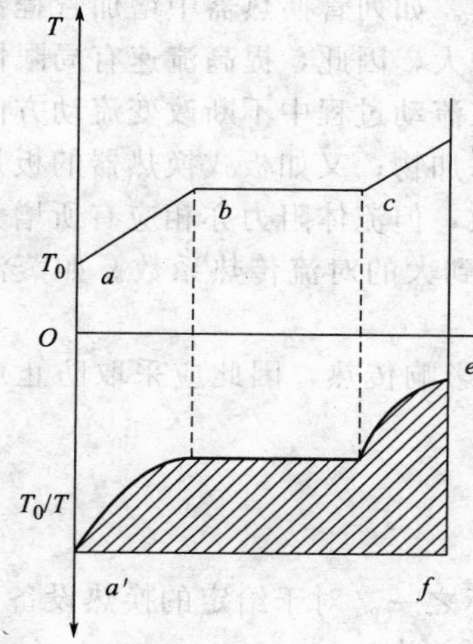

图 4-40　热有效能图

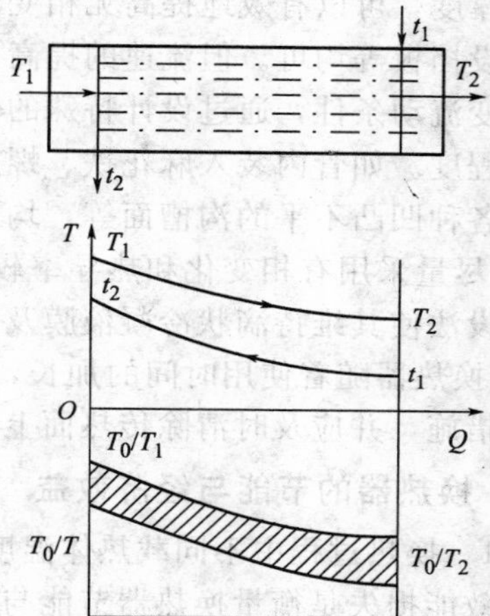

图 4-41　无相变逆流换热器的热能图

4.2.1.3　传热方程与节能

稳定传热过程的换热量可用传热方程表示：

$$Q=KA\Delta t_m \tag{4-35}$$

$$\frac{1}{K}=\frac{1}{\alpha_1}+\frac{\delta}{\lambda}+\frac{1}{\alpha_2} \tag{4-36}$$

式(4-35) 表明要提高单位时间的换热量可以有三种途径，即提高传热系数、增大传热面积、增大传热平均温差。但采用哪种途径，需与其他方面综合考虑，得到节能与经济的合理值。

(1) 传热平均温差　根据热力学有效能的原理，传热过程的有效能损失与冷热流体的温差及冷热流体温度的乘积有关。因此，如要减少能量的损失，须设法减少换热的温差。不同温位下的换热应采用不同的传热温差，高温下换热时温差可以大一些，以减少换热面积；在低温下换热，应采用较小的传热温差，以减少有效能损失。

由于冷、热流体逆流换热较并流换热平均温差大，可减少载热体用量，节省操作费用，且流体间温差均匀，当两种流体均为变温的情况，尽可能采用逆流操作。

提高加热剂的温度或降低冷却剂的温度，可增大温度差，但要合理选择。冷却剂一般多用水，通常根据经验保证传热温度差不小于 10℃ 即可，若考虑操作留有一定的调节余地，出口温度不宜过高。温度不超过 180℃时，加热剂一般用水蒸气加热，如温度再高或受条件限制，可采用其他加热介质。

(2) 传热面积　增加传热面积可使传热量增大，当间壁两侧对流传热系数相差很大时，应设法增加对流传热系数小的那一侧的传热面积，改进传热面结构，尽量提高单位容积内设备的传热面积，如用螺纹管、波纹管代替光滑管，或都采用翅片管换热器等，这样既可增加流体湍动程度，又使设备紧凑，结构、密度、压力和温度合理，但在给定的换热器上想增加传热面积是不现实的。

如果进行换热的两种流体，在工艺上允许直接接触，则应设法增强两种流体间的相互接触，以增大其接触面积，达到节能。如文丘里冷却器、泡沫冷却塔等属此类。

(3) 总传热系数 传热过程是一个复杂的过程，传热的热阻是一串联热阻，所以应首先分析哪一项热阻是该过程的控制性热阻，再设法减小它，从而达到强化过程的效果。根据总传热系数关系式，应从以下几方面考虑。

① 增加湍动程度，以减小层流底层厚度。增加流体速度，增强湍动程度，以减小层流底层的厚度，可以有效地提高无相变流体的对流传热系数。如列管换热器中增加管程数，壳体内加设挡板等均可。但流速的提高，会导致流体阻力增大，因此，提高流速有局限性。

改变流动条件，通过设计特殊的传热壁面，使流体在流动过程中不断改变流动方向，提高湍动程度。如管内装入麻花铁、螺旋圈或金属丝片等添加物；又如板式换热器的板片表面压制成各种凹凸不平的沟槽面等，均可提高对流传热系数，但流体阻力亦相应有所增大。

② 尽量采用有相变化和热导率较大的载热体，可得到大的对流传热系数。如蒸汽冷凝过程，设法使其维持滴状冷凝液膜及时从壁面排除等。

③ 换热器随着使用时间的加长，垢层增厚，会直接影响传热，因此应采取防止或减缓结垢的措施，并应及时清除传热面上的垢层。

4.2.2 换热器的节能与经济效益

4.2.2.1 换热过程中不同载热体温度的损耗功

有效能损失是衡量换热器节能与经济效益的重要指标之一。对于给定的换热设备，其传热面积已定，为满足一定工艺热负荷的要求，所需传热温差为：

$$\Delta t_m=\frac{Q}{KA}=\frac{Wc_p(t_2-t_1)}{KA} \tag{4-37}$$

对逆流换热器：

$$\Delta t_m=\frac{(T_1-t_2)-(T_2-t_1)}{\ln\dfrac{T_1-t_2}{T_2-t_1}} \tag{4-38}$$

对所需的传热温差，由 T_1 可以计算出 T_2 值，但不同的 T_1 与 T_2 值，损耗功并不相同，从节能的观点看，既要满足工艺要求，又应使有效能损失为最小。如某一工艺物料，需从0℃预热到100℃，若按计算需维持50℃的传热温差，这里列举几组不同温度的载热体，其损耗功如表4-11所示。显而易见，选用150℃→50℃的载热体最节能，单位传热速率的损耗功最小。

表 4-11 不同温度载热体的损耗功

t_1 /℃	t_2 /℃	$T_l=\dfrac{t_2-t_1}{\ln\dfrac{t_2}{t_1}}$ /K	T_1 /℃	T_2 /℃	$T_h=\dfrac{T_1-T_2}{\ln\dfrac{T_1}{T_2}}$ /K	Δt_m /℃	T_1-T_2 /℃	热流量(相对值) $\dfrac{Wc_p}{Q}\times100=\dfrac{100}{T_1-T_2}$	损耗功 $\dfrac{L_W}{Q}=T_0\left(\dfrac{1}{T_l}-\dfrac{1}{T_h}\right)$ /(kW/kW)
0	100	321	200	20	375.8	50	180	0.56	0.135
0	100	321	175	31	371.4	50	144	0.69	0.126
0	100	321	150	50	310.8	50	100	1.00	0.125
0	100	321	125	88	379.2	50	37	2.7	0.142
0	100	321	120	100	382.9	50	20	5.00	0.150

4.2.2.2　经济排放温度

对于温度为 T_1 的热流，在换热过程中存在着最经济的适宜排放温度 T_2，因为工艺流体的热量不可能一直回收到环境温度，温度愈低，回收价值愈低，回收热量所需的换热设备就愈大。对于图 4-42 所示的换热过程，假设排放温度为 T_2，则回收的热量为：

$$Q=Wc_p(T_1-T_2) \tag{4-39}$$

若以热力学平均温度计算有效能：

$$E_X=Q\left(1-\frac{T_0}{t_m}\right) \tag{4-40}$$

假设传热温差为 Δ，流体的平均温度为：

$$t_m=\frac{t_2-t_1}{\ln\dfrac{t_2}{t_1}}=\frac{T_1-T_2}{\ln\dfrac{T_1-\Delta}{T_2-\Delta}} \tag{4-41}$$

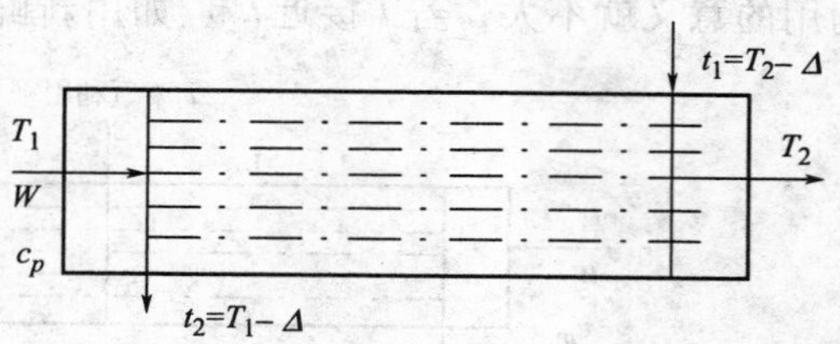

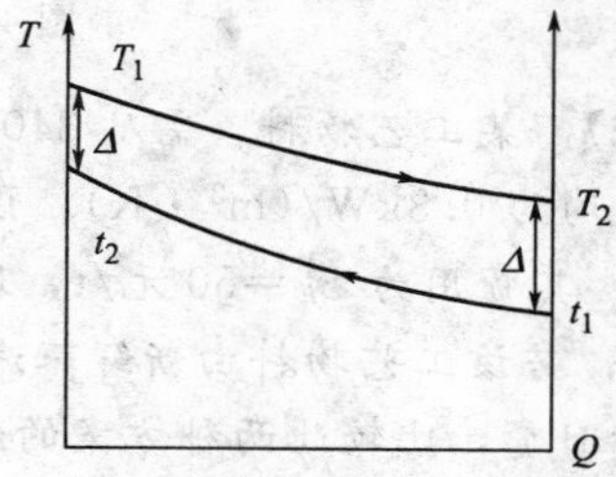

图 4-42　逆流换热器

式(4-40) 的有效能计算可写成：

$$E_X=Q\left[1-\frac{T_0}{T_1-T_2}\ln\frac{T_1-\Delta}{T_2-\Delta}\right] \tag{4-42}$$

单位热容量流率的有效能为：

$$\frac{E_X}{Wc_p}=(T_1-T_2)\left[1-\frac{T_0}{T_1-T_2}\ln\frac{T_1-\Delta}{T_2-\Delta}\right] \tag{4-43}$$

单位热容量流率的传热面积为：

$$\frac{A}{Wc_p}=\frac{T_1-T_2}{K(T-t)_m}=\frac{T_1-T_2}{K\Delta} \tag{4-44}$$

假设余热回收中有效能的单价为 k_1，设备折旧费单价为 k_2，该换热器的净收益为：

$$M=k_1(T_1-T_2)\left[1-\frac{T_0}{T_1-T_2}\ln\frac{T_1-\Delta}{T_2-\Delta}\right]-k_2\,\frac{T_1-T_2}{K\Delta} \tag{4-45}$$

由式(4-45) 推导可得出最适宜的排放温度为：

$$T_2=\frac{T_0}{1-\dfrac{k_2}{k_1K\Delta}}+\Delta \tag{4-46}$$

由式(4-46) 表明：当能量费用 k_1 愈大，设备折旧费用 k_2 愈小，则排放温度 T_2 就愈低，故排放温度应根据具体情况予以综合考虑。

4.2.2.3　换热器的经济衡算

在化工生产中，工艺废气的回收利用是众所关心的问题。图 4-43 中，需要将流率为 W 的冷流从 t_1 预热到 t_2，如果仅用换热器 2，全部用新鲜蒸汽来加热，则费用很高。而采用废蒸汽回收联合方案则可以节省费用，换热器 1 与 2 间的冷流温度 t 将直接影响系统的经济性。当系统总成本最低时可通过成本计算确定 t。即：

$$(T_h-t)(T_l-t)=\frac{S_1}{K\theta}\left(\frac{T_h-T_l}{S_h-S_l}\right) \tag{4-47}$$

式中　S_h——新鲜高压蒸汽的价格，元/kJ；

S_1——废蒸汽的价格，元/kJ；

θ——换热器全年工作时间，h。

由式(4-47) 可以求出最适宜的温度 t，一般 t 在 t_1 与 t_2 之间为适宜，若 t 接近 t_1，废汽利用的意义就不大；若 t 接近 t_2，如用新鲜蒸汽就显得有些浪费。

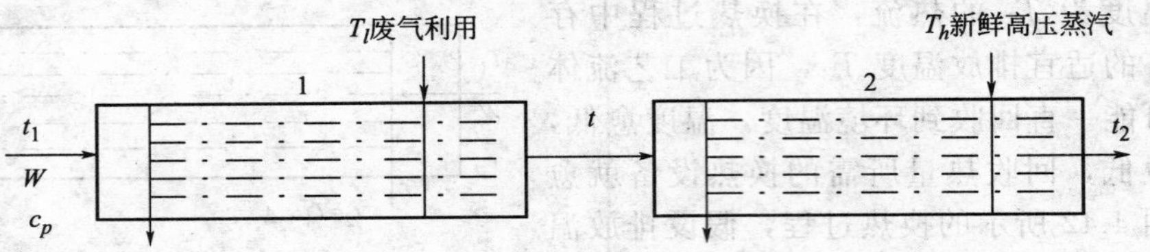

图 4-43　废汽回收利用换热

【例 4-2】 某工艺物料，需从 340K 预热到 395K，全年工作时间为 8000h/年，换热器的总传热系数均为 0.3kW/(m²·K)，设备的折旧费为 $S_f=500$ 元/(m²·年)，高压蒸汽的温度为 440K，其费用为 $S_h=50$ 元/t，现有温度为 380K 的余热蒸汽可利用，此蒸汽的费用为 $S_1=8$ 元/t，若该工艺物料由新鲜蒸汽加热改造成由废热蒸汽、新鲜蒸汽联合预热方案，不考虑设备折旧费，比较此两种方案的经济效益。

解　生蒸汽及废热蒸汽的数据列于下表。

项目	温度/K	汽化热 r		蒸汽费用 S	
		/(kJ/kg)	/(kcal/kg)	/(元/t 蒸汽)	/(元/kJ)
生蒸汽	400	2064	493.0	50	24.22×10^{-6}
废热蒸汽	380	2240	535.0	8	3.5×10^{-5}

上表中蒸汽的费用为：

$$S_h=\frac{50}{1000\times2046}=24.22\times10^{-6}\ (元/kJ)$$

$$S_l=\frac{8}{1000\times2240}=3.5\times10^{-6}\ (元/kJ)$$

① 工艺物料仅由新鲜蒸汽加热方案

消耗生蒸汽费用：

$$D_1^0=S_hTWc_p(t_2-t_1)=24.22\times10^{-6}\times8000\times3600\times55Wc_p=38364Wc_p\ (元/年)$$

所需传热面积为：

$$A_2^0=\frac{Wc_p}{K}\ln\frac{T_h-t_1}{T_h-t_2}=\frac{Wc_p}{0.3}\ln\frac{440-340}{440-395}=2.66Wc_p$$

② 生蒸汽与废热蒸汽联合加热方案

先求出最经济的中间温度 t，根据式(4-47)：

$$(T_h-t)(T_l-t)=\frac{S_f}{KT}\left(\frac{T_h-T_l}{S_h-S_l}\right)=\frac{500}{0.3\times8000\times3600}\left[\frac{440-380}{(24.22-3.53)\times10^{-6}}\right]=167.6$$

解得 $t=377.35$K。

第一台换热器蒸汽费用为：

$$D_1^1=S_lTWc_p(t-t_1)=3.5\times10^{-6}\times8000\times3600Wc_p(377.5-340)=3765Wc_p\ (元/年)$$

换热器传热面积为：

$$A_1=\frac{Wc_p}{K}\ln\frac{T_l-t_1}{T_l-t}=\frac{Wc_p}{0.3}\ln\frac{380-340}{380-377.35}=9.05Wc_p$$

第二台换热器蒸汽费用为：

$$D_1^2=S_hTWc_p(t_2-t)=24.22\times10^{-6}\times8000\times3600Wc_p(395-377.35)=12312Wc_p\ (元/年)$$

换热器传热面积为：

$$A_2=\frac{Wc_p}{K}\ln\frac{T_h-t}{T_h-t_2}=\frac{Wc_p}{0.3}\ln\frac{440-377.35}{440-395}=1.1Wc_p$$

联合方案的蒸汽总费用为：

$$C=(3765+12312)Wc_p=16077Wc_p（元/年）$$

联合方案所需费用同原方案相比为：

$$\frac{16077Wc_p}{38364Wc_p}=0.419=41.9\%$$

4.2.3　传热效率与传热单元数

4.2.3.1　传热效率

对无相变、无热损失的稳定传热过程，若所涉及的温度范围内两流体的比定压热容变化不大，则两流体的传热速率由式(4-48) 计算。

$$Q=G_h c_{ph}(T_1-T_2)=G_c c_{pc}(t_2-t_1) \tag{4-48}$$

式中　G_h，G_c——热、冷两流体的流量；

c_{ph}，c_{pc}——热、冷两流体的比定压热容；

T_1，T_2——热流体的进、出口温度；

t_1，t_2——冷流体的进、出口温度。

两流体间理论上最大可能传热量为

$$Q_{\max}=(Gc_p)_{\max}(T_1-t_1) \tag{4-49}$$

当热容量流率 $G_hc_{ph}<G_cc_{pc}$ 时：

$$Q_{\max}=G_hc_{ph}(T_1-t_1) \tag{4-50}$$

当热容量流率 $G_hc_{ph}>G_cc_{pc}$ 时：

$$Q_{\max}=G_cc_{pc}(T_1-t_1) \tag{4-51}$$

换热器的热效率指实际传热速率与理论上最大可能传热速率之比值，即

当热流体的热容量流率为最小时：

$$\varepsilon_h=\frac{T_1-T_2}{T_1-t_1} \tag{4-52}$$

当冷流体的热容量流率为最小时：

$$\varepsilon_c=\frac{t_2-t_1}{T_1-t_1} \tag{4-53}$$

① 热流体为冷凝蒸汽，此时 $\Delta T=0$，表观热容量 G_hc_{ph} 为无限大，热效率按 ε_c 式计算。

② 冷流体为沸腾蒸汽，此时 $\Delta t=0$，表观热容量 G_cc_{pc} 为无限大，热效率按 ε_h 式计算。

4.2.3.2　传热单元数

在换热器中对于传热面积微元的传热速率可写成：

$$\mathrm{d}Q=G_hc_{ph}\,\mathrm{d}T=G_cc_{pc}\,\mathrm{d}T=K\mathrm{d}A(T-t) \tag{4-54}$$

对面积为 A 的整个换热器，传热单元数 NTU 由下式确定：

$$NTU_h=\int\frac{\mathrm{d}T}{T-t}=\frac{KA}{G_hc_{ph}} \tag{4-55}$$

$$NTU_c=\int\frac{\mathrm{d}t}{T-t}=\frac{KA}{G_cc_{pc}} \tag{4-56}$$

4.2.3.3　传热效率与传热单元数的关系

传热效率与传热单元数间经推导有如下关系。

对逆流操作换热器：

$$\varepsilon_h=\frac{1-\exp[NTU_h(R_h-1)]}{1-R_h\exp[NTU_h(R_h-1)]} \tag{4-57}$$

或

$$\varepsilon_c=\frac{1-\exp[NTU_c(R_c-1)]}{1-R_c\exp[NTU_c(R_c-1)]} \tag{4-58}$$

对并流操作换热器：

$$\varepsilon_h=\frac{1-\exp[-NTU_h(R_h+1)]}{1+R_h} \tag{4-59}$$

或

$$\varepsilon_c=\frac{1-\exp[-NTU_c(R_c+1)]}{1+R_c} \tag{4-60}$$

为了便于工程计算，往往将 ε、NTU 及 R 三者之间的关系绘制成图，如图 4-44 所示。由上述结果，不难看出：

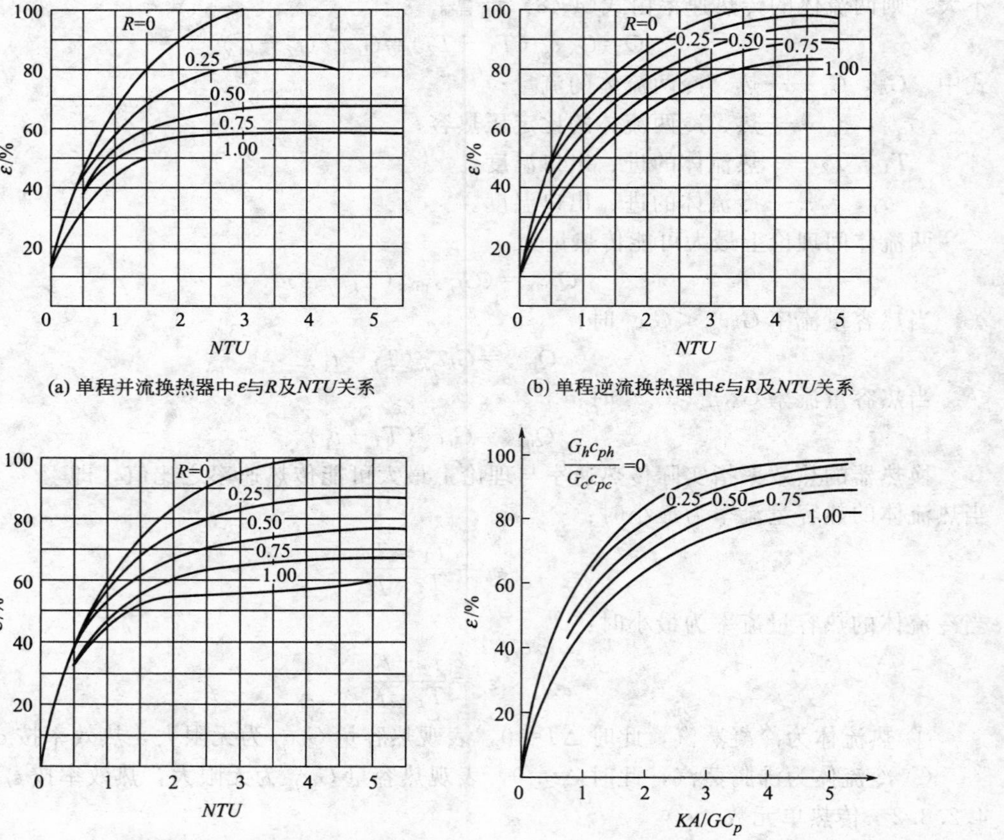

(a) 单程并流换热器中ε与R及NTU关系

(b) 单程逆流换热器中ε与R及NTU关系

(c) 折流换热器中ε与R及NTU关系

(d)

图 4-44 传热效率 ε 与传热单元数 NTU 及热容量流率比 R 之间关系

① 传热效率随传热单元数的增大而增大，即要提高传热效率，就必须增大传热单元数；

② 增大传热面积，可以提高传热单元数，但传热面积增大，设备投资费用就增加，因此余热回收的效率与设备投资应综合考虑；

③ 提高传热系数 K 值是增大传热单元数的重要途径，根据不同情况，采用不同方法强化传热过程，提高传热系数 K，可有效地提高传热效率；

④ 由图可见，传热效率 ε 随着传热单元数 NTU 的增加而增大，但曲线逐渐趋向平坦，当传热单元数增大到一定数值后，传热单元数的增大对传热效率的影响很小，因此传热单元

数应有一适宜的数值，一般传热单元数为 5 较合适；

⑤ 冷流体的出口温度 t_2 越高，传热效率 ε 就越高，回收的热量越大，操作费用也可减少，但 t_2 越高，传热平均温差 Δt_m 越小，传热面积就要增大，设备投资就增大，为此，t_2 不能太高，当然也不能太低，否则，有效能损失大，造成热利用率较低。

4.2.4　强化传热技术

4.2.4.1　强化传热技术简介

传热是一种非常普遍的自然现象，它与生产生活密切相关。但是真正开始研究传热是在工业革命以后。由于工业大生产的出现，使传热问题摆在了人们面前，这就促使人们不断地去研究探索，到 20 世纪初，传热学开始形成自己的理论体系，成为一门独立的学科。

如果说传热学的目的是研究传热速率和温度分布的话，那么强化传热研究的主要任务是改善提高热传递的速率，以达到利用最经济的设备来传递规定的热量，或是用最经济的冷却来保护高温部件安全，或是用最高的热效率来实现能源合理利用。因此，强化传热因其在工业生产和能源利用中的特殊作用而得到不断的发展。

在实际工业生产中，应用强化传热技术最多的便是换热器。换热器在各种工业中不仅是保证工程设备正常运转不可缺少的部件，而且其金属消耗、动力消耗和投资等在整个工程中均占有重要份额，以下数据可以看出换热器或者说强化换热技术在工业中的地位。据统计，热电厂中，如果将锅炉也作为换热设备，则换热器的投资约占整个电厂投资的 70%；动力消耗方面，以车辆为例，车辆冷却系统所消耗的功率要占发动机输出功率的 3%～15%。在一般石油化工企业中，换热器的投资要占全部投资的 40%～50%；在现代石油化工企业中也要占 30%～40%。在制冷机中蒸发器的质量要占总质量的 30%～40%，其动力消耗约占总消耗的 20%～30%；在以氟里昂为制冷剂的现代水冷机组制冷机中，蒸发器和冷凝器的质量约占总质量的 70%。

自 20 世纪 70 年代初中东石油危机爆发以来，以能源为中心的环境、生态和社会经济问题日益加剧，世界各国充分认识到节能的重要意义，能源的合理利用已成为当今世界各国工业如何良性发展的核心问题。随着现代工业的飞速发展，能源紧张的状况愈演愈烈。为缓和能源紧张的状况，世界各国都在寻求新能源及节能的新途径。而要研究如何开发诸如核能、地热、太阳能等新能源，如何高效回收化工、石油等工业生产过程中存在的大量余热并加以充分利用，都离不开综合效率最高、寿命周期费用最经济的换热器。因此，从节能、节材和节约资金角度来说，世界各国都非常重视换热器强化传热的研究。

强化传热技术是指能显著改善传热性能的节能新技术，其主要内容是采用强化传热元件，改进换热器结构，提高传热效率，从而使设备投资和运行费用最低，以达到生产的最优化。早在 18 世纪初就有人提出让风吹过物体表面强化对流传热，但该技术真正引起人们重视是在 20 世纪 60 年代后，由于生产和社会发展的需要，强化传热技术在 50 多年来得到了广泛发展和应用。迄今为止，强化传热技术在动力、核能、制冷、石油、化工乃至国防工业等领域中得到广泛应用，国内外公开发表的论文和研究报告超过 6000 篇，获得了数百项专利，已发展成为成熟的第二代传热技术。由于科学技术的飞速发展和能源的严重短缺，不断向强化传热提出了新的要求。因此，强化传热研究的深度和广度日益扩大并向新的领域渗透和发展，世界各主要工业国都对此进行了大量的研究开发工作。目前，国内外传热界，正在围绕高效节能中的关键科学问题展开研究，力图建立强化传热新理论，并在新理论的指导下，开发第三代传热技术。

4.2.4.2　强化传热对国民经济发展的意义

强化换热器传热过程就是力求使换热器单位时间内、单位面积传递的热量尽可能多。应用强化传热技术的目的是力图以最经济（体积小、质量小、成本低）的换热设备来传递规定的热量，或是用最有效的冷却来保证高温部件的安全运行，这就要求进行合理的设计研究，制造出高效的换热器，使之节省资金、能源、金属消耗和所占的空间。对传统换热器设备研究主要集中在两大方向上，一是开发新的换热器品种，如板翅式、平行流式和振动盘管式等紧凑式换热器；二是对传统的管壳式换热器采用强化措施。具体地说，就是用各种强化型高效传热管（如螺旋槽纹管、横纹管、波纹管、缩放管、翅片管及各种管内插入物等）取代原来的普通金属光滑管，则既可节约金属管材和降低设备费用，又能显著地提高热能利用效率，降低能耗。强化传热新技术的应用，可使上述设备能耗较常规降低 20%以上。可见，换热器的合理设计、运转和改进，对于节省资金、能源、金属和空间十分重要，因此，强化传热对于国民经济的发展具有重要的意义。

首先，国民经济的各工业部门，如石油、化工、动力、冶金、电子、航空与航天、轻工和交通运输等工业中，广泛存在着加热、冷却、蒸馏、供暖等各种传热过程，保证其换热设备能够在高的热效率下安全运行和具有足够长的寿命是至关重要的。以交通运输工业部门的车辆来说，车辆发动机和传动装置获得正常的热状态是它们可靠工作的必要条件。因为车辆发动机工作时，发动机燃烧室内的燃气的最高瞬时温度可达 1600～1800℃，燃气的平均温度也高达 600～800℃。而且，随着车辆对动力要求的提高，车辆发动机的平均有效压力和活塞的平均温度在不断提高，这就伴随着燃气的最高温度和平均温度也相应升高。因此，与燃气接触的气缸盖、活塞、气缸套、气门、喷油器和火花塞等受热件，由于大量吸热而使其温度升高，若不给予适当的冷却与控制，将会产生下述问题：①受热件结构强度迅速下降，以致承受不了正常的负载；②过高温度使润滑油变稀或结胶，破坏了各运动件摩擦副的正常润滑；③过高温度使发动机燃烧室内的充气密度下降，导致发动机功率下降；④破坏了燃烧室内正常的燃烧，如早燃、爆燃等，从而使发动机油耗变坏等。为了避免上述问题的发生，保证发动机及车辆正常可靠地工作，各类车辆都设置了由散热器、油冷却器、风扇和水泵等主要部件所组成的冷却系统，其中散热器、油冷却器等换热设备起着最主要的作用，一方面其传热能力决定了冷却系统能否将车辆受热件的热量及时散走，保证发动机和传动装置在各种不同工况下处于最佳热状态；另一方面，其体积和质量在很大程度上决定了冷却系统的体积及质量，而对于车辆来说，这方面的要求是很严格的，要求冷却系统应有最小的体积、质量和功率消耗，还要求有最低的成本。

此外，从新能源的开发及利用来看，与前面述及的国民经济各部门积极开展节约能源和金属材料消耗的情况一样，同样要求设计、制造出各类高性能的换热设备，以达到有效开发和合理利用新能源。例如，在太阳能的开发利用中，要求各类集热器、接收器效率高而热损失少；在利用海洋表面海水和深层海水的温差（15～20℃）进行发电，以及地热利用等工程中，其热量传递大多是小温差下的传热过程，都要求采取强化传热措施，以提高传热量，减小换热器的体积和质量。

综上所述，研究各种传热过程的强化问题，设计、制造出高效紧凑式换热器，不仅是现代工业发展过程中必须解决的问题，同时也是开展节能和开发新能源的迫切任务。特别是近些年来，世界范围内出现的能源危机，使得能源和材料已成为热力系统总成本更重要的因素。为了节约能源和降低消耗，就需要更多地求助于强化传热技术。因此，研究开发强化传热技术，对于发展国民经济有着十分重要的意义。正是由于上述因素，促使世界各国对强化传热技术进行极为广泛的研究和探索，力图从理论上解释各种强化传热技术的机理，从实验数据中总结出其规律性，以便在工业上加以推广应用。

4.2.4.3 强化传热技术的分类

强化传热技术可以从不同的角度进行分类。从被强化的传热过程来划分，可以分为导热过程的强化、对流换热过程的强化和辐射传热过程的强化三大类。其中涉及面最广、研究最多且在工业上应用最广的是对流换热强化技术。这里主要介绍对流换热过程的强化技术。

对流换热的强化技术按其强化方法是否需要附加动力源来划分，可以分为有源强化技术和无源强化技术两大类。顾名思义，有源强化技术必须依赖外加的机械力或电磁力的帮助；而无源强化技术则除了传送传热流体介质的功率消耗外，不再需要外部附加动力。

4.2.4.3.1 有源强化技术

(1) 电磁场作用 它是利用直流或交流电场或磁场的作用以强化对流传热。其中直流电场对于对流换热的强化作用要比交流电场大得多，尤其对于自然对流换热和低 Re 强制对流换热有显著的强化作用。这种强化传热方法尽管所需的电压很高，但通过介电流体的电流却很小，仅为几个微安，故电能消耗很少。

电磁场作用对于单相介电流体对流换热过程的强化是由于介电流体中的大量电荷运动可显著地改变流体质点的运动规律、加强了流体的混合过程。电磁场尤其是直流电场，对于自然对流换热和强制对流层流换热都有显著的强化作用。试验结果表明，它可使垂直平板的自然对流换热的传热系数提高 1.6～2.4 倍。对于空气的强制层流换热过程的强化，在 $Re\approx 700$ 时，可增大传热系数 4 倍左右。但对于过渡状态和紊流状态下的对流换热，由于此种情况下流体质点本身的扰动就比较大，使得电场强化传热的效果迅速下降。例如空气在管内强制对流换热，当 $Re\geqslant 5000$ 后，电场对换热的强化作用可以忽略不计。

电磁场作用对于池内沸腾换热和凝结换热过程都具有显著的强化效果。池内沸腾换热过程在电磁场作用下，可使气泡成长速度加快和脱离半径减小，从而增大液体的泡状沸腾传热系数和提高从泡状沸腾向膜态沸腾过渡的临界热流密度 q_{cr}，这对于增强低沸点介质的沸腾换热具有非常重要的意义。此外，低沸点介质（氟里昂等）在电子器件冷却、制冷、化工和余热利用中正在日益起着重要作用。但它们的凝结传热系数都不高，又不宜应用通常采用的表面处理强化方法。因此，利用强电场增加其冷凝传热系数更显示出优越性。据文献介绍，强电场作用可使垂直板凝结传热系数增大约 1.2 倍，使 R-113 在垂直管内的凝结传热量增加 100%。

需要指出，尽管电磁场作用这一强化传热方法具有很好的发展前途，但它需要附加设备，故目前尚未被广泛应用。

(2) 静电场法 研究该项技术的文献较少。在液体中加一静电场以强化单相流体的对流换热量是一种有吸引力的强化传热方法。这种方法对气体和液体的自然对流和强制对流都能产生一定的强化传热效应。在静止流体中加上足够强度的静电场后，会促使流体流动，形成一股所谓的电晕风。它在一定条件下能强化单相流体的对流换热。日本 Mizushina 以空气为介质，进行环形通道内电晕风对强制对流影响的试验，分别得到了存在电晕风时的努赛尔数和阻力系数与雷诺数关系曲线及经验公式。采用静电场可使蒸发器的传热系数提高一个数量级，并克服油类介质对泡状沸腾的影响，也能使冷凝液膜产生波状失稳，引起膜层减薄，进而降低热阻，使传热系数增加 2 倍左右。

(3) 传热表面振动 传热表面的振动对传热性能的改善早已被人们所认识，表面的振动加强了流体的扰动，从而使传热得以加强。研究表明，换热面在流体中振动时，根据振动的强度及系统不同，对自然对流可使传热系数提高 30%～2000%，对强制对流可使传热系数增加 20%～400%。尽管换热表面振动强化传热的效果非常显著，但是换热表面的振动通常是采用机械振动或电动机带动的偏心装置来实现的，从而使强化传热的投入远远大于其收益。因此振动强化传热未能得到工业应用。

20 世纪的 60 年代至 70 年代初，国外学者对振动与传热的相互作用进行了广泛讨论。研究结果表明，振动在理论上可以有效地应用到实际换热器的结构之中。振动本身对强化传热的贡献并不亚于任何一种其他的强化传热方式。但是，当人们开始关注怎样将一种电磁激励装置或者一种机械偏心装置安装在换热器的内部和对这种强化传热方法进行经济评价时，结论却是相反的。这不仅是因为人们普遍怀疑在工作环境极为恶劣的换热器内部安装这些机械装置到底能够有效地工作多长时间，而且对其投入与产出的经济评价结果亦未给人们带来乐观的估计。

振动本身对强化传热的作用是明显的，问题是激发振动需要能量。如果这部分能量从外界输入，可能得不偿失。国内有学者研究表明可以利用对流体诱导的振动来强化传热，因为流体诱导振动不消耗外来能量，只是依靠水流本身来激发传热元件的振动，消耗能量很少。尽管流体诱导振动在换热器设计与制造中一直作为一种危害而积极加以防止，但不应该是绝对的。并不是所有的流体诱发的振动都会导致传热元件的损坏，因此也并不是所有的流体诱导振动都不能被有效地利用。关键是要改变传统的换热器结构形式，提出一种新的传热元件，使流体诱导的振动既能够不断进行，又不会导致元件的损坏。利用流体诱导振动强化传热的最大诱惑来自于它能够在提高对流传热系数的同时降低污垢热阻，实现复合强化传热。

(4) 射流冲击强化传热　强制对流传热方式中传热效率最高的方式之一是射流冲击传热。研究表明射流冲击冷却传热系数比通常的管内传热系数要高出几倍甚至 1 个数量级。例如，空气自然对流传热系数 3～10W/(m^2 · K)，水自然对流传热系数 200～1000W/(m^2 · K)，空气强制对流传热系数 20～100W/(m^2 · K)，水强制对流传热系数 1000～15000W/(m^2 · K)，而单相液体的自由表面射流冲击传热系数可达 5000～30000W/(m^2 · K)。

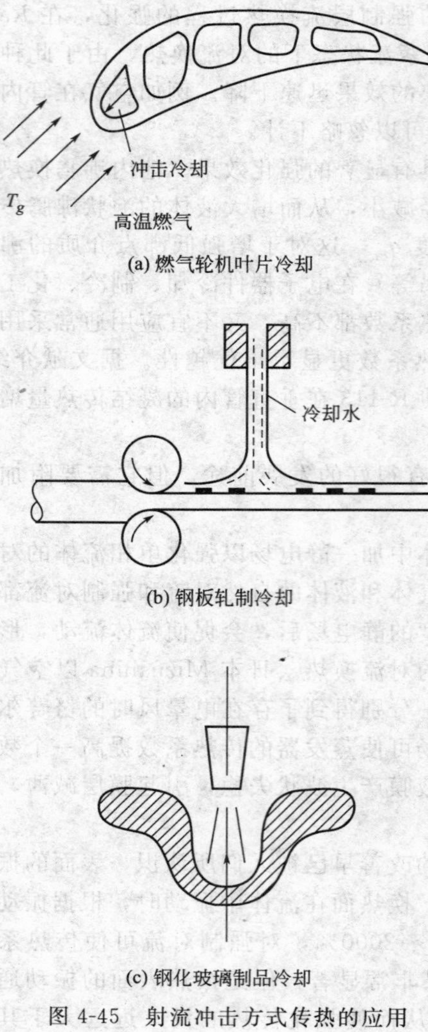

图 4-45　射流冲击方式传热的应用

在射流冲击传热方式中，气体或液体在压差作用下通过一个圆形或狭缝形喷嘴直接（或成一定倾角）喷射到被冷却或加入的表面上，从而使直接受到冲击的区域产生很强的传热效果。这是一种极其有效的强化传热方法，其特点是流体直接冲击需要冷却或加热的表面，流程很短，而且在驻点附近形成很薄的边界层，因而具有极高的传热效率。同时，这种传热方式能够节省大量空间，非常适合应用于局部传热。为此，它得到了越来越广泛的应用。

在一些工业技术和生产领域中，纺织品、纸张、木材等的干燥，玻璃的回火，钢材的冷却及加热，内燃机活塞的油冷以及在食品制造业中的应用等，都普遍地应用了射流冲击的传热技术，射流冲击方式传热的应用见图 4-45。在尖端技术中，射流冲击也是很有效的冷却手段。例如，航空发动机涡轮叶片的冷却、飞机机翼除冰、计算机高热负荷微电子元件的冷却已广泛地采用了冲击冷却技术，在核反应堆的紧急冷却上也常常采用射流冲击技术。

(5) 喷射或吸出　喷射或称喷注，包括通过多孔的换热表面向流动流体喷射气体；或在换热段的上游喷注类似的液体。此方法只用于单相流体的强化传热。

吸出包括在泡状沸腾或膜态沸腾中通过多孔的加热表面除去蒸气；或在单相流体中通过多孔加热表面排出液体。

(6) 机械方法　靠机械方法搅动流体、或传热面旋转、或表面刮动。表面刮动广泛用于化工生产中的黏稠流体，其典型代表为刮面式换热器，广泛用于食品工业。

4.2.4.3.2　无源强化技术

(1) 换热表面粗糙法　在管子表面涂上一层氧化层，采用带环向凸出物的横纹管，或在管壁上缠绕细金属丝等方法都可以增加管壁的粗糙度，换热表面增加粗糙度可以提高流体的湍流程度，从而强化了传热过程。

(2) 应用流体旋转法以强化传热过程　在管内插入纽带、螺旋叶片、螺旋线圈等传热元件，或在管内装置静态混合器，采用螺纹管等，使流体沿壁作螺旋流动，减小壁面处层流边界层的厚度，可以强化传热过程。

(3) 换热表面扩展法　采用各种形状的肋片管，扩展换热面积，可以增大换热量。

(4) 换热表面特殊处理法　换热表面经特殊加工，制成表面多孔换热面，具有高效换热性能，近年来已成为各国传热学者研究的重要课题。特别在沸腾传热中，采用表面多孔换热面可提高沸腾传热系数2～20倍，有的甚至高达50倍，使传热温差比普通换热面可以低得多。目前在海洋发电、普冷、深冷、天然气液化及乙烯分离等设备的蒸发器与重沸器上都有应用，并取得了显著的经济效果，这是一种很有前景的强化技术。

4.2.4.4　强化传热技术的发展方向

由上述分析可知，各种强化传热技术及异型强化管的研究对发展国民经济有着十分重要的意义，进而促使世界各国科技工作者对强化传热技术进行了极为广泛的研究和探讨，研究内容主要集中在以下几个方面。

① 目前的研究方法主要是实验研究法，得到的是强化管的传热与流阻关联式和有关总传热系数 K 的关联式，而且都是针对某一具体结构换热器的实验数据，没有将不同结构、不同性质工作流体的实验数据加以综合整理，故所得到的关联式局限性很大。对螺旋槽管的单相流体传热研究中，工质基本上是水和空气，有必要扩大实验工质的范围，以准确地确定物性的影响。管外顺流与错流流经管束的研究也有待进行；另外，相变传热方面的研究也需进一步深入，以求得通用的设计关联式；应该对多种不同结构参数的强化管和不同形状尺寸及不同间距折流板的强化管式换热器壳侧传热和压降进行实验研究，工作流体包括水、各种油等，将实验数据整理为传热因子和摩擦因子的关联式，使之具有较大的通用性。并从理论上分析强化管槽深、节距、螺旋角等结构参数的最佳匹配。根据这些参数中能够预测出传热性能的优劣。比如，对凹槽较深的强化管，近壁部分流体顺螺旋槽产生的附加旋转流动起主要作用；对凹槽较浅的强化管，流体流经凸肋产生的流层分离对强化传热有决定性的影响，使强化管具有较好的传热与流体动力学综合性能。

② 由于强化传热管中流体对流传热的复杂性，所以强化传热理论仍然是一门实验性很强的学科，目前研究水平大致是对大多数工程问题可以通过试验研究得到认识和解决，对某些问题在理论上有了比较清楚的了解，但完全用实验方法来确定最优结构及其适用范围，人力物力投资太大，甚至难以实现。随着计算流体力学和计算传热学的发展，采用数值模拟的

方法对换热器进行研究，能够预测各种管束支撑物对壳程流场及传热过程的影响，且方法简单、效率高、费用低。因此，对换热器内流体流动和传热过程进行数值模拟研究，将为强化传热技术的结构优化并推动工程应用提供理论依据。

③ 虽然数值计算的模拟得到了较大发展，但对许多机理问题在试验和理论研究方面尚待进一步深入，强化理论体系还不够完善，数值计算方法尚不够成熟。因此，目前有关强化传热管的流体阻力系数和传热准则方程都仍停留在经验或半经验的关联式水平上。故对流体传热的研究可靠性差，因为换热过程与流体流动方式密切相关，在生产实践中人们往往根据生产要求和实践经验确定流体在换热器中的流动方式。考虑到流体介质、热负荷及设备规模等的差异，通常难以比较哪种流动方式更有利于换热。加上强化管技术的应用，因流动状态及通道几何形状的改变，使强化传热的机理更难以全面、系统地阐述清楚。因此，借助先进仪器，如激光测速、全息摄影、红外摄像仪等“可视化技术”，以及数值模拟软件等，才有可能对换热器的流场分布和温度场分布进行比较深入地了解，彻底弄清强化传热的机理，这对于提高理论研究水平和寻求开发新的强化传热途径将是非常重要的。

④ 制定行业设计规范。各种强化传热手段都有一定的适应性，受操作参数、工质等条件的制约，微小的变化都会影响其强化效果，故至今尚未有普遍适用的可供工业设计使用的公式图表。随着设备向超大型和超细微方向的不断发展，有效利用能源以及积极开发新能源工作的日益开展，原有的设计方法已逐渐跟不上生产和科学技术发展的要求，有必要在工程应用的同时，深入这方面的理论研究，结合有关计算机数值模拟软件，探索出一整套普适性的设计方法规范，以便推广应用。

⑤ 从管程来看，尽管各种高效换热管的换热效果比光管提高很多，但是，其加工难度大、成本高，加工设备也比较复杂。因此，改进各种高效换热管的制造技术，或开发结构简单的新型高效换热管，实现高效换热管结构和制造技术的简单化，降低成本，是推广和应用各种高效换热管的前提条件。

⑥ 开发新的换热器品种，如板式、螺旋板式、振动盘管式等紧凑式换热器，其中微尺度换热器是一种在高新技术领域中具有广泛应用前景的前沿性新型超紧凑换热器，有诸多方面值得继续探索。

⑦ 纳米流体研究。纳米流体强化传热技术是近年来热科学领域新兴的一个热点研究课题。研究表明，在液体中添加纳米粒子，可以显著增加液体的热导率和对流传热系数。同时，由于纳米材料的小尺寸效应，其行为接近于液体分子，流动阻力系数并未增大，显示了纳米流体在强化传热领域具有广阔的应用前景。在液体中添加纳米粒子，显著增大液体的热导率的原因之一，是由于固体粒子的热导率远比液体大，固体颗粒的加入改变了基础液体的结构，增强了混合物内部的能量传递过程，使得热导率增大。由于纳米粒子的小尺寸效应，纳米流体中悬浮的纳米粒子受布朗力等力的作用，做无规行走（扩散），布朗扩散、热扩散等现象存在于纳米流体中，纳米粒子的微运动使得粒子与液体间有微对流现象存在，这种微对流增强了粒子与液体间的能量传递过程，增大了纳米流体的热导率。最重要的是，纳米流体中悬浮的纳米粒子在作无规行走的同时，粒子所携带的能量也发生了迁移，同粒子与液体间微对流强化热导率相比，粒子运动所产生的这部分能量迁移大大增强了纳米流体内部能量传递过程，对纳米流体强化热导率的作用更大。

很明显，使用纳米流体作为传热介质，这将是高效换热流体开发方面的重大突破，首先提高了热导率，拥有更高的能量效率，由于换热系数很小的增加都能极大地节约原动力，所以具备更好的性能和更低的运行成本。有些纳米悬浮液还可以降低流阻和摩擦阻力，减少保养和维护。利用纳米悬浮液的优点来设计发动机，可以使发动机在更优化的温度下工作。由于纳米颗粒尺寸很小，纳米颗粒悬浮液可以方便地通过极小的流道，热交换系统可以做得更小、更轻，比如汽车，更小的组件可节省燃料和空间，而减少汽油耗量，将导致尾气排放量的减少，有利于保护环境。此外，在电子和仪器领域，对超高性能制冷的需求与日俱增，传统上使用的增加换热面积以加强传热的方法已无法满足这种需要，而应运而生的纳米流体的应用，提供了解决问题的新思路。另外，纳米流体可提高当前工业高真空和制冷系统的换热能力；在金属加工业中，纳米流体可作为磨床和抛光机器的冷却剂：在太阳能利用系统中，可以降低从太阳能收集器到存储箱间的热交换。

⑧ 场协同效应研究。这是当前研究的热点，目的是研究各种场，如速度场、超重力场、电场等对传热的协同效应，在此基础上开发第三代传热技术。我国在此方面的研究处于世界领先水平。

⑨ 对强化传热技术进行合适的评价。要确定一项强化传热新技术是否先进，必须对其进行评价。对采用强化传热技术的换热器与普通换热器进行评价时，对于表面式换热器（假定管外传热系数远大于管内传热系数），一般遵循以下原则：在换热功率、工质流量与压力损失均相同时，比较两者的换热面积和体积；在换热器体积、工质流量与压力损失相同时，比较两者的换热功率；在换热面积、换热功率与工质流量相同时，比较两者的压力损失。但上述评价方法只考虑了单侧的换热效果，虽有一定参考价值，但不可避免地带有片面性。综合换热评价是在考虑了换热管内外侧换热（即总传热系数）的情况下，综合考虑其换热功率、工质流量、压力损失及换热器体积四方面因素，因而比上述方法更能反映出强化传热的实际综合效果。而进行技术推广应用时，还应考虑采用强化换热技术后管子等价格的增加和运行费用的变化，应用经济核算的方法进行评价。

目前在高效异形强化管强化传热理论研究及新技术、新产品开发方面已进入高层次的探索阶段。要注重开发和研究新型、高效、低廉、易于推广的强化管及强化技术，包括高效换热表面强化、沸腾与冷凝传热的机理。对强化管的研究，在完善数值计算的同时，采用萘升华技术和可视化方法等。应从传热、传质、流体力学及传热介质的物性方面去寻求符合这种传热规律的传热元件，随着理论研究水平的不断深入，先进测试仪器的应用，新型强化异形管将会得到迅速的发展。

高效换热元件是开发高效换热设备的关键，近年来换热设备的传热优化，已不是纯粹地以增加传热面积或增大流速去提高其传热效能，而是通过传热、传质、流体力学及传热介质的物性等的深入综合研究，从而设计出更符合传热规律的传热元件，并已取得了突破性进展和很好的经济效益与社会效益。随着大规模的工业化应用，新的要求必将不断反馈出来，各种强化技术基础研究的深入，对加快这些强化传热与节能技术的工业化应用有重要意义。

4.2.5　传热过程节能的途径

4.2.5.1　改进工艺装置、提高燃料的热利用率

（1）合理利用能源，采用热-电联合系统　蒸汽、电力是化工过程中的两项主要能耗，目前我国化工企业一般都从厂外供电，而本厂自产的中压蒸汽却用减压阀降压后作热源使用，能量利用率很低。近年来在国外化工领域中热-电综合利用系统正得到迅速发展，能量做到综合利用。在化工过程中，工艺热可以通过废热锅炉产生高压蒸汽，或在生产中选用高压锅炉，尽量提高所产生蒸汽的压力，利用高压蒸汽，驱动透平机以产生电能，供作厂内用电，排出的蒸汽（也可根据需要抽出一定压力的蒸汽）再用作工厂的热源。这种综合系统具有显著的节能效果。如在大型合成氨生产中，采用热-电综合系统，每吨氨生产耗电可由2000kW·h降到75kW·h。

化工厂大多自备低压锅炉，热利用率较低，若采用10MPa和4MPa的高压锅炉，或用

6MPa左右的次高压锅炉，附设背压式发电机组以取代低压蒸汽锅炉，使蒸汽得到两次利用，可以增加发电量，每度电的煤耗只有火力发电的一半。

（2）改进工艺，提高热能利用率　蒸发和蒸馏都是耗能很大的化工过程，为了减少蒸发与蒸馏过程的热能消耗，应该尽可能采用多效蒸发与多效蒸馏，以充分利用热量。例如国外碱厂将2～3效蒸发改为3～4效蒸发后，节能效果明显，我国的制碱行业也正在朝这一方向努力，逐步使2效蒸发改为3效或4效蒸发。蒸馏操作也可采用多效蒸馏的流程，即利用一个塔的塔顶蒸汽潜热作为另一个塔塔底再沸器的热源。例如从粗混合二甲苯中脱有机杂质的精馏过程，将原单塔流程改为双塔流程，用高压塔的塔顶蒸汽作为低压塔再沸器的热源，可节约能耗40%左右；在联氨-食盐-水系统，采用三效顺流分离流程，蒸汽的用量仅为单塔的35%；乙醇-水的分离，采用四效平流精馏，蒸汽用量仅为单效的30%。此外，乙二醇-水的分离、丙烷-丙烯的分离、苯-甲苯-二甲苯的分离以及二甲基甲酰胺-水系统的分离，采用多效精馏流程，均能取得显著的节能效果。

4.2.5.2　热量的充分回收利用

（1）最有效地利用工厂中大量低位热能　化工企业中所消耗的总热能80%左右最终以低品位热能形式向环境排放，造成能量的严重流失，因此，有效地利用低品位热能是提高能源利用率的重要途径。特别是当前能源不足的情况下，低品位热能的利用具有十分重要的现实意义。低品位余热利用途径有以下几种类型：①充分利用工厂中的热物流余热来预热物料，例如蒸馏过程可以充分利用塔顶或塔侧线产品的潜热或显热及塔底产品的显热来预热物料，在蒸发中常用加热蒸汽的乏汽预热进料液；②作为干燥过程的热源；③采用蒸汽再压缩技术，提高蒸汽的品位以供作热源。例如在蒸发操作中对于二次蒸汽或末效低位蒸汽，可利用0.7～0.8MPa的工作蒸汽，通过喷射泵提高其压力，供作加热器的热源；蒸馏操作中，同样可将塔顶蒸汽经压缩机压缩后作为再沸器的热源；④作为溴化锂制冷的热源；⑤利用低沸点介质发电。利用异丁烷、戊烷或氟里昂等有机物，在蒸发器中蒸发产生的高压蒸气，驱动透平机发电。废气再进入冷凝器被冷却水冷凝，然后用泵送回蒸发器中循环使用。作用原理如图4-46所示，150℃的低位热源，使异丁烷在蒸发器中80℃下蒸发，所产生蒸汽经透平机组发电后，乏气用25℃水冷凝，则此低品位能转换成电能的效率为6%～8%。

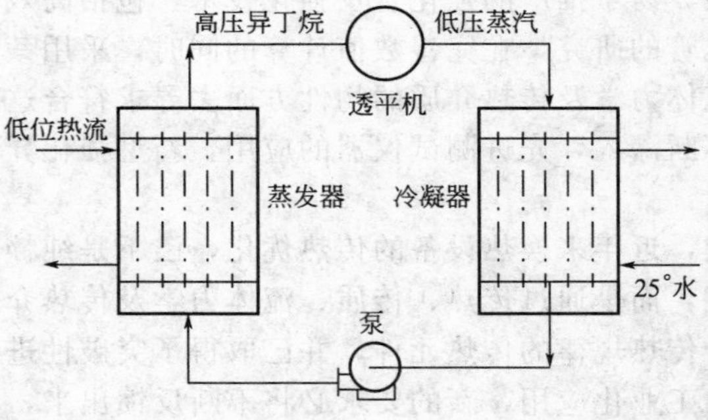

图4-46　低沸点介质

（2）化学反应热的充分利用　在化工生产中，经常会遇到放热化学反应。以甲醇氧化制甲醛为例，反应物甲醛气的温度可达600℃，若用冷却水冷却，无疑在能量上造成很大浪费。若采用余热回收，将反应气体温度从640℃降至240℃，每吨甲醛可副产蒸汽1t，同时还可节约冷却水120t。某溶剂厂在余热回收前用一台80m^2的冷却器冷却甲醛气，每吨甲醛生产耗水120t，消耗蒸汽700～800kg，改革后用一台39.5m^2的螺旋槽管余热锅炉将640℃的甲醛气冷却到240℃，每小时可产生0.5MPa蒸汽1.78t。另外用一台32.7m^2的螺旋槽管冷却器代替原80m^2的冷却器，改革后比原系统节约不锈钢材0.85t，且不再消耗冷却水，每吨甲醛生产还可向外供汽285kg。

4.2.5.3　减少热量传输过程中的热损失

（1）减少设备及管道的热损失　尽量减少设备及管道的热损失对节约能耗有明显效果。

不保温或保温较差的管道将对环境产生很大的散热量，表4-12为不保温的蒸汽管道对空气的散热量。一根1m长裸露的10.16cm蒸汽管道，1h将冷凝2～5kg的蒸汽，每年将多消耗1000～2000kg煤。对冷冻管道及设备也要注意保冷，保冷的绝缘层要保持干燥，避免湿气进入影响保温程度。

表4-12 不保温管道对空气的散热量

蒸汽管道内温度/℃	每米管全年散热量/($\times10^6$kJ)		折合每年损失煤/kg	
	10.16cm	30.48cm	10.16cm	30.48cm
150	31.4	83.7	1070	2860
250	94.2	209.4	3200	7140

（2）降低换热器的传热温差，以减少热有效能损失 传热温差是不可逆传热过程损耗功的重要来源。传热温差愈小，有效能损失就愈小。在蒸发操作中，为了降低能耗，提高热利用率，就必须尽可能增加蒸发器的效数，也就必须降低蒸发器的传热温差。在大型海水淡化多效蒸发装置中当蒸发器的传热温差降到3℃时，生产1t蒸馏水的耗油量降到2～3kg，设油热值为4.18×10^{4}kJ，海水的蒸发温度为100℃，则功能比将达到27～18。

传热温差减小，单位传热面积的传热量就减少，对一定的热负荷，所需传热面积必然增大，这样会使摩擦损耗功增加。要做到既不增加传热面积，又有较小的传热温差，就必须强化传热过程，提高总传热系数。例如在海水淡化工程中，在海水中加入适量的表面活性剂，可使管内沸腾传热系数增加4～6倍，并采用双面纵槽管蒸发器，使总传热系数增加50%～200%，可以使蒸发器的传热温差降低到3℃。

4.2.5.4 减少换热器的压降损失，以降低动力消耗

减少换热器的压降损失可以降低系统的原动力消耗，换热器的压降损失除与它的结构形式有关外，主要取决于流体在换热器内的流速。流速增加，阻力很快上升，但过低的流速会使流体中的杂物沉积，导致管道堵塞。严重的污垢又会影响传热效果，使传热系数下降。因此选择适宜的流速非常重要。表4-13与表4-14为工业上常用流速范围，可供参考。

表4-13 列管换热器内常用流速范围

流体类型	流速/(m/s)	
	管程	壳程
一般液体	0.5～3	0.2～5
易结垢液体	>1	>0.5
气体	5～30	3～15

表4-14 不同黏度液体在列管换热器中最大流速

液体黏度/mPa·s	最大流速/(m/s)	液体黏度/mPa·s	最大流速/(m/s)
>1500	0.6	100～35	1.5
1500～500	0.75	35～1	1.8
500～100	1.1	<1	2.4

4.2.5.5 加强企业管理，杜绝跑、冒、滴、漏

在化工生产中造成能耗过高、浪费较大的主要原因是管理水平较低，对节能无足够的认识，缺乏能量综合利用的制度，也无节能的有力措施，消耗不计量，生产无指标，管理混乱，跑、冒、滴、漏严重。一般化工企业，加强对能源的管理，可以节约能耗7%～20%。具体可采用以下措施：①对能源实行定额管理与综合调配制度，严格控制消耗，做到层层计量，层层回收，不浪费点滴能源；②对能量进行分级综合利用，提高热利用率；③加强岗位

责任制，健全操作管理与设备管理制度，杜绝跑，冒、滴、漏现象发生；④加强对设备及管道的保温管理，改进保温材料，提高保温效果；⑤建立设备维修制度。定期对换热设备进行清洗、检修，去除污垢、杂质；⑥加强对疏水器的维修与管理，疏水器容易失灵，对跑、漏现象严重的疏水器应及时修理与更换。对蒸汽漏损严重的老式疏水器应予以淘汰更换，此外蒸汽冷凝水从疏水器排出后因减压而产生自蒸蒸汽，因此实际上排出的是汽水混合物。如何利用这部分低位热能，在节能中也有一定的现实意义。

4.2.5.6 提高传热系数 K 值

当换热器的传热面积及传热温差固定后，提高传热系数 K 是增大换热器换热量的唯一方法，它是强化传热过程的重要途径. 也是当前研究强化传热的重点。传热系数 K 的计算式可表达为：

$$\frac{1}{K}=\frac{1}{\alpha_1}+R_{S1}+\frac{\delta}{\lambda}+R_{S2}+\frac{1}{\alpha_2} \tag{4-61}$$

式(4-61) 表明：①要增大传热系数 K，就要提高管子两侧的传热系数，尤其是提高传热系数较小的一侧对强化传热的效果更为明显；②管壁的污垢对传热的影响很大，应予以定期清洗与冲刷；③对无相变的传热过程，强化传热的主要方法是设法减薄层流底层的厚度；④对有相变的沸腾传热过程，提高传热系数的主要方法是增加传热面的汽化核心及生成气泡的频率；⑤对蒸汽冷凝传热过程强化传热的方法应从减小冷凝液膜的厚度着手；⑥在流体中加入适量表面活性剂，可以提高传热系数 K，强化传热过程。

4.2.5.7 强化传热过程，采用新型高效的传热元件与传热设备

强化传热过程，采用新型高效的传热元件与传热设备是节约能源的强有力措施，对国民经济发展具有十分重要的意义。强化传热过程的目的为：①减少换热器的传热面积，以减少换热器的质量和体积；②提高现有换热器的换热能力；③使换热器能在较小传热温差下工作。一般管壳式换热器每 $1m^3$ 体积的传热面积约为 $150m^2$，而板式换热器达 $1500m^2$，板翅式换热器高达 $5000m^2$。因此板式及板翅式换热器等在制冷、石油、化工、航空等工业部门已得到广泛的应用。

4.2.6 典型换热设备

4.2.6.1 换热器的分类

化工生产中所用的换热器种类很多，分类方法也不一。可按其用途分类，亦可按热量传递方式分类。按用途可分为加热器、冷却器、蒸发器、再沸器、冷凝器等；按热量传递方式可分为直接接触式换热器、间壁式换热器、蓄热式换热器。

4.2.6.2 间壁式换热器

由于间壁式换热器在化工生产中应用广泛，因此是节能工作的重点，在此介绍的换热设备主要为间壁式换热器。

(1) 列管式换热器　列管式换热器又称管壳式换热器，是目前化工生产中使用最广泛的换热器。它的结构简单、坚固、材料范围广、处理能力大、适应性强、操作弹性较大，尤其在高压、高温和大型装置中使用更为普遍。但其传热效率、设备的紧凑性及单位传热面积的金属消耗量等不如某些新型换热器。

如图 4-47 所示，列管式换热器主要由壳体、管板、管束、管箱（又称端盖）等部件组成。壳体内装有管束，管束两端固定在管板上。冷、热两种流体在列管式换热器内进行换热时，一种流体通过管内，其行程称为管程；另一种流体在管外流动，其行程称为壳程。管束的表面积即为传热面积，流体每通过一次管束或壳体称为一个管程或壳程。

当换热器的传热面积较大时，为提高管程的流体流速，可将管子分成若干组，使流体依

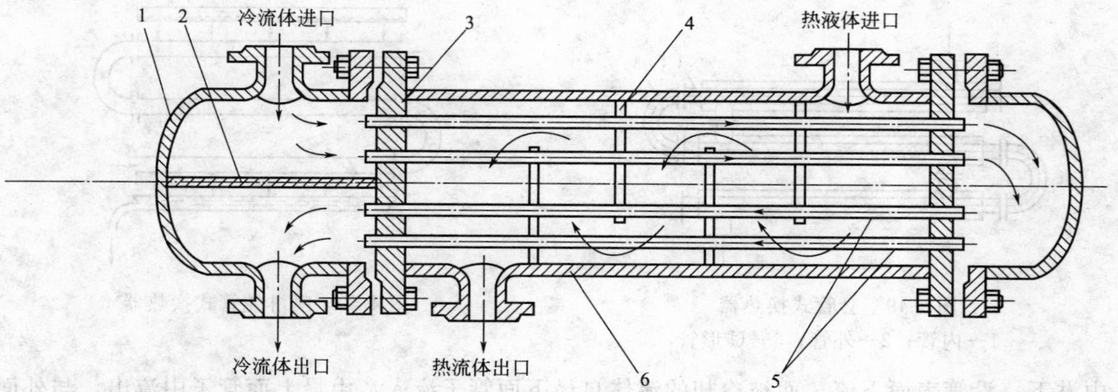

图 4-47　列管式换热器

1—管箱；2—分程挡板；3—管板；4—折流板；5—管束；6—壳体

次通过每组管子往返多次通过，称为多管程。管程数多有利于提高对流传热系数，但能量损失增加，传热温度差减小，故程数不宜过多，以 2 程、4 程、6 程最为多见。

为了提高壳程流体的流速，从而提高壳程流体的对流传热系数，可在壳体内安装横向折流挡板或纵向折流挡板。常用的横向折流挡板多为圆缺形挡板（亦称弓形挡板），也可用盘环形挡板。

列管式换热器工作时，由于壳体和管束受热不同，若两者温差大（50℃以上），就可能引起设备变形，甚至毁坏整个换热器。对此，必须从结构上考虑消除或减少热膨胀的影响。对热膨胀所采用的补偿法有浮头补偿、补偿圈补偿和 U 形管补偿等。

U 形管式和浮头式列管换热器，我国已有系列化标准，可供选用。

(2) 夹套式换热器　如图 4-48 所示，这种换热器结构简单，主要用于反应器的加热或冷却。夹套装在容器外部，在夹套和器壁间形成流体的通道，进行换热。夹套式换热器的传热面积受到限制，内部清洗困难，故一般用不易产生垢层的水蒸气、冷却水等作为载热体。当夹套内通冷却水时，为提高其对流传热系数可在夹套内加设螺旋导流板。

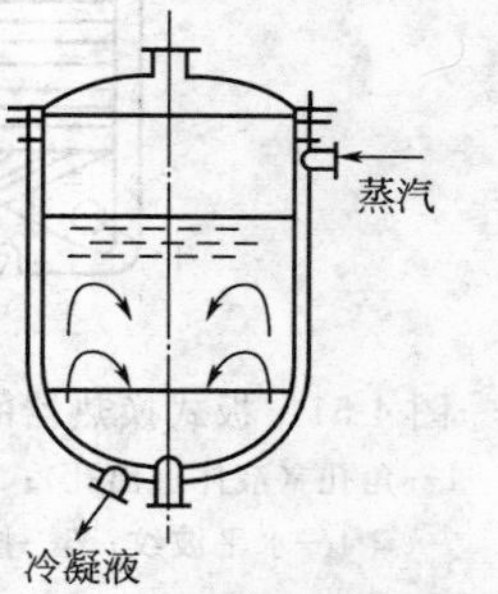

图 4-48　夹套式换热器

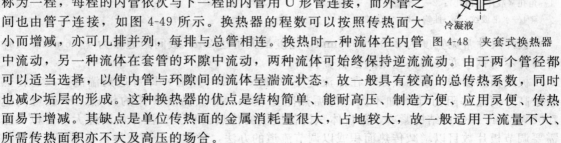

(3) 套管式换热器　将两种直径大小不同的标准管装成同心套管。根据换热要求，可将几段套管连接起来组成换热器。每一段套管称为一程，每程的内管依次与下一程的内管用 U 形管连接，而外管之间也由管子连接，如图 4-49 所示。换热器的程数可以按照传热面大小而增减，亦可几排并列，每排与总管相连。换热时一种流体在内管中流动，另一种流体在套管的环隙中流动，两种流体可始终保持逆流流动。由于两个管径都可以适当选择，以使内管与环隙间的流体呈湍流状态，故一般具有较高的总传热系数，同时也减少垢层的形成。这种换热器的优点是结构简单、能耐高压、制造方便、应用灵便、传热面易于增减。其缺点是单位传热面的金属消耗量很大，占地较大，故一般适用于流量不大、所需传热面积亦不大及高压的场合。

(4) 蛇管式换热器　蛇管式换热器可分为沉浸式和喷淋式两种。

① 沉浸式蛇管换热器。蛇管多以金属管子弯绕而成，或制成适应容器需要的形状，沉浸在容器中进行换热，此种换热器的主要优点是结构简单、便于制造、便于防腐且能承受高压。其主要缺点是管外流体的对流传热系数较小，如增设搅拌装置，则可提高传热效果。

② 喷淋蛇管式换热器。图 4-50 为一喷淋蛇管式冷却器，冷水由最上面管子的喷淋装置

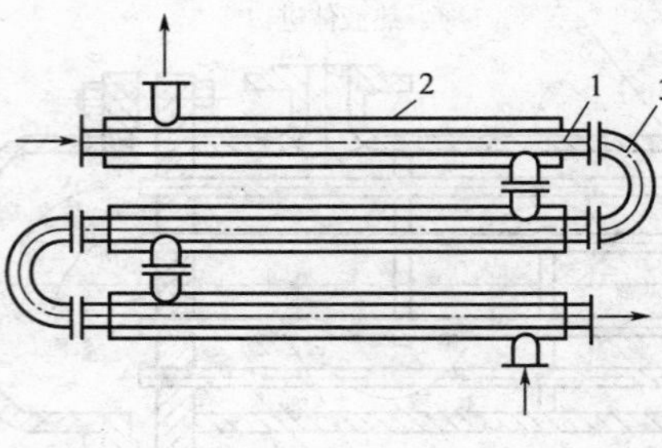

图 4-49 套管式换热器

1—内管；2—外管；3—U 形管

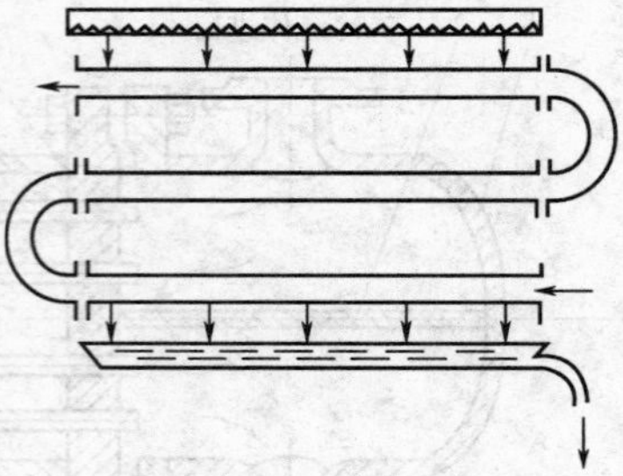
图 4-50 喷淋蛇管式换热器

中淋下，沿管表面下流，而被冷却的流体自最下面管子流入，由最上面管子中流出，与外面的冷流体进行热交换，所以传热效果较沉浸式为好，其缺点是占地较大，水滴溅洒到周围环境，且喷淋不易均匀。

(5) 板式换热器　板式换热器主要由一组长方形的薄金属板平行排列构成。用框架将板片夹紧组装于支架上，如图 4-51、图 4-52 所示。两相邻板片的边缘衬以垫片（橡胶或压缩石棉等）压紧，达到密封的目的。板片四角有圆孔，形成流体的通道。冷、热流体交替地在板片两侧流过，通过板片进行换热，板片通常被压制成各种槽形或波纹形的表面。

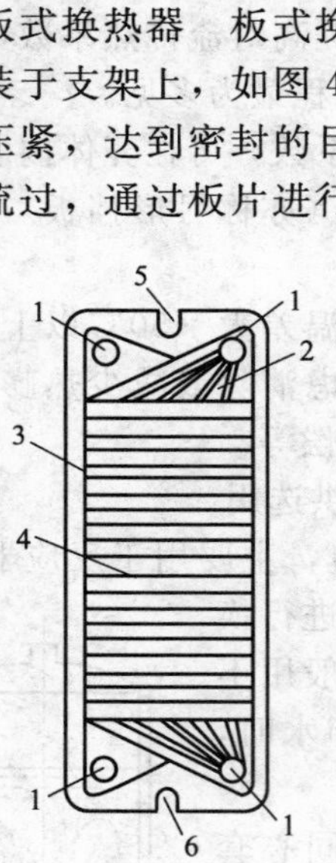

图 4-51 板式换热器的板片（水平波纹板）

1—角孔（液体进出孔）；2—导流槽；3—密封槽；

4—水平波纹；5—挂钩；6—定位缺口

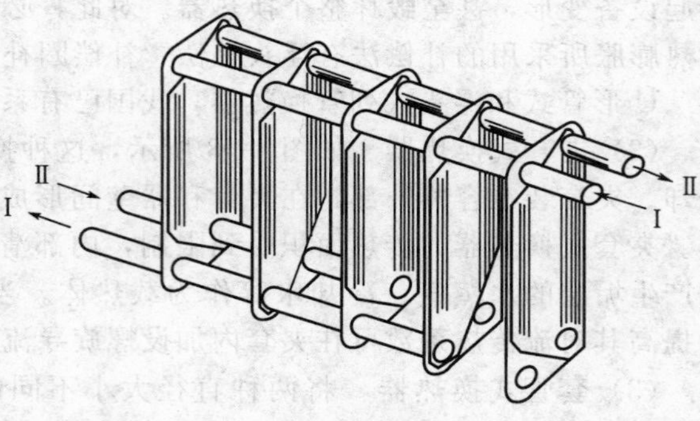

图 4-52 板式换热器流向示意图

板片尺寸常见宽度为 200～1000mm，高度最大可达 2m，板间距通常为 4～6mm。板片材料有不锈钢，亦可用其他耐腐蚀合金材料。

板式换热器的主要优点是：在低流速下（如 $Re=200$ 左右）即可达到湍流，故总传热系数高，而流体阻力却增加不大，污垢热阻亦较小。对低黏度液体的传热，K 值可高达 7000W/(m^2·K)；结构紧凑，单位体积设备提供的传热面积大；操作灵活性大，可以根据需要调节板片数目以增减传热面积或以调节流道的办法，适应冷、热流体量和温度变化的要求。加工制造容易、检修清洗方便、热损失小。

主要缺点是：允许操作压力较低，最高不超过 1960kPa，否则容易渗漏；因受垫片耐热性能的限制，操作温度不能太高。

(6) 板翅式换热器　板翅式换热器是一种轻巧、紧凑、高效的换热器。板翅式换热器的基本结构是由平隔板和各种形式的翅片构成板束组装而成，如图 4-53 所示。在两块平行薄金属板（平隔板）间，夹入波纹状或其他形状的翅片，两边以侧条密封，即组成为一个单元体，各个单元体又采取不同的叠积和适当的排列，并用钎焊固定，再将带有集流出口的集流箱焊接到板束上。板翅式换热器一般用铝合金制造。

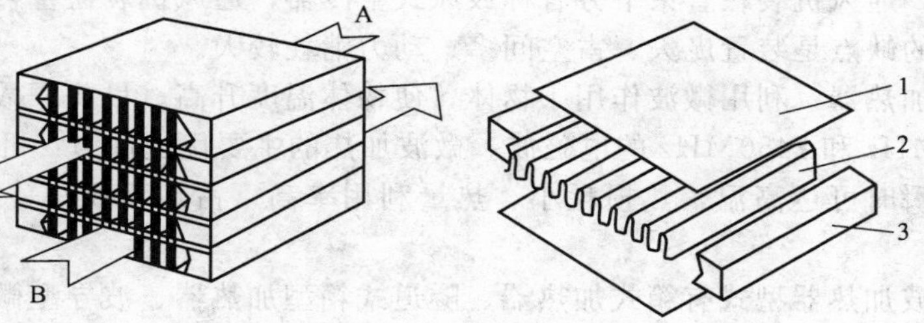

图 4-53　板翅式换热器

1—平板（一次表面）；2—翅片（二次表面）；3—封条

板翅式换热器的总传热系数高，由于各种形状的翅片在不同程度上都对促进湍流和破坏层流边界层起着显著作用，隔板及翅片都是传热面，因此极大地提高了传热效果。

板翅式换热器的优点是轻巧紧凑，传热效率高，操作温度范围较广，可在 0～437.15K 范围内使用，适用于低温或超低温场合。其缺点是流道很小、易堵塞、清洗困难，故要求物料清洁，其制造较复杂，内漏后很难修复，流体阻力亦较大。

(7) 螺旋板式换热器　螺旋板式换热器是由两张互相平行的钢板，卷制成互相隔开的螺旋形流道。两板之间焊有定距柱以维持流道的间距。螺旋板的两端焊有盖板。冷、热流体分别在两流道内流动，通过螺旋板进行热量交换，如图 4-54 所示。

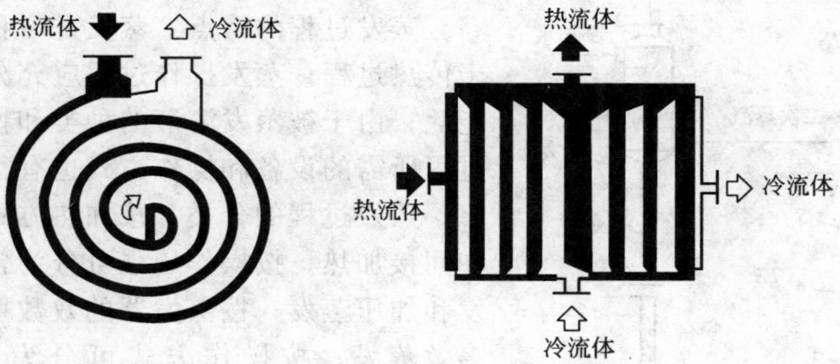

图 4-54　螺旋板式换热器

螺旋板式换热器的主要优点是结构紧凑、单位体积提供的传热面积大、总传热系数较大、传热效率高、不易堵塞。主要缺点是操作压力和温度不能太高、流体阻力较大、不易检修，且对焊接质量要求很高。故一般只能在 1960kPa 以下，操作温度约在 300～400℃ 以下。目前，国内已有系列标准的螺旋板式换热器，采用的材料为碳钢和不锈钢两种。

(8) 空冷式换热器　空冷式换热器（简称空冷器）是由翅片管束、风机和构架组成，如图 4-55 所示。这是一种用空气来冷却管内工艺流体的换热器。它不仅适用于缺水地区，而且不污染

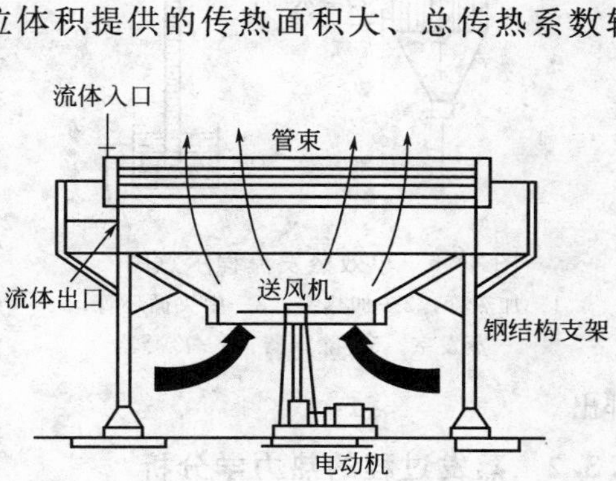

图 4-55　鼓风式空冷换热器

环境水源，所以，应用范围日益扩大。

翅片管束的管材本身多用碳钢管，但翅片多为铝制。翅片可用缠绕、嵌镶或焊接等方法固定在管材上。热流体由物料管线流入各管束中，冷却后汇集于排出管排出，冷空气由轴流式通风机吹入，通风机装在管束下方者称鼓风式空冷器；通风机装在管束上方者称引风式空冷器。空冷器的缺点是装置庞大、占空间多、动力消耗较大。

(9) 微波加热器　利用微波作用于物体，使物体温度升高。目前，微波加热所采用的常用频率为 915MHz 和 2450MHz 的电磁波。微波加热的主要优越性为：可对被加热的物质里外一起加热，瞬时可达高温，热损耗小、热量利用率高，占地面积小，有利于保证产品质量等。

常用的微波加热器型式有箱式加热器、隧道式箱型加热器、波导型微波加热器、表面波加热器和辐射型加热器等。

(10) 远红外加热器　利用远红外辐射器发射出的电磁波直接投射在被加热的物体上，使物体被快速、均匀加热，远红外加热技术有消耗能源少、加热质量好、生产效率高、设备占地小且投资少、见效快等特点，故近几年来已被广泛使用。

4.3 蒸发过程及蒸发器的节能

4.3.1 蒸发过程概述

蒸发操作是将含有不挥发性溶质的稀溶液加热至沸腾，使其中一部分溶剂气化从而获得浓缩的过程。它是化工、轻工、食品、医药等工业中常用的一个单元操作。

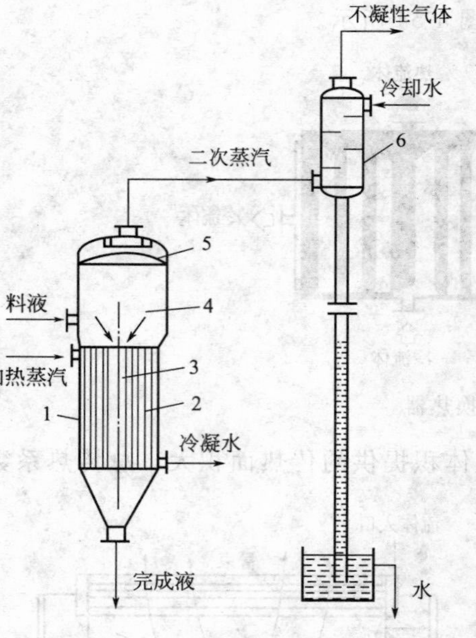

图 4-56　单效蒸发流程示意图

1—加热管；2—加热室；3—中央循环管；4—蒸发室；5—除沫器；6—冷凝器

蒸发过程的特点：蒸发是一种分离过程，归属于传热过程；蒸发操作过程应充分利用能量和降低能耗；由于被蒸发溶液的种类和性质的不同，蒸发过程所需的设备和操作方式也有很大的差异。

蒸发过程的分类：按加热方式可分为直接加热和间接加热；按操作压强可分为常压蒸发、真空蒸发和加压蒸发；按蒸发器的效数可分为单效蒸发和多效蒸发；按操作方式可分为间歇蒸发和连续蒸发。

图 4-56 为单效蒸发流程示意图。蒸发装置包括蒸发器和冷凝器（如用真空蒸发，在冷凝器后应接真空泵）。在蒸发器内用加热蒸汽将水溶液加热，使水沸腾气化。蒸发器下部为加热室，上部为蒸发室，沸腾的气液两相在蒸发室中分离，也称为分离室，蒸发室顶部设有除沫装置以除去二次蒸汽中夹带的液滴。二次蒸汽进入冷凝器冷凝，冷凝水由冷凝器下部经水封排出；不凝气体由冷凝器顶部排出。

4.3.2 蒸发过程的热力学分析

蒸发是浓缩溶液的化工单元操作。工业上用加热至沸腾的方法使溶液中的部分溶剂汽化，使溶液浓缩。蒸发时汽化的溶剂量是较大的，需要吸收大量汽化潜热，因此蒸发过程是大量消耗热能的过程，对这一过程应当从热力学的角度进行分析，不仅从数量上，而且从质量上研究能量的利用和转换，为开展节能奠定基础。

4.3.2.1　蒸发器的热量衡算

如图 4-57 所示，对单效蒸发器进行热量衡算，得到加热蒸汽消耗量的计算式为：

$$D=\frac{Fc_{p0}(t_1-t_0)+Wr'+Q_L}{r} \tag{4-62}$$

式中　D——加热蒸汽消耗量，kg/h；

W——蒸发量，kg/h；

F——进料量，kg/h；

c_{p0}——原料液的比热容，kJ/(kg·℃)

t_1——溶液的沸点，℃；

t_0——原料液的温度，℃；

r'——二次蒸汽的汽化潜热，kJ/kg；

r——加热蒸汽的汽化潜热，kJ/kg；

Q_L——蒸发器的热损失，kJ/h。

由式(4-62) 可见，在蒸发器中加热蒸汽所供给的热量，主要是供给产生二次蒸汽所需的汽化潜热。此外，还要供给使原料液加热至沸点及损失于外界的热量。单效蒸发时，每蒸发 1kg 的水所需的加热蒸汽量约为 1.1kg，在大规模化工生产过程中，每小时蒸发量常达几千甚至几万千克的水，因此加热蒸汽的消耗量是相当大的，这项热量消耗在全厂的能量消耗中常占显著比例，必须考虑如何节约加热蒸汽消耗量的问题。

热力学第一定律表达了能量守恒这一自然规律，由热量衡算虽能得出上述结论，但它在研究能量利用中却有其不足之处，例如不同压力的蒸汽的使用价值大不相同，却不能由热量衡算反映出来。能量的用途完全在于它的可转换性，而转换又不是可随意进行的。当能量转变到再也不能转变的状态时，它的价值也就丧失了，处于环境温度下的热能是完全不具有转换功能的能量。一定形式的能量在一定环境条件下变化到与环境处于平衡时所作出的最大功，称为有效能。最大功就是可逆过程的功。由上可知，热源的温度愈高，或冷源的温度愈低，则其有效能值愈大。而温度等于环境温度的热能，其有效能为零。尽管能量从数量上来说是守恒的，但是能源危机的本质不是能量的数量的减少，而是品味的降级。

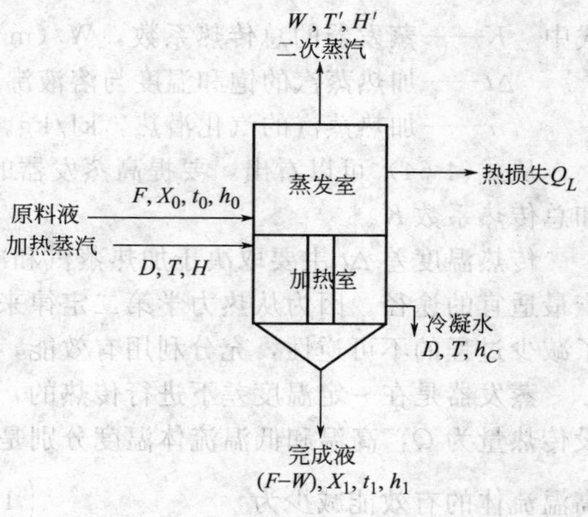

图 4-57　单效蒸发的热量衡算

4.3.2.2　蒸发器的热损失

见图 4-57 在单效蒸发中，加热蒸汽冷凝放出的热量通过热交换表面传给温度比它低的沸腾水溶液，溶液本身蒸发所产生的二次蒸汽直接通入冷凝器冷凝而不再利用，因此单效蒸发器的各项主要热损失可分析如下。

① 蒸发器保温不善而散热于环境中，此项热量损失即式(4-62) 中的 Q_L，要减少此项热损失主要靠加强保温来实现。

② 加热蒸汽冷凝水带走的热量。

③ 完成液带走的热量。

第二和第三项热量可设法加以利用。可以按能量逐级利用的原则，在全厂范围内寻找合理的低位能用户，也可用来预热进入蒸发器的冷的原料液等。加热蒸汽冷凝水和该效完成液这两项热物流带走大量余热，根据前面的分析知道，对于温度较高的热物流，其余热比较容易加以利用；对于温度较低的热物流，利用其低位余热的难度就要大一些。国内氯碱工业的多效顺流蒸发工艺中，开展了利用低位热能替代高位热能的工作，其进料液的加热是依靠各效进料液分段逐级加热的。由于充分利用各效进料液的品位较低的热能"累积"加热进料液，以取代原来加热进料液的生蒸汽，从而节约了生蒸汽用量，收到了节能效果。

④ 二次蒸汽带走的热量。蒸发操作中所加入的热量大部分作为水的汽化潜热，即蒸发操作中所产生的二次蒸汽含有大量的潜热。在单效蒸发器中，二次蒸汽直接通入冷凝器冷凝而不再利用，这部分潜热便白白浪费掉，十分可惜。

二次蒸汽和加热蒸汽本质的区别是能量品位的降级。蒸发操作中消耗高温位的加热蒸汽，虽然操作过程中得到二次蒸汽，但温位较低，即二次蒸汽的温度和压强较加热蒸汽为低。然而此二次蒸汽仍可设法加以利用。利用从二次蒸汽中回收的热量，可以大大提高热能利用的经济程度。

利用二次蒸汽的潜热，最常用的方法是多效蒸发和热泵蒸发，将在后面具体介绍。

4.3.2.3 蒸发器的传热温差

在比较蒸发器的性能时，往往以蒸发器的生产强度作为衡量的标准。蒸发器的生产强度 U[kg/(m^2·h)] 是指单位传热面积上单位时间内所蒸发的水量，即：

$$U=\frac{W}{S} \tag{4-63}$$

同样，若沸点进料，且忽略蒸发器的热损失，在"化工原理"课程中已推导得：

$$U=\frac{K\Delta t}{r} \tag{4-64}$$

式中 K——蒸发器的总传热系数，W/(m^2·℃)；

Δt——加热蒸汽的饱和温度与溶液沸点之差 $(T-t)$，℃；

r——加热蒸汽的汽化潜热，kJ/kg。

从式(4-64) 可以看出，要提高蒸发器的生产强度，必须设法提高蒸发器的传热温差 Δt 和总传热系数 K。

传热温度差 Δt 主要取决于加热蒸汽和冷凝器的内压力。但是提高温度差 Δt 不是强化生产最适宜的途径。因为从热力学第二定律来看，温度差大使传热过程不可逆性程度增大，为了减少过程的不可逆性，充分利用有效能，减少热交换过程中的传热温差是十分必要的。

蒸发器是在一定温度差下进行传热的，只要温度差异存在，此传热过程就是不可逆的。设传热量为 Q，高温和低温流体温度分别是 T_h 和 T_c，环境温度为 T_0，则：

高温流体的有效能减少为 $\left(1-\frac{T_0}{T_h}\right)Q$

低温流体的有效能增加为 $\left(1-\frac{T_0}{T_c}\right)Q$

前者必大于后者，差值即为有效能损失 $E_{X损}$：

$$E_{X损}=\left(1-\frac{T_0}{T_h}\right)Q-\left(1-\frac{T_0}{T_c}\right)Q=\frac{T_0}{T_hT_c}(T_h-T_c)Q \tag{4-65}$$

式(4-65) 表明，传热温差是蒸发过程有效能损失的一个重要来源。有效能损失与温差 (T_h-T_c) 成正比，与温度水平 (T_hT_c) 成反比。可见，温差越大，有效能损失越大，不可逆性越大。

各种各样的不可逆过程，都可导致能量的品位损失，此损失可用有效能损失来量度。即使热能在数量上完全回收，但降级损失最终仍会导致全厂能耗增加。通常所关注的节能，实质上是节约有效能，因为有效能才是有减无增、不断散失的。从这个意义上来说，为了减少过程的不可逆性，充分利用有效能，有必要减少蒸发器中的传热温差。

但是，假设总传热系数不变，那么减少传热温差就必须增大传热面积，因此必须根据经济分析选择最佳温差。当然，还可用强化传热的方法设法提高总传热系数 K，探索适合各种溶液的低温差蒸发器。开发节能新设备，采用高效低耗的蒸发器，是降低能耗的有效措施。

4.3.2.4　蒸发器的传热系数

由上可知，提高蒸发器生产强度的途径，主要是提高总传热系数 K。总传热系数 K 取决于传热壁面两侧的对流传热系数和污垢热阻，前面传热过程已有详细分析，不再赘述。这里只介绍蒸发过程强化传热的新动向，主要从管型的改造和添加表面活性剂两方面加以阐述。

(1) 管型的改造　为了降低蒸发过程的能耗，必须减少蒸发器中所需的传热温差，而要减少传热温差则必须设法强化有相变过程的沸腾和冷凝传热。近二三十年来，随着石油和化学工艺的发展，在乙烯分离、天然气液化、海水淡化及深冷等工业中都要求探索新型高效的蒸发器和冷凝器，特别要求在低温差（$\Delta t=2\sim3$℃）下仍具备较高的传热系数，以实现低能耗的目的。

近年来国内外对管式蒸发器管型的改造都做了很多的研究工作，下面简单介绍比较有成效的几种类型的管子，这几种管子都可以使管内外的沸腾或冷凝传热系数显著增加，从而强化了沸腾或冷凝过程。

① 内外纵槽管。这种内外开槽管在美国已用于海水淡化的竖管多效蒸发器中，总传热系数比光管提高 1～3 倍，节约了热能，降低了淡水的生产成本。

② 纵槽管。在冷凝侧的管子表面开有纵槽，能使膜状冷凝传热系数显著增加，从而强化了冷凝过程。这是因为一般光滑管用于蒸汽冷凝时，随着上端凝液向下流动，液膜厚度自上而下逐渐增加，使传热系数下降，针对这一缺点，提出了开纵槽管的结构，它能将冷凝液从冷凝面及时排除，使传热面上的液膜减薄，使管子从上到下热阻都很小，冷凝传热系数较之光滑管可大为提高，纵槽管适用于低温差下的冷凝传热，主要用于有机物蒸汽的冷凝，如烷烃类、氟冷冻剂等。在用于异丁烷冷凝时，有效温差 Δt 可降低 1.3～3.0℃，冷凝传热系数可提高 4～6 倍。但是这种管子只能用于立式冷凝器而不能用于卧式冷凝器，也不能用于易结垢的物料。

在管内外安装纵向翘片或挂几条直线，其强化传热的机理也与纵槽管类似，但其加工制造不如纵槽管方便，所以未能大规模应用于生产。

③ 表面多孔管。为了提高在低温差下的沸腾液体传热系数，试制成功了表面多孔管，即在普通金属管内表面或外表面上加上一薄层多孔金属，多孔层一般为 0.25～0.38mm 厚，孔隙率为 65%左右，孔径为 0.01～0.1mm。多孔管利用表面张力的作用，使多孔金属表面上保持着一层极薄液体，它们与金属加工表面有良好接触，在薄层液体中间，形成大量小直径气泡空间。由于液层很薄，大大减少了沸腾传热所需温度差，使沸腾液体传热系数比一般光管提高 10 倍以上，强化效果十分显著。

关于这种多孔管的制造，据报道，美国是用金属粉末烧结法；德国采用将一定粒度的金属粉末喷镀在管表面上的喷镀法；我国采用机械加工的方法，也制成了多孔管。

强化传热管对易结垢、结晶、高黏性或非牛顿型流体一般情况下都不适用，如主要热阻在管内，也可采用某种管内插入物，如纽带（麻花片）、螺旋线、螺旋片等来强化传热。

（2）添加表面活性剂　蒸发操作另一值得注意的动向是添加表面活性剂来减少流体阻力与强化传热。它在加入量很少时即能大大降低溶剂表面张力或液-液界面张力，改变体系的界面状态。表面活性剂的种类很多，国外市场上的表面活性剂品种牌号多达上万种。表面活性剂一般分为阴离子型、阳离子型、两性离子型、非离子型等类型。在海水中加入5～15mg/L的Neodol 25-3-A或Neodol 25-35表面活性剂，在外径为0.0508m、高3.048m的铝-黄铜材质的内外纵槽管中蒸发，蒸发温度为98.9℃，与未加表面活性剂时对比，传热系数由6813.6W/(m^2·K）升至14763W/(m^2·K)，压降由10.46kPa减至2.49kPa。

表面活性剂降低了相界面之间的张力，从而具有润湿、乳化、渗透、分散、柔软、平滑等性能。表面活性剂在蒸发中强化传热的作用可解释为：一方面它加强了传热壁面的润湿，避免产生干点，使整个壁面都能有效地进行传热；另一方面它能在气液两相流体间起润滑的作用，使紧靠壁面的一层液膜更加减薄，在管内形成泡沫状的环形流动，从而减少了热阻和流体在管内流动的阻力。

加入适当的表面活性剂后，由于管内沸腾传热系数增加，可采用较小的有效温差来完成蒸发任务；另一优点是它可使沸腾侧的加热面不生成垢层，保持清洁。原因是由于加热面覆盖了一薄层表面活性剂，而它具有抗再黏附的作用，可阻止污垢黏附在壁面上。

表面活性剂可以从最末一效排出的卤水中回收，只需将空气鼓泡通入卤水中，活性剂便成为泡沫浮在水面上，用这方法可以回收95%～97%的表面活性剂。通空气鼓泡也能使卤水中Cu、Fe、Ni的氧化物部分沉淀下来，使卤水可无害地排至海洋。

4.3.3　蒸发器及其选用

4.3.3.1　蒸发器的分类

蒸发器基本可分为循环型与非循环型（单程型）两大类。

4.3.3.1.1　循环型蒸发器

（1）中央循环管式蒸发器　中央循环管式蒸发器又称为标准式蒸发器，是应用较广的一种蒸发器。如图4-58所示，其下部加热室相当于垂直安装的固定管板式加热器，但其中心管径远大于其余管子的直径，称为中央循环管，其余的加热管称为沸腾管。中央循环管的截面积约为沸腾管总截面积的40%～100%，此处溶液的气化程度低，气液混合物的密度要比沸腾管内大得多，形成了分离室中的溶液由中央循环管中下降、从各沸腾管上升的自然循环流动。其优点是结构简单、制造方便、操作可靠、投资费用较小；其缺点是溶液的循环速度较低（一般在0.5m/s以下）、传热系数较低、清洗和维修不够方便。

（2）悬筐式蒸发器　把加热室作成如图4-59所示的悬筐悬挂在蒸发器壳体下部，加热蒸汽由中间引入，仍在管外冷凝，而溶液在加热室外壁与壳体内壁形成的环形通道内下降，并沿沸腾管上升。环形通道的总截面积约为沸腾管总截面积的100%～150%，溶液的循环速度可提高至1～1.5m/s。由于加热室可以从蒸发器顶部取出，清洗、检修和更换方便；由于溶液的循环速度较高，使传热系数得以提高；蒸发器的壳体与温度较低的循环液体相接触，因此其热损失也比标准式要小。其缺点是结构较为复杂，单位传热面积的金属耗量较大。这种蒸发器适用于易结垢或有结晶析出的溶液的蒸发。

（3）外热式蒸发器　该蒸发器的加热装置置于蒸发室的外侧，其优点是：便于清洗和更换；即可降低蒸发器的总高，又可采用较长的加热管束；循环管不受蒸汽加热，两侧管中流体密度差增加，使溶液的循环速度加大（可达1.5m/s），有利于提高传热系数。这种蒸发器的缺点是单位传热面积的金属耗量大，热损失也较大。

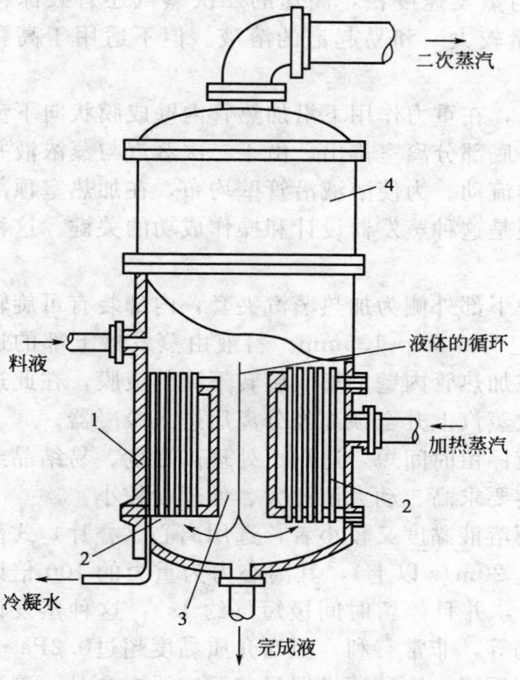

图 4-58　中央循环管式蒸发器

1—外壳；2—加热室；3—中央循环管；4—蒸发室

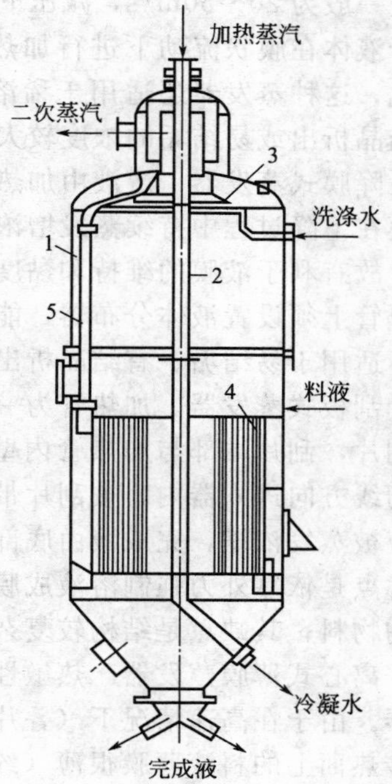

图 4-59　悬筐式蒸发器

1—外壳；2—加热蒸发管；3—除沫器；4—加热管；5—液沫回流管

(4) 列文式蒸发器　列文式蒸发器在加热室的上方增设了一段沸腾室，这样加热室中的溶液受到这一段附加的静压强的作用，使溶液的沸点升高而不在加热管中沸腾，待溶液上升到沸腾室时压强降低，溶液才开始沸腾气化，这就避免了结晶在加热室析出，垢层也不易形成。其缺点是：设备较庞大，单位传热面积的金属耗量大，需要较高的厂房；加热管较长，由液柱静压强引起的温差损失大，必须保持较高的温差才能保证较高的循环速度，故加热蒸汽的压强也要相应提高。

(5) 强制循环蒸发器　此种蒸发器在循环管下部设置一个循环泵，通过外加机械能迫使溶液以较高的速度（一般可达 1.5～5.0m/s）沿一定的方向循环流动。但是这类蒸发器的动力消耗大，每平方米传热面积消耗功率约为 0.4～0.8kW。这种蒸发器宜于处理高黏度、易结垢或有结晶析出的溶液。

由上可知，循环型蒸发器的共同特点是：溶液必须多次循环通过加热管才能达到要求的蒸发量，故在设备内存液量较多，液体停留时间长，器内溶液浓度变化不大且接近出口液浓度，减少了有效温差，不利于热敏性物料的蒸发。

4.3.3.1.2　非循环型（单程型）蒸发器

这类蒸发器的基本特点是：溶液通过加热管一次即达到所要求的浓度。在加热管中液体多呈膜状流动，故又称膜式蒸发器，因而可以克服循环型蒸发器的本质缺点，并适用于热敏性物料的蒸发，但其设计与操作要求较高。

(1) 升膜式蒸发器　加热室由垂直长管组成，其长径比为 100～150。料液经预热后由蒸发器底部进入，在加热管内迅速强烈汽化，生成的蒸汽带动料液沿管壁成膜上升，在上升过程中继续蒸发，进入分离室后，完成液与二次蒸汽进行分离。常压下加热管出口处的二次蒸汽速度一般为 20～50m/s，减压下可达 100～160m/s 以上。

由于液体在膜状流动下进行加热，故传热与蒸发速度快，高速的二次蒸汽还有破沫作用，因此，这种蒸发器还适用于稀溶液（蒸发量较大）和易起泡的溶液。但不适用于高黏度、有结晶析出或易结垢的浓度较大的溶液。

（2）降膜式蒸发器　溶液由加热室顶部加入，在重力作用下沿加热管内壁成膜状向下流动，液膜在下降过程中持续蒸发增浓，完成液由底部分离室排出。由于二次蒸汽与蒸浓液并流而下，故有利于液膜的维持和黏度较高流体的流动。为使溶液沿管壁均布，在加热室顶部每根加热管上须设置液体分布器，能否均匀成膜是这种蒸发器设计和操作成功的关键。这种蒸发器不适用于易结垢、有结晶析出的溶液。

（3）刮板式蒸发器　加热管为一粗圆管，中下部外侧为加热蒸汽夹套，内部装有可旋转的搅拌刮片，刮片端部与加热管内壁的间隙固定为 0.75～1.5mm。料液由蒸发器上部的进料口沿切线方向进入器内，被刮片带动旋转，在加热管内壁上形成旋转下降的液膜，在此过程中溶液被蒸发浓缩，完成液由底部排出，二次蒸汽上升至顶部经分离后进入冷凝器。

其优点是依靠外力强制溶液成膜下流，溶液停留时间短，适用于处理高黏度、易结晶或易结垢的物料；其缺点是结构较复杂、制造安装要求高、动力消耗大、处理量较小。

（4）离心式薄膜蒸发器　热敏性要求极高而溶液黏度又较小者，选用离心（叠片）式薄膜蒸发器。由于在高速情况下（叠片周边速率达 20m/s 以上），其离心力为重力的 100 倍以上，在传热面上的料液薄膜很薄（约为 0.1mm），并且停留时间极短（约 1s），这种蒸发设备对于处理极为热敏的物质，如浓缩果汁、牛奶等，非常有利。但当介质黏度超过0.2Pa·s 以上时，由于薄膜移动不充分，传热效果会急剧下降。这种蒸发器目前已广泛在食品、制药等工业上应用。

4.3.3.2　蒸发器的选用

蒸发器的结构形式很多，选用时应结合具体的蒸发任务，如被蒸发溶液的性质、处理量、蒸浓程度等工艺要求，选择适宜的形式。例如对热敏性料液，要求较低的蒸发温度，并尽量缩短溶液在蒸发器内的停留时间，以选择膜式蒸发器为宜；对于处理量不大的高黏度、有结晶析出或易结垢的溶液，则可选择刮板式蒸发器。如果在选型时有几种形式的蒸发器均能适应溶液的性质和蒸发要求，则应进一步作经济比较来确定更合适的形式。一般，在各种液膜式蒸发器中，造价最贵的是离心（叠片）式薄膜蒸发器，其次是刮板式，升膜式和降膜式则价廉。

4.3.4　蒸发过程节能的途径

蒸发是大量消耗热能的过程，蒸发操作的热源通常为水蒸气，而蒸发的物料多为水溶液，蒸发时产生的也是水蒸气，蒸发操作是高温位的蒸汽向低温位转化，其既需要加热又需要冷却（冷凝）。较低温位的二次蒸汽的利用率在很大程度上决定了蒸发操作的经济性，温度较高的冷凝液和完成液的余热，也应设法利用。下面介绍蒸发过程的主要节能途径。

（1）多效蒸发　蒸发过程中，若将加热蒸汽通入一蒸发器，则溶液受热沸腾所产生的二次蒸汽的压力和温度必比原加热蒸汽低。若将该二次蒸汽当作加热蒸汽，引入另一个蒸发器，只要后者的蒸发室压力和溶液沸点均较原来蒸发器低，则引入的二次蒸汽仍能起到加热作用。此时第二个蒸发器的加热室便是第一个蒸发器的冷凝器，此即为多效蒸发的原理。将多个蒸发器这样连接起来一同操作，即组成一个多效蒸发系统。

多效蒸发提高了加热蒸汽的利用率，即经济性。表 4-15 列出了不同效数的单位蒸汽消耗量。从表中可以看出，随着效数的增加，单位蒸汽消耗量（D/W）减少，因此所能节省的加热蒸汽费用越多，但效数越多，设备费用也相应增加。而且，随着效数的增加，虽然

D/W 不断减少，但所节省的蒸汽消耗量也越来越少，例如，由单效增至双效，可节省的生蒸汽量约为 50%，而由四效增至五效，可节省蒸汽量约为 10%。同时，随着效数的增多，生产能力和强度也不断降低。由以上分析可知，最佳效数要通过经济权衡决定，而单位生产能力的总费用为最低时的效数为最佳效数。目前工业生产中使用的多效蒸发装置一般都是 2～3效。近年来为了节约热能，蒸发设计中有适当地增加效数的趋势，但应注意效数是有限制的。

表 4-15　不同效数的单位蒸汽消耗量

效数		单效	双效	三效	四效	五效
D/W	实际值	1.0	0.5	0.33	0.25	0.20
	理论值	1.1	0.57	0.40	0.30	0.27

（2）额外蒸汽的引出　在多效蒸发操作中，有时可将二次蒸汽引出一部分作为其他加热设备的热源，这部分蒸汽称为额外蒸汽，其流程如图 4-60 所示。这种操作可使得整个系统总的能耗下降，使加热蒸汽的经济性进一步提高。同时，由于进入冷凝器的二次蒸汽量减少，也降低了冷凝器的热负荷。其节能原理说明如下。

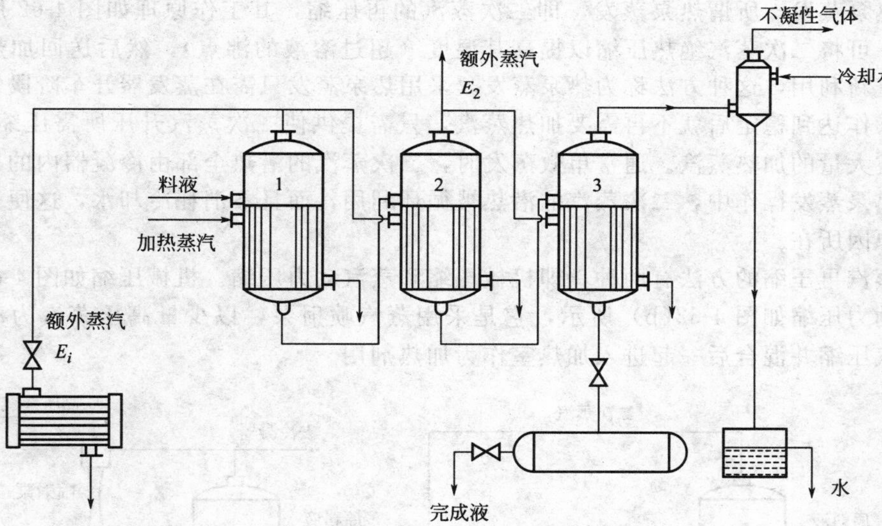

图 4-60　引出额外蒸汽的蒸发流程

若要在某一效（第 i 效）中引入数量为 E_i 的额外蒸汽，在相同的蒸发任务下，必须要向第一效多提供一部分加热蒸汽。如果加热蒸汽的补加量与额外蒸汽引出量相等，则额外蒸汽的引出并无经济效益。但是，从第 i 效引出的额外蒸汽量实际上在前几效已被反复作为加热蒸汽利用。因此，补加蒸汽量必小于引出蒸汽量，从总体上看，加热蒸汽的利用率得到提高。只要二次蒸汽的温度能够满足其他加热设备的需要，引出额外蒸汽的效数越往后移，引出等量的额外蒸汽所需补加的加热蒸汽量就越少，蒸汽的利用率越高。引出额外蒸汽是提高蒸汽总利用率的有效节能措施，目前该方法已在一些企业（如制糖厂）中得到广泛利用。

（3）冷凝水显热的利用　蒸发过程中，每一个蒸发器的加热室都会排出大量的冷凝水，如果直接排放，会浪费大量的热能。为充分利用这些冷凝水的热能，可将其用来预热原料液或加热其他物料；也可以通过减压闪蒸的方法，产生部分蒸汽再利用其潜热；有时还可根据生产需要，将其作为其他工艺用水。冷凝水的闪蒸或称蒸发，是将温度较高的液体减压使其处于过热状态，从而利用自身的热量使其蒸发的操作，如图 4-61 所示。将上一效的冷凝水通过闪蒸减压至下一效加热室的压力，其中部分冷凝水将闪蒸成蒸汽，将它和上一效的二次蒸汽一起作为下一效的加热蒸汽，这样提高了蒸汽的经济性。

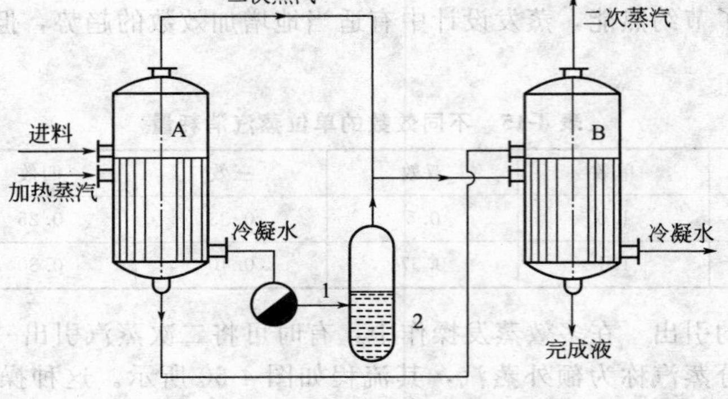

图 4-61 冷凝水的闪蒸

A、B—蒸发器；1—冷凝水排出器；2—冷凝水闪蒸器

(4) 热泵蒸发 所谓热泵蒸发，即二次蒸汽的再压缩，其工作原理如图 4-62 所示，单效蒸发时，可将二次蒸汽绝热压缩以提高其温度（超过溶液的沸点），然后送回加热室作为加热蒸汽重新利用，这种方法称为热泵蒸发。采用热泵蒸发只需在蒸发器开车阶段供应加热蒸汽，当操作达到稳定后就不再需要加热蒸汽，只需提供使二次蒸汽升压所需压缩机动力，因而可节省大量的加热蒸汽。通常单效蒸发时，二次蒸汽的潜热全部由冷凝器内的冷却水带走，而在热泵蒸发操作中，二次蒸汽的潜热被循环利用，而且不消耗冷却水，这便是热泵蒸发节能的原因所在。

二次蒸汽再压缩的方法有两种，即机械压缩和蒸汽动力压缩。机械压缩如图 4-62(a) 所示，蒸汽动力压缩如图 4-62(b) 所示，它是采用蒸汽喷射泵，以少量高压蒸汽为动力将部分二次蒸汽压缩并混合后一起进入加热室作为加热剂用。

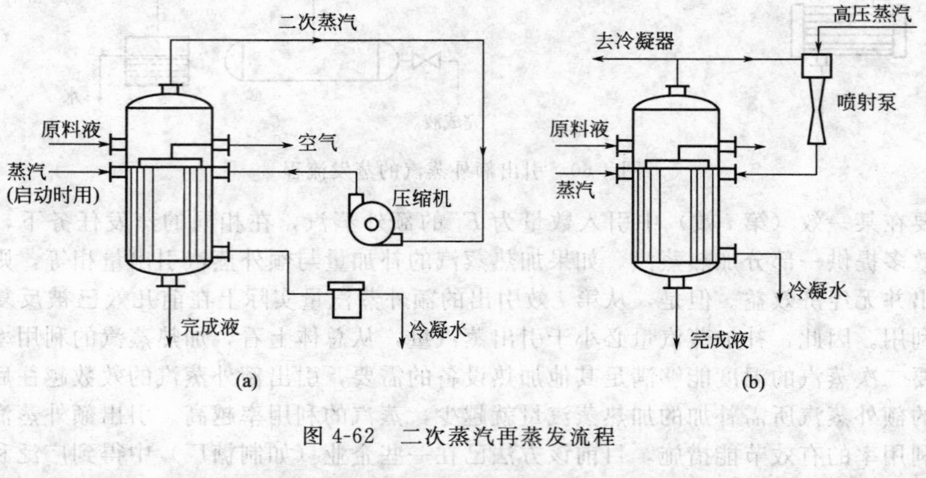

图 4-62 二次蒸汽再蒸发流程

实践证明，设计合理的蒸汽再压缩蒸发器的能量利用率相当于 3～5 效的多效蒸发装置。其节能效果与加热室和蒸发室的温度差有关，也即和压力有关。如果温度差较大而引起压缩比过大，其经济性将大大降低。故热泵蒸发不适合于沸点升高较大的溶液蒸发。其原因是当溶液沸点升高较大时，为了保证蒸发器有一定的传热推动力，要求压缩后二次蒸汽的压力更

高，压缩比增大，这在经济上是不合理的。此外，压缩机投资费用大，并且需要经常进行维修和保养。鉴于这些不足，热泵蒸发在生产中应用有一定程度的限制。

（5）多级多效闪蒸　利用闪蒸的原理，现已开发出一种新的、经济性和多效蒸发相当的闪蒸方法，其流程如图 4-63 所示。稀溶液经加热器加热至一定温度后进入减压的闪蒸室，闪蒸出部分水而溶液被浓缩；闪蒸产生的蒸汽用来预热进加热器的稀溶液以回收其热量，本身变为冷凝液后排出。由于闪蒸时放出的热量较小（上述流程一般只能蒸发进料中百分之几的水），为增加闪蒸的热量，常使大部分浓缩后的溶液进行再循环，其循环量往往为进料量的几倍到几十倍。闪蒸为一绝热过程，闪蒸增大预热时的传热温度差，常采用使上述减压过程逐级进行的方法，即为实际生产中的再循环多级闪蒸。考虑到再循环时，闪蒸室通过的全部是高浓度溶液，沸点上升较大，故仿照多效蒸发，使溶液以不同浓度在多个闪蒸室（或相应称为不同的效）中分别进行循环。

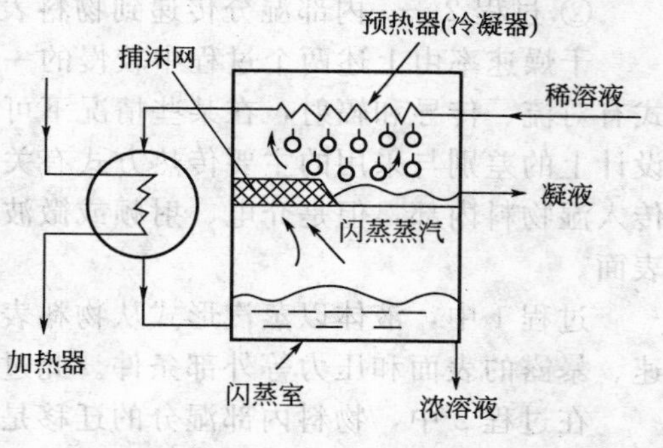

图 4-63　闪蒸流程示意图

多级闪蒸可以利用低压蒸汽作为热源，设备简单紧凑，不需要高大的厂房，其最大的优点是蒸发过程在闪蒸室中进行，解决了物料在加热管管壁结垢的问题，其经济性也较高，因而近年来应用渐广。它的主要缺点是动力消耗较大，需要较大的传热面积，也不适用于沸点上升较大物料的蒸发。

（6）渗透蒸发膜分离技术　所谓渗透蒸发膜分离过程，是指膜的一侧是混合液体，经过选择性渗透进入透过侧发生汽化，由于真空泵减压不断把蒸汽抽出，经过冷凝从而达到了分离的目的。因为一般膜分离没有相的变化，它是利用物质透过膜的速度差而实现的，因而是一种省能的分离技术。渗透蒸发分离技术由于过程简单、选择性高、省能量，而且设备价格低廉，越来越受到重视。

4.4　干燥过程及干燥设备的节能

干燥操作是化工、轻工、食品、医药及农副产品深加工等国民经济的几十个行业和数以万计品种物料生产过程的一个重要环节。它直接影响产品的性能、质量和成本，备受人们的关注。

干燥目的是从湿物料中去除湿分。工业上最常遇到的湿分是水，为了保证干燥操作的顺利进行，有以下两个条件必须同时满足：

① 湿分在物料表面的蒸汽压必须大于干燥介质（通常是空气）中湿分的蒸汽压；

② 湿分汽化时必须不断地供给热量。

故干燥过程是一个能耗极大的单元操作。工业发达国家干燥操作消耗能量占全国总能耗 18%～20%，我国近期统计干燥操作耗能约占全国总能耗 10%，由于我国对干燥器的设计、选型和操作不当，较普遍地存在着能源浪费的现象。一般来说，不同类型干燥器，其单位能耗是不同的，同类干燥器国内的单位能耗往往较国外大，因此如何改善干燥过程、节省能耗是个重要任务。

4.4.1　干燥过程概述

干燥通常是指将热量加于湿物料并排除挥发性湿分（大多数情况下是水），而获得一定湿含量固体产品的过程。湿分以松散的化学结合形式或以液态溶液态存在于固体中，或积集在固体的毛细微结构中。这种液体的蒸汽压低于纯液体的蒸汽压，称之为结合水分；而游离在表面的湿分则称为非结合水分。当湿物料热力干燥时，以下两种过程相继发生。

① 过程 1——能量（大多数是热量）从周围环境传递至物料表面使其表面湿分蒸发；

② 过程 2——内部湿分传递到物料表面，随之由前述过程而蒸发。

干燥速率由上述两个过程中较慢的一个速率控制。从周围环境将热能传递到湿物料的方式有对流、传导和辐射，在某些情况下可能是这些传热方式联合作用，工业干燥器在形式和设计上的差别与采用的主要传热方式有关。在大多数情况下，热量先传到湿物料的表面然后传入湿物料内部，但是介电、射频或微波干燥时供应的能量在物料内部产生热量然后传至外表面。

过程 1 中，液体以蒸汽形式从物料表面排除，此过程的速率取决于温度、湿度和空气流速、暴露的表面和压力等外部条件。此过程称为外部条件控制过程，也称恒速干燥过程。

在过程 2 中，物料内部湿分的迁移是物料性质、浊度和湿含量的函数。此过程称内部条件控制过程，也称降速干燥过程。整个干燥循环中两个过程相继发生，并先后控制干燥速率。

4.4.2 干燥过程的能源

干燥操作所用的能源主要为热源。根据干燥物料的特性、干燥过程蒸发物的性质、干燥目的、干燥方式及经济性等，可采用各种能源。干燥热源所用的燃料可分为气体燃料、液体燃料和固体燃料。气体燃料及液体燃料，一般可直接燃烧得到高温而又比较洁净的干燥介质直接作为干燥过程的热源，但这种能源的价格较贵，一般不作为首选热源，只有在要求高温干燥介质时使用。

由固体燃料煤燃烧得到的烟气，其洁净度很差，一般只能作为间接热源去加热空气，再把热空气作为干燥介质，常用热风炉等烟气-空气换热设备来实现这一过程。而将煤作为蒸汽锅炉的热源，用锅炉蒸汽在翅片换热器中加热空气，这在干燥过程中最为常见。

随着热管换热器的开发，也有用锅炉或其他装置排放的废气作为热管的热源来加热空气，再用热管换热器得到的热空气作为干燥介质。

红外线干燥和远红外干燥的热源，可选用电热式辐射器，也可以选用非电热式辐射器。对于不用电作为热源的辐射器，其主要热源是可燃性气体燃烧、烟道气、蒸汽加热、熔爆混合物（$NaNO_2$ 40%、$NaNO_3$ 7%）及有机载体（含联苯、联苯四醚）等。

如果采用高频干燥和微波干燥，其能源是电。当用水蒸气在翅片式换热器中加热空气，其干燥介质温度尚不能满足干燥过程要求，而又无法利用气体或液体燃料的，可以利用电加热使干燥介质达到要求的温度。

太阳能被认为是“免费”的能源，但在干燥过程中的应用，要受地理条件的限制。

所谓生物能源是指农产品的残渣，即正常农产品系统中的副产品，这种能源在农场中最便宜、最易得到。

用过热蒸汽代替热空气作为干燥介质，能使干燥过程的传热速率提高很大，但产品温度较高。

4.4.3 正确选择影响干燥过程的因素

影响干燥过程的主要因素有干燥介质空气的进口温度 t_1、出口温度 t_2、相对湿度 φ_2 以及干燥时间等，它们对于节约能源、提高经济效益十分重要。

(1) 正确选择空气进口温度 t_1　干燥介质空气在干燥器内的热效率 η_0 为空气在干燥器

内释放的热量 q_c 与空气在干燥过程中所获得的热量 q_0 之比值：

$$\eta_0=\frac{q_c}{q_0}\times 100\%=\frac{L(1.01+1.88H_0)(t_1-t_2)}{L(1.01+1.88H_0)(t_1-t_0)}\times 100\%=\frac{t_1-t_2}{t_1-t_0}\times 100\% \tag{4-66}$$

由上式可见，空气的进口温度越高，可以用的温差越大。但干燥时所容许的空气温度 t_1 与被干燥物料的性质有关。因为空气的温度直接影响到物料的温度，若超过限度可能使物料发生变性分解破坏物质结构等，如温度过高会使谷物失去生殖力，木材、布匹失去坚固性，某些物料丧失可塑性，而且某些物料在高温干燥时由于表面的强烈气化，表面会形成一层干皮，影响内部汽化的进行，降低干燥速率。生产实践也表明，即使对同一种物料，空气的允许温度数值也不一样，因为对于同一物料其干燥还与干燥器的构造、空气速率、物块的形状和大小、操作过程的范围有关。如在动态情况下干燥液体食品如牛奶、鸡蛋等将温度保持在120～150℃还不致损害成品的质量，但将这些产品置于铁盒内静止干燥，空气温度就不应超过 60～65℃。另外，在很多场合下，物料的干燥与搅拌程度有关，例如种子的干燥在高于60℃时就失去了发芽的性质，但在搅拌的干燥器中可于 80～100℃下干燥，而在转筒干燥器中可于 200～250℃下干燥不致损害它的性质；如煤的干燥在竖式干燥器中，干燥介质温度不超过 175～200℃，但在转筒干燥器中，并流时可于气体温度 800℃条件下进行干燥。这些数据表明在选择空气进口温度 t_1 时，必须从实际情况出发选择最高的空气入口温度，提高干燥热效率，以节约能源。

（2）废空气饱和程度φ_2 的选择　提高出口空气的饱和度，但不能超过 $\varphi=100\%$，可使空气量和热量消耗都减少，有利于节约能源。但是，应同时考虑升高φ_2 必会使空气中的水蒸气分压增高，使干燥强度降低。湿物料干燥时，φ_2 较低过程的平均推动力与φ_2 较高时的平均干燥推动力有很大的差异，亦即φ_2 低的推动力比φ_2 高的推动力大，为了在高的φ_2 下仍保持干燥器同样的生产能力，需增加干燥器的尺寸和容积，导致设备投资增大。最佳的φ_2 值只能由燃料费用和干燥器价值的技术经济核算来确定。但在干燥有结合水的物料时，φ_2 的选择还与平衡湿含量以及其他因素有关，如果物料的干燥温度和湿含量（t_2，H_2）确定时，则最终φ_2 在 I-H 图上也是确定的，故再要提高和选择最合适的φ_2 值就不可能了。

（3）废空气出口温度 t_2 的选择　进入干燥器的热量，一部分转移到物料中，一部分通过器壁损失，还有一部分被废气带走。其中，以废气带走的热为散失的主要方面。如果操作条件已定，减少废气的热焓到最小，那么干燥器热消耗也将是最小。

在实践中常要求废气离开干燥器的温度 t_2 至少比它的露点高 10℃，以防止在细粒子补集系统中结露。表 4-16 为空气、水蒸气混合物在高于露点 10℃时的焓值。

表 4-16　空气、水蒸气混合物在高于露点 10℃时的焓值

空气的干球温度/℃	20	30	40	50	60	70	80	90	100
焓值/(kJ/kg)	5600	4560	4000	3600	3320	3120	2900	2870	2750

这里每千克水的焓值是每千克水蒸气本身的热焓和与之结合的空气的热焓之和。当温度上升时，每千克水的热焓线性增加，但是与之结合的空气的热焓成指数的降低，100℃下的湿空气具有 90℃的露点，其每千克水的热焓为 2870kJ，与露点为 40℃的空气每千克的热焓3600kJ 形成鲜明的对照。对于具有相同生产能力的干燥器来说，按后者条件设计将比前者多 25%的热量。从这个意义上讲，提高废气的温度是利于节能的。但是反过来看，废气的温度越高，细粒子补集系统中的热损失速率越大，因此，进行干燥器设计时，必须使废气的速率、湿含量和温度相互关联成最佳值。

(4) 干燥时间的确定　干燥时间是对于一定的体系（湿物料和干燥介质），在一定的初始条件（物料湿度 X_1、温度 θ_1、介质的温度 T、湿含量 H_1）和操作情况（如并流或逆流，L/G_C）下达到预定干燥要求（X_2），固体物料在干燥器内必要的停留时间。干燥时间确定后，就能选定干燥器的形式、容积和尺寸。干燥时间虽然可通过物料衡算、热量衡算和传热与传质速率计算予以确定，但是影响干燥时间的因素很多，简述如下。

① 物料的本质。物料的性质、结构以及水和物料的结合形式：结合水分、非结合水分、吸附水分还是溶胀水分。

② 物料的形状。粒子大小、料层厚度、切割形状等。干燥时间随单位容积物料的表面积增大而减少。

③ 物料的最初、最终及临界湿含量，决定了恒速干燥段与降速干燥段的时间长短。在精细化工生产过程中，为了节能，通常在物料干燥前先采用压榨、过滤或离心分离等较经济的机械方法，尽量除去湿物料中的大部分水分，以减少干燥时间。例如，对喷雾干燥，若先将 $Al(OH)_3$ 料液含水量由 80%降低到 70%，再进行喷雾干燥，则干燥效率可提高 6%。

④ 干燥介质与湿物料接触方式不同，如图 4-64 所示，图（a）为气流掠过物料层表面，图（b）为气流穿过物料层，图（c）为物料颗粒悬浮于气流中，其中图（c）接触最佳，不仅有利于传热和传质，而且单位质量物料的干燥面积也最大，与图（a）接触方式相比，干燥时间可减少 5～10 倍。

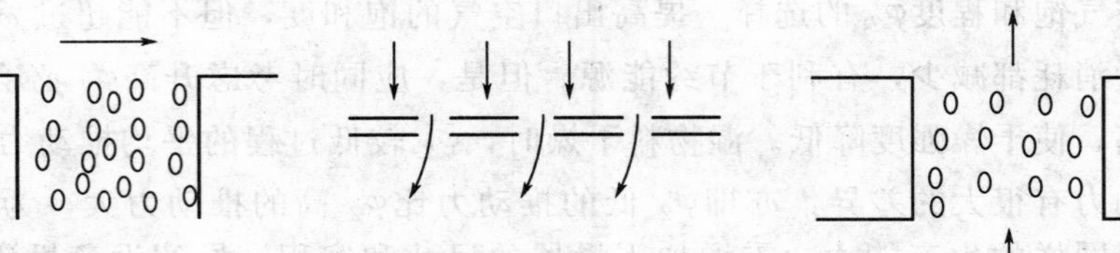

图 4-64　干燥介质与湿物料接触方式

⑤ 与干燥器入口及出口处空气的温度、含湿量和速率有关。空气的温度和速率越高以及它的湿含量越低，则干燥时间越短。前已述及，有些物料在某些很强烈的干燥条件下，物料表面会形成干皮，可能使干燥过程减慢，延长干燥时间。

⑥ 干燥介质的选择。直接采用烟道气来干燥不仅可以节省燃料耗量，而且可以利用高温干燥介质使过程强化，从而使干燥时间锐减。为了防止烟气干燥时污染物料，必须对烟气进行净化处理。如果遇到某些物料用空气干燥时会发生氧化作用，可选用惰性气体或采用饱和度很高的空气、过热蒸汽等来代替空气。

⑦ 干燥介质在干燥器中的温度降。干燥介质在干燥器中的温度降越小，则干燥过程平均温度越高，干燥过程进行的越均匀，相应地干燥时间也越短。

⑧ 物料所容许的温度。物料的温度越高，则物料中湿分的黏度降低，扩散系数增大，湿分向表面移动越容易，干燥时间越短。

⑨ 干燥的均匀性。这个因素在各种类型的干燥器中都是十分重要的，如若物料中有任何一部分在干燥时没有干燥好，则全部物料的干燥过程都需延长，直至这部分物料完全干燥为止，因此有可能造成部分物料的过度干燥，并导致不必要的能量消耗。

4.4.4　热泵干燥

热风干燥可广泛应用于多种物料的干燥，但有以下明显缺点。

(1) 能耗大　热风干燥过程干燥介质升温时吸收显热和水分汽化时吸收潜热，但排湿时全部被排到干燥室外，白白地消耗了这部分热能，排湿量越大，能耗越高，但排湿量不足又不利于干燥操作。目前，较先进干燥方式汽化1kg水分耗电1.5～2.8kW·h(5400～10000kJ/kg)，然而有些厂在干燥产品湿分时却高达12～15kW·h[(4.32～5.40)×10^4kJ/kg]。

(2) 影响产品质量　由于热风温度高，对于某些热敏性物料会影响其成品品质。如鱼类在38～42℃时鱼体蛋白开始变性，鱼体内脂肪开始氧化，芳香味散失，并产生异味，影响干品质量、外观和保存期。

(3) 热风干燥常需配置锅炉　增加了操作人员及厂房设备等投资，而且也增加了锅炉用煤和干燥费用。

利用热泵系统进行干燥完全能克服上述缺点，它以干燥过程吸湿后的空气冷却时释放的显热和潜热作为低温热源进行充分利用。干燥温度可控制在20～30℃，这就完全消除了蛋白质变质可能，保证了干品质量。热泵使用单一能源——电，不需其他辅助设备，减少了设备投资和操作人员。

4.4.4.1　热泵干燥装置的原理与流程

从低温热源吸收热量并将它送往高温处成为有用的热能，这种输送热能的机械称作热泵，借助热泵可从低温热源来获得高温，因此从某种意义上讲热泵也是一种能源。自20世纪70年代以来，由于燃料价格上涨，能源紧张，人们对热泵研究除理论上进一步探讨之外，大量转向工业应用研究。德国VSG冷冻干燥设备制造厂于1984年研制成热泵干燥设备，其热泵供热系数*COP*为3。日本也有定型热泵干燥装置问世，用于干燥鱼类平均效益为1.29kg水/(kW·h)左右。我国也研制成一种厢式热泵干燥装置，最早用于干燥鱼类，平均单位能耗为1.28kg水/(kW·h)。

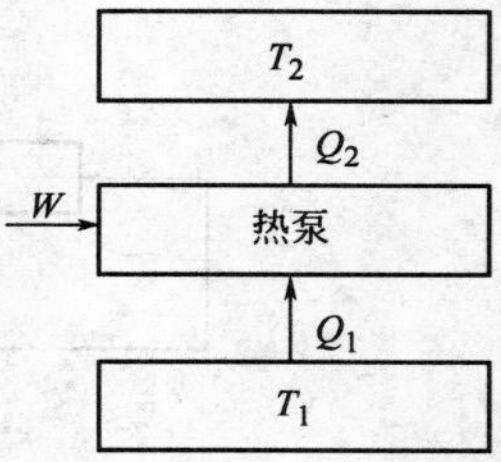

图4-65　热泵系统基本原理

热泵系统由压缩机（热泵）、蒸发器、冷凝器、膨胀阀四部分组成，其基本原理如图4-65所示。

热泵在外功W的作用下，从低温热源T_1吸取热能Q_1送往高温T_2处，其供热量为Q_2。热泵性能可用供热系数*COP*表示：

$$COP=\frac{Q_2}{W}=\frac{Q_1+W}{W}=1+\varepsilon \tag{4-67}$$

当Q_2供给空气加热时

$$COP=\frac{Gc_p(t_2-t_1)}{W}$$

式中　W——热泵消耗的功，W；
Q_1——从低温热源吸收的热量，W；
Q_2——向高温输送的热量，W；
ε——制冷系数；
c_p——空气比定压热容，kJ/(kg·K)
t_1——冷凝器空气进口温度，K；
t_2——冷凝器空气出口温度，K。

依据上述原理，热泵系统干燥装置流程如图4-66所示。除湿风机将离开干燥室的高湿度空气，一部分通过蒸发器降温、除湿，并将其显热和潜热传递给工作介质（制冷剂），使工作介质汽化。除湿后的低温、低湿气体再通过冷凝器吸收工作介质冷凝潜热而得到升温，然后和干燥室出口部分循环气体混合，再次进入干燥室进行干燥操作。从本质上讲，整个干燥过程干燥介质降温除湿所释放的热量，就是干燥介质升温的主要热源。而工作介质只是作为过程的载热体，因而可获得节能效果。过程热泵消耗了功，同时转换为干燥介质加热的热源。

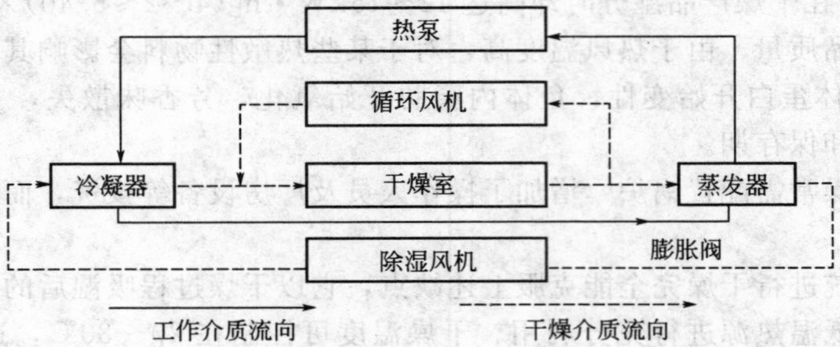

图 4-66　热泵系统干燥装置流程

4.4.4.2　热泵干燥过程图解

如图 4-67 所示为气体部分循环流程。进入干燥室气体为 t_1、H_1、φ_1 和 I_1，对应温-湿图上（见图 4-68）a 点，通过干燥室后气体的状态变至 t_2、H_2、φ_2 和 I_2，即 b 点，干燥温

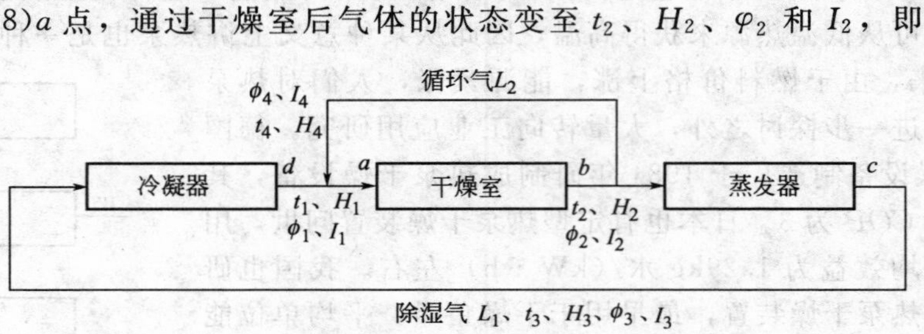

图 4-67　气体部分循环流程

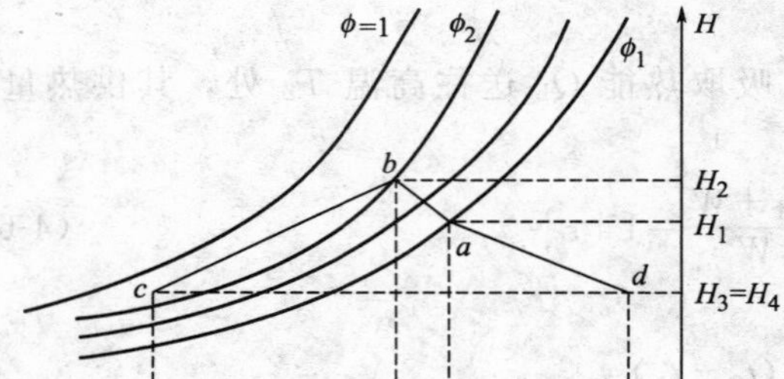

图 4-68　干燥过程图解

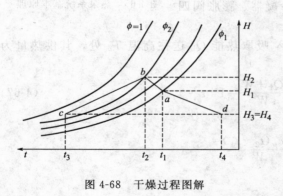

度如低于环境温度，I_2 可能大于 I_1，反之即 $I_2 < I_1$，但差别均不大。离开干燥室的气体一部分通过蒸发器降温除湿，气体状态降至 t_3、H_3、φ_3 和 I_3，即 c 点，这时 $\varphi_3 > 95\%$。除湿后气体再通过冷凝器加热，温度升至 t_4，而湿含量不变，$H_3 = H_4$，φ_3 降至 φ_4，即 d 点，这部分气体与 b 点状态循环气混合至 a 状态，再进入干燥室，故 a 的位置与循环气和除湿气之比有关，循环气量愈大，a 点愈靠近 b 点，即干燥室进口温度愈低、相对湿度愈大，干燥过程推动力愈小，反之干燥推动力愈大，但冷耗也愈大，故它对热泵能量效益有重要影响。

4.4.5　干燥设备的用能评价指标

干燥装置的能量利用率或干燥器的热效率是衡量一个干燥过程或干燥器能量利用优劣的重要指标，通过对过程或设备的能量利用率或热效率的计算，可以发现操作过程能耗的分配情况，从而为采取相应措施降低能耗指明了方向。

4.4.5.1　干燥设备的能量利用率

所谓干燥设备的能量利用率 η_e，是指湿物料脱去水分所需要的能量 E_1 与供给装置的能量 E_2 之比，即

$$\eta_e=\frac{E_1}{E_2}\times 100\% \tag{4-68}$$

表 4-17 为一典型对流干燥器的能量核算情况。一般认为，干燥装置的能量利用率取决于干燥介质的初始温度和最终温度、环境温度及湿含量、供给和损失的热量以及废气的循环情况等因素。除了低温对流干燥等要考虑风机消耗的能量（因为这时这部分能量在总能耗中占比例较大）外，蒸发水分和废气排空损失的热量也是干燥装置能耗的主要部分，所以用干燥器热效率来描述干燥过程或设备的能耗情况更方便些。

表 4-17　一典型对流干燥器的能量核算情况

项　目	能量/kJ	比例/%	项　目	能量/kJ	比例/%
水分蒸发	975400	55	物料	45800	3
废气	521200	30	风机	13300	1
辅助设备	143900	8	合计	1747500	100
辐射	47900	3			

注：能量利用率＝975400/1747500＝55.8%。

4.4.5.2　干燥设备的热效率

4.4.5.2.1　干燥设备热效率的定义

干燥器热效率 η_t 是指干燥过程中水分蒸发所需要的热量与热源提供的热量之比，即

$$\eta_t=\text{水分蒸发所需要的热量/热源提供的热量} \tag{4-69}$$

热源提供给干燥器的热量主要包括水分蒸发所需要的热量、物料升温所需要的热量以及热损失三部分。以干燥器的热平衡统计数据表明，供给干燥器热量的 20%～60%用于水分蒸发，5%～25%用于加热物料，15%～40%为废气排空损失，3%～10%作为热损失散失到大气中，5%～20%为其他损失。

对于无内热、封闭废气循环的绝热对流干燥器，若忽略由于温度和湿度变化引起的湿空气比热容变化，则干燥器热效率可简化为：

$$\eta_{t\max}=\frac{t_1-t_{2a}}{t_1-t_0} \tag{4-70}$$

式中　$\eta_{t\max}$——绝热条件下干燥器的热效率，%；

t_1——干燥介质在干燥器入口的温度，℃；

t_0——干燥介质在环境条件下的温度，℃；

t_{2a}——绝热条件下干燥器出口废气温度，℃。

因为 $t_{2a}<t_0$，所以热风式对流干燥器的热效率不会达到100%。实际的干燥过程大都有热损失，干燥器出口废气 t_2 总是要高于绝热条件下的出口温度 t_{2a}，因此，上式是热风式对流干燥器的最大热效率，实际干燥过程的热效率比该式要低一些。由此可见，提高干燥器入口气体温度 t_1，干燥器热效率增大，当 t_1 超过 400℃时，理论上的热效率可在 70%。

4.4.5.2.2　典型干燥器热效率的数据

(1) 热风式对流干燥器的热效率　用热空气作为干燥介质的干燥器热效率 η_t＝30%～60%，η_t 随着进气温度 t_1 的提高而上升，但理论也不会达到100%，当采用部分废气循环时，η_t＝50%～70%。

(2) 过热蒸汽干燥器的热效率　采用过热蒸汽作为干燥介质时，从干燥器中排出的已降温的过热蒸汽并不向环境排放，而是仅排出干燥过程中增加的那一部分蒸汽，其余作为干燥介质的那部分过热蒸汽经预热器加热提高过热度后，重新循环进入干燥器。因此，理论上过热蒸汽干燥器的热效率可达 100%，但实际一般为 70%～80%。

(3) 传导式干燥器的热效率　在传导式干燥器中，除了以传导给热为主外，有时为了移走干燥过程蒸发的水分，会通入少量空气（或其他惰性气体），这样及时移走了水蒸气，可使干燥速率提高 20%左右。因少量空气（其他惰性气体）的排放会造成少量热量损失，进而使干燥过程的热效率略有降低。若不通入少量空气（或其他惰性气体）带走水蒸气，则干燥器热效率会提高，但干燥速率下降，即意味着需要较大的干燥容积。因此，这种干燥器的热效率一般为 70%～80%。

(4) 辐射干燥热效率　这种形式的干燥器，由于需要大量的热量去加热湿物料周围的空气，故热效率较低，一般只有 30%左右。

4.4.6 各种干燥设备能耗的比较

4.4.6.1 直接干燥法

该方法使热风与物料直接接触，边供热边除去水分，对这类采用热风加热的对流干燥器来说关键是要提高物料与热风的接触率，防止热风偏流。等速干燥期间的物料温度几乎与湿球温度相同，所以使用高温热风也可以干燥较低温度的物品。这种方法干燥速率快，设备费用低，但需要干燥介质做载热体，因此随尾气带走的非有效热很多，其热效率较低，单位能耗量较大。

(1) 通风干燥　该方法使板状或成型物等的外表面或容器的表面接触热风，干燥速率慢，但应用范围较广。

(2) 通气干燥　使热风透过粉粒体、薄片、块状物料的积层，干燥速率很快。

(3) 沸腾干燥　让热风均匀地从粉粒体、薄片物料层的底部吹入并使其流动，使物料床处于沸腾状态，这样物料就会剧烈地混合分散，沸腾床内的传热、传质速率都比较大，干燥速率很快，其热效率在对流加热干燥中是较高的，单位能耗量较小。

(4) 振动干燥　让热风从机械跳跃振动着的粉粒体、薄片、小块物料层的底部吹入，进行通气接触。干燥速率比流动层干燥稍慢，但热效率较高。

(5) 气流干燥　该方法使粉粒体在高温热风中分散，边输送物料边干燥。这种方法干燥时间短，适于大批量处理，如采用分散机可以去除 60%～80%的水分。但在气流干燥器中，干燥介质的气速很大，介质用量较多，单位能耗量偏大，如将单级气流管改为多级后，热利用率可以提高，单位能耗量减小。

(6) 喷雾干燥　使溶液或泥浆物料在高温热风中喷雾，直接得到粉粒体制品。这种方法干燥时间短，适用于大批量处理。在喷雾干燥器中，由于喷嘴工作需要消耗动力，单位能耗量一般偏大，但不同类型喷嘴的动力消耗不同，离心转盘式喷嘴，使转盘转动的动力消耗不大。而压力式喷嘴，使物料造成较大压力所消耗的动力比离心式转盘要大。气流式喷嘴需要有一定压力的气体工作介质（如压缩空气），并且一般用量也较大，其动力消耗也较大。因此在相同操作条件下，就单位能耗量比较，气流式喷嘴最大，压力式喷嘴次之，离心式喷嘴较小。

(7) 回转干燥　使粉粒状、块状、泥状等物料通过回转着的滚筒接触热风。这种方法适于大批量处理，干燥后的泥状物可成粒状物排出。

(8) 搅拌干燥　物料由高速旋转的搅拌叶片搅拌，使物料在旋转运动中干燥。一般适用于中等程度及中等以下量的处理，可以得到粒状物。

(9) 高温高湿干燥　普通热风干燥过程随着热风中湿度的增高，干燥速率变慢。但一超过某种程度，湿度就会与干燥速率成正比，使干燥速率加快。高温高湿干燥一般在 300℃以上的温度下运行。

4.4.6.2　间接干燥法

这种方法通过金属等材料间接传递干燥所需的热量。在这种传导加热干燥器（如滚筒干燥器）中，不需干燥介质做载热体，因此随尾气带走的非有效热很少，其热效率较高。每蒸发单位水分的热耗量较小，总能耗也相应减小。间接法的干燥速率比直接干燥法慢。等速干燥期间产品温度与加热源的温度没关系，大体与装置内气体压力的饱和温度相同。为了提高干燥速率和防止干燥不均匀，通常用机械搅拌或使容器本身旋转。因此有必要深入研究传动机构的附属问题。干燥装置本身价格较贵，但其特点是集尘器等排气系统负荷小，热效率高，热媒回收容易，故总的费用比直接干燥法便宜。

(1) 常压干燥　常压干燥法是在大气压下进行干燥的一种方法，产品温度在 100℃以上，应用范围相当广泛。

(2) 真空干燥　对于那些不耐热、平衡水分高以及易氧化的物料，可以采用真空中以较低温度进行干燥的方法。

(3) 附着干燥　这种方法是使溶液、泥浆状或糊膏状的物料附着在加热的滚筒上进行干燥。加热时间短，适合中等规模以下量的处理。

(4) 冷冻干燥　冷冻不耐热物料中的水分，并将其在高真空下保持到冰点以下，使水分升华从而除去水分。物料成分损失小，但干燥速率很慢。

4.4.6.3　电气干燥法

将电能直接作为热能，或转换成振动能，利用分子运动发热。该方法使用范围较窄。

(1) 远红外干燥　红外线是指波长在 0.72～1000μm 之间的电磁波，其中 0.72～3μm 为近红外线，3～5.6μm 为中红外线，5.6～1000μm 为远红外线。一般物质分子运动的固有振动频率在远红外线的频率范围之内。当被加热物料分子的固有频率与射入该物料的远红外线的频率一致时，产生强烈的共振现象，使物料的分子运动加剧，因而物料内、外的温度均匀迅速地上升，也就是说；物料内部分子吸收了远红外线辐射能量直接转变为热量，从而实现高效、节能、均匀干燥的目的。因此远红外干燥具有干燥速率快、热效率高的优点，但其性质与光相同，所以要求远红外线照射时不能留有阴影。

(2) 高频干燥　将湿物料置于高频、高压的电场中，利用分子运动在物料内部产生均匀的摩擦热而使材料均匀加热达到干燥的方法。高频干燥时，物料内部的温度高于外部温度，促使内部水分向外部转移，使物料中的水分分布均匀，采用的频率一般为 2～20MHz，电压强度为 800～2000V/cm，功率为 1～100kW。这种方法适用于厚板及导热性能差的物料，在木材加工业应用广泛。

(3) 超声波干燥　超声波是频率大于 20kHz 的声波，是在媒质中传播的一种机械振动。超声波干燥时将对物料产生以下作用。

① 结构影响：物料超声波干燥时，反复受到压缩和拉伸作用，使物料不断收缩和膨胀，形成海绵状结构。当这种结构效应产生的力大于物料内部微细管内水分的表面附着力时，水分就容易通过微小管道转移出来。

② 空化作用：在超声波压力场内，空化气泡的形成、增长和剧烈破裂以及由此引发的一系列理化效应，有助于除去与物料结合紧密的水分。

③ 其他作用，如改变物料的形变，促进形成微细通道，减小传热表面层的厚度，增加对流传质速度。

超声波干燥的特点是不必升温就可以将水从固体中除去，因此可以用于热敏物质的干燥，具有干燥速度快、温度低、最终含水率低且物料不会被损坏或吹走等优点。

4.4.6.4 油浸干燥法

这种方法与油炸食品的原理相同，将物料放入加热的油中短时间脱水。这种方法的特点是不损伤蔬菜、果实、水产品等自然风味、色调及营养成分，但问题是产品中存有大量油分，需采用机械离心法或化学方法脱油。

(1) 常压油浸 该种方法需要在 1 个大气压下、油温 135～180℃的条件下浸渍。缺点是容易褐变或使天然色调褪色，油的氧化快，水分直线下降，但产品的膨化率低。

(2) 真空油浸 这种方法是在 8.0kPa 的低压、120℃左右的油温下浸渍，产品的色、味、水的还原性能好，而且膨化率高。这种方法还可以控制油的氧化，在最初的 3～5min 内就可以脱去全部水分的 80%左右。

4.4.6.5 复合干燥法

根据物料的特性及现有条件合理地组合使用不同类型的干燥器，就可建立起新的、强度高而成本低的干燥装置，不但可以干燥某些单一干燥方法难以干燥的物料，同时可以充分发挥不同干燥方法的优势，实现高效节能，因此，组合干燥具有广阔的发展前景。目前常见的复合式干燥有：喷雾-流化床复合干燥、气流-流化床复合干燥、气流-旋流复合干燥、回转圆筒-流化床复合干燥、转鼓-盘式复合干燥等。

(1) 通气搅拌干燥 使微量热风通过搅拌型间接干燥机与物料直接接触，所需热量的 90%用间接干燥法提供，并可以在相当于气体中水分压力的温度下干燥。该方法适合较低温物料的大批量干燥。

(2) 层内加热流动干燥 在直接干燥法的流动层和振动层内引入间接型换热器进行层内加热流动干燥，所需热量的 70%用间接法提供。这样可以更好地发挥直接干燥法的优点，这种方法特别适合粉粒体的大批量处理。

4.4.7 干燥过程节能的途径

由于干燥过程要将液态水变成气态，需要较大的汽化潜热，因此干燥是能量消耗较大的单元操作之一。从理论上讲，标准条件（即干燥在绝热条件下进行，固体物料和水蒸气不被加热，也不存在其他热量交换）下蒸发 1kg 水分所需要的能量为 2200～2700kJ/kg。实际干燥过程的单位能耗比理论值要高得多。据统计，一般的间歇式干燥其单位能耗为 2700～6500kJ/kg；对某些软薄层物料（如纸张、纺织品等）的干燥则高达 5000～8000kJ/kg。因此，必须设法提高干燥设备的能量利用率，以节约能源。

目前，工业上常采取选择热效率高的干燥装置、改变干燥设备的操作条件、回收排出的废气中部分热量等措施来节约能源和降低生产成本。

(1) 减少干燥过程的热损失 一般来说，干燥器的热损失不会超过 10%，大中型生产装置若保温适宜，热损失约为 5%。因此要做好干燥系统的保温工作，但也不是保温层越厚越好，应当求取一个最佳保温层厚度。

为防止干燥系统的渗漏，一般在干燥系统中采用送风机和引风机串联使用，经合理调整使系统处于零压状态操作，这样可以避免对流干燥因干燥介质的漏入或漏出造成干燥器热效率的下降。

(2) 降低干燥器的蒸发负荷 物料进入干燥器前，通过过滤、离心分离或蒸发等预脱水方式，降低物料湿含量，减小干燥器蒸发负荷，这是干燥器节能的最有效方法之一。例如将固体含量为 30%的料液增浓到 32%，其产量和热量利用率提高约 9%。对于液体物料（如溶液、悬浮液、乳浊液等）干燥前进行预热可以节能。对于喷雾干燥，料液预热还有利于雾化。

(3) 提高干燥器入口空气温度、降低出口废气温度 由干燥器热效率定义可知，提高干燥器入口热空气的温度，有利于提高干燥热效率。但是，入口温度受产品允许温度的限制。

一般来说，对流式干燥器的能耗主要由蒸发水分和废气带走两部分组成，而后一部分约占 15%～40%，有的场合可达 60%，因此，降低干燥器出口废气温度比提高进口热空气温度更经济，既可以提高干燥器热效率又可增加生产能力。但出口废气的温度受两个因素的限制：一是要保证产品的湿含量（出口废气温度过低，产品湿度增加，达不到要求的产品含水量）；二是废气进入旋风分离器或布袋过滤器时，要保证其温度高于露点 20～60℃。

（4）部分废气循环　由于利用了部分废气的余热使干燥器的热效率有所提高，但随着废气循环量的增加势必使热空气湿含量增加，干燥速率将随之降低，进而使湿物料干燥时间增加并导致干燥装置设备费用的增加，因此存在一个最佳废气循环量，一般的废气循环量为 20%～30%。

（5）从干燥器出口废气中回收热量　除上述这种利用部分废气循环来回收热量的节能方法外，还有用间接换热设备预热空气等其他节能途径，常用的换热设备有板式换热器、热管换热器、热泵等。

（6）从固体产品中回收显热　有些产品为了降低包装温度，改善产品质量，需对干燥产品进行冷却，这样可以利用冷却器回收产品中的部分显热。常用的冷却设备有液-固冷却器（可以得到热水等）、流态化冷却器、振动流化床冷却器及移动床冷却器等（可以得到预热空气）。

（7）采用两级干燥法　采用两级干燥主要是为了提高产品质量和节能，尤其是对热敏性物料最为适宜。牛奶干燥系统就是一个典型的实例，它是由喷雾干燥和振动流化床两级干燥组成，其单位能耗由单一喷雾干燥的 5550kJ/kg 降低为 4300kJ/kg，同时又使奶粉的速溶性提高，牛奶两级干燥的另一种形式是把振动流化床位于喷雾干燥室的下部，这样就把两个单元合二为一，合理利用干燥空气，其单位能耗降低为 3620kJ/kg。

（8）利用内换热器　在干燥器内设置内换热器，利用内换热器提供干燥所需的一部分热量，从而减少干燥空气的流量，可节能和提高生产能力 1/3 或更多。这种内换热器一般只适用特定的干燥器，如回转圆筒干燥器的蒸汽加热管、流化床干燥器内的蒸汽管式换热器等。

（9）过热蒸汽干燥　与空气相比，蒸汽具有较高的热容和较高的热导率，可使干燥器更为紧凑。如何有效利用干燥器排出的废蒸汽，是这项技术成功的关键。一般将废蒸汽用作工厂其他过程的工作蒸汽，或再经压缩或加热后重复利用。

过热蒸汽干燥的优点：可有效利用干燥器排出的废蒸汽，节约能源；无起火和爆炸危险；减少产品氧化变质的隐患，可改善产品质量；干燥速度快，设备紧凑。但目前还存在一些不足：工业使用经验有限；加料和卸料时，难以控制空气的渗入；产品温度较高。

4.5　精馏过程及装置的节能

4.5.1　精馏基本原理

混合物的分离是化工生产的重要过程。混合物可分为非均相物系（在连续相和分散相之间存在着明显的相界面，如油和水）和均相物系（在连续相和分散相之间没有相界面，分离较难，如水-乙醇）。非均相物系的分离条件是必须造成一个两相物系，然后依据物系中不同组分之间某种物性的差异使其中某个组分或某些组分从一相向另一相转移，以达到分离的目的。通常将物质在相间的转移过程称为传质（分离）过程。过程工业中常见的传质过程有蒸馏、吸收、萃取和干燥等单元操作。这些操作的不同之处在于造成两相的方法和相态的差异。

精馏是分离互溶液体混合物的最常用方法，也是过程工业中最大的耗能操作。液体均具有挥发而成为蒸汽的能力，但各种液体的挥发性各不相同，精馏就是利用这一点使其分离。图 4-69 为常规精馏操作流程示意图。料液自塔的中部适当位置连续地加入塔内；塔底设有再沸器，加热塔底液体，使其蒸发产生上升蒸汽，液体作为塔底产品连续排出；塔顶设有冷凝器，将塔顶蒸汽冷凝为液体，一部分作为回流自塔内下降，其余作为塔顶产品连续排出。精馏塔内上升蒸汽和下降液体逆流接触，自动进行着低沸点组分蒸发和高沸点组分冷凝这样的热交换过程。

精馏实质是多级分离过程，即同时进行多次部分汽化和部分冷凝的过程，因此可使混合液得到几乎完全的分离。精馏可视为由多次蒸馏演变而来的。精馏过程原理可用气液平衡相图说明。若混合液具有图 4-70 所示的 t-x-y 图，将组成为 x_f、温度低于沸点的该混合液加热到沸点以上，使其部分汽化，并将气相和液相分开，则所得气相组成为 y_1、液相组成为 x_1，且 $y_1>x_f>x_1$，此时气相、液相流量可由杠杆规则确定。若继续将组成为 y_1 的气相混合物进行部分冷凝，则可得到组成为 y_2 的气相和组成为 x_2 的液相。依次又将组成为 y_2 的气相进行部分冷凝，则可得到组成为 y_3 的气相和组成为 x_3 的液相，且 $y_3>y_2>y_1$。由此可见，气相混合物经多次部分冷凝后，在气相中可获得高纯度的易挥发组分。同时若将组成为 x_1 的液相进行部分汽化，则可得到组成为 x'_2 的液相和组成为 y'_2 的气相（图中未标出），若继续将组成 x'_2 的液相进行部分汽化，则可得到组成为 x'_3 的液相和组成为 y'_3 的气相（图上未标出），且 $x'_3>x'_2>x_1$。由此可见，将液体混合物进行多次部分汽化，在液相中可获得高纯度的难挥发组分。

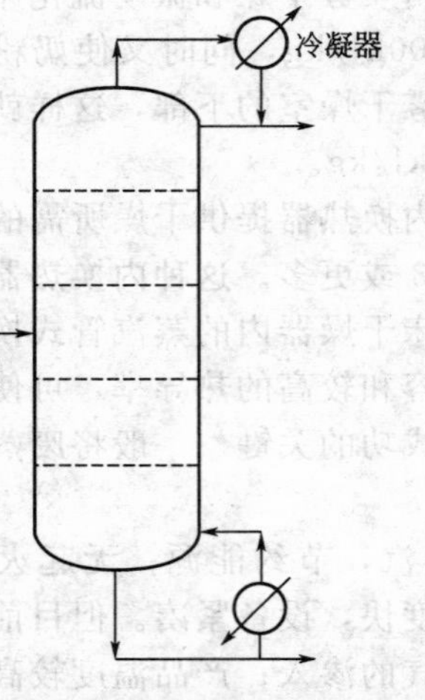

图 4-69　常规精馏操作流程示意图

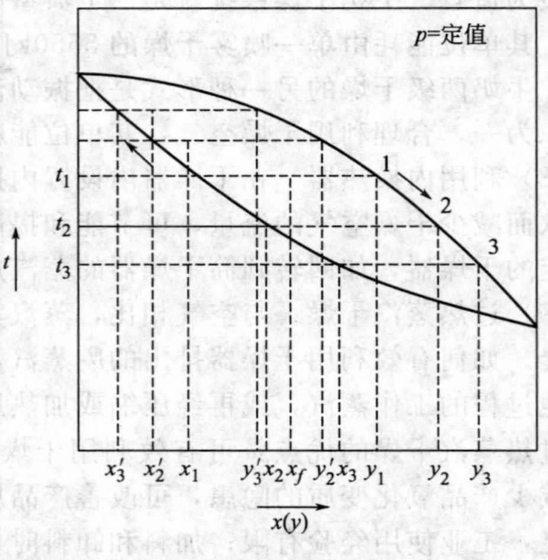

图 4-70　多次部分汽化和冷凝的 t-x-y 图

显然，上述重复的单级操作所需设备庞杂，能量消耗大，且因产生中间馏分使产品收率降低。工业上精馏过程是多次部分汽化和部分冷凝的联合操作，图 4-71 所示的是精馏塔的模型，目前工业上使用的精馏塔是它的体现。

过程工业企业中精馏操作是在直立圆形的精馏塔内进行的。塔内装有若干层塔板或填充一定高度的填料。尽管塔板的形式和填料的种类很多，但塔板上的液层和填料表面都是气液两相进行热交换和质交换的场所。图 4-72 所示为筛板塔中任意第 n 层板上的操作情况。塔板上开有许多小孔，由下一层板（如第 $n+1$ 层板）上升的蒸汽通过板上小孔上升，而上一层板（如第 $n-1$ 层板）上的液体通过溢流管下降到第 n 层板上，在第 n 层板上气液两相密切接触，进行热和质的交换。设进入第 n 层板的气相组成和温度分别为 y_{n+1} 和 t_{n+1}，液相的组成和温度分别为 x_{n-1} 和 t_{n-1}，两者相互不平衡，即 $t_{n+1}>t_{n-1}$，x_{n-1} 大于 y_{n+1} 成为平

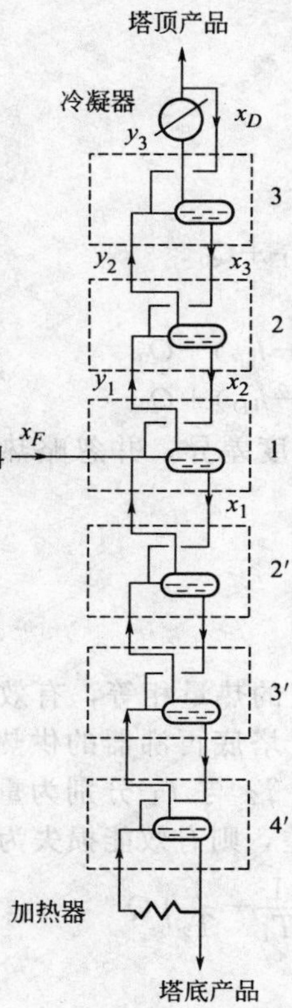

图 4-71　精馏塔模型

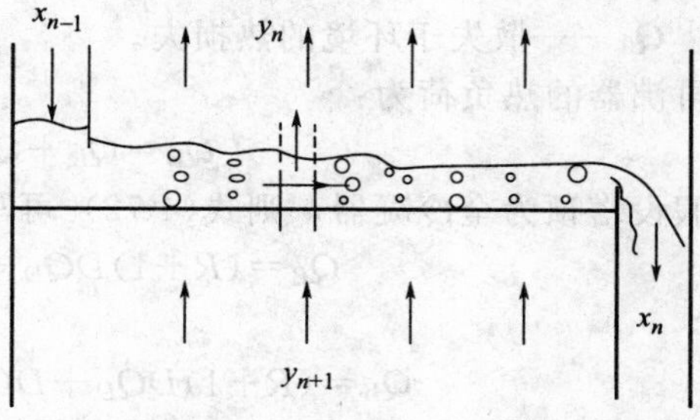

图 4-72　筛板塔的操作情况

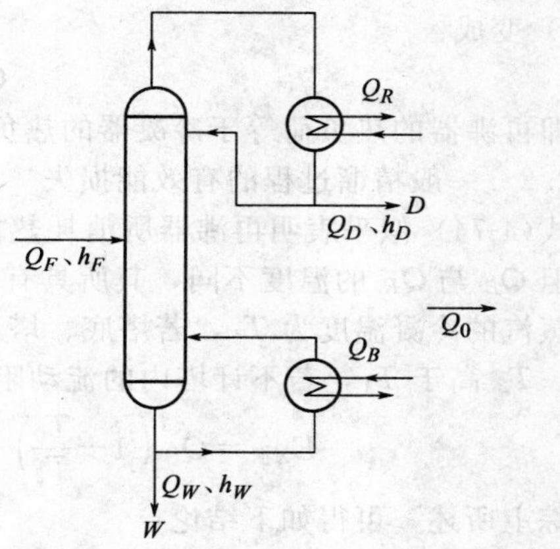

图 4-73　精馏塔热量衡算

衡的液相组成 x_{n+1}。因此组成为 y_{n+1} 的气相与组成为 x_{n-1} 的液相在第 n 层上接触时，由于存在温度差和浓度差（即具有传热、传质推动力），气相就要进行部分冷凝，使其中部分难挥发的组分转入液相中；而气相冷凝时放出的潜热传给液相，使液相部分汽化，其中部分易挥发组分转入气相中，总的结果致使离开第 n 层板的液相中易挥发组分浓度又较进入该板时减低，而离开的气相中易挥发组分的浓度又较进入时增高，即 $x_n < x_{n-1}$，$y_n > y_{n+1}$。若气液两相在板上接触的时间足够长，那么离开该板的气液两相达到平衡。精馏塔的每层板上都进行着上述类似的过程。因此，塔内只要有足够多的塔板层，就可使混合液达到所要求的分离程度。

为实现上述精馏分离操作，除需要包括若干层塔板或若干高度填料的精馏塔之外，还必须从塔底引入上升蒸汽流和塔顶引入下降液流（回流）。塔底上升蒸汽流和塔顶液体回流造成了塔内气液两相，以保证精馏过程稳态操作。通常原料从塔中间适当位置，即原料组成与该处的组成相近加入塔内，并与塔内气相、液相混合。

4.5.2　精馏过程的热力学分析

4.5.2.1　热量衡算

低温余热的回收利用是以热力学第一定律为基础，对图 4-73 所示的一般精馏过程作热量衡算，得到：

$$Q_B + Q_F = Q_R + Q_D + Q_W + Q_0 \tag{4-71}$$

式中　Q_B——再沸器的加热量即热负荷；

Q_F——原料液带进的热量；

Q_R——塔顶冷凝器的冷却量；

Q_D，Q_W——塔顶馏出液和塔底产品带走的热量；

Q_0——散失于环境的热损失。

再沸器的热负荷为：

$$Q_B=Q_R+Q_D+Q_W+Q_0-Q_F \tag{4-72}$$

假设塔顶为全冷凝器，则式(4-72) 可写成：

$$Q_B=(R+1)DQ_D+Dh_D+Wh_W-Fh_F+Q_0 \tag{4-73}$$

或

$$Q_B=(R+1)DQ_D+D(h_D-h_F)+W(h_W-h_F)+Q_0 \tag{4-73a}$$

$$Q_B=(R+1)DQ_D+F(h_W-h_F)-D(h_W-h_D)+Q_0 \tag{4-73b}$$

假设原料液为沸点进料，忽略原料液与出料液之间的温度差异，并忽略热损失，则式(4-72) 变成：

$$Q_B=Q_R=Q \tag{4-74}$$

即再沸器的热负荷等于冷凝器的热负荷。

4.5.2.2 一般精馏过程的有效能损失

式(4-74) 似乎表明再沸器所消耗热能与塔顶蒸汽所带走的热量相等，有效能并没有损耗。但 Q_B 与 Q_R 的温度不同，其所具有的有效能并不相等，塔底再沸器的供热温度为 T_2，塔顶蒸汽的冷凝温度为 T_1，若塔底、塔顶产品系纯组分，则 T_2 与 T_1 分别为重、轻组分的沸点。T_2 高于 T_1，若不计塔内的流动阻力，假设传热无温差，则有效能损失为：

$$E_{X损}=Q_B\left(1-\frac{T_0}{T_2}\right)-Q_R\left(1-\frac{T_0}{T_1}\right)=T_0\left(\frac{1}{T_1}-\frac{1}{T_2}\right)Q \tag{4-75}$$

综上所述，可得如下结论：

① 提高原料液的焓值，或采用气相进料可以减少塔底再沸器的热负荷，减少蒸馏过程对能耗的要求；

② 塔底产品热物料流及再沸器的冷凝水温度较高，充分利用这两段物料的显热来预热原料液，并尽量减少散失于周围环境中的热量，就可以减少蒸馏过程的能源消耗；

③ 塔顶蒸汽所带走的热量是精馏过程的主要能源损失，充分利用这部分潜热在节能中有明显的效果和良好的经济效益。

4.5.3 精馏过程节能的途径

式(4-71) 为精馏塔的热量衡算式，该式表明精馏塔的节能就是如何回收热量 Q_R、Q_D 和 Q_W，以及如何减少向塔内供应的热量 Q_B 和环境热损失 Q_0。

要考虑如何减少塔内供应的热量，就需要了解精馏过程有哪些能量损失。精馏过程是一个不可逆过程，其中的㶲损失是由下列不可逆转性引起的：①流体流动阻力造成的压力降；②不同温度物流间的传热或不同温度物流的混合；③相浓度不平衡物流间的传质，或不同浓度物流的混合。

下面详细介绍单塔精馏操作的节能方法，有关塔系的节能这里不做具体介绍。

4.5.3.1 预热进料

精馏塔的塔顶馏出液、侧线馏分和塔底釜液在其相应组成的沸点下由塔内采出，作为产品或排出液，但在送往后道工序使用、产品储存或排弃处理之前常常需要冷却。利用这些液体所放热量对进料或其他工艺流股进行预热，是历来采用的简单节能方法之一。这种方法的实例如图 4-74 所示。

利用精馏塔采出液热能预热进料，以较低温位的热能代替了再沸器所要求的高温位热能，无疑是低温位热能的有效利用方法。

对于容易分离的体系，在把进料一直加热到气相进料的情况下，与沸点液相进料相比，如果固定回流比不变，则情况如图 4-75 所示，精馏段操作线位置不变，提馏段操作线斜率增大，其位置向平衡线靠近，因此精馏操作的过程㶲损失减少，再沸器加热量减少，但所需理论塔板数增多。如果固定再沸器的加热量不变，则塔顶冷却量必增大，回流比相应增大，所需塔板数将减少。如果固定塔板数不变，则回流比增大，装置的塔径和冷凝器增大，但再沸器的加热量减小。因此，料液的预热是有利的。但要指出的是，这种预热，应该是由余热来实现。如果仍采用同再沸热源相同的热源，塔内的㶲损失是减少了，但塔外预热器的㶲损失却相应增加，总体并未取得节能效果。

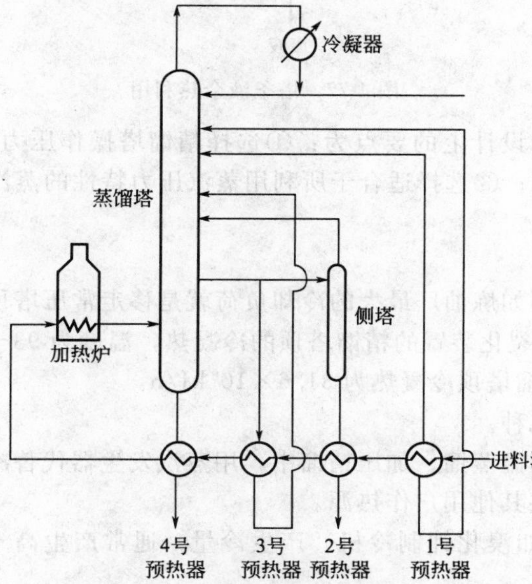

图 4-74　预热进料

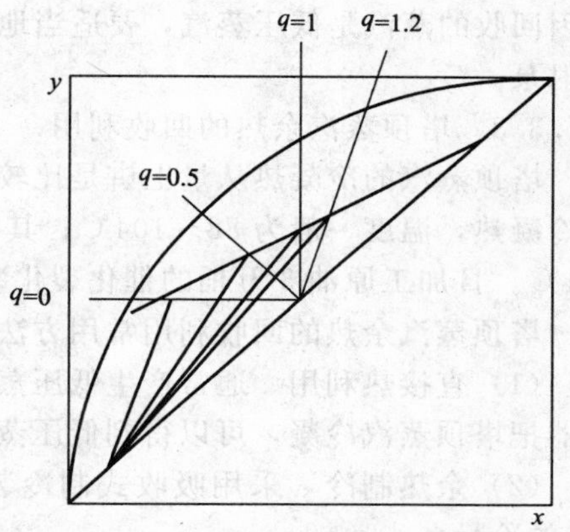

图 4-75　不同进料状态的操作线

但对于难分离体系，馏出液中高沸点组分的含量会随进料液预热温度发生显著变化。此时，适当降低进料液预热温度，以增加再沸器加热量份额，对确保稳定运转，以及对节能，都是有利的。

4.5.3.2　塔釜液余热的利用

塔釜液的余热除了可以直接利用其显热预热进料外，还可将塔釜液的显热变为潜热来利用。

日东化学工业公司在丙烯腈精馏中采用了如图 4-76 所示的流程来利用塔釜液余热。该流程中，第 1 塔塔顶蒸出丙烯腈，塔釜液是含 0.5%左右乙腈的水溶液，送往第 2 塔汽提脱除乙腈，使排出的废水中只含微量级（10^{-6}）的乙腈。将第 2 塔塔釜液减压，产生第 1 塔所需的加热蒸汽量，回收了第 2 塔塔釜液的余热。在这种情况下，第 2 塔需要加压操作，这使得第 2 塔的加热量增加。在第 2 塔塔顶用冷凝器发生蒸汽，回收塔顶蒸汽余热。在这种流程下，每吨丙烯腈可节省 3～4t 蒸汽。

为了使该热量的温位达到所需的要求，还可利用蒸汽喷射泵将其升压，如图 4-77 所示，由精馏塔底排出的塔釜液进入减压罐，该罐装有蒸汽喷射泵，以中压蒸汽为驱动力，把一部分塔釜液变为蒸汽并升压，用于其他用户。这种方式得到的转换蒸汽流取决于精馏塔塔釜液温度（操作压力），而蒸汽喷射泵的驱动蒸汽量和排出压力由喷射泵的特性决定。

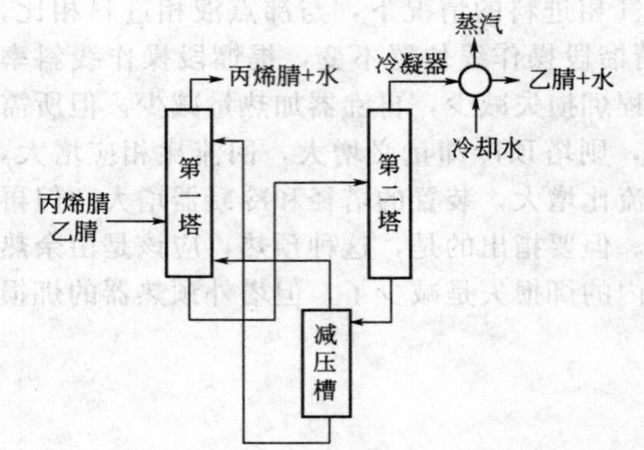

图 4-76　丙烯腈精馏流程

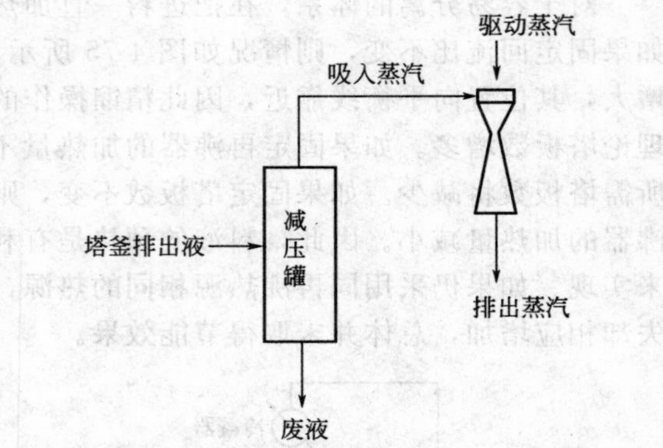

图 4-77　塔釜液余热利用

为提高这种显热变为潜热系统的节能效果，设计上的要点为：①选择精馏塔操作压力；②因回收的蒸汽是低压蒸汽，要适当地加以利用；③选择适合于所利用蒸汽压力特性的蒸汽喷射泵。

4.5.3.3　塔顶蒸汽余热的回收利用

塔顶蒸汽的冷凝热从量上讲是比较大的。例如炼油厂最大的冷却负荷就是移走常压塔顶的冷凝热，温度一般为 88～104℃；其次是催化裂化装置的精馏塔顶的冷凝热，温度为 93～121℃。日加工原油 3 万桶的催化裂化装置的精馏塔顶冷凝热为 31.6×10^6 kJ/h。

塔顶蒸汽余热的回收利用常用方法有以下几种。

(1) 直接热利用　通常产生低压蒸汽。在高温蒸馏、加压精馏中，用蒸汽发生器代替冷凝器把塔顶蒸汽冷凝，可以得到低压蒸汽，外供其他用户作热源。

(2) 余热制冷　采用吸收式制冷装置（例如溴化钾制冷机）产生冷量，通常产生高于 0℃的冷量。

(3) 余热发电　用塔顶余热产生低压蒸汽驱动透平发电。例如日本东丽公司川崎化工厂，其最大的精馏塔是从混合二甲苯中分离邻二甲苯的精馏塔，直径 7m，塔板 120 块，塔顶用空冷式冷凝器，大量塔顶排气的余热没有利用而放空，塔顶气体温度 153℃，排热损失达 190×10^6 kJ/h。该厂于 1980 年建成了使用低压蒸汽透平回收该精馏塔塔顶余热进行发电的系统，如图 4-78 所示。

二甲苯系统：精馏塔塔顶的二甲苯饱和蒸汽（153℃、0.05MPa 表压）在蒸发器内冷凝到 142℃，进入受槽。受槽保持 0.02MPa 的表压，经排气冷凝器与排气系统相通。出受槽的液态二甲苯，在 2＃给水加热器内冷却到 125℃，一部分送入二甲苯吸附分离工序及作为回流馏分，另一部分经 1＃给水加热器冷却到 80℃，然后进入二甲苯深冷分离工序。

水-蒸汽系统：出凝水泵的水，经 1＃和 2＃给水加热器升温到 116℃，再进入蒸发器，成为 0.17MPa 表压的饱和蒸汽，因管道阻力造成的压头损失，降压至 0.13MPa 表压进入透平。在透平内膨胀到 0.091MPa，输出功率 6600kW，最后经冷凝器冷凝。

这项节能改造共耗设备费用（包括土建工程费）11 万日元/kW，每年增加收益 7 亿日元，投资回收期仅一年左右。

4.5.3.4　多效精馏

多效原理不只适用于蒸发过程，原则上凡所需温差小于实际热源与实际热阱之间温差的一切过程，均可应用这一原理。

同多效蒸发一样，对多效精馏，热量和过程物流也有并流［图 4-79(a) 和 (b)］、逆流

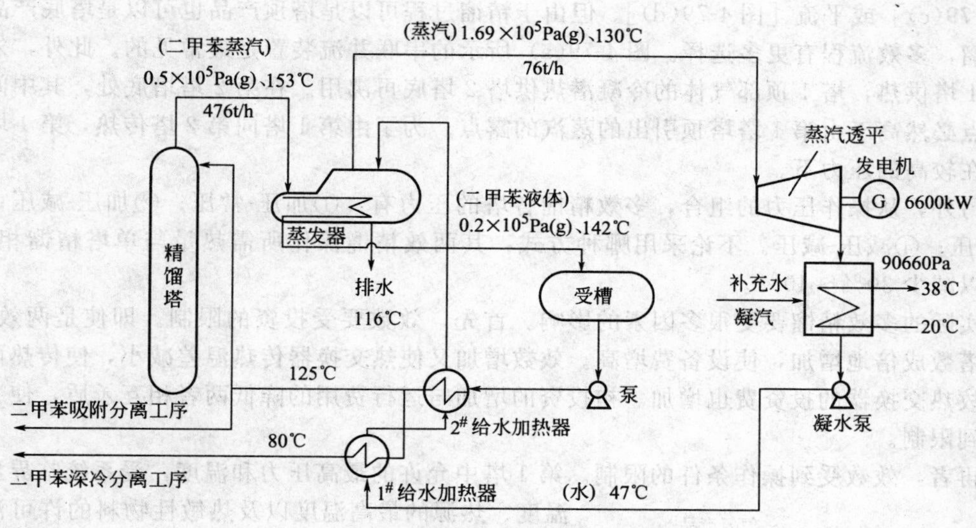

图 4-78　塔顶蒸汽余热发电系统

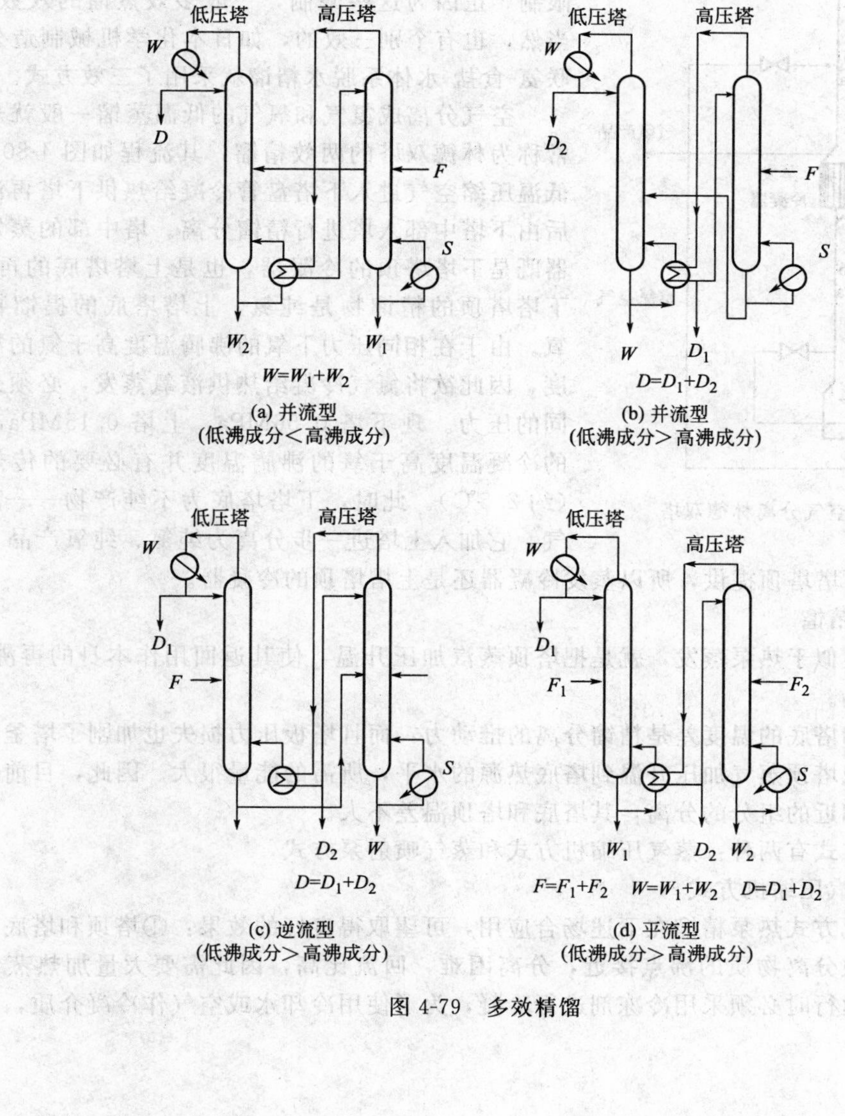

图 4-79　多效精馏

[图 4-79(c)] 或平流 [图 4-79(d)]。但由于精馏过程可以是塔顶产品也可以是塔底产品经各效精馏，多效流程有更多选择。图 4-79(a) 所示的串联并流装置是最常见的。此外，外界只向第 1 塔供热，塔 1 顶部气体的冷凝潜热供塔 2 塔底再沸用。在第 2 塔塔底处，其中间产品的沸点必然高于由第 1 塔塔顶引出的蒸汽的露点。为了由第 1 塔向第 2 塔传热，第 1 塔必须工作在较高的压力下。

另外，从操作压力的组合，多效精馏各塔的压力有：①加压-常压；②加压-减压；③常压-减压；④减压-减压。不论采用哪种方式，其两效精馏操作所需热量与单塔精馏相比较，都可以减少 30%～40%。

实际的多效精馏要受很多因素的影响。首先，效数要受投资的限制。即使是两效精馏，也使塔数成倍地增加，使设备费增高。效数增加又使热交换器传热温差减小，使传热面积增大，故热交换器的投资费也增加。初投资的增加与运行费用的降低两者相互矛盾，使装置规模受到限制。

再者，效数受到操作条件的限制。第 1 塔中允许的最高压力和温度，受系统临界压力和温度、热源的最高温度以及热敏性物料的许可温度等的限制，而压力最低的塔通常受塔顶冷凝器冷却水的限制。正因为这些限制，一般多效蒸馏的效数为二。当然，也有个别三效的，如日本化学机械制造公司对联氨-食盐-水体系脱水精馏就采用了三效方式。

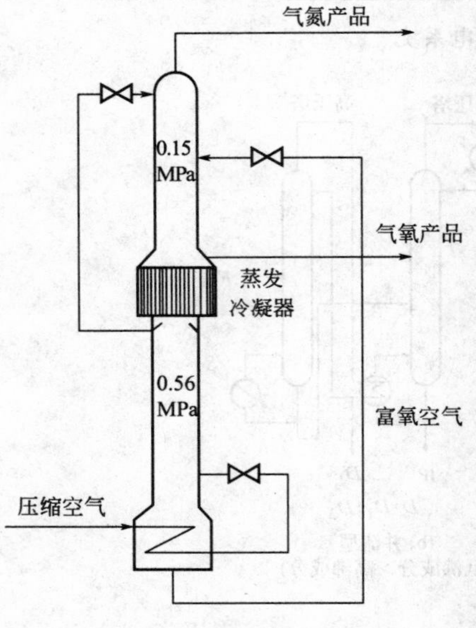

图 4-80 空气分离林德双塔

空气分离成氮气和氧气的低温蒸馏一般就采用通常称为林德双塔的两效精馏，其流程如图 4-80 所示。低温压缩空气进入下塔盘管冷凝给热供下塔再沸，然后由下塔中部入塔进行精馏分离。塔中部的蒸发冷凝器既是下塔塔顶的冷凝器，也是上塔塔底的再沸器。下塔塔顶的精馏物是纯氮，上塔塔底的提馏物是纯氧。由于在相同压力下氧的沸腾温度高于氮的冷凝温度，因此欲将氮气冷凝给热供液氧蒸发，必须采用不同的压力。现下塔 0.56MPa，上塔 0.15MPa，使氮的冷凝温度高于氧的沸腾温度并有必要的传热温差（约 2.5℃）。此时，下塔塔底为不纯产物——富氧空气，它加入上塔进一步分离为纯氮、纯氧产品，上塔塔顶的回流由下塔塔顶提供，所以蒸发冷凝器还是上塔塔顶的冷凝器。

4.5.3.5 热泵精馏

热泵精馏类似于热泵蒸发，就是把塔顶蒸汽加压升温，使其返回用作本身的再沸热源，回收其冷凝潜热。

由于塔顶和塔底的温度差是精馏分离的推动力，而且塔板压力损失也加剧了塔釜温度的上升。所以，把塔顶蒸气加压升温到塔底热源的水平，所需的能量很大。因此，目前热泵精馏只用于沸点相近的组分的分离，其塔底和塔顶温差不大。

蒸气加压方式有两种：蒸气压缩机方式和蒸气喷射泵方式。

4.5.3.5.1 蒸汽压缩机方式

蒸气压缩机方式热泵精馏在下述场合应用，可望取得良好的效果：①塔顶和塔底温度接近的场合；②被分离物质的沸点接近，分离困难，回流比高，因此需要大量加热蒸气的场合；③在低压运行时必须采用冷冻剂进行冷凝，为了使用冷却水或空气作冷凝介质，必须在较高塔压下分离某些易挥发物质的场合。

考虑到冷凝器和再沸器热负荷的平衡以及便于控制，在流程中往往设有附加冷却器或加热器。

蒸汽压缩机方式又有三种形式：气体直接压缩式、单独工质循环式和闪蒸再沸流程。

(1) 气体直接压缩式　气体直接压缩式是以塔顶气体作为工质的热泵，其流程如图 4-81 所示。塔顶气体经压缩升温后进入塔底再沸器，冷凝给热使釜液再沸，冷凝液经节流阀减压后，一部分作为产品采出，另一部分作为回流。

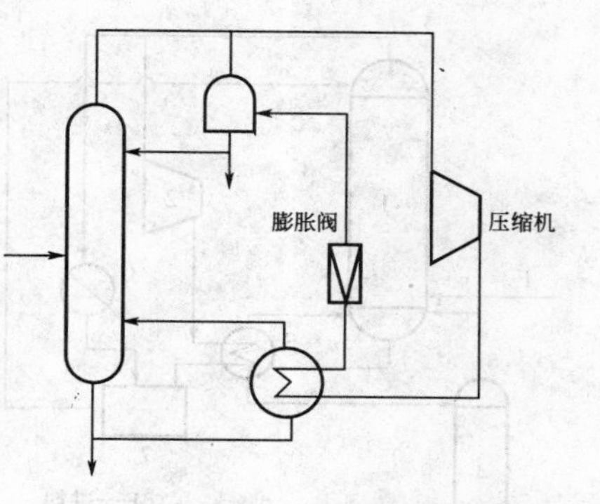

图 4-81　气体直接压缩式热泵精馏

表 4-18 给出了高压精馏采用气体直接压缩式热泵精馏的例子，其中冷凝压力指压缩机出口压力。

表 4-18　采用气体直接压缩式热泵精馏体系

参数	丙烯-丙烷	丁烯-2-异丁烷	乙烯-乙烷
塔压(绝)/MPa	0.862	0.689	0.931
塔底温度/℃	23.9	68.4	−40
冷凝压力(绝)/MPa	1.28	1.24	1.96
再沸器温差/℃	5.55	5.55	4.43

热泵精馏适于塔底和塔顶温差小的场合，但对像乙醇-水体系这样大温差的精馏，其 y-x 图如图 4-82 所示，由于该体系为共沸混合物，在接近共沸组成的塔顶附近，相对挥发度很小，要求回流比很大，需要的热量大，而温度差很小；而在塔中部，相对挥发度大，温度差较大，需要的热量要小得多。注意到这点，将精馏塔分割成上下两部分，就可在上塔采用热泵蒸馏。

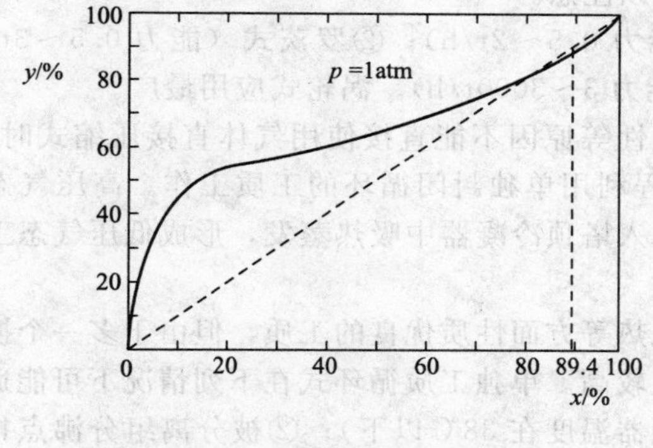

图 4-82　乙醇-水体系相图

乙醇-水体系采用上述分割式热泵精馏的流程如图 4-83 所示。把精馏塔分割成上下两部分，上塔类似于塔顶直接式热泵精馏（多了一个进料口）。从上塔塔顶出来的蒸气分成两部分，一部分进入压缩机后升温，作为上塔热源，另一部分蒸气进入辅助冷凝器，两股冷凝液在储罐中缓冲后，一部分作为回流，另一部分作为馏出液。

下塔类似于常规精馏的提馏段，即蒸出塔，进料来自上塔的釜液，蒸气出料则进入上塔塔底。在上部塔和下部塔塔底分别加入热量，则上部塔的流量就增大，这就符合了像乙醇-水这样的体系的需要。而且，把塔分为两部分进行操作，上部塔塔顶和塔底的温差 $\Delta t_{2,3}$，大大小于上部塔塔顶和下部塔塔底的温差 $\Delta t_{1,3}$（即采用单塔操作时塔顶和塔底的温度差）。例如乙醇-水体系，采用单塔操作时 $\Delta t_{1,3}=21.9$℃，而 $\Delta t_{2,3}\leqslant 4$℃，这样，在上塔采用热泵就会有利了。

在操作压力为常压时，热泵单塔分离压缩机压比需取 3，而两塔分离时，压比只需 1.4 即可。此流程适用于分离存在以下特点的两物系：低浓度区相对挥发度大，而高浓度区相对挥发度很小（或有可能存在恒沸点），如乙醇水溶液、异丙醇水溶液等。

分割式热泵精馏并不是简单地把一个塔分为两个塔，其分割点的位置对整个系统的投资

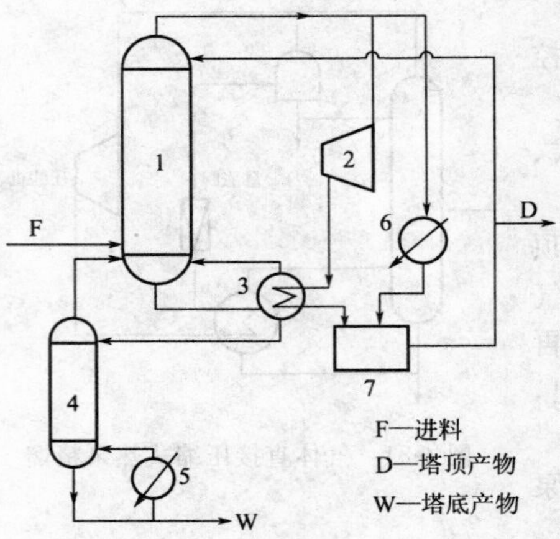

图 4-83　乙醇-水体系二塔分割式热泵精馏系统

1—上塔；2—压缩机；3—上塔再沸器；4—下塔；5—下塔再沸器；6—辅助冷凝器；7—储罐

费用和运行费用均有很大影响。分割点浓度是分割式热泵精馏的主要参数。参照图 4-83 分析，在分离物系和要求一定的情况下，分割点浓度越大，上塔温差越小，热泵精馏节能效果越明显。上塔操作费用以及热泵、上塔和上塔再沸器的投资费用减小，而下塔的提馏作用要增大，下塔操作费用以及下塔和下塔再沸器的投资费用要增加；分割点浓度越小，则结论同上面相反，所以此节能流程存在最佳分割点。分割式热泵精馏的分割点，可用年运行费用最小为目标函数来确定。

在实际工程中，经常遇到对现有精馏塔的更新改造问题，由于现存精馏塔的状况和各种约束，精馏塔的改造与新设计相比有相当大的差别。分割式热泵精馏对此有明显的优势：现有精馏塔作为其上塔，降低回流比，安装上热泵；同时设计制造符合实际条件的下塔（其规模比上塔小很多），其设计与常规精馏塔的设计相同。这样不仅有明显的节能及经济效果，而且技术改造的总费用可在短时间内回收。

气体直接压缩式的缺点是压缩机操作范围较窄，控制性能不佳，容易引起塔操作的不稳定，需要在设计时，尤其是控制系统的设计中加以注意。

蒸汽压缩机形式有以下几种：①往复式（能力 0.5～2t/h）；②罗茨式（能力 0.5～3t/h）；③涡轮式（能力 2～200t/h）；④轴流式（能力 3～3000t/h）。涡轮式应用最广。

（2）单独工质循环式　当塔顶气体具有腐蚀性等原因不能直接使用气体直接压缩式时，可以采用图 4-84 所示单独工质循环式。这种流程利用单独封闭循环的工质工作。高压气态工质在再沸器中冷凝给热后经节流阀减压降温，入塔顶冷凝器中吸热蒸发，形成低压气态工质返回压缩机压缩，开始新的循环。

单独工质循环式可以选择在压缩特性、汽化热等方面性质优良的工质，但由于多一个换热器，为确保一定的传热驱动力，要求压缩升温较高。单独工质循环式在下列情况下可能适用：①塔顶冷凝器需要冷剂或冷冻盐水时（冷凝器温度在 38℃以下）；②被分离组分沸点接近，全塔温度落差小于 18℃；③塔压高，再沸器温度高于 150℃，热负荷大。

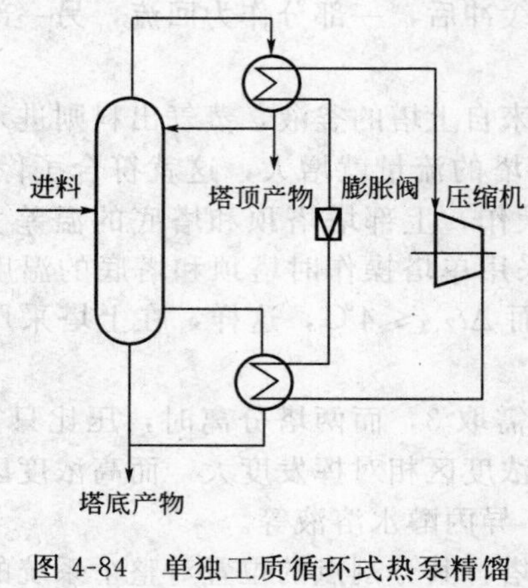

图 4-84　单独工质循环式热泵精馏

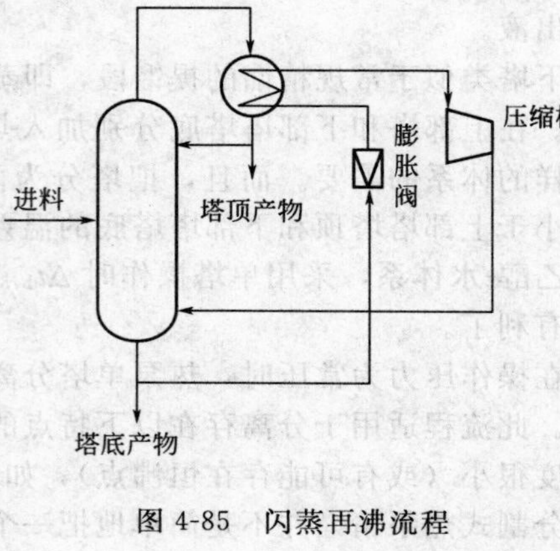

图 4-85　闪蒸再沸流程

(3) 闪蒸再沸　闪蒸再沸是热泵的一种变型，它以釜液为工质，其流程如图 4-85 所示。与气体直接压缩式相似，它也比单独工质循环式少一个换热器，适用场合也基本相同。不过，闪蒸再沸在塔压高时有利，而气体直接压缩式在塔压低时更有利。

4.5.3.5.2　蒸汽喷射泵方式

图 4-86 为采用蒸气喷射泵方式的蒸汽汽提减压精馏工艺流程。在该流程中，塔顶蒸汽是稍含低沸点组分的水蒸气，其一部分用蒸汽喷射泵加压升温，随驱动蒸汽一起进入塔底作为加热蒸汽。在传统方式中，如果进料预热需蒸汽量 10，再沸器需蒸汽量 30，共需蒸汽量 40。而在采用蒸汽喷射式热泵的精馏中，用于进料预热的蒸汽量不变，但由于向蒸汽喷射泵供给驱动蒸汽 15 就可得到用于再沸器加热的蒸汽 30，故蒸汽消耗量是 25，可节省 37.5% 的蒸汽量。

采用蒸汽喷射泵方式的热泵精馏有如下优点：①新增的设备只有蒸汽喷射泵，设备费低；②蒸汽喷射泵没有转动部件，容易维修，而且维修费低；③吸入蒸汽量偏离设计点时发生喘振和阻流现象，这点与蒸汽压缩机相同，但由于没有转动部件，就没有设备损坏的危险。但是，这种方式在大压缩比或高真空度条件下操作时，蒸汽喷射泵的驱动蒸汽量增大，再循环效果显著下降。因此，采用这种方式的必要条件是：①精馏塔塔底和塔顶的压差不大；②减压精馏的真空度比较低。

采用蒸汽喷射泵把塔顶蒸汽加压升温后，也可作为其他系统的热源，如图 4-87 所示。这种方式的前提条件是前塔的低沸点组分和后塔的高沸点组分都是水，后塔是汽提。如果后塔采用再沸器加热，则蒸汽喷射泵的压缩比要加大，使驱动蒸汽量增加，达不到好的经济效果。采用这种方法，后塔所需蒸汽量可节省一半。

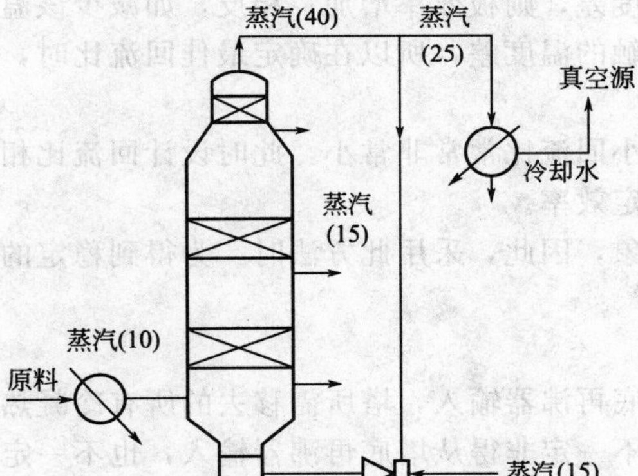

图 4-86　采用蒸汽喷射泵方式的减压精馏

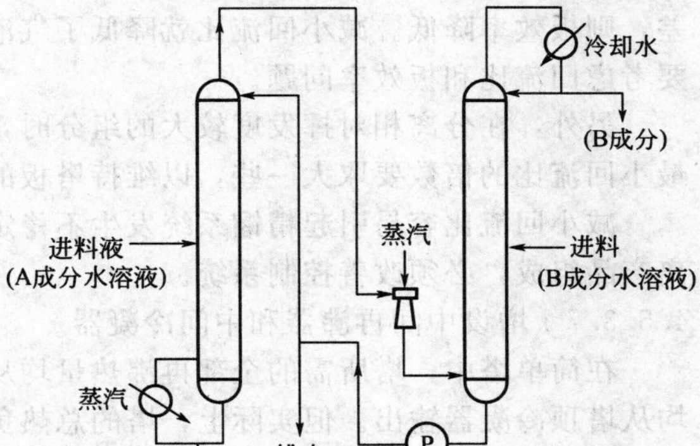

图 4-87　采用蒸汽喷射泵方式的两种不同物料体系的精馏

4.5.3.6　减小回流比

回流比 R 为塔顶回流量 L 与塔顶产品量 D 之比，即

$$R=L/D \tag{4-76}$$

回流比是一个极其重要的工艺参数，精馏装置所需热能很大程度上取决于回流比，同时，回流比还决定着塔板数的多少。回流比的选择是一个经济问题，回流比增大，则能耗上升，而塔板数减少；回流比减小，能耗下降，但塔板数增多。所以要在能量费用和设备费用之间作出权衡。

图 4-88 是精馏工程常用的 y-x 图。图中曲线为不同回流比时精馏塔的操作线，回流比

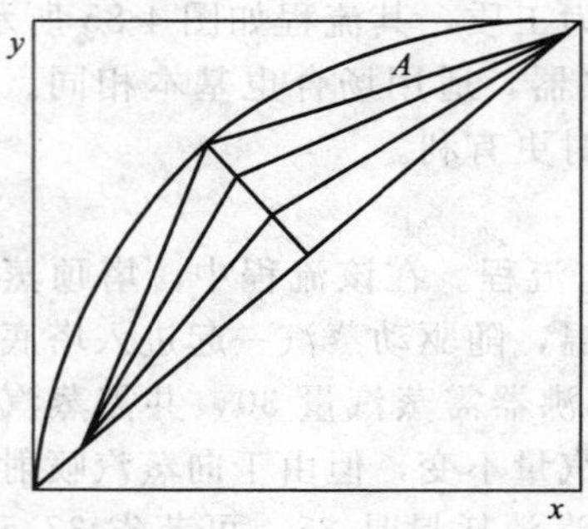

图 4-88　不同回流比下的操作线

越小，操作线就越往上移而靠近平衡线，㶲损失就越小，因而热负荷就越小，但塔板数将增加，即设备费增大。当操作线在某一点上碰到平衡线时，回流比达到最小，即 $R=R_{\min}$，此时耗能达到最低。

即使 $R=R_{\min}$，精馏过程仍然存在不可逆性。精馏过程的操作线表示塔内任意截面处相互接触的两相成分。如图 4-88 中的 A 点，液相成分为 x，气相成分为 y，而与 x 平衡的气相成分是平衡线上的 y_e。$y_e>y$，这个差值就是传质推动力，也就是传质不可逆性的原因。在最小回流比下，仅仅在进料截面处气液处于平衡（操作点落在平衡线上），而其他地方，操作线离开了平衡线，仍存在不可逆性。平衡线与操作线之间所夹面积，表明其不可逆程度。

通常取设计回流比为最小回流比的（1.2～2）倍，这主要是考虑到操作控制的问题、气-液平衡数据的误差以及日后增加产量的需要。但随着能源的短缺和价格的上涨，设计回流比已不断下降。例如乙烯精馏塔的回流比已从原来的 $1.3R_{\min}$ 降到 $1.05R_{\min}$。不过，减小回流比会使投资增大，因而存在最佳回流比。表 4-19 为理论最佳回流比与能源价格的关系。

表 4-19　理论最佳回流比与能源价格的关系

能源相对价格/%	100	200	400	1000
最佳回流比 $R/R_{\min}$	1.15	1.11	1.067	1.034

在同一体系中，如加大塔板上气液接触的温度差，则板效率增加；相反，如减少该温度差，则板效率降低。减小回流比就降低了气液接触的温度差，所以在确定最佳回流比时，需要考虑回流比和板效率问题。

另外，在分离相对挥发度较大的组分时，最小回流比常常非常小，此时设计回流比相对最小回流比的倍数要取大一些，以维持塔板的稳定效率。

减小回流比容易引起精馏系统发生不稳定现象，因此，采用此方法时，为得到稳定的分离产品组成，必须改善控制系统。

4.5.3.7　增设中间再沸器和中间冷凝器

在简单塔中，塔所需的全部再沸热量均从塔底再沸器输入，塔所需移去的所有冷凝热量均从塔顶冷凝器输出。但实际上，塔的总热负荷不一定非得从塔底再沸器输入，也不一定从塔顶冷凝器输出。沿提馏段向上，轻组分汽化所需热量逐板减少；沿精馏段向下，重组分冷凝所需冷量亦逐板减少。基于精馏塔的逐板计算，可得表征精馏塔能量特性的温-焓图（T-H 图），如图 4-89 所示。

温度是热能品质的度量，即使热负荷在数量上没有变化，如果温度分布发生了变化，就有可能减少不可逆损失。采用中间再沸器把再沸器热负荷分配到塔底和塔中间段，采用中间冷凝器把冷凝器热负荷分配到塔顶和塔中间段，就是这样的节能措施。此时其能量特性见图 4-90。

如图 4-91(a) 所示的二级再沸和二级冷凝精馏塔，即在提馏段设置第二蒸馏釜，在精馏段设置第二冷凝器，则精馏段与提馏段各有两条操作线，如图 4-91(b) 所示。此时，靠近进料点的精馏操作线斜率大于更高的精馏操作线，靠近进料点的提馏操作线斜率小于更低的提馏操作线，与没有中间再沸器和中间冷凝器的精馏塔如图 4-91(b) 中的虚线所示相比，操作线靠近平衡线，精馏过程㶲损失减少。这种流程，既然进料点处两条操作线斜率保持不变，则总冷凝量和总加热量就没有变，即两个蒸馏釜的热负荷之和与原来一个蒸馏釜相同，两个冷凝器的热负荷之和与原来的一个冷凝器相同。比较图 4-89 和图 4-90 也可看出这一点。但是，与原蒸馏釜相比，第二蒸馏釜可使用较低温度的热源；与原冷凝器相比，第二冷凝器可以在较高温度下排出热量，从而降低了能量的降级损失。

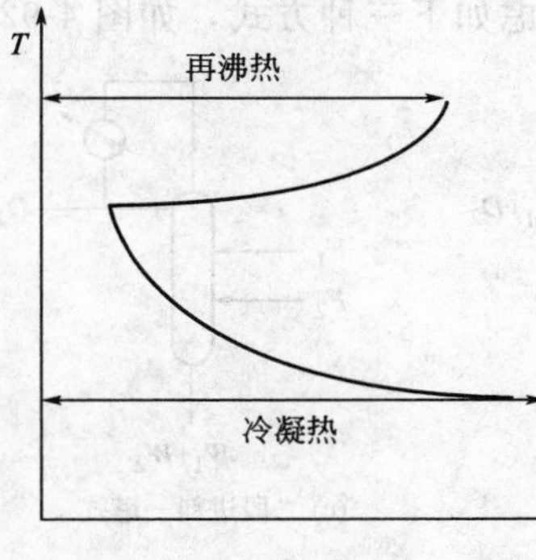

图 4-89 精馏塔的 T-H 图

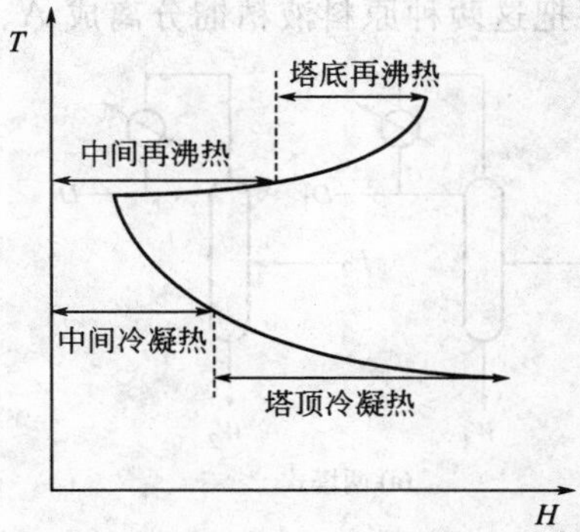

图 4-90 具有中间再沸器和中间冷凝器的精馏塔的 T-H 图

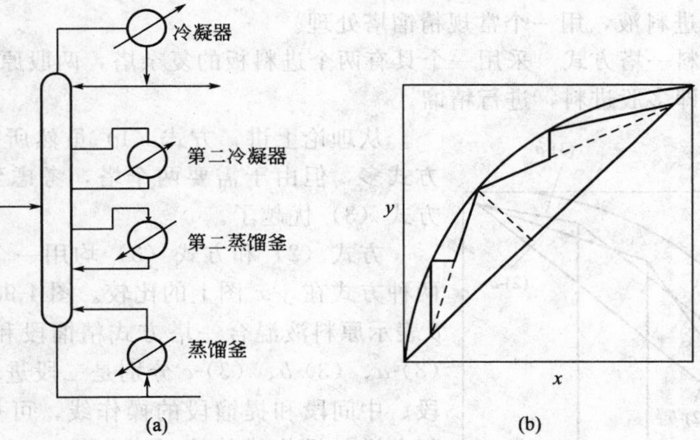

图 4-91 二级再沸、二级冷凝精馏

如果在精馏段的每一层都设置冷凝器，提馏段的每一层都设置再沸器，以便根据平衡线的要求保持各处都处于气-液平衡，就可以使精馏过程完全可逆而把能耗降至理论最小分离功。当然，这只是理论上的极限。

增设中间再沸器和中间冷凝器是有条件的。增设中间再沸器的条件是有不同温度的热源供用；增设中间冷凝器的条件是中间回收的热能有适当的用户，或者是可以用冷却水冷却，以减少塔顶所需制冷量负荷。如果中间再沸器与塔底再沸器使用同样热源，中间冷凝器与塔顶冷凝器使用同样冷源，则这种流程毫无意义，只不过是把一部分㶲损失从塔内移到中间再沸器和中间冷凝器（相对原再沸器和原冷凝器，其传热温差加大），没有任何节能效果，而且还浪费了投资。

这种配置的另一个优点是，由于进料处上升气体流量大于塔顶，进料处下降液体流量大于塔底，与常规塔相比，塔两端气液流量减小，可以缩小相应段塔径，在设计新设备时，可以收到节省设备费用的效果。

4.5.3.8 多股进料和侧线出料

4.5.3.8.1 多股进料

两种或多种成分相同但浓度不同的料液进行分离，例如，低沸点组分浓度分别为 x_{F_1}、x_{F_2} 的 A、B 二组分体系混合液，以 F_1（kmol/h）、F_2（kmol/h）流量从两个工艺中排出时，要把这两种原料液精馏分离成 A、B 单一组分，可考虑如下三种方式，如图 4-92 所示。

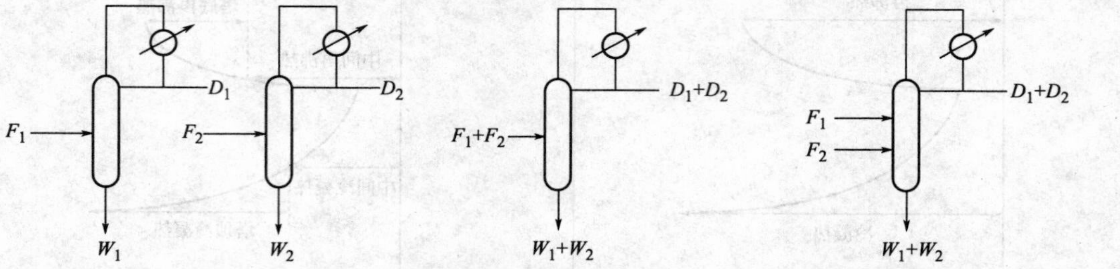

(a) 两塔式　(b) 进料液混合一塔式　(c) 二段进料一塔式

图 4-92 两种浓度进料液的精馏法

（1）两塔方式 用两个常规精馏塔分别处理两股原料液。

（2）原料液混合进料一塔式 把浓度不同的 F_1、F_2 两种原料液混合，形成 x_{F_m} 的 F_m（$F_m = F_1 + F_2$）进料液，用一个常规精馏塔处理。

（3）二段进料一塔方式 采用一个具有两个进料板的复杂塔，两股原料液分别在适当的位置加入塔内，即多股进料，进行精馏。

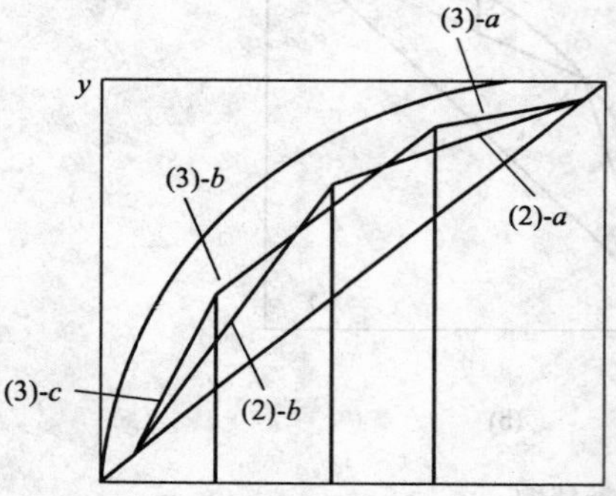

图 4-93 二段进料 y-x 图

从理论上讲，方式（1）虽然所需热量未必比其他方式多，但由于需要两个塔，考虑到设备费用就不如方式（3）优越了。

方式（2）和方式（3）均用一个塔，图 4-93 为这两种方式在 y-x 图上的比较。图 4-93 中（2）-a 和（2）-b 表示原料液混合一塔方式精馏段和提馏段的操作线；（3）-a、（3）-b、（3）-c 分别是二段进料一塔方式的精馏段、中间段和提馏段的操作线，可见，采用二段进料复杂塔时操作线较接近平衡线，不可逆损失降低，因而热能消耗降低。这是因为精馏分离是以能耗为代价的，而混合是分离的逆过程。在分离过程中的任何具有势差的混合过程，都意味着能耗的增加。采用二段进料复杂塔，由于精馏段操作线斜率减小，回流比减小，所需塔板数要增加。

二段进料的复杂塔计算时可分为三段：精馏段、中间段和提馏段。每段均可用物料衡算求出其操作线方程。

对精馏段，设塔顶为泡点回流，进料均为泡点进料，则精馏段操作线方程为：

$$y_{n+1} = Rx_n/(R+1) + x_D/(R+1) \quad (4\text{-}77)$$

中间段操作线

$$V' y_{n+1} + F_1 x_{F_1} = L' x_n + D x_D$$

因为 $q_1 = 1$

所以 $V' = V = (R+1)D$

$L' = L + qF_1 = L + F_1 = RD + F_1$

$$y_{n+1}=(L'x_n+Dx_D-F_1x_{F_1})/V'$$
$$=[(RD+F_1)x_n+Dx_D-F_1x_{F_1}]/[(R+1)D] \quad (4\text{-}78)$$

提馏段操作线

$$V''y_{n+1}+F_1x_{F_1}+F_2x_{F_2}=L''x_n+Dx_D$$

因为 $\quad q_2=1$

所以 $\quad V''=V'=V=(R+1)D$

$$L''=L+q_1F_1+q_2F_2=L+F_1+F_2=RD+F_1+F_2$$
$$y_{n+1}=[(RD+F_1+F_2)x_n+Dx_D-F_1x_{F_1}-F_2x_{F_2}]/[(R+1)D] \quad (4\text{-}79)$$

无论加料热状态如何，塔中精馏段操作线的斜率必小于中间段，中间段的斜率必小于提馏段。各股加料的 q 线方程仍与单股进料时相同。

减小回流比时，三段操作线均向平衡线靠拢，所需理论塔板数将增加。当回流比减小到某一极限即最小回流比时，夹点可能出现在精馏线与中间线的交点，也可能出现在中间线与提馏线的交点。对非理想性很强的物系，夹点也可能出现在某个中间位置。

4.5.3.8.2　侧线出料

当需要组成不同的两种或多种产品时，可在塔内相应组成的塔板上安装侧线，抽出产品，即用一个复杂塔代替多个常规塔联立方式。侧线抽出的产品可为塔板上的泡点液体或饱和蒸汽。这种方式既减少了塔数，也减少了所需热量，是一种节能的方法。

具有一股侧线出料的系统如图 4-94(a) 所示，图 4-94(b) 为侧线产物为组成 $x_{D'}$ 的饱和液体，图 4-94(c) 为侧线产物为 $y_{D'}$ 的蒸汽。但无论哪种情况，中间段操作线斜率必小于精馏段。在最小回流比下，恒浓区一般出现在 q 线和平衡线的交点处。

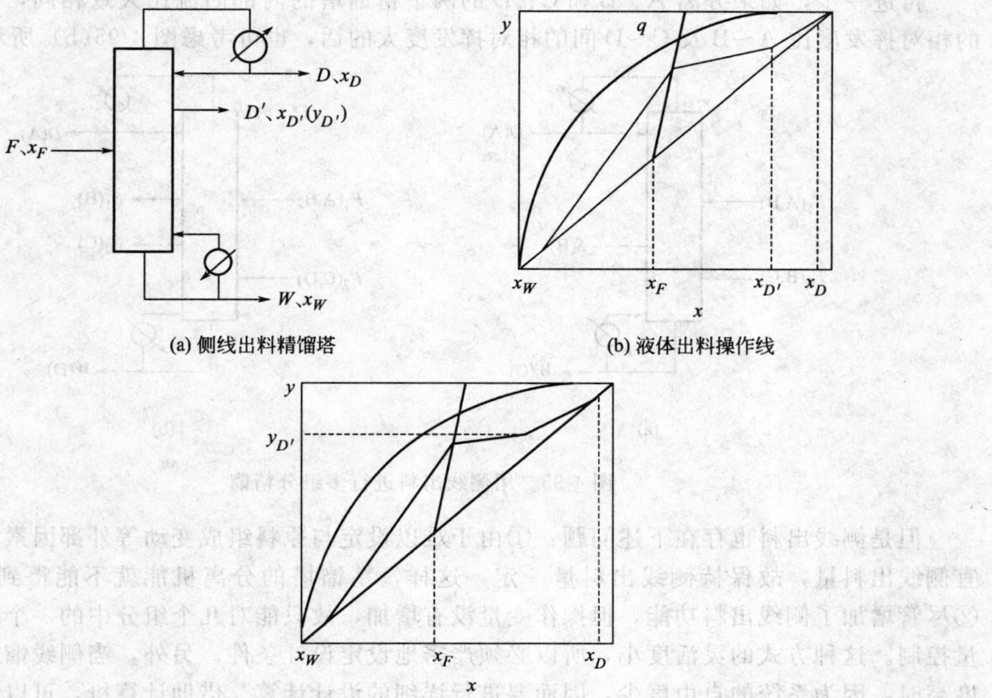

(a) 侧线出料精馏塔　　(b) 液体出料操作线

(c) 蒸汽出料操作线

图 4-94　具有侧线出料的精馏塔

若塔顶为泡点回流，精馏段操作线方程仍为式(4-77)。对中间段有

$$V'y=L'x+Dx_D+D'x_{D'} \tag{4-80}$$

若 D' 为液相，则

$$V'=V=(R+1)D \tag{4-81}$$

$$L'=L-D'=RD-D' \tag{4-82}$$

若 D' 为气相，则

$$V'=V+D' \tag{4-83}$$

$$L'=L=RD \tag{4-84}$$

对提馏段有

$$V''y=L''x+Dx_D+D'x_{D'}-Fx_F \tag{4-85}$$

$$V''=V'-(1-q)F \tag{4-86}$$

$$L''=L'+qF \tag{4-87}$$

把侧线出料的方式再发展一步，可用来进行多组分精馏。

在采用一个常规塔将 F_1(A,B) 分离成 A、B 二组分，另一个常规塔将 F_2(B,C) 分离成 B、C 二组分的情况下。如果两个精馏塔的处理量和内部回流比差别不大，就可以采用如图 4-95(a) 所示精馏工艺取而代之。不过这种情况是以塔内相对挥发度顺序不变为前提的，并应按沸点由低到高的次序自上而下进料。

在该工艺中，当原料液量 $F_1 \approx F_2$，进料组成 $x_{F_1B} \approx 0.5$、$x_{F_2B} \approx 0.5$ 时，与采用两个常规塔分离相比，所需热量只有两个常规塔的一半，而且设备投资也减少了（塔减少了一个）。当进料量 F_1 和 F_2 有很大差别时，如 $F_1 \gg F_2$ 时，应设置中间再沸器；如 $F_1 \ll F_2$，则把侧线馏分 S 以气态引出，一部分作为回流。

再进一步，如果分离 A、B 和 C、D 的两个精馏塔的内部回流比大致相同，而 B～C 间的相对挥发度比 A～B 及 C～D 间的相对挥发度大的话，也可考虑图 4-95(b) 所示工艺。

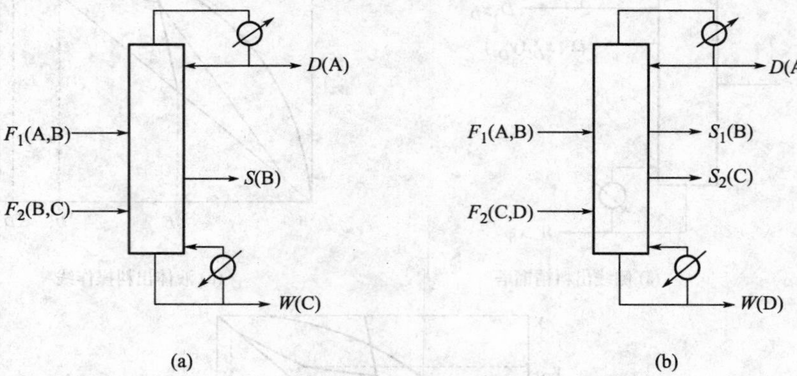

图 4-95　用侧线出料进行多组分精馏

但是侧线出料也存在下述问题：①由于难以设定与原料组成变动等外部因素相对应的最宜侧线出料量，故保持侧线出料量一定，这样，精馏塔的分离机能就不能得到充分利用；②尽管增加了侧线出料功能，但操作变量没有增加，故只能对几个组分中的一个组分进行质量控制。这种方式的灵活度小，所以必须严密地设定设计条件。另外，当侧线馏分要求的纯度高时，因为系统的自由度少，因而要进行详细的设计计算。借助计算机，可以容易地进行此项工作。

除以上介绍的途径外，在精馏操作中还可以采用以下方法节能：①进料板、出料板的最

佳化；②在线最佳控制；③通过使用高效塔板或高效填料提高塔效率；④与其他分离法及其他装置组合使用，如精馏-萃取、精馏-吸附、膜精馏等混合系统。

4.6　反应过程及反应设备的节能

4.6.1　反应过程的热力学分析

4.6.1.1　化学反应有效能的计算

根据有效能的基本定义式，化学反应的有效能为：

$$E_{XR}=\Delta H-T_0\Delta S \tag{4-88}$$

忽略基准态与标准态（298K，101.3kPa）的差别，基准温度下且等温反应的反应有效能等于标准态的反应自由焓变化：

$$E_{XR}=-\Delta G \tag{4-89}$$

已知反应物和产物组成的反应过程，可直接从手册中查出标准态的自由焓数据，即为基准反应有效能。而当反应不在基准温度下，反应温度为"T"的等温反应，由自由焓定义

$$\Delta G=\Delta H-T\Delta S \tag{4-90}$$

$$\Delta S=\frac{(\Delta H-\Delta G)}{T} \tag{4-91}$$

故

$$E'_{XR}=\Delta H-T_0\left(\frac{\Delta H-\Delta G}{T}\right)=\left(\frac{T_0}{T}\right)\Delta G+\Delta H\left(1-\frac{T_0}{T}\right) \tag{4-92}$$

一般地，由自由焓与平衡常数的函数关系

$$\Delta G=RT\ln\left(\frac{K_P}{J_P}\right)$$

于是

$$E'_{XR}=RT_0\ln\left(\frac{K_P}{J_P}\right)+\Delta H\left(1-\frac{T_0}{T}\right) \tag{4-93}$$

式(4-93) 即为反应条件下反应有效能的计算式。ΔH 为反应热效应，可用单位反应物的热效应表示，实际上为完全反应的热效应乘以反应进度（转化率）的综合表示。

当考虑到还有不参加反应的惰性组分随反应物和产物一起进出反应器时，反应有效能为：

$$E'_{XR}=RT_0\ln\left(\frac{K_P}{J_P}\right)+\Delta H\left(1-\frac{T_0}{T}\right)+RT_0\sum n_i\ln\left[\frac{(p_i)_{\mathrm{O}}}{(p_i)_{\mathrm{I}}}\right] \tag{4-94}$$

式中　$(p_i)_{\mathrm{I}}$、$(p_i)_{\mathrm{O}}$——进出反应器的 i 组分的分压；

n_i——与 1kmol 反应物对应的惰性组分的千摩尔数。

对于等分子反应即反应物和产物化学计量系数相同，反应器本身压降可以忽略时，可不考虑惰性组分的影响，按式(4-93) 计算。

对于绝热反应过程，反应前后焓相等，温度改变，可分两步求 E'_{XR}：先按恒温计算，温度为 T_i 需自外界吸入热量 ΔH，第二步，反应物放热，温度由 T_i 变化到 T_e，因此有：

$$E'_{XR}=RT_0\ln\left(\frac{K_{Pi}}{J_P}\right)+T_0\left(\frac{1}{T_i}-\frac{1}{T_m}\right)\Delta H+RT_0\sum n_i\ln\left[\frac{(p_i)_{\mathrm{O}}}{(p_i)_{\mathrm{I}}}\right] \tag{4-95}$$

式中　T_m——进出口温度热力学平均温度，

$$T_m=\frac{T_i-T_e}{\ln\ (T_i/T_e)};$$

K_{Pi}——进口温度下的平衡常数。

反应的热力学有效能差（为基准温度反应有效能）如图 4-96 所示，可由操作温度压力

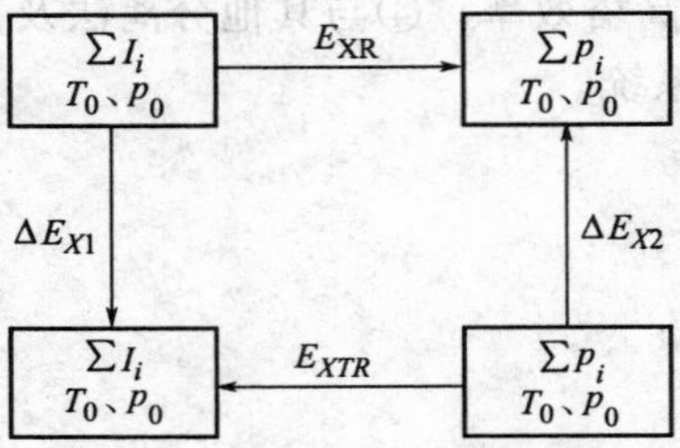

图 4-96 反应有效能计算图

变化求出物理有效能的变化值进行修正。

$$E_{XR}=E'_{XTR}+\Delta E_{X1}-\Delta E_{X2} \tag{4-96}$$

4.6.1.2 实际反应过程有效能损耗和复杂反应的反应有效能估算

实际反应过程有效能损耗由两部分组成：一是由于反应本身的不可逆性造成的反应有效能损失；二是反应器内传热不可逆过程造成的有效能损失。

反应过程的不可逆性是由于存在反应推动力 $\ln(K_P/J_P)$，即平衡常数和压力商不同促进反应进行，如果 $J_P=K_P$，达到化学平衡，就成为可逆过程。化学热力学中把自由焓变化 ΔG 称为化学亲和力，即为反应过程的推动力，用 A 表示。

$$A=-\Delta G=RT\ln\left(\frac{K_P}{J_P}\right) \tag{4-97}$$

而损耗功

$$D=(T_0/T)\,A=RT_0\ln\left(\frac{K_P}{J_P}\right) \tag{4-98}$$

化学反应有效能损失一般并不大，通常可以忽略，特别是对于复杂的石油加工工程，K_P 和 J_P 都难以准确知道，粗略计算可直接取反应热效应 ΔH 为反应有效能，这可从下边导出过程得到解释。

工程上，还常使用平衡温距的概念，即与物料组成相当的平均温度 T_{eq} 与实际反应温度之差，T_{eq} 对应的平衡常数为 K_P，根据平衡常数与温度的函数关系：

$$\ln\left(\frac{K_{P1}}{K_{P2}}\right)=\left(\frac{\Delta H}{R}\right)\left(\frac{1}{T_1}-\frac{1}{T_2}\right) \tag{4-99}$$

有

$$\ln\left(\frac{K_P}{J_P}\right)=\left(\frac{\Delta H}{R}\right)\left(\frac{1}{T_{eq}}-\frac{1}{T}\right) \tag{4-100}$$

损失功

$$T_0\Delta S=T_0\Delta H\left(\frac{1}{T_{eq}}-\frac{1}{T}\right) \tag{4-101}$$

代入化学反应有效能定义式(4-88) 有：

$$E_{XR}=\Delta H-T_0\Delta S=\Delta H-T_0\Delta H\left(\frac{1}{T_{eq}}-\frac{1}{T}\right)=\Delta H\left[1-T_0\ \frac{T-T_{eq}}{T_{eq}T}\right]=\Delta H(1-\beta) \tag{4-102}$$

化学反应有效能损失占反应热的比例为：

$$\beta=T_0\ \frac{T-T_{eq}}{T_{eq}T} \tag{4-103}$$

某合成氨装置平衡温距及 β 值见表 4-20。

表 4-20 平衡温距与 β 的关系

反应器	反应平衡温度/℃	实测温度/℃	平衡温距/℃	β
一段转化炉	787	808	21	0.005
二段转化炉	955	979	24	0.0045
高温变换	442	435	−7	0.004
低温变换	250	235	−15	0.0163

分析上式，石油加工过程中，反应温度都在 250℃（523K）以上，平衡温距一般小于 30℃，括号中后一项在 0.01 左右。由表 4-20 知低温下 β 值略大一些，低温变换为 1.63%，温度越高影响越小，在高温下过程有效能损失占反应热的 0.3%以下，因此，对于未知组成

石油及有机烃的反应，其操作条件反应有效能近似取为反应热，不致有太大的误差，可以满足工程计算的要求。

4.6.2　反应过程节能的途径

4.6.2.1　化学反应热的有效利用或提供

化学反应进行时，大多数情况下都伴有热能的吸入或放出，化学反应热是反应系统所固有的，与反应途径和反应条件无关，一旦化学反应的反应物和生成物一定，反应热也就决定了。如何有效地利用反应过程放出的反应热，或者如何有效地供给反应过程所需的反应热，是化学反应过程节能的重要方面。

对于吸热反应，应合理供热。吸热反应的温度应尽可能低，以便采用过程余热或风机抽气供热，而节省高品质燃料。吸热反应可以有不同的供热方案，如合成氨生产中的甲烷蒸气转化过程，就有如图 4-97 所示的平行转化器流程和图 4-98 所示的三段转化炉流程。在平行转化器流程中，经预热脱硫的原料与蒸汽混合后分为三股，进一步加热后分别进入辐射段的转化管、对流段的转化管和平行转化器，进行一段转化，然后汇合去二段转化。在三段转化炉流程中，一段转化利用二段转化气的高温热进行。

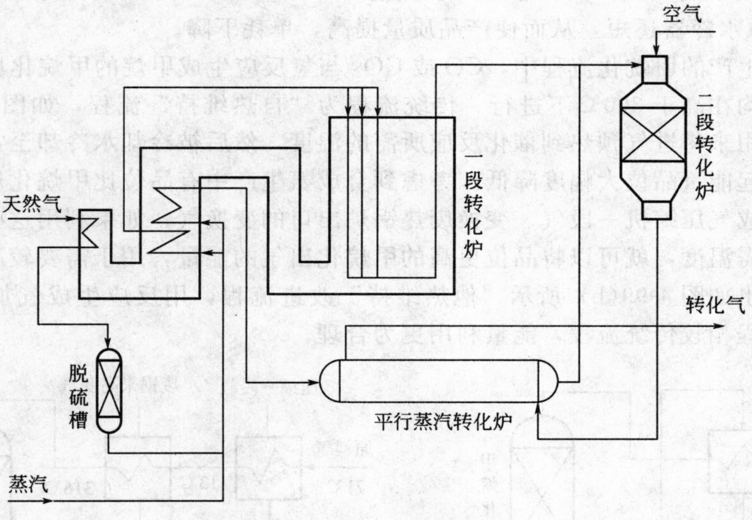

图 4-97　平行转化器流程

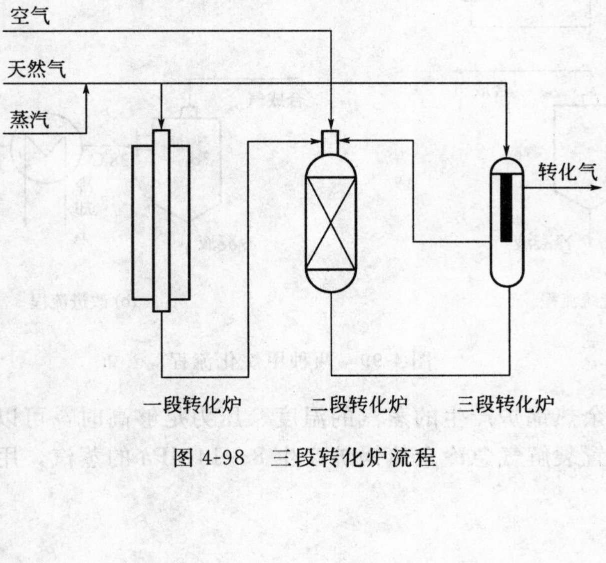

图 4-98　三段转化炉流程

对于放热反应，应合理利用反应热。放热反应的温度应尽可能高，这样，所回收的热量就具有较高的品质，便于能量的更合理利用。但在利用反应热时，一定要注意反应过程的特点。

例如甲醇氧化生产甲醛的过程是一强放热反应，根据热平衡计算，生产1t甲醛大约产生2.2×10^6kJ的余热，而生产1t甲醛需要的热量为1.5×10^6kJ，因此完全可以做到自热有余。甲醇氧化反应后，生成气的温度高达650℃，需急剧冷却到80℃左右，过去一直用水冷器，每吨甲醛需用20t冷却水带走反应热量。而生产1t甲醛需用700～800kg的蒸汽去蒸发甲醇、过热原料气和作为原料的配气。因此可采用余热锅炉用反应余热生产蒸汽。对于这种反应过程，所用余热锅炉的关键是要控制甲醛反应生成气在余热锅炉中的停留时间，以防止产生CO和甲酸的副反应而使原料单耗增加和产品质量下降。如果把余热锅炉出口反应生成气温度过分降低，以求多产蒸汽，则由于传热温差减小，传热面积增加，这不但使设备的造价提高，而且使生成气在锅炉中停留时间增加而副反应增加。因此，余热锅炉分为蒸发段和热水段两段，蒸发段中将反应生成气从650℃冷却到215℃，热水段再将生成气从215℃冷却到80℃。根据实测数据，对于年产2.5万吨甲醛的装置，余热锅炉能产生0.4MPa蒸汽1.8t/h以及68℃热水47.5t/h，总计回收热量6.3×10^6kJ/h，而气体在锅炉内的停留时间仅0.11s，比原水冷器还短，从而使产品质量提高，单耗下降。

在合成氨生产的甲烷化流程中，CO或CO_2与氢反应生成甲烷的甲烷化反应是一强放热反应，工业上均在高于300℃下进行。传统流程为“自热维持”流程，如图4-99(a)所示，甲烷化炉出气用来将进气预热到催化反应所需的温度，然后被冷却水冷却至常温。由于传热温差太大，引起能量品位大幅度降低。考虑到合成氨生产中有品位比甲烷化反应热更低的其他余热，如合成气压缩机一段气、变换废热锅炉出口的变换气，如果利用这些余热将甲烷化进气预热到所需温度，就可以将品位更高的甲烷化出气的能量，用于需要较高品位能量的地方。因此，提出如图4-99(b)所示“他热维持”改进流程，用反应生成气加热高压锅炉给水。该改进流程相较传统流程，能量利用更为合理。

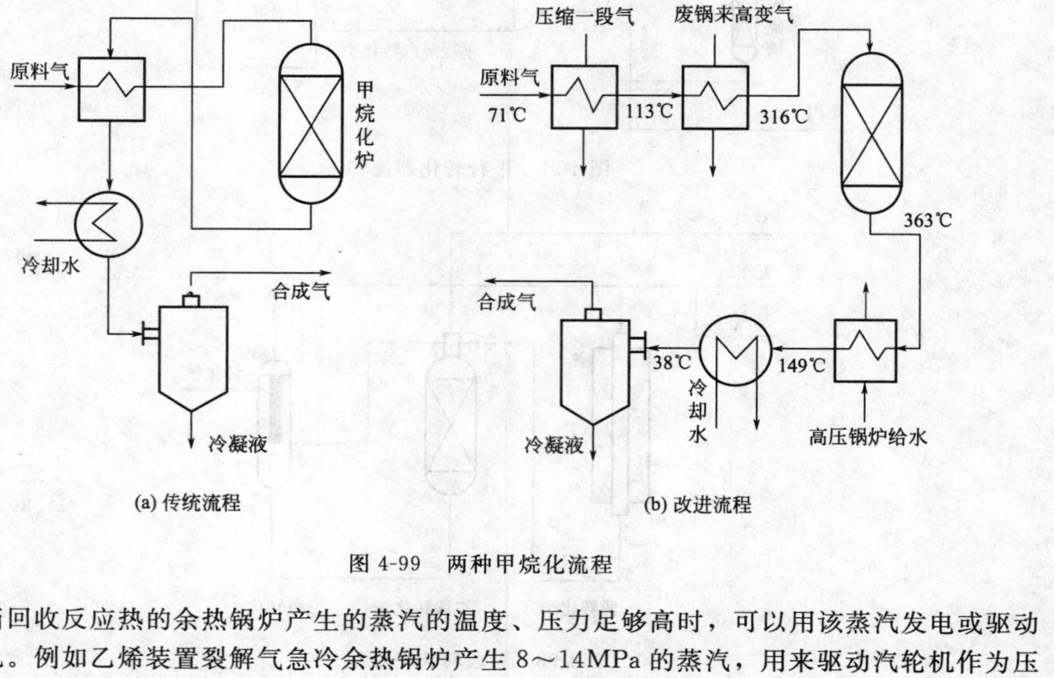

图4-99　两种甲烷化流程

当回收反应热的余热锅炉产生的蒸汽的温度、压力足够高时，可以用该蒸汽发电或驱动汽轮机。例如乙烯装置裂解气急冷余热锅炉产生8～14MPa的蒸汽，用来驱动汽轮机作为压缩机的动力。这项措施使每吨乙烯消耗的电力由 2000～3000kW·h 降到 50～100kW·h，大大提高了乙烯装置的经济性。

不论是吸热反应还是放热反应，均应尽量减少惰性稀释组分。因为对于吸热反应，惰性组分要多吸收外加热量；而对放热反应，要多消耗反应热。

4.6.2.2　反应装置的改进

反应装置是反应过程的核心。绝大多数反应过程都伴随有流体流动、传热和传质等过程，每种过程都有阻力。为了克服阻力，推动过程进行，需要消耗能量。如果能改进反应装置、减少阻力，就可降低能耗。因此，应考虑改进反应装置内流体的流道、彻底保温、选择高效搅拌型式及减少电解槽电阻等节能。

凯洛格（Kellogg）公司尝试对合成氨装置进行改进，以降低单位产量合成氨所需催化剂的体积、减少催化剂床层压力降、提高单程转化率以及简化设备结构为目标，开发了新型卧式反应器。新反应器是激冷式，催化剂呈水平板状，反应气体垂直通过催化剂床层。表 4-21 比较了日产 1500t 装置采用传统轴向立式反应器和新的径向卧式反应两种情况，可见，新型反应器的压力损失明显下降。

表 4-21　氨合成反应器

项目	轴向立式	径向卧式	项目	轴向立式	径向卧式
催化器粒径/mm			反应器直径/mm	2100	2100
第一段	3～6	3～6	催化剂体积/m^3	46.1	46.1
第二段	1.5～3	1.5～3	压力损失/kPa	4100	62
第三段	1.5～3	1.5～3			

托普索（Top-soe）公司开发了反应气径向流过圆柱形催化剂的 S-200 型反应器并成功投入运转。该公司旧式的 S-100 型反应器也是径向流动，但采用激冷式，高温高浓度气体与低温低浓度气体直接混合，有效能损失大；而 S-200 型反应器内设有热交换器，有效能损失小。

丙烯腈电解还原二聚生成己二腈反应，为防止阴极液中丙烯腈、己二腈以及电解质季铵盐在阳极氧化分解，故采用隔膜式电解槽用阳离子交换膜把两极分开。但最近发现，把丙烯腈放在高导电性的碱金属硫酸盐或磷酸盐的中性溶液中进行乳化时，没有必要使用隔膜。因此孟山都公司开发了新式无隔膜电解槽。如表 4-22 所示，新电解槽的极间电压损失大幅度下降，耗电量比过去降低大约 2/3。

表 4-22　丙烯腈电解槽

项目	隔膜法	无隔膜法	项目	隔膜法	无隔膜法
阴极	Pb	Cd	温度/℃	50	55
阳极	Pb(1%Ag)	碳钢	电流密度/(A/dm^2)	45	20
隔膜	离子交换膜 CR-61	无	耗电量/(kW·h/kg)	6.6	2.4
板间距/mm	7.1	1.8			

4.6.2.3　催化剂的开发

现有的化学工艺约有 80% 是采用催化剂的，所以，催化剂是化学工艺中的关键物质。一种新的催化剂研究开发成功，往往引起一场工艺改革。新型催化剂，或者可以缓和反应条件，使反应在较低的温度和压力下进行，从而可以节省把反应物加热和压缩到反应条件所需的能量；或者选择性提高，使副产物减少、生成物纯度提高，进而减少后续精制过程的能耗，或者提高活性，降低了反应过程的推动力，减少了反应能耗。

ICI公司曾低压（5MPa）、低温（270℃）操作的铜基催化剂代替了高压（35MPa）、高温（375℃）的锌-铬催化剂合成甲醇，不仅使合成气压缩机的动力消耗减少60%，整个工艺的总动力消耗减少30%，而且在较低温度下副产物大大减少，节省了原料气消耗和甲醇精馏的能耗，结果使每吨甲醇的总能耗从41.9×10^6kJ降低到36×10^6kJ。

瑞士Casale公司研制出一种氨合成的球形催化剂，可使流体阻力减少50%，因而节省了克服阻力的动力消耗。

从节能的观点看，最典型的是意大利蒙特爱边生公司与日本三井石油化学公司共同开发的丙烯聚合反应高效熔化剂。与以前采用的齐格勒（Ziegler）型催化剂相比，采用新的催化剂时生产强度要高7～10倍，而且还省掉了从聚合物中脱除残存催化剂的脱灰工序。表4-23比较了两者原料和能量消耗，可见，采用新型催化剂后，原料、蒸汽、电力等消耗均显著下降。

表4-23 丙烯聚合工艺

项目	旧工艺	新工艺	项目	旧工艺	新工艺
原料丙烯/(t/t)	1.10～1.12	1.04	电/(kW·h/t)	650～700	470～550
水蒸气/(t/t)	3.6	0.5	冷却水/(m^3/t)	280～300	70～100

4.6.2.4 反应与其他过程的结合

将所要进行的反应与其他过程（也包括其他反应过程）组合起来，有望改变反应过程进行的条件，或提高反应转化率，而达到节能的目的。

(1) 反应与反应的组合　如果能使所希望的反应在低温下进行，则可节省加热反应物所需的热量，同时低温时热能损失小，进一步增大了节能的效果。为了使化学反应在尽可能接近常温下进行，可考虑把所希望的反应和促成该反应的其他反应组合起来，使低温下化学平衡向理想方向移动。此时，虽然有时就所希望的化学反应来说标准自由焓变化为正值，但组合起来的总反应的标准自由焓变化为负值。

例如由食盐和石灰石制造碳酸钠的反应为：

$$2NaCl + CaCO_3 \longrightarrow CaCl_2 + Na_2CO_3$$

但是该反应在25℃时标准自由焓变化为＋40kJ/mol，反应不能进行。于是，把该反应与如下反应组合起来，各反应可在比较低的温度下进行，同时可以循环利用各反应的生成物：

$$CaCO_3 \longrightarrow CaO + CO_2 \qquad 1000℃$$

$$CaO + H_2O \longrightarrow Ca(OH)_2 \qquad 100℃$$

$$Ca(OH)_2 + 2NH_4Cl \longrightarrow CaCl_2 + 2NH_3 + 2H_2O \qquad 120℃$$

$$NaCl + H_2O + CO_2 + NH_3 \longrightarrow NaHCO_3 + NH_4Cl \qquad 60℃$$

$$2NaHCO_3 \longrightarrow Na_2CO_3 + H_2O + CO_2 \qquad 200℃$$

这就是氨碱法制碱原理。因此，从节能和节省资源两方面来看，该工艺都是非常好的。

(2) 反应精馏　化工生产中反应和分离两种操作通常分别在两类单独的设备中进行。若能将两者结合起来，在一个设备中同时进行，将反应生成的产物或中间产物及时分离，则可以提高产品的收率，同时又可利用反应热供产品分离，达到节能的目的。

反应精馏就是在进行反应的同时用精馏方法分离出产物的过程。依照其侧重点的不同，反应精馏可分为两种类型：利用精馏促进反应的反应精馏和利用反应促进精馏的反应精馏。

利用精馏促进反应的反应精馏的原理是：对于可逆反应，当某一产物的挥发度大于反应物时，如果将该产物从液相中蒸出，则可破坏原有的平衡，使反应继续向生成物的方向进行，因而可以提高单程转化率，在一定程度上变可逆反应为不可逆。

例如乙醇与醋酸的酯化反应：

$$CH_3COOH + C_2H_5OH \rightleftharpoons CH_3COOC_2H_5 + H_2O$$

此反应是可逆的。由于酯、水和醇三元恒沸物的沸点低于乙醇和醋酸的沸点，在反应过程中将反应产物乙酯不断蒸出，可以使反应不断向右进行，加大了反应的转化率。

图 4-100 为醋酸-乙醇酯化反应精馏示意图。乙醇 A（过量）蒸气上升，醋酸 A. A 淋下，反应生成酯 E，塔顶馏出二元共沸物，冷凝后分为两层即酯相和水相。

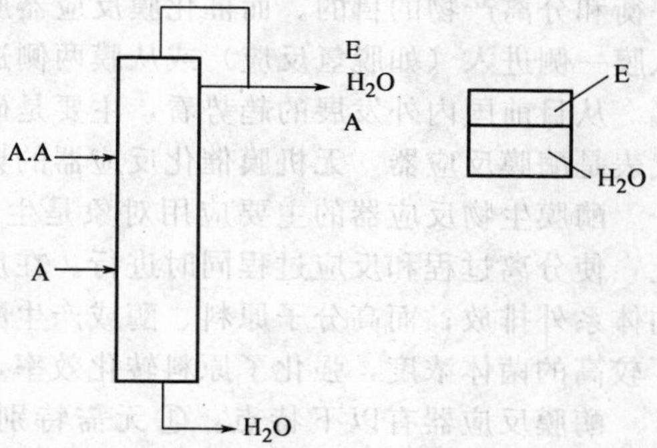

图 4-100　醋酸-乙醇酯化反应精馏示意图

又如连串反应。在甲醛的生产中，生成的甲醛发生连串反应，甲醛在水溶液中易形成其单分子水合物

$$HCHO + H_2O \longrightarrow CH_2(OH)_2$$

而后再脱水生成多聚甲醛

$$HOCH_2OH + nHOCH_2OH \longrightarrow HOCH_2(OCH_2)_nOH + nH_2O$$

在液相中甲醛的水合速率较快，而单分子水合物脱水速率较慢，因此将甲醛的水溶液蒸馏，蒸出沸点较低的甲醛，使平衡左移，从而提高甲醛的收率。

一般情况下，对于 $A \rightleftharpoons R \rightarrow S$ 的平行连串反应（其中 R 为目标产物，且 R 比 A 易挥发)，采用反应精馏尽快移去 R，使可逆反应的平衡右移，同时避免了连串反应将 R 破坏，使 R 的收率比单纯的反应过程有较大幅度的提高。

作为一个新型的过程，反应精馏有如下优点：①破坏可逆反应平衡，可以增加反应的转化率及选择性，反应速率提高，因而生产能力提高；②精馏过程可以利用反应热，节省能量；③反应器和精馏塔合成一个设备，可节省投资；④对于某些难以分离的物系，可以获得较纯的产品。但是，由于反应和精馏之间存在着很复杂的相互影响，进料位置、板数、传热、速率、停留时间、催化剂、副产物浓度以及反应物进料配比等参数值即使有很小的变化，都会对过程产生难以预料的强烈影响。因此，反应精馏过程的工艺设计和操作比普通的反应和精馏要复杂得多。

(3) 膜反应器　把反应与分离结合在一起的膜反应器的结构如图 4-101 所示。惰性膜反应器

- 膜反应器
  - 惰性膜反应器
    - 有机膜型
    - 无机膜型
  - 催化膜反应器
    - 有机膜型
      - 固定式
      - 游离式
    - 无机膜型
      - 固定式
      - 游离式

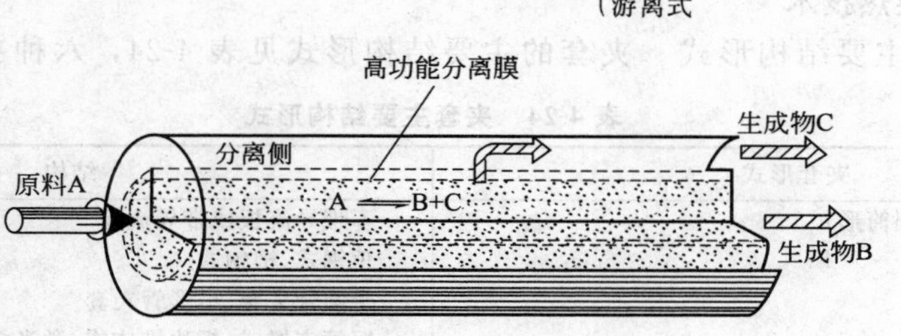

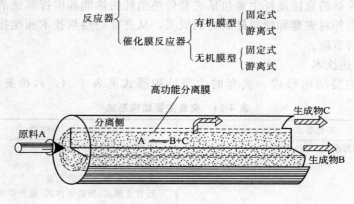

图 4-101　膜反应器结构示意图

应器所用的膜本身是惰性的，只起分离作用。惰性膜大多为微孔陶瓷、微孔玻璃或高分子膜，利用膜在反应过程中对产物的选择透过性，不断从反应区移走产物，从而达到移动化学平衡和分离产物的目的。而催化膜反应器所用的膜同时具有催化和分离的双重功能，反应物从膜一侧进入（如脱氢反应）或从膜两侧进入（如加氢反应、部分氧化反应）。

从目前国内外发展的趋势看，主要是研究催化膜反应器，其中有机膜催化反应器的典型代表是酶膜反应器，无机膜催化反应器的典型代表是钯膜反应器。

酶膜生物反应器的主要应用对象是生物工程中的酶反应过程。它将酶固定在高分子膜上，使分离过程和反应过程同时进行。在反应过程中，反应生成物借助膜的半透作用，不断向体系外排放；而高分子原料、酶或产生酶的细菌则保留在体系内继续反应。因此，既保持了较高的菌体浓度，强化了原料转化效率，缩短了反应时间，又大大简化了生产流程。

酶膜反应器有以下特点：①无需特别处理就可使酶固定化；②有利于进行无菌操作；③不必对酶进行化学修饰，即可在游离状态使用；④当酶以游离状态使用时，如果酶是稳定的，则不必进行再生处理；如果酶不太稳定，则需添加稳定剂。

酶膜反应器的应用实例正在日益增多。将酶固定到藻阮酸钙等中进行乙醇的连续生产，既不需要间歇法制造乙醇发酵所用的种酶，而且乙醇的产率也大为提高。由蔗糖连续制造转化糖（基质是低分子化合物）时，蔗糖水溶液通过固定有转化酶的高分子复合膜，几乎100%地被分解为葡萄糖和果糖，特别是当料液中混有高分子溶质而需使蔗糖进行连续加热分解时，高分子溶质将被膜截留，而蔗糖被加水分解。

钯是一种金属，其最大特点是在常温下能溶解大量的氢（相当于其本身体积的700倍左右），而在真空中加热至100℃时，它又能把溶解的氢释放出来。如果钯膜两边存在氢的分压差，则氢就会从压力较高的一侧向低的一侧渗透。钯对氢的透过选择性极高，采用钯膜法精制出来的氢纯度可达九个9以上。

凡是化学反应中的反应物或生成物中含有氢，都可采用钯膜反应器。它具有以下特点：①适于催化加氢反应而无须设置精制工序；②当反应生成物为氢时，可免去提纯工序；③有利于反应过程的强化；④具有耐热性，可直接用于高达500℃的高温操作。

钯膜反应器的应用有造氢反应和环己烷的脱氢以及低级石蜡族烷烃的芳构化。在甲烷蒸汽转化反应制氢中，可取得接近100%的转化率。

4.6.3　机械搅拌设备的节能

机械搅拌反应器是重要单元设备之一，广泛应用在化工、石油、制药、冶金等行业。反应器主要是由热量输入或取出的夹套换热系统和由电机-减速机-搅拌器组成的搅拌系统组成。机械搅拌反应器的直接能耗主要包括夹套传热消耗的热能和搅拌系统消耗的机械能。这里结合近年来国内外对夹套和搅拌器研究的成果，从夹套的换热技术和搅拌器混合技术两个方面介绍反应器的节能。

4.6.3.1　夹套换热技术

（1）夹套的主要结构形式　夹套的主要结构形式见表4-24，六种夹套的结构具体见

表4-24　夹套主要结构形式

夹套形式	结构
整体式(U形和圆筒形)	不带导流板或带导流板
型钢式	角钢式、槽钢式
半管式	半圆管夹套、弓形管夹套
蜂窝式	短管支撑式、折边锥体式、激光焊接式
螺旋板蜂窝式	螺旋板＋蜂窝式

图 4-102。其中整体式、型钢式、半管式、蜂窝式夹套是传统的结构形式，激光焊接式蜂窝夹套和螺旋板蜂窝式夹套是国内近几年开发应用的先进技术。

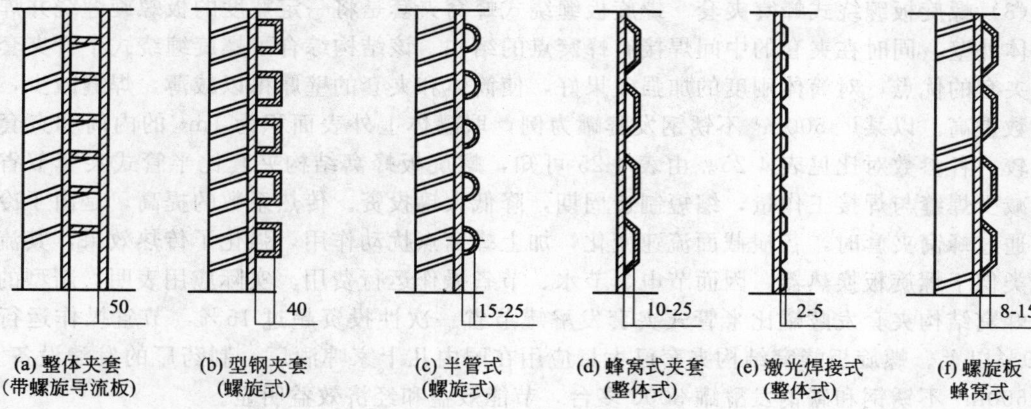

图 4-102　六种夹套结构简图

（2）激光焊接式蜂窝夹套　激光焊接式蜂窝夹套是将薄平板（夹套板）和厚平板（筒体板）紧密贴合在一起，用激光沿设计好的蜂窝点进行焊接，然后将焊接后的两块平板卷成筒体，在薄板和厚板之间用清水打压，使薄板鼓胀成蜂窝状结构。

激光焊接式蜂窝夹套的特点之一是蜂窝点不开孔（折边式和短管支撑式蜂窝夹套都要开孔），因此激光焊接式蜂窝夹套的结构强度比其他结构的蜂窝夹套要好。在相同设计压力下，激光焊接式蜂窝夹套的壁厚可比其他结构的壁厚减少 50%以上。

激光焊接式蜂窝夹套的另一个特点是传热性能好。激光焊接式通道高度仅为 2～5mm。通道高度小，流体的流动速度快，蜂窝点对流体还有扰动作用，其热传递方式与板式换热器相似。激光焊接式蜂窝夹套的传热系数根据实验结果可按下式计算：

$Re>400$

$$\alpha=c\left(\frac{\rho d_e u}{\mu}\right)^n\left(\frac{c_p\mu}{\lambda}\right)^b \tag{4-104}$$

式中　b——0.4（加热），0.3（冷却）；

c_p——流体的比定压热容，kJ/(kg・K)；

c——系数（夹套实验测定）；

d_e——当量直径，m；

n——0.65～0.85；

u——流速，m/s；

ρ——流体密度，kg/m^3；

μ——流体在主体平均温度下黏度，Pa・s；

λ——液体的热导率，W/(m・K)。

上式可见，当 $Re>400$ 时，由于蜂窝点的扰动，夹套内的流体就进入湍流，而半管式夹套 $Re>10000$ 时才进入湍流。可见激光焊接式蜂窝夹套传热系数比半管式夹套大，传热系数高、换热效果好。

激光焊接式蜂窝夹套是近几年国内开发的先进制造技术与先进夹套形式结合的产物，与其他蜂窝夹套的制造工艺相比，具有金属材料消耗少、生产效率高、加工质量好、易于实现生产过程自动化等优点。激光焊接式蜂窝夹套在食品、饮料等行业得到广泛应用。目前国内大型啤酒企业的不锈钢发酵罐、清酒罐、酵母罐等大都采用该技术。激光焊接式蜂窝夹套还可以作为蒸发器应用在化工、石油等行业。

(3) 螺旋板缠绕式蜂窝夹套　螺旋板缠绕式蜂窝夹套是将一定宽度的板螺旋缠绕并焊接在筒体外壁，同时在夹套的中间焊接有蜂窝点的结构。该结构综合了螺旋缠绕式半管夹套和蜂窝夹套的优点，对筒体刚度的加强效果好，使筒体和夹套的壁厚得以减薄，焊缝减少，传热系数提高。以某厂 $500m^3$ 不锈钢发酵罐为例，取罐体上外表面积为 $1m^2$ 的内筒和夹套进行比较，各参数对比见表 4-25。由表 4-25 可知，螺旋板蜂窝结构夹套比半管式夹套节省钢材，减少焊缝与焊接工作量，缩短制造周期，降低大罐投资。传热系数的提高，是由于冷却介质通过蜂窝夹套时，各横截面流速变化，加上蜂窝点扰动作用，强化了传热效果，其流动状况类似于螺旋板换热器，因而节电、节水、节省操作运行费用。实际应用表明，新型的螺旋板蜂窝结构夹套发酵罐比半管式夹套发酵罐节省一次性投资超过 15%，节省操作运行费用 10%以上。螺旋板蜂窝结构夹套已大量应用在国内几十家啤酒厂、制药厂的发酵设备上，30～$600m^3$ 不锈钢和碳钢发酵罐 3000 多台，节能效益和经济效益明显。

表 4-25　$1m^2$ 内筒和夹套两种结构比较

结构	焊边长/m	耗钢材/kg	直接冷却面积/m^2	传热系数/($W\cdot m^{-2}\cdot K^{-1}$)
半圆管式	10	50.36	0.55	155
螺旋蜂窝式	5.72	42.96	0.84	252

在分析国内外各种蜂窝夹套结构特点的基础上，针对液氨直接冷却的特点，浙江大学开发研制了分片式蜂窝结构夹套，该夹套有如下特点：①筒体和夹套的强度和刚度相互得到加强，解决大型罐承受内压和外压的薄壁厚度问题；②蜂窝夹套为整块板式，与筒体焊接时，避开筒体的纵向、环向焊缝，解决了液氨可能从筒体焊缝往罐内发酵液渗透的问题，提高使用安全性，也降低了对筒体纵、环向焊缝无损检测的要求，减少无损检测费用；③液氨在夹套内流动，受到蜂窝孔的扰动，提高沸腾传热效果。该技术属国内首创，已取得很好的经济效果。目前分片式蜂窝夹套在食品行业应用较多，已制造的不锈钢和碳钢发酵罐、清酒罐等 500 多台，最大的达 $600m^3$，使用效果良好。

4.6.3.2　搅拌混合技术

机械搅拌反应器的设计和应用，关键是选择合适的搅拌器。搅拌器的种类繁多（图 4-103），有径向流型、轴向流型和混合流型搅拌器等。物料介质、操作条件和搅拌要求各不相同，如何选用搅拌器是一项专门的技术。目前，搅拌器的选型还强烈地依赖于实验和经验，对放大规律还缺乏深入的认识，因此对搅拌器的研究显得特别重要，关系到搅拌混合时间及其搅拌功率、效率等，直接关系到能耗的大小。

4.6.3.2.1　搅拌功率与搅拌器节能

搅拌功率的计算如下式：

$$P=N_P\rho n^3d^5 \tag{4-105}$$

式中　d——搅拌器直径，m；

N_P——功率数；

n——搅拌转速，r/s；

ρ——流体密度，kg/m^3。

由上式可见，物料一定，搅拌功率与搅拌器的功率数、转速的三次方、搅拌器直径的五次方成正比，在满足工艺要求的情况下，如何正确选择搅拌器、搅拌器的转速和直径就成为关键。在要求不高的混合中，达到同样的效果可用径流型的二叶平桨也可用轴流型的螺旋

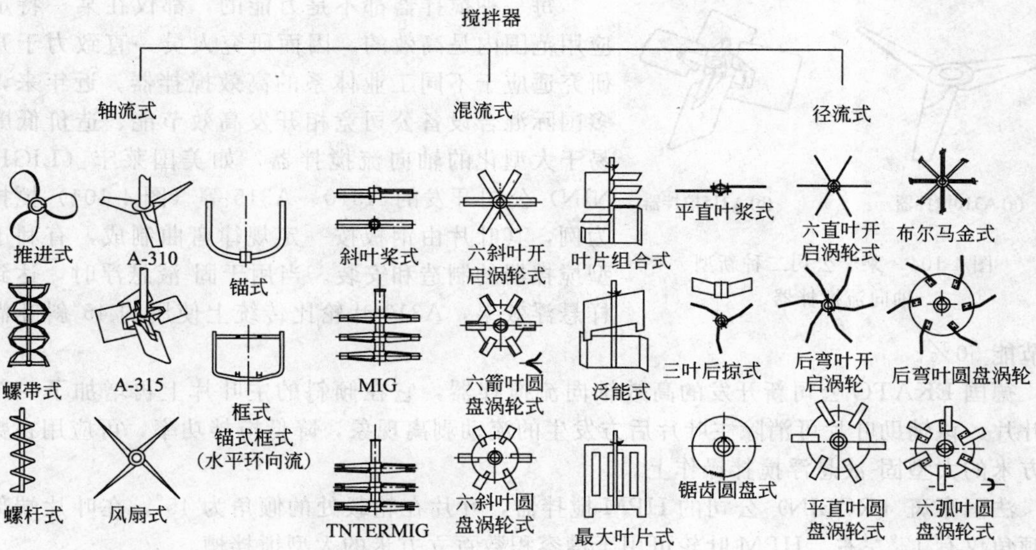

图 4-103　搅拌器图谱

桨，但其功率就大不相同，采用轴流型螺旋桨的功率仅是径流型的二叶平桨功率的 56%。几种常用搅拌器的功率数见表 4-26。由表可见，搅拌器的功率数相差很大，推进式的功率数仅是六直叶圆盘涡轮的六分之一。当反应器的其他参数一定，搅拌器选用推进式或六直叶圆盘涡轮时，后者是前者搅拌功率的 6.2 倍。目前，一些企业对搅拌器缺乏认识，直接用大功率电动机带动搅拌器的功率不匹配现象非常常见，造成能源严重浪费。

表 4-26　常用搅拌器的功率数

搅拌器类型	功率数 N_P	搅拌器类型	功率数 N_P
推进式	1.0	六弯叶开式涡轮	2.8
六斜叶开式涡轮	1.4	六直叶开式涡轮	4.1
二叶平桨	1.8	六直叶圆盘涡轮	6.2

4.6.3.2.2　搅拌器节能的判据

评价搅拌器的混合性能时，常用 C_4 无量纲数来综合评价其混合速率、剪切性能及能耗。C_4 的物理意义是在一定的流体黏度和混合时间下，搅拌器所需的单位体积混合能，称为混合效率数。其计算式如下：

$$C_4=\frac{\theta_M{}^2 P_V}{\mu} \tag{4-106}$$

式中　P_V——单位体积流体的搅拌功率，W；

θ_M——混合时间，s；

μ——流体的黏度，Pa·s。

混合效率数 C_4 越小，搅拌器的混合性能越好，其能耗越低。

4.6.3.2.3　新型搅拌器

机械搅拌操作看似简单，实际上极为复杂，影响因素很多。搅拌混合的研究涉及流体力学、化学工程、生物工程等领域的有关理论，而且搅拌混合的性能又直接关系到产品的质量、能耗和生产成本。因此工业界和理论界对搅拌混合都非常重视，国内外都进行了大量的研究，取得了不少新的成果。

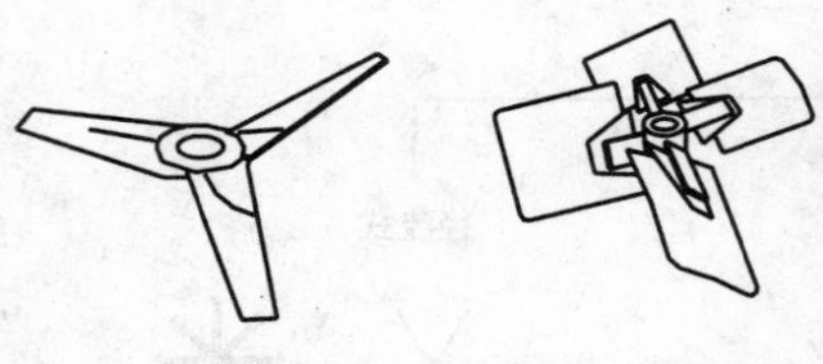

(a) A310搅拌器　　(b) A315搅拌器

图 4-104　莱宁公司二种新型轴向流搅拌器

每一种搅拌器都不是万能的，都仅在某一特定的应用范围内是高效的。因而研究人员一直致力于开发研究适应于不同工业体系的高效搅拌器。近年来，许多国际混合设备公司竞相开发高效节能、造价低廉且易于大型化的轴向流搅拌器，如美国莱宁（LIGHTNIN）公司开发的 A310、A315 等（图 4-104）搅拌器为例，其叶片由钢板按一定规律弯曲制成，有利于大型搅拌器的制造和安装。当用于固-液悬浮时，达到同样悬浮效果，A310 叶轮比传统上使用的 45°斜叶涡轮要节能 50%。

德国 EKATO 公司新开发的高效轴向流搅拌器，它在倾斜的主叶片上再增加了一个辅助叶片，该辅助叶片可消除主叶片后方发生的流动剥离现象，降低搅拌功率，可应用在数千立方米的大型固-液悬浮搅拌操作上。

法国豪斑（ROBIN）公司的 HPM 搅拌器，叶片在轮毂处的倾角为 45°，在叶片端部处的倾角仅有 17°左右。HPM 叶轮可用于槽容积数百立方米的大型搅拌槽。

日本近年开发的最大叶片式、叶片组合式、泛能式搅拌器，适用的黏度范围宽，而且对于混合、传热、固-液悬浮以及液-液分散等操作都比常用的搅拌器效率高，其适用的黏度范围为 1～100000mPa・s。

思考题与习题

4-1　节能过程有效能损失的影响因素有哪些？

4-2　简述过程工业减阻剂的使用方法和主要应用场合。

4-3　简述泵的工作范围的确定方法。

4-4　离心泵选择的方法有哪些？要注意什么问题？

4-5　改善泵性能的措施有哪些？

4-6　管路系统的节能要满足哪些要求？

4-7　简述离心泵运行节能调节的途径。

4-8　用内径为 106mm 的钢管将温度为 20℃（物性与水相似）的某溶液从池中输送到高位槽中。要求输液量为 $45m^3/h$，摩擦系数可取为 0.03，管路计算总长为 240m，两液面垂直距离为 8m。(1) 试选用一台较合适的离心泵；(2) 该泵在使用过程中因通过阀门调节工作点导致的能量损失是多少？

4-9　目前风机运行中存在哪些问题？

4-10　影响风机能耗及效率的结构因素有哪些？

4-11　风机选择要注意哪些方面？

4-12　简述风机常用的性能调节方法。

4-13　化工生产中传热的目的是什么？

4-14　提高单位时间传热量的途径有哪些？

4-15　简述对流传热过程强化的途径。

4-16　简述传热过程节能的途径。

4-17　列举几种常见的间壁式换热器。

4-18　什么是单效蒸发和多效蒸发？

4-19　单效蒸发的热损失主要有哪些方面？

4-20　蒸发过程节能的途径有哪些？

4-21　简述蒸发的主要种类。

4-22　为了保证干燥操作的顺利进行，必须同时满足哪两个条件？

4-23　影响干燥过程的因素主要有哪些？
4-24　简述热泵蒸发、热泵干燥、热泵精馏的原理。
4-25　干燥设备用能的评价指标有哪些？
4-26　比较直接干燥法和间接干燥法的优缺点。
4-27　减少干燥过程能耗的途径有哪些？
4-28　精馏过程节能的途径有哪些？
4-29　简述多效精馏操作的原理。
4-30　简述多效精馏节能的影响因素。
4-31　回流比对精馏过程的节能有哪些影响？
4-32　实际反应过程有效能损耗由哪些部分组成？
4-33　简述反应过程节能的途径。
4-34　什么是反应精馏？它有什么优点？
4-35　简述机械搅拌设备的节能途径。
4-36　列举常见夹套的结构形式并比较它们的优缺点。
4-37　影响搅拌功率的因素有哪些？
4-38　搅拌器节能的判据是什么？

第 5 章　节能技术的评价

5.1　节能技术评价的必要性

尽管目前有多种节能技术，但其中可能混杂着一些不理想的节能方案，甚至是一些不科学的节能方法，如所谓的水变油技术、永动机技术，经现代科学证明都是不可能实现的。所谓的水变油是在石油中掺入一部分水或油中掺入活性物质使油燃烧完全而已。而有些节能技术，就项目本身看确实有节能的效果，但如果为了达到该节能效果在其他方面所付出的代价远远大于节能所带来的收益，那么这些节能技术也没有实施的必要。甚至是目前正在实施的某些节能项目也有可能不节钱、节能节钱不环保、短期节能效益长期环境污染或对潜在的危险无法评定。所以必须对节能技术进行全面的、综合的评价，才能在众多节能方案中挑选技术上可行、经济上合理、环境污染最小化、社会效益最大化的节能方案。目前节能技术的评价方法主要有能源使用效率评价、经济效益评价、生命周期评价。其中能源使用效率评价着重评价能源转化利用过程中的技术因素方面，主要体现在能源的高效转化及充分利用上，如利用节能灯代替白炽灯用于照明，可大大提高能源的使用效率；同样具有涡轮增压的汽车发动机其能源效率比普通的汽车发动机高。但是节能技术评价不能光看技术上的节能指标，还要重视经济效益。同样对于节能灯节能技术，节能灯节能这是毋庸置疑的，但在同样的照明亮度下，节能灯的经济效益还需要进行评价。因为节能灯的价格远远高于普通白炽灯的价格，如果由于使用节能灯节能所带来的经济效益无法抵消节能灯本身比普通白炽灯增加的购买费用，人们就不会使用这种节能技术，除非另有其他原因。所以针对目前家电、建筑、工业领域各种标榜节能的技术，人们必须保持清醒的头脑，需要考虑各种节能技术所付出的代价和其节能所带来的效益之间的关系，如果代价大于效益，说得再动听的节能技术就目前而言也会遭遇实施的阻力。除了对节能技术方案进行技术上、经济上的评价外，随着环境污染的加剧，人们对环境重视程度日益加强，因此有必要从节能方案的全生命周期进行评价，力争使节能方案对环境的各种不利影响降至最低。

5.2　节能技术经济评价

5.2.1　技术经济基础

5.2.1.1　资金时间价值的含义

资金在不同的时间具有不同的价值，资金在周转中由于时间因素而形成的价值差额，称为资金的时间价值。通常情况下，经历的时间越长，资金的数额越大，其差额就越大。资金的时间价值有两个含义：其一是将货币用于投资，通过资金流动使货币增值；其二是将货币存入银行或出借，相当于个人失去了对这些货币的使用权，用时间计算这种牺牲的代价。无论上述哪种含义，都说明资金时间价值的本质是资金的运动，只要发生借贷关系，它就必然发生作用。因而，为了使有限的资金得到充分的运用，必须运用“资金只有运动才能增值”的规律，加速资金周转，提高经济效益。

5.2.1.2　资金时间价值的计算

（1）单利和复利　利息有单利和复利两种，计息期按计息周期计算，计息周期可以是一年或不同于一年。所谓单利即本金生息，利息不再生息，利息和时间成线性关系。如果用 P 表示本金的数额，n 表示计息的周期数，i 表示单利的利率，I 表示利息数额，S_n 为 n 周期末的本利和，则有：

$$I=P\cdot n\cdot i \tag{5-1}$$

$$S_n=P(1+ni) \tag{5-2}$$

由于单利没有完全地反映出资金运动的规律，不符合资金时间价值的本质，因而通常采用复利计算。所谓复利就是借款人在每期末不支付利息，而将该期利息转为下期的本金，下期再按本利和的总额计息。不但本金产生利息，而且利息的部分也产生利息。则有：

$$I=P[(1+i)^n-1] \tag{5-3}$$

$$S_n=P(1+i)^n \tag{5-4}$$

（2）名义利率与实际利率　一年中有若干个计息期，将每一个计息期的利率乘以一年的计息期数 m，就是名义利率 i，它是按照单利计算。例如存款的月利率为 0.5%，一年有 12 个月，则名义利率即为 0.5%×12=6%。实际利率 r 是按照复利方法计算的年利率。例如存款的月利率为 0.5%，一年有 12 个月，则实际利率为 $(1+0.5\%)^{12}-1=6.17\%$，可见实际利率比名义利率高。在项目评估中应该使用实际利率。实际利率 r 与名义利率 i 可按照式(5-5)、式(5-6) 进行互换：

$$r=\left(1+\frac{i}{m}\right)^m-1 \tag{5-5}$$

$$i=m[(1+r)^{\frac{1}{m}}-1] \tag{5-6}$$

利用名义利率计算一年和 n 年后的资金本金和的公式如下：

$$S=P\left(1+\frac{i}{m}\right)^m \tag{5-7}$$

$$S_n=P\left(1+\frac{i}{m}\right)^{mn} \tag{5-8}$$

5.2.1.3　资金的等效值计算

不同时间地点的绝对量不等的资金，在特定的时间价值（或利率）的条件下，可能具有相等的实际经济效用，这就是资金的等效值。要解决资金时间等效值问题，必须了解现金流量图并熟练地掌握有关资金时间等效值问题的六个公式。

（1）现金流量图　复利计算公式是研究经济效果、评价投资方案优劣的重要工具。在经济活动中，任何方案的执行过程总是伴随着现金的流进与流出，为了形象地描述这种现金的变化过程便于分析和研究，通常用图示的方法将现金的流进与流出、量值的大小、发生的时点描绘出来，将该图称为现金流量图。现金流量图的做法：画一水平线，将该直线分成相等的时间间隔，间隔的时间单位依计息期为准，通常以年为单位。该直线的时间起点为零，依次向右延伸；用向上的线段表示现金流入，向下的线段表示流出，其长短与资金的量值成正比。应该指出，流入和流出是相对而言的，借方的流入是贷方的流出，反之亦然，如图 5-1 所示。

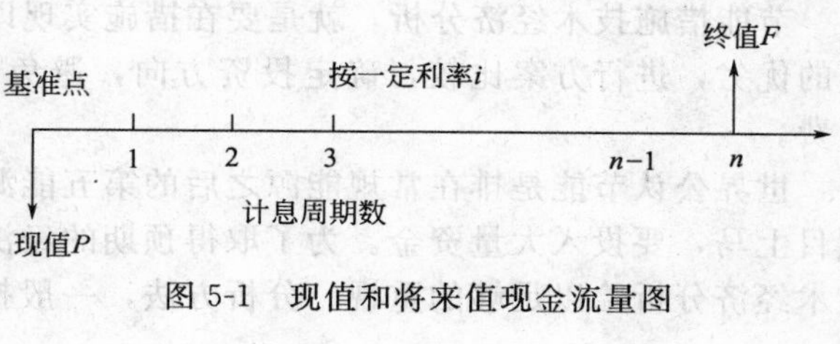

图 5-1　现值和将来值现金流量图

（2）现值与将来值的相互计算　通常用 P 表示现时点的资金额（简称现值），用 i 表示资本的利率，n 期期末的复本利和（将来值）用 F 表示，则有下述关系成立：

$$F=P(1+i)^n \tag{5-9}$$

$$P=F/(1+i)^n \tag{5-10}$$

（3）年值与将来值的相互计算　当计息期间为 n，每期末支付的金额为 A，资本的利率为 i，则 n 期末的复本利和 F 值为：

$$F=A+A(1+i)+A(1+i)^2+\cdots+A(1+i)^{n-1} \tag{5-11}$$

$$=A[(1+i)^n-1]/i$$

$$A=Fi/[(1+i)^n-1] \tag{5-12}$$

（4）年值与现值的相互计算　公式如下。

$$P=A[(1+i)^n-1]/[i(1+i)^n] \tag{5-13}$$

$$A=P[i(1+i)^n]/[(1+i)^n-1] \tag{5-14}$$

值得指出的是，当 n 值足够大，年值 A 和现值 P 之间的计算可以简化。用 $(1+i)^n$ 去除式(5-14) 中的分子和分母。根据极值的概念可知，当 n 值趋于无穷大时，将有 $A=Pi$。事实上，当投资的效果持续几十年以上时就可以认为 n 趋于无穷大，而应用上述的简化算法，其计算误差在允许的范围内。利用上述道理，当对使用期限较长的项目如建筑、港湾等节能评价时将给问题的求解带来极大的方便。

上面关于资金时间价值计算的六个基本公式，具体应用中必须满足其推导的前提条件：

① 实施方案的初期投资假定发生在方案的寿命期初；

② 方案实施中发生的经常性收益和费用假定发生在计息期的期末；

③ 本期的期末为下期的期初；

④ 现值 P 是当前期间开始时发生的；

⑤ 将来值 F 是当前以后的第 n 期期末发生的；

⑥ 年值 A 是在考察期间间隔发生的。

当问题包括 P 和 A 时，系列的第一个 A 是在 P 发生一个期间的期末发生的；当问题包括 F 和 A 时，系列的最后一个 A 和 F 同时发生。当所遇到问题的现金流量不符合上述公式推导的前提条件时，只要将其折算成符合上述假定条件后，即可应用上述的基本公式。

5.2.2　节能方案经济评价基础

在确定节能技术或节能措施的效果时，首先必须确定一个大的前提，那就是不管采用何种节能技术或措施必须具有相同的状态比较标准，否则无法确定节能效果的好坏。例如对某汽车采取节能措施，在进行节能与投资权衡时，必须以相同条件下，运行相同的距离进行比较，方能确定节能效果的好坏。如果是工厂，那么采用节能措施后必须保证产品的质量和数量和没有节能措施时相同甚至更佳，同时生产过程中必须安全。如果是建筑暖通采用节能措施，那么采用节能措施后，就必须保证达到原来状态的空调设定温度及换风情况。

对节能措施除考核其技术是否先进可靠外，还需要分析其方案在经济上是否合理，投入资金发挥效益如何，节能作用如何。国家财力有限，一定要求所投资金发挥最大效益，投入到收效最高的项目或经济性最优的方案中去。

节能措施技术经济分析，就是要在措施实现以前全面考察其在技术上的可行性与经济效益的优劣，进行方案比较，确定投资方向，避免由于盲目性而造成人力、物力、财力上的浪费。

世界公认节能是排在常规能源之后的第五能源。我国对节能工作非常重视，每年有大批项目上马，要投入大量资金。为了取得预期的经济效果，使决策科学化，必须对节能措施的技术经济分析给以足够的重视。分析方法，一般按下述步骤进行：首先建立不同技术方案，分析各种方案在技术性能和经济性方面的优劣及影响其经济性的各种因素，找出经济指标与各有关因素之间的关系，经数学计算，求解指标的最优方案，最后综合分析做决策。

节能投资的目的，不仅要收到节约燃料、电力、水等资源的效果，还要有好的投资效益。在满足生产、生活的各项正常要求条件下，取得节能效果。进行不同方案经济效益计算和比较时，至少要满足下述前提条件：

① 每个方案都具有足够的可靠性；

② 每个方案都具有允许的工作条件；

③ 每个方案都能满足相同的需要；

④ 各方案都不会产生危及其他部门或污染环境的后果。

经济效益计算往往局限于本部门或本系统范围内，对社会效益的影响则需上级进行量化比较，由于物价结构存在不合理性，计算结果也必然受此不合理性影响（例如电价过低严重影响补偿期等）。

由于投资多少、影响范围和时间不同，经济效益计算的繁简程度也不相同。对于可行性研究的初期阶段或项目较小、补偿期很短时，可采用计算投资回收时间的补偿期法。此法未考虑投资的利息，或对不同项目投资时相互间的横向比较以及对其他方面的影响。在进行两个或几个方案间的比较时，可采用计算费用法。对于较大型的项目和经济寿命较长的项目（10 年以上），就需要进行包括时间因素和利率因素在内的计算方法。对投资超过 1000 万元，使用寿命超过 15 年的大型项目，就需要进行更详尽的综合分析，并用动态分析方法计算出投产后 10～15 年的财务平衡情况，以便于逐年逐项审查其资金偿还能力，并为最初作决策时参考。

例如，对某锅炉进行节能技术改造，有两个方案可供选择：方案 A，一次性投入 20 万元，每年产生的节约能源费用 5 万元，因节能技术而增加的年维修费用 1 万元，使用寿命 8 年，设备残值 3 万元；方案 B，一次性投入 30 万元，每年的产生的节约能源费用 7 万元，因节能技术而增加的年维修费用 1.5 万元，使用寿命 10 年，设备残值 4 万元，在资金年利率为 10%的情况下，判断两节能技术改造方案的可行性。对于该问题首先应判断该两个方案本身是否可行，如果单独评价时两个方案均可行，再选择哪一个方案更优。下面通过各种评价方法，对该问题进行分析，以便找到解决问题的方法。

5.2.3 节能方案评价方法

5.2.3.1　简单补偿年限法

此方法是最简单、最基本的经济分析方法。它只考虑节能措施投入资金，在多长时间内可以由节能创造的直接经济效益回收，对资金的利息以及节能的社会效益等全未予考虑。计算公式如下：

$$N=\frac{I_P}{A} \tag{5-15}$$

式中　I_P——节能措施一次性投资费用，元；

A——节能措施形成的年净节约费用，元；

N——节能措施原投入资金的回收年限，年。

其中 $A=A_E-W$，A_E 为年节约能源费用，W 为实施节能技术而增加的维修费用。

该法判断单个方案可行的依据是回收年限 N 既要小于标准补偿年限 N_b，又要小于设备的使用寿命 N_S。多个方案评价时，回收年限小者为较优方案。

国家根据国民经济发展资金合理运用原则，对投入不同设备都规定有对应的标准回收年限 N_b（标准补偿年限）。如果无法取得 N_b 的确切数据时，对电类设备可按 $N_b=5$ 年考虑，其他设备根据其使用寿命对照电类设备寿命适当假定 N_b 值。

对于前面提出的问题——锅炉节能改造问题，假定方案 A 和方案 B 的标准回收期均为 8 年，对方案 A 有：

$$N_A=\frac{20}{5-1}=5\text{（年）}$$

对方案 B 有：

$$N_B=\frac{30}{7-1.5}=5.5\text{（年）}$$

由此可见，方案 A 和方案 B 的投资回收年限既要小于标准补偿年限 N_b，又小于设备的使用寿命 N_S，所以两个方案均是可行的，但方案 A 的投资回收年限小于方案 B，两个方案相比而言，方案 A 较优。

5.2.3.2 标准补偿年限内的计算费用法

两种或更多节能措施方案，其技术条件满足要求，又符合 $N_S>N_b$ 条件，可采用计算费用法进行经济分析。设有三种方案，其计算费用分别为 C_1、C_2、C_3，用下列公式进行计算：

$$\begin{aligned}C_1&=\frac{I_{p1}}{N_{b1}}+S_1\\C_2&=\frac{I_{p2}}{N_{b2}}+S_2\\C_3&=\frac{I_{p3}}{N_{b3}}+S_3\end{aligned}\tag{5-16}$$

式中 I_{p1}，I_{p2}，I_{p3}——节能措施一次性投入的资金，元；

N_{b1}，N_{b2}，N_{b3}——各方案对应的标准补偿年限，年；

S_1，S_2，S_3——各方案的年运行成本。

上述计算费用最低者为最经济方案，作为实施节能措施的中选对象。上面公式中的年运行成本是指设备正常运行时，每年的设备折旧费、维护管理费、能源消耗费等。计算费用法的优点是经济概念清楚，计算简便，但它没有考虑技术条件的可比性，如对产品质量的影响，对时间因素、社会效益和环境影响均未加考虑。

同样对于前面的锅炉节能改造，用本方法进行计算时两个方案的年运行成本数据没有明显给出，但仔细分析后，可以得到两方案相对运行成本数据，因为节能方案都是在原锅炉上进行技术改造，假设原来的年运行成本为 S_0，则 $S_1=S_0+1-5=S_0-4$；$S_2=S_0+1.5-7=S_0-5.5$，所以对方案 A 有：

$$C_1=\frac{I_{p1}}{N_{b1}}+S_1=\frac{20}{6}+S_0-4=S_0-0.67$$

对方案 B 有：

$$C_2=\frac{I_{p2}}{N_{b2}}+S_2=\frac{30}{8}+S_0-5.5=S_0-1.75$$

比较两者费用，可知 $C_1>C_2$，所以方案 B 优于方案 A，标准补偿年限内的计算费用法和简单补偿年限法存在同样的问题，都没有考虑资金的时间价值，若技术改造所需费用较大时，此类评价存在较大缺陷，因此考虑使用下面的评价方法。

5.2.3.3 动态补偿年限法

如果考虑资金的时间效益，若在 N_D 年内回收一次投资，则应符合下式条件：

$$I_P=\sum_{j=1}^{N_D}\frac{A_j}{(1+i)^j}+\frac{F}{(1+i)^{N_D}}\tag{5-17}$$

式中，A_j 是第 j 年节能项目每年的净节约费用；F 为节能项目寿命周期末的残值，如果节能项目每年的净节约费用相等，均为 A，则上式可简化为：

$$I_P(1+i)^{N_D}=A\frac{(1+i)^{N_D}-1}{i}+F \tag{5-18}$$

其中，i 为资金的年利率，由上式经推导可得：

$$N_D=\frac{ln\dfrac{A-iF}{A-iI_P}}{\ln(1+i)} \tag{5-19}$$

如已知资金的年利率、一次性投资及每年因节能措施带来的净收益，则可以通过式(5-19) 计算所得的动态回收期和行业标准回收期的比较，确定方案在经济上是否可行，若动态回收期小于行业标准回收期（同时也小于项目寿命），则方案是可行的，反之，方案不可行。

如果要求该节能方案的一次性投资必须在规定的年限 N 年内收回，将每年由于节能措施所产生的效益 A 用于偿还一次性投资 I_p，则可以将已知数据代入式(5-18) 求出该节能投资方案的等效年率 i_0，如该年利率大于规定的年利率，则方案合理可行，反之方案不合理，需要进行改进。

对于方案 A 而言，动态回收期为：

$$N_{DA}=\frac{\ln\dfrac{4-0.1\times3}{4-0.1\times20}}{\ln(1+0.1)}=6.5\text{（年）}$$

对于方案 B 而言，动态回收期为：

$$N_{DB}=\frac{\ln\dfrac{5.5-0.1\times4}{5.5-0.1\times30}}{\ln(1+0.1)}=7.5\text{（年）}$$

由此可见，方案 A，单个项目动态回收期小于假设的行业标准回收期 8 年，也小于使用寿命 8 年，所以单个项目方案 A 可行。如果有多个项目比较时，单个项目又都符合条件，则动态回收期小者为较优方案。方案 A 动态回收期小于方案 B，所以方案 A 优于方案 B。

5.2.3.4 寿命周期净现值收益法

计算公式如下：

$$P=\sum_{j=1}^{N_S}\frac{A_j}{(1+i)^j}-I_P+\frac{F}{(1+i)^{N_S}} \tag{5-20}$$

其中 P 为节能项目寿命周期净现值收益，如果节能项目每年的净收益相等，均为 A，则上式可简化为：

$$P=A\frac{(1+i)^{N_S}-1}{i(1+i)^{N_S}}-I_P+\frac{F}{(1+i)^{N_S}} \tag{5-21}$$

本方法把每个节能技术方案的一次性投资、每年的净节约费用、寿命周期的长短、残值及资金利率均考虑进去，最后折算成每个节能技术方案在寿命周期内净收益总和之现值。当 $P>0$ 时，节能方案增益，在经济上可行；$P=0$ 时，节能方案收支相抵，在经济上无收益，但若有环境效益，可考虑实施；$P<0$ 时，节能方案将亏损，在经济上不可行。

本方法尽管考虑的因素较多，但仍有一定的局限性，主要表现在以下两个方面。一是只评估寿命周期内净收益之现值，没有考察不同节能技术方案在投资方面的不同，也就是说没有考虑单位节能投资带来的收益的大小。例如有两个节能方案甲与乙寿命周期现值为 10 万元，方案甲一次性投资 8 万元，8 年内总节约的净费用现值为 10 万元，方案乙一次性投资 5 万元，8 年内总节约费用现值为 7 万元。由上可知，两个方案的寿命周期净收益均为 2 万元，本方法无法判断其优劣。二是当两个方案的寿命周期长短不一时，需要考虑寿命周期较短者设备更新因素，计算比较复杂。

对于前面锅炉节能方案A而言，寿命周期净现值为：

$$P_{\mathrm{A}}=4\times\frac{(1+0.1)^{8}-1}{0.1(1+0.1)^{8}}-20+\frac{3}{(1+0.1)^{8}}=2.74\ (\text{万元})$$

节能方案B而言，寿命周期净现值为：

$$P_{\mathrm{B}}=5.5\times\frac{(1+0.1)^{10}-1}{0.1(1+0.1)^{10}}-30+\frac{4}{(1+0.1)^{10}}=5.34\ (\text{万元})$$

从单个方案来看，两个节能方案在经济上均可行，但要比较哪个方案更优，需要将方案A的计算时间折算到10年，计算过程较复杂，为此引入年度净收益法，来弥补本方法的缺陷。

5.2.3.5 年度净收益法

本法将寿命周期内总净收益之现值折算成年度净收益，从而使两个寿命周期不同的方案方便地进行比较。计算公式如下：

$$A_P=\left[\sum_{j=1}^{N_S}\frac{A_j}{\left(1+i\right)^j}-I_P+\frac{F}{(1+i)^{N_S}}\right]\frac{i(1+i)^{N_S}}{(1+i)^{N_S}-1} \tag{5-22}$$

其中 A_P 为节能项目年度净收益，如果节能项目每年的净节约费用相等，均为 A，则上式可简化为：

$$A_P=A-\left(I_P-\frac{F}{(1+i)^{N_S}}\right)\frac{i(1+i)^{N_S}}{(1+i)^{N_S}-1} \tag{5-23}$$

本方法具体应用时和寿命周期净现值收益法相仿，当 $A_P>0$ 时，节能方案增益，在经济上可行；$A_P=0$ 时，节能方案收支相抵，在经济上无收益，但若有环境收益，可考虑实施；$A_P<0$ 时，节能方案将亏损，在经济上不可行。若有多个方案，A_P 大者为较优方案。

对方案A而言，年度净收益为：

$$A_{P\mathrm{A}}=4-\left[20-\frac{3}{(1+0.1)^{8}}\right]\frac{0.1(1+0.1)^{8}}{(1+0.1)^{8}-1}=0.51\ (\text{万元})$$

对方案B而言，年度净收益为：

$$A_{P\mathrm{B}}=5.5-\left[30-\frac{4}{(1+0.1)^{10}}\right]\frac{0.1(1+0.1)^{10}}{(1+0.1)^{10}-1}=0.87\ (\text{万元})$$

由此可见，方案B优于方案A。但该法和前面的方法存在一个共同的缺陷，没有考虑不同方案投资的差异，为此引入净收益-投资比值法。

5.2.3.6 净收益-投资比值法

本法在考虑前面各因素的前提下，增加对投资差异的考虑，并将一次性投资折算成年度均摊费用，计算公式如下：

$$\beta=\frac{A_P}{A_I}=\frac{\left\{\sum_{j=1}^{N_S}\frac{A_j}{(1+i)^j}-I_P+\frac{F}{(1+i)^{N_S}}\right\}\frac{i(1+i)^{N_S}}{(1+i)^{N_S}-1}}{I_P\frac{i(1+i)^{N_S}}{(1+i)^{N_S}-1}}$$

$$=\frac{\left\{\sum_{j=1}^{N_S}\frac{A_j}{(1+i)^j}-I_P+\frac{F}{(1+i)^{N_S}}\right\}}{I_P} \tag{5-24}$$

其中，β 为净收益一投资比值；A_I 为节能项目一次性投资折算成年度均摊费用，其计算公式如下：

$$A_I=I_P\frac{i(1+i)^{N_S}}{(1+i)^{N_S}-1} \tag{5-25}$$

如果节能项目每年的净节约费用相等，均为 A，则上式可简化为：

$$\beta=\frac{A\frac{(1+i)^{N_S}-1}{i(1+i)^{N_S}}-I_P+\frac{F}{(1+i)^{N_S}}}{I_P} \tag{5-26}$$

该法对于单个节能方案而言，如果 β 大于零意味着节能方案的年净收益小于零，方案在经济上是不可行的；如果 β 等于零意味着节能方案的年净收益等于零，方案在经济上无增益，视方案的环境效果、社会效果及国家能源政策等因素确定节能方案是否实施。

利用该法对锅炉节能改造方案进行计算，对方案 A 有：

$$\beta_A=\frac{4\times\frac{(1+0.1)^8-1}{0.1(1+0.1)^8}-20+\frac{3}{(1+0.1)^8}}{20}=0.137$$

对方案 B 有：

$$\beta_B=\frac{5.5\times\frac{(1+0.1)^{10}-1}{0.1(1+0.1)^{10}}-30+\frac{4}{(1+0.1)^{10}}}{30}=0.178$$

由此可见，节能方案 B 优于节能方案 A。

通过前面六种方法对锅炉节能技术方案的评价，方法 1 和方法 3 得出的结论是方案 A 优于方案 B，而其他四种方法得出的结论是方案 B 优于方案 A，在具体应用时需要考虑实际情况，选择合适的方法加以应用。其实方案的优劣除了跟选用的评价方法有关外，如果资金的利率发生改变，其评价结果也会发生改变。例如某节能项目残值为零，简单补偿年限为 3 年，若资金年利率 i 为 1%，则 N_D 为 3.06，若资金年利率 i 为 10%，则 N_D 为 3.74，若资金年利率 i 为 20%，则 N_D 为 5.026，若资金年利率 i 为 30%，则 N_D 为 8.78，显热当资金年利率 i 接近 33.33%时，N_D 将趋向无穷大，由此可见资金利率对项目评价的影响。

前面六种方法分析节能措施时，应该说仅仅着眼于节能单位（企业、个人、组织）的经济利益，而没有考虑节能对社会及地球环境带来的影响，例如由于采取某种节能措施，使得电能的消耗大幅降低，对于节能单位而言，所带来的利益是少交电费。其实除了少交电费之外，可能还有火力发电厂燃煤的减少，而燃煤的减少，可能带来酸雨的减少，由此而引起一系列社会和生态效益是很难估算的。

5.3　节能技术生命周期评价

5.3.1　生命周期评价的概念及其发展历程

5.3.1.1　生命周期评价的概念

生命周期评价（life cycle assessment，简称 LCA）是一种评价产品、工艺过程或服务系统，从原材料的采集、加工到生产、运输、销售、使用、回收、养护、循环利用和最终处理整个生命周期系统对环境负荷影响的方法。也有学者将 LCA 写成 Life Cycle Analysis，称为生命周期分析，其实质都是一样的。ISO14040 对 LCA 的定义是，汇总和评价一个产品、过程（或服务）体系在其整个生命周期的所有及产出对环境造成的和潜在的影响方法。国际环境毒理学与化学学会（SETAC）对 LCA 的定义是，通过对能源、原材料的消耗及“三废”排放的鉴定及量化来评估一个产品、过程或活动对环境带来负担的客观方法。生命周期评价是一种用于评价产品或服务相关的环境因素及其整个生命周期环境影响的工具，注重于研究产品系统在生态健康、人类健康和资源消耗领域内的环境影响。LCA突出强调产品的生命周期，有时也称为“生命周期法”、“从摇篮到坟墓”、“生态衡算”。产品的生命周期一般包括四个阶段：生产（包括原材料的利用）阶段、销售/运输阶段、使用阶段、后处理/销毁阶段。在每个阶段产品以不同的方式和程度影响着环境。

生命周期评价是产业生态学的主要理论基础和分析方法，尽管生命周期评价主要应用于产品及产品系统评价，但在工业代谢分析和生态工业园建设等产业生态学领域也得到了广泛应用，LCA已被认为是21世纪最有潜力的可持续发展支持工具。在此基础上发展起来的一系列新的理念和方法，如生命周期设计（life cycle design，简称LCD）、生命周期工程（life cycle enginnerin，简称LCE）、生命周期核算分析（life cycle cost analysis，简称LCCA）及为环境而设计（design for environment，简称DFE）等正在各个领域进行研究和应用。目前我国在能源及节能领域，对生命周期评价的认识和研究刚刚起步，在理论上还有很多需要澄清的地方，此方法目前基本上是空白，迫切需要进行探索与研究。

5.3.1.2 生命周期评价的发展历程

生命周期评价的思想最早萌芽于20世纪60年代末到70年代初，经过四十多年的发展，目前已纳入ISO14000环境管理系列标准而成为国际上环境管理和产品设计的一个重要支持工具。从其发展历程来看，大致可以分为三个主要阶段，即思想萌芽阶段、研究探索阶段、迅速发展阶段。每一个阶段都有国际上的主要学术流派和研究机构参与其中。

（1）思想萌芽阶段（20世纪60年代末到70年代初） 生命周期评价最早出现于20世纪60年代末70年代初，当时美国开展了一系列针对包装品的资源与环境状况分析（resources and environment profil analysis，简称REPA）。而作为生命周期评价研究开始的标志是在1969年由美国中西部资源研究所（MRI）所开展的针对可口可乐公司的饮料包装瓶进行评价的研究。该研究试图从最初的原材料采掘到最终的废弃物处理，进行全过程的跟踪与定量分析（从摇篮到坟墓）。这项研究使可口可乐公司抛弃了过去长期使用的玻璃瓶，转而采用塑料瓶包装。当时把这一分析方法称为资源与环境状况分析，但已具备LCA的基本思想。自此，欧美一些国家的研究机构和私人咨询公司相继展开了类似的研究，这一时期的生命周期评价研究工作主要由工业企业发起，秘密进行，研究结果作为企业内部产品开发与管理决策的支持工具，并且大多数研究的对象是产品包装品。从1970年到1974年，整个的研究焦点是包装品和废弃物问题。由于很多与产品有关的污染物排放与能源利用有关，这些研究工作普遍采用能源分析方法。据Pederson等人的统计，在20世纪70年代初90多项有关REAP研究中，大约有50%针对包装品，10%针对化学品和塑料制品，另有20%针对建筑材料和能源生产。该阶段的主要研究活动如下：

① 1969年，美国中西部研究所首次开展REPA研究；

② 1974年，美国国家环保局首先系统发表研究论文；

③ 1974年，瑞士联邦材料测试与研究实验室（EMPA）首次提出了系统的物料平衡分析方法。

（2）研究探讨阶段（20世纪70年代中到80年代末） 20世纪70年代中期，有些国家的政府开始积极支持并参与生命周期评价的研究。美国国家环保局于1975年开始放弃对单个产品的分析评价，继而转向于如何制订能源保护和固体废弃物减量目标。同时，欧洲经济合作委员会（EEC）也开始关注生命周期评价的应用，于1985年公布了《液体食品容器指南》，要求工业企业对其产品生产过程中的能源、资源以及固体废弃物排放进行全面的监测与分析。由于全球能源危机的出现，很多研究工作又从污染物排放转向于能源分析与规划。进入20世纪80年代，案例发展缓慢，方法论研究兴起。后来一系列的研究工作未能取得很好的研究结果，对此感兴趣的研究人员和研究项目逐渐减少，公众的兴趣也逐渐淡漠。这主要是由于该研究方法缺乏统一的研究方法论，再加上分析所需的数据常常无法得到或不确定，对不同的产品采取不同的分析步骤，同类产品的评价程序和数据也不统一，实际上无法利用它解决许多面临的实际问题。在此阶段，尽管工业界的兴趣逐渐下降，几乎放弃了研究，但学术界一些关于REPA的方法论研究仍在缓慢进行。直到全球性的固体废弃物问题又一次成为公众瞩目的焦点，REPA又重新开始着眼于计算固体废弃物产生量和原材料消耗量的研究，欧洲和美国的一些研究和咨询机构依据REPA的思想相应发展了有关废弃物管理的一系列方法论，更深入地研究环境排放和资源消耗的潜在影响，该阶段的主要研究活动如下：

① 1978年，英国Boustead咨询公司创立了著名的平衡分析伦敦方法（BousteadI. 和Hancock G. F，1979），三十多年来不断更新的Boustoad商业软件被认为是生命周期评价领域最权威的软件之一；

② 1985年，德国斯图加特大学的IKP研究所开始对高技术产品（机电、电子等）进行生命周期评价；

③ 1989年，瑞士国家环境研究所提出了著名的苏黎世平衡分析与评估模型方法。

（3）迅速发展阶段（20世纪90年代以后）　随着区域性与全球性环境问题的日益严重、全球环境保护意识的加强、可持续发展思想的普及以及可持续行动计划的兴起，大量的REPA研究重新开始，社会公众也开始日益关注这种研究的结果。REPA研究涉及研究机构、管理部门、工业企业、产品消费者等，但其使用REPA的目的和侧重点各不相同，而且所分析的产品和系统也变得越来越复杂，急需对REPA的方法进行研究和统一。1989年荷兰国家居住、规划与环境部（VROM）针对传统的“末端控制”环境政策，首次提出了制订面向产品的环境政策。该政策涉及产品的生产、消费到最终废弃物处理的所有环节，即所谓的产品生命周期。这种管理模式逐渐发展成为今天所称的“链管理”。该研究提出，要对产品整个生命周期内的所有环境影响进行评价，同时也提出了要对生命周期评价的基本方法和数据进行标准化。1990年由国际环境毒理学与化学学会（SETAC）首次主持召开了有关生命周期评价的国际研讨会，在该会议上首次提出了“生命周期评价（LCA）”的概念。1993年国际标准化组织（ISO）开始起草ISO14040国际标准，正式将生命周期评价纳入该体系。目前，已颁布了有关生命周期评价的多项标准，从1997年到2000年ISO已颁布了ISO 14040～ISO 14043共四个关于LCA的标准，我国针对该标准采用等同转化的原则，也颁布了四项国家标准：GB/T 24040—1999（环境管理——生命周期评价的原则与框架）、GB/T 24041—2001（环境管理——目的与范围的确定和清单分析）、GB/T 24042—2002（环境管理——生命周期评价生命周期影响评价）、GB/T 24043—2002（环境管理——生命周期评价生命周期解释）。该阶段的主要研究活动如下：

① 1990年，SETAC系统化了LCA的概念（SETAC，1990）；

② 自1990年起，塑料制造业组织开发了目前全球最全、质量最好的有关聚合物生命周期数据；

③ 1993年，SETAC提出了LCA研究大纲（SETAC，1993）；

④ 1993年，ISO在加拿大的多伦多开始着手建立ISO14000系列标准；

⑤ 1996年，德国大众汽车公司完成了全球第一个对汽车整车进行的生命周期清单分析；

⑥ 1997 年 6 月，ISO 正式颁布了 ISO14040 标准。

5.3.2 生命周期评价技术框架

最早提出生命周期评价技术框架的是环境毒理与环境化学学会（SETAC）。它将生命周期评价的基本结构归纳为四个有机联系部分，分别是定义目标与确定范围、清单分析、影响评价、改善评价，其相互关系如图 5-2 所示。

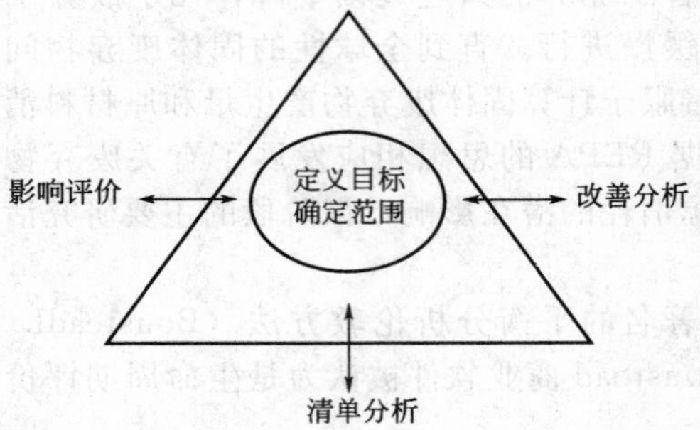

图 5-2 SETAC 的生命周期评价技术框架

定义目标与确定范围是生命周期评价的第一步，它直接影响到整个评价工作程序和最终的研究结论。定义目标就是清楚地说明开展此项生命周期评价的研究目的、研究原因和研究结果可能应用的领域。研究目的应包括一个明确的关于应用原因及未来后果的说明。目的应清楚表明，根据研究结果将做出什么决定，需要哪些信息，研究的详细程度及动机。研究范围的确定应保证能满足研究目的，包括定义研究的系统、确定系统边界、说明数据要求、指出重要假设和限制等。由于生命周期是一个反复的过程，在数据和信息的收集过程中，可能修正预先界定的范围来满足研究的目的，在某些情况下，也可能修正研究目标本身。

清单分析（inventory analysis）是对一种产品、工艺和服务系统在其整个生命周期内的能量、原材料需要量以及对环境的排放（包括废气、废水、固体废弃物及其他环境释放物）进行以数据为基础的客观量化过程。该分析评价贯穿于产品的整个生命周期，即原材料的提取、加工、制造、运输、销售、使用和用后处理。清单分析的核心是建立以产品功能单位表达的产品系统的输入和输出。通常系统输入的是原材料和能源，输出的是产品和向空气、水体以及土壤等排放的废弃物。清单分析的步骤包括数据收集的准备、数据收集、计算程序、清单分析中的分配方法以及清单分析结果等。清单分析可以对所研究产品系统的每一过程单元的输入和输出进行详细清查，为诊断 LCA 所研究对象的物流、能流和废物流提供详细的数据支持。同时，清单分析也是影响评价阶段的基础，它是目前 LCA 组成部分中发展最完善的一部分。

影响评价（impact assessment）是对清单分析阶段所识别的环境影响压力进行定性或定量排序的一个过程，即确定产品系统的物质和能量交换对其外部环境的影响。这种评价应考虑对生态系统、人体健康及其他方面的影响。影响评价目前还处于概念阶段，还没有一个达成共识的方法。国际标准化组织、环境毒理与环境化学学会、英国环保局都倾向于把影响评价定为一个“三步走”的模型，即影响分类、特征化、量化。分类是将从清单分析中得来的数据进行归类，对环境影响相同的数据归到同一类型，影响类型通常包括资源耗竭、生态影响和人类健康三大类。特征化即按照影响类型建立清单数据模型，是分析与定量中的一步。量化即加权，是确定不同环境影响类型的相对贡献大小或权重，以期得到总的环境影响水平的过程。

改善评价（improvement assessment）是系统地评估在产品、工艺或活动整个生命周期内削减能源消耗、原材料使用以及环境释放的需求与机会。这种分析包括定量与定性地改进措施，例如改变产品结构、重新选择原材料、改变制造工艺和消费方式以及废弃物管理等。

ISO14040 将生命周期评价分为互相联系的、不断重复进行的四个步骤，分别是目的与范围确定、清单分析、影响评价、结果解释。ISO 组织对 LCA 评价技术框架和 SETAC 不同之处就是去掉了改善分析阶段，增加了生命周期解释环节。ISO 组织对 LCA 评价技术框架中对前三个互相联系的步骤的解释是双向的，需要不断调整，另外，ISO14040 框架更加细化了的步骤，更利于开展生命周期评价的研究与应用，其相互关系如图 5-3 所示。

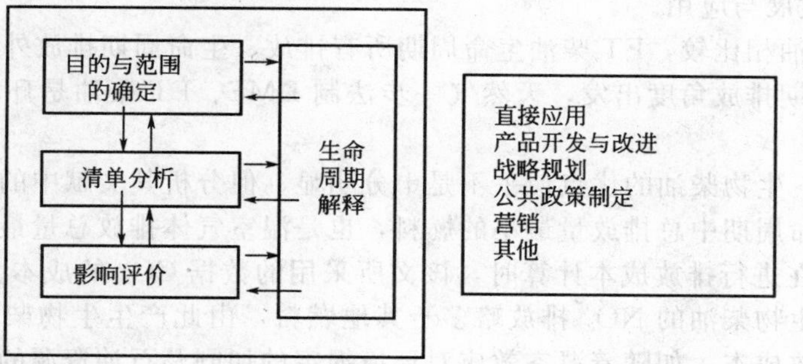

图 5-3　ISO 的生命周期评价技术框架

ISO 的生命周期评价技术框架前面三个步骤和 SETAC 相同，不再论述，增加的部分是生命周期解释。生命周期解释的目的是根据前三个阶段的研究或清单分析的发现，以透明的方式来分析结果、形成结论、解释局限性、提出建议并报告生命周期解释的结果，尽可能提供对生命周期评价研究结果的易于理解的、完整一致的说明。在 ISO14000 系列标准中，LCA 被认为是一种用于评估与产品有关的环境因素及其潜在影响的技术。其过程为编制产品系统中有关输入和输出的清单、评价与这些输入输出相关的潜在环境影响、解释与研究目的相关的清单分析和影响评价结果。LCA 研究贯穿于产品生命全过程（即从摇篮到坟墓），即从获取原材料、生产、使用直至最终处置的环境因素和潜在影响，需要考虑的环境因素类型包括资源耗竭、生态影响和人类健康。LCA 能用于帮助以下几个方面：识别改进产品生命周期各个阶段中环境因素的机会；产业、政府或非政府组织中的决策（如战略规划、确定优先项、对产品或过程的设计或再设计）；选择有关的环境表现（行为）参数，包括测量技术；营销（如环境声明、生态标志计划或产品环境宣言）。

5.3.3　节能技术生命周期评价应用策略

随着环境污染及温室效应对人类生存和生活环境影响的加剧，人们评价产品、技术或服务的优劣已不再是单纯的技术是否先进或经济是否合理，而是更加重视该产品、技术或服务在整个生命周期过程中对环境的直接影响和潜在危害，节能技术的评价也不例外。节能技术评价除了前面介绍的在技术先进可行的前提下进行经济效益评价外，目前已有专家和学者尝试利用生命周期评价的方法对节能技术进行评价。

生命周期评价方法既可以对单个方案进行评价也可以对多个竞争方案进行评价，所以，生命周期评价也可以适用于多个节能技术方案的优化评价。和前面经济评价方法一样，不同的节能方案，最后达到的效果应该一样，评价的基础、条件和经济评价的方法一样。我国学者对矿石柴油、生物柴油及其他替代燃料进行了全生命周期的排放评价，最后得出了以下结论。

① 与矿石柴油相比，生物柴油生命周期 NO_x 排放、排放综合外部成本增加，生命周期其他排放降低。降低生命周期 NO_x 排放是降低生物柴油生命周期排放综合外部成本的主要途径。

② 与矿石柴油相比，甲醇脱水法制 DME、天然气二步法制 DME 生命周期中 CO、NO_x、PM_{10}、SO_x 和 CO_2 排放及排放综合外部成本增加，生命周期 HC、CH_4 和 N_2O 排放

降低。

③ 与矿石柴油相比，天然气一步法制 DME 生命周期 PM_{10}、SO_x 排放略有增加，HC、CO、SO_x、CO_2、CH_4 和 N_2O 排放及生命周期排放综合外部成本降低，建议促进天然气一步法制 DME 的发展与应用。

④ 与矿石柴油相比较，FT 柴油生命周期所有排放、生命周期排放外部成本降低。

⑤ 从生命周期排放角度出发，天然气一步法制 DME、FT 柴油是环境友好的柴油替代燃料。

从该结论看，生物柴油的优点似乎不是十分明显，但分析其文献中的内部数据，可以发现生物柴油是生命周期中总排放量最小的燃料，也是温室气体排放总量最小的燃料，尤其是 CO_2 的排放。但在进行排放成本计算时，该文所采用的数据 CO_2 的成本大大低于 NO_x，相差 300 多倍，而生物柴油的 NO_x 排放略多于其他燃料，由此产生生物柴油的总排放成本多于矿石柴油的排放成本。如随着温室效应对环境损害的加剧及石油资源的枯竭和资源税的加大征收，两者总生命周期排放的成本可能逆转，所以从长远来看，生物柴油将得到大力发展。

生命周期评价应用于节能技术，可遵循 ISO 的生命周期评价技术框架，确定评价的目的和范围，对每种不同的节能技术需进行溯源分析，收集对该技术所需的原料如各种金属、燃料及其他材料的清单分析数据，按照原材料获得、原料生产、产品加工、节能技术应用、节能技术后处理整个生命周期，计算各种 LCA 指标数据，并据此进行影响评价。值得注意的是，随着各种外部条件的改变，对某种节能技术 LCA 评价的结论数据也会改变。如有新加坡学者对本国各种方式生产电力进行了 LCA 及 LCCA 评价分析，结果得出，如果国际油价、资金利率、火电厂发电效率等改变时，生产电力的评价指标也会发生改变，同时由于具体经济数据的不确定性，要想获得 LCCA 的精确数据有一定的困难。

5.3.4 生命周期评价注意问题及发展趋势

由于生命周期评价目前还不十分完善，在具体应用时应注意以下问题。

① LCA 中所作的选择和假定，在本质上可能是主观的，如系统边界的设置、数据收集渠道和影响类型选择及归类等都带有一定的主观性。

② LCA 研究需要大量的数据，目前还没有统一完善的标准数据。研究人员必须经常依据典型的生产工艺、全国平均水平、工程估算或专业判断来获取数据，这就可能造成数据不精确或误差较大，以致得到错误的结论。

③ 目前 LCA 的研究，注重于资源和能源的消耗、废物管理、健康影响和生态影响方面较多，对费用成本这一战略性目标进行考虑研究的还不多，需要加强结合费用成本及生态影响多目标综合优化的研究。

④ 由于产品系统的数据更新相当快，而且在确定权重的过程中所做的假设带有主观性，因此很难为消费者提供具有绝对优势的结论。

⑤ LCA 研究时间长、费用高。在国外完成一个 LCA，一般要 6～18 个月，花费 1.5 万～30 万美元。

当前国际社会的各个阶层都十分关注生命周期评价方法及其发展，投入了大量的人力物力，预计未来 LCA 主要在八个方面进行深入研究，即生命周期的生态风险分析；生命周期的环境和生态决策方法；生命周期废弃物的减量化、无害化和资源化生态工程技术；生命周期管理标准；生命周期管理政策和手段；生命周期的生态经济评价方法；生命周期管理的信息系统；产品的生命周期设计。而生命周期的生态经济评价方法比较适用于节能技术的评价，也就是说在评价节能技术时，需将生态效益和经济效益综合评价，利用多目标函数进行优化评价，可采用 LCA 与 LCCA 综合评价的方法对节能技术进行评价。

思考题与习题

5-1 简述节能评价的主要方法。

5-2 资本时间价值的含义是什么?

5-3 简述节能方案经济评价的主要方法及各自优缺点。

5-4 节能技术生命周期评价的含义是什么?

5-5 节能技术生命周期评价应该注意哪些问题?

5-6 某工业用能设备进行节能技术改造，有两个方案可供选择：方案 A 一次性投入 30 万元，每年产生的节约能源费用 8 万元，因节能技术而增加的年维修费用 1 万元，使用寿命 8 年，设备残值 4 万元；方案 B 一次性投入 40 万元，每年产生的节约能源费用 10 万元，因节能技术而增加的年维修费用 2 万元，使用寿命 10 年，设备残值 6 万元，在资金年利率为 10%，标准投资回收期为 8 年的情况，分别用简单补偿年限法、动态补偿年限法及净收益-投资比值法判断两节能技术改造方案是否可行，并确定哪个方案更优?

附　　录

附录 1　中华人民共和国节约能源法

（1997 年 11 月 1 日第八届全国人民代表大会常务委员会第二十八次会议通过 2007 年 10 月 28 日第十届全国人民代表大会常务委员会第三十次会议修订）

目　　录

第一章　总　　则

第一条　为了推动全社会节约能源，提高能源利用效率，保护和改善环境，促进经济社会全面协调可持续发展，制定本法。

第二条　本法所称能源，是指煤炭、石油、天然气、生物质能和电力、热力以及其他直接或者通过加工、转换而取得有用能的各种资源。

第三条　本法所称节约能源（以下简称节能），是指加强用能管理，采取技术上可行、经济上合理以及环境和社会可以承受的措施，从能源生产到消费的各个环节，降低消耗、减少损失和污染物排放、制止浪费，有效、合理地利用能源。

第四条　节约资源是我国的基本国策。国家实施节约与开发并举、把节约放在首位的能源发展战略。

第五条　国务院和县级以上地方各级人民政府应当将节能工作纳入国民经济和社会发展规划、年度计划，并组织编制和实施节能中长期专项规划、年度节能计划。

国务院和县级以上地方各级人民政府每年向本级人民代表大会或者其常务委员会报告节能工作。

第六条　国家实行节能目标责任制和节能考核评价制度，将节能目标完成情况作为对地方人民政府及其负责人考核评价的内容。

省、自治区、直辖市人民政府每年向国务院报告节能目标责任的履行情况。

第七条 国家实行有利于节能和环境保护的产业政策，限制发展高耗能、高污染行业，发展节能环保型产业。

国务院和省、自治区、直辖市人民政府应当加强节能工作，合理调整产业结构、企业结构、产品结构和能源消费结构，推动企业降低单位产值能耗和单位产品能耗，淘汰落后的生产能力，改进能源的开发、加工、转换、输送、储存和供应，提高能源利用效率。

国家鼓励、支持开发和利用新能源、可再生能源。

第八条 国家鼓励、支持节能科学技术的研究、开发、示范和推广，促进节能技术创新与进步。

国家开展节能宣传和教育，将节能知识纳入国民教育和培训体系，普及节能科学知识，增强全民的节能意识，提倡节约型的消费方式。

第九条 任何单位和个人都应当依法履行节能义务，有权检举浪费能源的行为。

新闻媒体应当宣传节能法律、法规和政策，发挥舆论监督作用。

第十条 国务院管理节能工作的部门主管全国的节能监督管理工作。国务院有关部门在各自的职责范围内负责节能监督管理工作，并接受国务院管理节能工作的部门的指导。

县级以上地方各级人民政府管理节能工作的部门负责本行政区域内的节能监督管理工作。县级以上地方各级人民政府有关部门在各自的职责范围内负责节能监督管理工作，并接受同级管理节能工作的部门的指导。

第二章 节能管理

第十一条 国务院和县级以上地方各级人民政府应当加强对节能工作的领导，部署、协调、监督、检查、推动节能工作。

第十二条 县级以上人民政府管理节能工作的部门和有关部门应当在各自的职责范围内，加强对节能法律、法规和节能标准执行情况的监督检查，依法查处违法用能行为。

履行节能监督管理职责不得向监督管理对象收取费用。

第十三条 国务院标准化主管部门和国务院有关部门依法组织制定并适时修订有关节能的国家标准、行业标准，建立健全节能标准体系。

国务院标准化主管部门会同国务院管理节能工作的部门和国务院有关部门制定强制性的用能产品、设备能源效率标准和生产过程中耗能高的产品的单位产品能耗限额标准。

国家鼓励企业制定严于国家标准、行业标准的企业节能标准。

省、自治区、直辖市制定严于强制性国家标准、行业标准的地方节能标准，由省、自治区、直辖市人民政府报经国务院批准；本法另有规定的除外。

第十四条 建筑节能的国家标准、行业标准由国务院建设主管部门组织制定，并依照法定程序发布。

省、自治区、直辖市人民政府建设主管部门可以根据本地实际情况，制定严于国家标准或者行业标准的地方建筑节能标准，并报国务院标准化主管部门和国务院建设主管部门备案。

第十五条 国家实行固定资产投资项目节能评估和审查制度。不符合强制性节能标准的项目，依法负责项目审批或者核准的机关不得批准或者核准建设；建设单位不得开工建设；已经建成的，不得投入生产、使用。具体办法由国务院管理节能工作的部门会同国务院有关部门制定。

第十六条 国家对落后的耗能过高的用能产品、设备和生产工艺实行淘汰制度。淘汰的用能产品、设备、生产工艺的目录和实施办法，由国务院管理节能工作的部门会同国务院有关部门制定并公布。

生产过程中耗能高的产品的生产单位，应当执行单位产品能耗限额标准。对超过单位产品能耗限额标准用能的生产单位，由管理节能工作的部门按照国务院规定的权限责令限期治理。

对高耗能的特种设备，按照国务院的规定实行节能审查和监管。

第十七条 禁止生产、进口、销售国家明令淘汰或者不符合强制性能源效率标准的用能产品、设备；禁止使用国家明令淘汰的用能设备、生产工艺。

第十八条 国家对家用电器等使用面广、耗能量大的用能产品，实行能源效率标识管理。实行能源效率标识管理的产品目录和实施办法，由国务院管理节能工作的部门会同国务院产品质量监督部门制定并公布。

第十九条 生产者和进口商应当对列入国家能源效率标识管理产品目录的用能产品标注能源效率标识，在产品包装物上或者说明书中予以说明，并按照规定报国务院产品质量监督部门和国务院管理节能工作的部门共同授权的机构备案。

生产者和进口商应当对其标注的能源效率标识及相关信息的准确性负责。禁止销售应当标注而未标注能源效率标识的产品。

禁止伪造、冒用能源效率标识或者利用能源效率标识进行虚假宣传。

第二十条 用能产品的生产者、销售者，可以根据自愿原则，按照国家有关节能产品认证的规定，向经国务院认证认可监督管理部门认可的从事节能产品认证的机构提出节能产品认证申请；经认证合格后，取得节能产品认证证书，可以在用能产品或者其包装物上使用节能产品认证标志。

禁止使用伪造的节能产品认证标志或者冒用节能产品认证标志。

第二十一条 县级以上各级人民政府统计部门应当会同同级有关部门，建立健全能源统计制度，完善能源统计指标体系，改进和规范能源统计方法，确保能源统计数据真实、完整。

国务院统计部门会同国务院管理节能工作的部门，定期向社会公布各省、自治区、直辖市以及主要耗能行业的能源消费和节能情况等信息。

第二十二条 国家鼓励节能服务机构的发展，支持节能服务机构开展节能咨询、设计、评估、检测、审计、认证等服务。

国家支持节能服务机构开展节能知识宣传和节能技术培训，提供节能信息、节能示范和其他公益性节能服务。

第二十三条 国家鼓励行业协会在行业节能规划、节能标准的制定和实施、节能技术推广、能源消费统计、节能宣传培训和信息咨询等方面发挥作用。

第三章 合理使用与节约能源

第一节 一般规定

第二十四条 用能单位应当按照合理用能的原则，加强节能管理，制定并实施节能计划和节能技术措施，降低能源消耗。

第二十五条 用能单位应当建立节能目标责任制，对节能工作取得成绩的集体、个人给予奖励。

第二十六条 用能单位应当定期开展节能教育和岗位节能培训。

第二十七条 用能单位应当加强能源计量管理，按照规定配备和使用经依法检定合格的能源计量器具。

用能单位应当建立能源消费统计和能源利用状况分析制度，对各类能源的消费实行分类计量和统计，并确保能源消费统计数据真实、完整。

第二十八条 能源生产经营单位不得向本单位职工无偿提供能源。任何单位不得对能源消费实行包费制。

第二节 工业节能

第二十九条 国务院和省、自治区、直辖市人民政府推进能源资源优化开发利用和合理配置，推进有利于节能的行业结构调整，优化用能结构和企业布局。

第三十条 国务院管理节能工作的部门会同国务院有关部门制定电力、钢铁、有色金属、建材、石油加工、化工、煤炭等主要耗能行业的节能技术政策，推动企业节能技术改造。

第三十一条 国家鼓励工业企业采用高效、节能的电动机、锅炉、窑炉、风机、泵类等设备，采用热电联产、余热余压利用、洁净煤以及先进的用能监测和控制等技术。

第三十二条 电网企业应当按照国务院有关部门制定的节能发电调度管理的规定，安排清洁、高效和符合规定的热电联产、利用余热余压发电的机组以及其他符合资源综合利用规定的发电机组与电网并网运行，上网电价执行国家有关规定。

第三十三条 禁止新建不符合国家规定的燃煤发电机组、燃油发电机组和燃煤热电机组。

第三节 建筑节能

第三十四条 国务院建设主管部门负责全国建筑节能的监督管理工作。

县级以上地方各级人民政府建设主管部门负责本行政区域内建筑节能的监督管理工作。

县级以上地方各级人民政府建设主管部门会同同级管理节能工作的部门编制本行政区域内的建筑节能规划。建筑节能规划应当包括既有建筑节能改造计划。

第三十五条 建筑工程的建设、设计、施工和监理单位应当遵守建筑节能标准。

不符合建筑节能标准的建筑工程，建设主管部门不得批准开工建设；已经开工建设的，应当责令停止施工、限期改正；已经建成的，不得销售或者使用。

建设主管部门应当加强对在建建筑工程执行建筑节能标准情况的监督检查。

第三十六条 房地产开发企业在销售房屋时，应当向购买人明示所售房屋的节能措施、保温工程保修期等信息，在房屋买卖合同、质量保证书和使用说明书中载明，并对其真实性、准确性负责。

第三十七条 使用空调采暖、制冷的公共建筑应当实行室内温度控制制度。具体办法由国务院建设主管部门制定。

第三十八条 国家采取措施，对实行集中供热的建筑分步骤实行供热分户计量、按照用热量收费的制度。新建建筑或者对既有建筑进行节能改造，应当按照规定安装用热计量装置、室内温度调控装置和供热系统调控装置。具体办法由国务院建设主管部门会同国务院有关部门制定。

第三十九条 县级以上地方各级人民政府有关部门应当加强城市节约用电管理，严格控制公用设施和大型建筑物装饰性景观照明的能耗。

第四十条 国家鼓励在新建建筑和既有建筑节能改造中使用新型墙体材料等节能建筑材料和节能设备，安装和使用太阳能等可再生能源利用系统。

第四节 交通运输节能

第四十一条 国务院有关交通运输主管部门按照各自的职责负责全国交通运输相关领域

的节能监督管理工作。

国务院有关交通运输主管部门会同国务院管理节能工作的部门分别制定相关领域的节能规划。

第四十二条　国务院及其有关部门指导、促进各种交通运输方式协调发展和有效衔接，优化交通运输结构，建设节能型综合交通运输体系。

第四十三条　县级以上地方各级人民政府应当优先发展公共交通，加大对公共交通的投入，完善公共交通服务体系，鼓励利用公共交通工具出行；鼓励使用非机动交通工具出行。

第四十四条　国务院有关交通运输主管部门应当加强交通运输组织管理，引导道路、水路、航空运输企业提高运输组织化程度和集约化水平，提高能源利用效率。

第四十五条　国家鼓励开发、生产、使用节能环保型汽车、摩托车、铁路机车车辆、船舶和其他交通运输工具，实行老旧交通运输工具的报废、更新制度。

国家鼓励开发和推广应用交通运输工具使用的清洁燃料、石油替代燃料。

第四十六条　国务院有关部门制定交通运输营运车船的燃料消耗量限值标准；不符合标准的，不得用于营运。

国务院有关交通运输主管部门应当加强对交通运输营运车船燃料消耗检测的监督管理。

第五节　公共机构节能

第四十七条　公共机构应当厉行节约，杜绝浪费，带头使用节能产品、设备，提高能源利用效率。

本法所称公共机构，是指全部或者部分使用财政性资金的国家机关、事业单位和团体组织。

第四十八条　国务院和县级以上地方各级人民政府管理机关事务工作的机构会同同级有关部门制定和组织实施本级公共机构节能规划。公共机构节能规划应当包括公共机构既有建筑节能改造计划。

第四十九条　公共机构应当制定年度节能目标和实施方案，加强能源消费计量和监测管理，向本级人民政府管理机关事务工作的机构报送上年度的能源消费状况报告。

国务院和县级以上地方各级人民政府管理机关事务工作的机构会同同级有关部门按照管理权限，制定本级公共机构的能源消耗定额，财政部门根据该定额制定能源消耗支出标准。

第五十条　公共机构应当加强本单位用能系统管理，保证用能系统的运行符合国家相关标准。

公共机构应当按照规定进行能源审计，并根据能源审计结果采取提高能源利用效率的措施。

第五十一条　公共机构采购用能产品、设备，应当优先采购列入节能产品、设备政府采购名录中的产品、设备。禁止采购国家明令淘汰的用能产品、设备。

节能产品、设备政府采购名录由省级以上人民政府的政府采购监督管理部门会同同级有关部门制定并公布。

第六节　重点用能单位节能

第五十二条　国家加强对重点用能单位的节能管理。

下列用能单位为重点用能单位：

（一）年综合能源消费总量一万吨标准煤以上的用能单位；

（二）国务院有关部门或者省、自治区、直辖市人民政府管理节能工作的部门指定的年综合能源消费总量五千吨以上不满一万吨标准煤的用能单位。

重点用能单位节能管理办法，由国务院管理节能工作的部门会同国务院有关部门制定。

第五十三条 重点用能单位应当每年向管理节能工作的部门报送上年度的能源利用状况报告。能源利用状况包括能源消费情况、能源利用效率、节能目标完成情况和节能效益分析、节能措施等内容。

第五十四条 管理节能工作的部门应当对重点用能单位报送的能源利用状况报告进行审查。对节能管理制度不健全、节能措施不落实、能源利用效率低的重点用能单位，管理节能工作的部门应当开展现场调查，组织实施用能设备能源效率检测，责令实施能源审计，并提出书面整改要求，限期整改。

第五十五条 重点用能单位应当设立能源管理岗位，在具有节能专业知识、实际经验以及中级以上技术职称的人员中聘任能源管理负责人，并报管理节能工作的部门和有关部门备案。

能源管理负责人负责组织对本单位用能状况进行分析、评价，组织编写本单位能源利用状况报告，提出本单位节能工作的改进措施并组织实施。

能源管理负责人应当接受节能培训。

第四章 节能技术进步

第五十六条 国务院管理节能工作的部门会同国务院科技主管部门发布节能技术政策大纲，指导节能技术研究、开发和推广应用。

第五十七条 县级以上各级人民政府应当把节能技术研究开发作为政府科技投入的重点领域，支持科研单位和企业开展节能技术应用研究，制定节能标准，开发节能共性和关键技术，促进节能技术创新与成果转化。

第五十八条 国务院管理节能工作的部门会同国务院有关部门制定并公布节能技术、节能产品的推广目录，引导用能单位和个人使用先进的节能技术、节能产品。

国务院管理节能工作的部门会同国务院有关部门组织实施重大节能科研项目、节能示范项目、重点节能工程。

第五十九条 县级以上各级人民政府应当按照因地制宜、多能互补、综合利用、讲求效益的原则，加强农业和农村节能工作，增加对农业和农村节能技术、节能产品推广应用的资金投入。

农业、科技等有关主管部门应当支持、推广在农业生产、农产品加工储运等方面应用节能技术和节能产品，鼓励更新和淘汰高耗能的农业机械和渔业船舶。

国家鼓励、支持在农村大力发展沼气，推广生物质能、太阳能和风能等可再生能源利用技术，按照科学规划、有序开发的原则发展小型水力发电，推广节能型的农村住宅和炉灶等，鼓励利用非耕地种植能源植物，大力发展薪炭林等能源林。

第五章 激励措施

第六十条 中央财政和省级地方财政安排节能专项资金，支持节能技术研究开发、节能技术和产品的示范与推广、重点节能工程的实施、节能宣传培训、信息服务和表彰奖励等。

第六十一条 国家对生产、使用列入本法第五十八条规定的推广目录的需要支持的节能技术、节能产品，实行税收优惠等扶持政策。

国家通过财政补贴支持节能照明器具等节能产品的推广和使用。

第六十二条 国家实行有利于节约能源资源的税收政策，健全能源矿产资源有偿使用制度，促进能源资源的节约及其开采利用水平的提高。

第六十三条 国家运用税收等政策，鼓励先进节能技术、设备的进口，控制在生产过程中耗能高、污染重的产品的出口。

第六十四条 政府采购监督管理部门会同有关部门制定节能产品、设备政府采购名录，应当优先列入取得节能产品认证证书的产品、设备。

第六十五条 国家引导金融机构增加对节能项目的信贷支持，为符合条件的节能技术研究开发、节能产品生产以及节能技术改造等项目提供优惠贷款。

国家推动和引导社会有关方面加大对节能的资金投入，加快节能技术改造。

第六十六条 国家实行有利于节能的价格政策，引导用能单位和个人节能。

国家运用财税、价格等政策，支持推广电力需求侧管理、合同能源管理、节能自愿协议等节能办法。

国家实行峰谷分时电价、季节性电价、可中断负荷电价制度，鼓励电力用户合理调整用电负荷；对钢铁、有色金属、建材、化工和其他主要耗能行业的企业，分淘汰、限制、允许和鼓励类实行差别电价政策。

第六十七条 各级人民政府对在节能管理、节能科学技术研究和推广应用中有显著成绩以及检举严重浪费能源行为的单位和个人，给予表彰和奖励。

第六章 法律责任

第六十八条 负责审批或者核准固定资产投资项目的机关违反本法规定，对不符合强制性节能标准的项目予以批准或者核准建设的，对直接负责的主管人员和其他直接责任人员依法给予处分。

固定资产投资项目建设单位开工建设不符合强制性节能标准的项目或者将该项目投入生产、使用的，由管理节能工作的部门责令停止建设或者停止生产、使用，限期改造；不能改造或者逾期不改造的生产性项目，由管理节能工作的部门报请本级人民政府按照国务院规定的权限责令关闭。

第六十九条 生产、进口、销售国家明令淘汰的用能产品、设备的，使用伪造的节能产品认证标志或者冒用节能产品认证标志的，依照《中华人民共和国产品质量法》的规定处罚。

第七十条 生产、进口、销售不符合强制性能源效率标准的用能产品、设备的，由产品质量监督部门责令停止生产、进口、销售，没收违法生产、进口、销售的用能产品、设备和违法所得，并处违法所得一倍以上五倍以下罚款；情节严重的，由工商行政管理部门吊销营业执照。

第七十一条 使用国家明令淘汰的用能设备或者生产工艺的，由管理节能工作的部门责令停止使用，没收国家明令淘汰的用能设备；情节严重的，可以由管理节能工作的部门提出意见，报请本级人民政府按照国务院规定的权限责令停业整顿或者关闭。

第七十二条 生产单位超过单位产品能耗限额标准用能，情节严重，经限期治理逾期不治理或者没有达到治理要求的，可以由管理节能工作的部门提出意见，报请本级人民政府按照国务院规定的权限责令停业整顿或者关闭。

第七十三条 违反本法规定，应当标注能源效率标识而未标注的，由产品质量监督部门责令改正，处三万元以上五万元以下罚款。

违反本法规定，未办理能源效率标识备案，或者使用的能源效率标识不符合规定的，由产品质量监督部门责令限期改正；逾期不改正的，处一万元以上三万元以下罚款。

伪造、冒用能源效率标识或者利用能源效率标识进行虚假宣传的，由产品质量监督部门责令改正，处五万元以上十万元以下罚款；情节严重的，由工商行政管理部门吊销营业执照。

第七十四条 用能单位未按照规定配备、使用能源计量器具的，由产品质量监督部门责令限期改正；逾期不改正的，处一万元以上五万元以下罚款。

第七十五条 瞒报、伪造、篡改能源统计资料或者编造虚假能源统计数据的，依照《中华人民共和国统计法》的规定处罚。

第七十六条 从事节能咨询、设计、评估、检测、审计、认证等服务的机构提供虚假信息的，由管理节能工作的部门责令改正，没收违法所得，并处五万元以上十万元以下罚款。

第七十七条 违反本法规定，无偿向本单位职工提供能源或者对能源消费实行包费制的，由管理节能工作的部门责令限期改正；逾期不改正的，处五万元以上二十万元以下罚款。

第七十八条 电网企业未按照本法规定安排符合规定的热电联产和利用余热余压发电的机组与电网并网运行，或者未执行国家有关上网电价规定的，由国家电力监管机构责令改正；造成发电企业经济损失的，依法承担赔偿责任。

第七十九条 建设单位违反建筑节能标准的，由建设主管部门责令改正，处二十万元以上五十万元以下罚款。

设计单位、施工单位、监理单位违反建筑节能标准的，由建设主管部门责令改正，处十万元以上五十万元以下罚款；情节严重的，由颁发资质证书的部门降低资质等级或者吊销资质证书；造成损失的，依法承担赔偿责任。

第八十条 房地产开发企业违反本法规定，在销售房屋时未向购买人明示所售房屋的节能措施、保温工程保修期等信息的，由建设主管部门责令限期改正，逾期不改正的，处三万元以上五万元以下罚款；对以上信息作虚假宣传的，由建设主管部门责令改正，处五万元以上二十万元以下罚款。

第八十一条 公共机构采购用能产品、设备，未优先采购列入节能产品、设备政府采购名录中的产品、设备，或者采购国家明令淘汰的用能产品、设备的，由政府采购监督管理部门给予警告，可以并处罚款；对直接负责的主管人员和其他直接责任人员依法给予处分，并予通报。

第八十二条 重点用能单位未按照本法规定报送能源利用状况报告或者报告内容不实的，由管理节能工作的部门责令限期改正；逾期不改正的，处一万元以上五万元以下罚款。

第八十三条 重点用能单位无正当理由拒不落实本法第五十四条规定的整改要求或者整改没有达到要求的，由管理节能工作的部门处十万元以上三十万元以下罚款。

第八十四条 重点用能单位未按照本法规定设立能源管理岗位，聘任能源管理负责人，并报管理节能工作的部门和有关部门备案的，由管理节能工作的部门责令改正；拒不改正的，处一万元以上三万元以下罚款。

第八十五条 违反本法规定，构成犯罪的，依法追究刑事责任。

第八十六条 国家工作人员在节能管理工作中滥用职权、玩忽职守、徇私舞弊，构成犯罪的，依法追究刑事责任；尚不构成犯罪的，依法给予处分。

第七章 附 则

第八十七条 本法自 2008 年 4 月 1 日起施行。

附录2 国家发展和改革委员会《节能中长期专项规划》

前 言

节能是我国经济和社会发展的一项长远战略方针，也是当前一项极为紧迫的任务。为推动全社会开展节能降耗，缓解能源瓶颈制约，建设节能型社会，促进经济社会可持续发展，实现全面建设小康社会的宏伟目标，特制定本规划。

规划期分为“十一五”和2020年，重点规划了到2010年节能的目标和发展重点，并提出2020年的目标。

规划分五个部分：我国能源利用现状，节能工作面临的形势和任务，节能的指导思想、原则和目标，节能的重点领域和重点工程，以及保障措施。

节能专项规划是我国能源中长期发展规划的重要组成部分，也是我国中长期节能工作的指导性文件和节能项目建设的依据。

（说明：规划采用了国家统计局对2000年、2002年能源生产、消费总量及GDP能耗等相关数字的初步调整数。）

目 录

（九）强化节能宣传、教育和培训

（十）加强组织领导，推动规划实施

一、我国能源利用现状

（一）能源消费特点

2002年，全国一次能源消费总量15.14亿吨标准煤，比1990年增加5.27亿吨标准煤，增长53%，年均增长3.6%。其中，煤炭占66.3%，石油占23.5%，天然气占2.6%，水电、核电占7.6%。

我国能源消费呈以下主要特点。

1. 能源消费以煤为主，环境问题日益突出。2002年，煤炭消费量14.2亿吨，比1990年增长34%，年均增长2.5%。近70%的原煤没有经过洗选直接燃烧，燃煤造成的二氧化硫和烟尘排放量约占排放总量的70%～80%，二氧化硫排放形成的酸雨面积已占国土面积的三分之一；化石燃料二氧化碳排放是我国温室气体的主要来源。

2. 优质能源比重上升，石油安全不容忽视。2002年，石油、天然气、水电等优质能源消费量占能源消费总量的33.7%，比1990年提高9.9个百分点，其中石油占消费总量的比重由1990年的16.6%提高到23.5%，提高6.9个百分点。“九五”以来交通运输用油呈快速增长态势，特别是营运运输用油，年均增长速度大大高于同期国内生产总值的增长速度。我国自1993年开始成为石油净进口国以来，对外依存度逐年提高，2002年石油净进口量8130万吨，对外依存度达32.8%。

3. 工业用能居高不下，结构调整任重道远。2002年，一、二、三产业和生活用能分别占能源消费总量的4.4%、69.3%、14.9%和11.4%。其中，工业用能占68.3%，自1990年以来始终保持在70%左右的水平，虽然统计口径不完全可比，但与国外能源消费构成相比，我国工业用能比重明显偏高。在推进工业化的进程中，调整经济结构的任务十分艰巨。

4. 生活用能有所改善，用能水平仍然很低。2002年，城乡居民生活用电2001亿千瓦时，天然气和煤气177亿立方米，液化石油气1169万吨，占生活用能的比重分别由1990年的3.7%、1.66%、1.72%上升到14.4%、6.8%、11.8%。但用能水平仍然很低，人均生活用电量156千瓦时，仅相当于日本的7.7%，美国的4%。

（二）能源利用情况

改革开放以来，在党中央、国务院“能源开发与节约并举，把节约放在首位”的方针指引下，各地区、各部门和各企业单位大力开展节能工作，取得明显成效。

1. 能源利用效率有所提高。

单位产值能耗。按1990年不变价计算，每万元GDP能耗由1990年的5.32吨标准煤下降到2002年的2.68吨标准煤，下降50%，年均节能率为5.6%。

单位产品能耗。2000年与1990年相比，火电供电煤耗由每千瓦时427克标准煤下降到392克标准煤，吨钢可比能耗由997千克标准煤下降到784千克标准煤，水泥综合能耗由每吨201千克标准煤下降到181千克标准煤，大型合成氨（以油气为原料）综合能耗由每吨1343千克标准煤下降到1273千克标准煤。单位产品能耗与国际先进水平的差距分别缩小了6.1、37.1、18.7、3.1个百分点。

能源效率。2000年能源效率为33%，比1990年提高5个百分点。其中，能源加工、转换、储运效率为67.8%，终端能源利用效率为49.2%。

2. 节能取得明显的经济和社会效益。

按环比法计算，1991～2002年的12年间，累计节约和少用能源约7亿吨标准煤，能源消费以年均3.6%的增长速度支持了国民经济年均9.7%的增长速度。节约和少用能源相当于减少二氧化硫排放1050万吨。节能对缓解能源供需矛盾，提高经济增长质量和效益，减少环境污染，保障国民经济持续、快速、健康发展发挥了重要作用。

3. 能源利用效率与国外的差距。

单位产值能耗。据有关机构研究，2000年按现行汇率计算的每百万美元国内生产总值能耗，我国为1274吨标准煤，比世界平均水平高2.4倍，比美国、欧盟、日本、印度分别高2.5倍、4.9倍、8.7倍和0.43倍。

单位产品能耗。2000年电力、钢铁、有色、石化、建材、化工、轻工、纺织8个行业主要产品单位能耗平均比国际先进水平高40%，如火电供电煤耗高22.5%，大中型钢铁企业吨钢可比能耗高21.4%，铜冶炼综合能耗高65%，水泥综合能耗高45.3%，大型合成氨综合能耗高31.2%，纸和纸板综合能耗高120%。

主要耗能设备能源效率。2000年，燃煤工业锅炉平均运行效率65%左右，比国际先进水平低15～20个百分点；中小电动机平均效率87%，风机、水泵平均设计效率75%，均比国际先进水平低5个百分点，系统运行效率低近20个百分点；机动车燃油经济性水平比欧洲低25%，比日本低20%，比美国整体水平低10%；载货汽车百吨公里油耗7.6升，比国外先进水平高1倍以上；内河运输船舶油耗比国外先进水平高10%～20%。

单位建筑面积能耗。目前我国单位建筑面积采暖能耗相当于气候条件相近发达国家的2～3倍。据专家分析，我国公共建筑和居住建筑全面执行节能50%的标准是现实可行的；与发达国家相比，即使在达到了节能50%的目标以后仍有约50%的节能潜力。

能源效率。能源效率比国际先进水平低10个百分点。如火电机组平均效率33.8%，比国际先进水平低6～7个百分点。能源利用中间环节（加工、转换和储运）损失量大，浪费严重。

我国能源利用效率与国外的差距表明，节能潜力巨大。根据有关单位研究，按单位产品能耗和终端用能设备能耗与国际先进水平比较，目前我国的节能潜力约为3亿吨标准煤。

我国能源利用效率低下的主要原因是粗放型经济增长方式，结构不合理，技术装备落后，管理水平低。一是结构不合理。产业结构中低能耗的第三产业（产值能耗为第二产业产值能耗的43%）特别是服务业明显滞后，我国第三产业增加值占GDP的比重为33%，而世界平均水平约63%；第二产业中高能耗重化工业比重高，工业化仍以量的扩张为主，消耗高，浪费大，污染重；能源消费结构中优质能源比重低；企业规模小，产业集中度低。二是工艺技术和装备落后。重点行业落后工艺所占比重仍然较高，如大型钢铁联合企业吨钢综合能耗与小型企业相差200千克标准煤左右，火电厂30万千瓦机组与5万千瓦机组每千瓦时供电煤耗相差100克标准煤以上，大中型合成氨吨产品综合能耗与小型企业相差300千克标准煤左右。三是管理水平低，与节能密切相关的统计、计量、考核制度不完善，信息化水平低，损失浪费严重。

（三）节能工作存在的主要问题

一是对节能重要性缺乏足够的认识，节能优先的方针没有落到实处。在发展思路上存在重开发、轻节约，重速度、轻效益的倾向，把节能仅仅作为缓解能源供需矛盾的权宜之计，供应紧张时重视节能，供应缓和时放松节能，片面认为节能可以依靠市场机制来实现，对节能在转变经济增长方式、实施可持续发展战略中的重要地位以及政府在节能管理中的重要作用缺乏足够的认识，在宏观政策的各个方面节能优先的方针还没有充分体现，一些地方和行业节能管理有所削弱，节能还没有成为绝大多数企业和全体公民的自觉行动。

二是节能法律法规不完善。1998年颁布实施了《节约能源法》，但有法不依，执法不严的现象严重，配套法规不完善，操作性上有待改进。能效标准制定工作滞后，尚未颁布机动车燃油经济性标准，大部分工业用能设备（产品）没有能效标准。虽然陆续制定和颁布了各气候区建筑节能50%的设计标准，但全国城市每年新增建筑中达到节能建筑设计标准的不到5%。

三是缺乏有效的节能激励政策。国内外实践表明，节能在很多方面属于市场失灵的领域，需要政府宏观调控和引导。目前在财税政策上对节能改造、节能设备研制和应用以及节能奖励等方面，支持的力度不够，没有建立有效的节能激励机制。

四是尚未建立适应市场经济体制要求的节能新机制。在计划经济体制下形成的节能管理体系已不适应新形势的要求。国外普遍采用的综合资源规划、电力需求侧管理、合同能源管理、能效标识管理、自愿协议等节能新机制，在我国还没有广泛推行，有的还处于试点和探索阶段。供热体制改革滞后，受各种因素影响贯彻落实难度较大。

五是节能技术开发和推广应用不够。节能必须依靠技术进步，改革开放以来，我国开发、示范（引进）和推广了一大批节能新技术、新工艺和新设备，节能技术水平有了很大提高。但从总体上看，投入不足，创新能力弱，先进适用的节能技术，特别是一些有重大带动作用的共性和关键技术开发不够。同时由于缺乏鼓励节能技术推广的政策和机制，多数企业融资困难，节能技术推广应用难。

六是节能监管和服务机构能力建设滞后。目前，全国共有节能监测（技术服务）中心145个，绝大部分受政府委托开展节能执法监督和监测。但总体上看，多数节能监测（技术服务）机构能力建设滞后，监测装备落后，信息缺乏，人才短缺，整体实力不强。能源统计体系不完善、节能信息不畅，难以适应节能工作的需要。

二、节能工作面临的形势和任务

党的十六大提出，到2020年我国将实现全面建设小康社会的目标。随着人口增加、工业化和城镇化进程的加快，特别是重化工业和交通运输的快速发展，能源需求量将大幅度上升，经济发展面临的能源约束矛盾和能源使用带来的环境污染问题更加突出。

一是能源约束矛盾突出。实现GDP到2020年比2000年翻两番的目标，我国钢铁、有色金属、石化、化工、水泥等高耗能重化工业将加速发展；随着生活水平的提高，消费结构升级，汽车和家用电器大量进入家庭；城镇化进程加快，建筑和生活用能大幅度上升。如按近三年能源消费增长趋势发展，到2020年能源需求量将高达40多亿吨标准煤。如此巨大的需求，在煤炭、石油和电力供应以及能源安全等方面都会带来严重的问题。按照能源中长期发展规划，在充分考虑节能因素的情况下，到2020年能源消费总量需要30亿吨标准煤。要满足这一需求，无论是增加国内能源供应还是利用国外资源，都面临着巨大的压力。能源基础设施建设投资大、周期长，还面临水资源和交通运输制约等一系列问题。能源需求的快速增长对能源资源的可供量、承载能力，以及国家能源安全提出严峻挑战。

二是环境问题加剧。我国是少数以煤为主要能源的国家，也是世界上最大的煤炭消费国，煤烟型污染已相当严重。随着机动车的快速增长，大城市大气污染已由煤烟型污染向煤烟、机动车尾气混合型污染发展。粗放型使用能源，对环境造成了严重破坏。目前，我国年排放二氧化硫2000多万吨，酸雨面积已占国土面积的30%，大大超过环境容量。虽然到2020年我国能源结构将继续改善，煤炭消费比重将有所下降，但煤炭消费总量仍将大幅度增加，经济发展面临巨大的环境压力。

能源是战略资源，是全面建设小康社会的重要物质基础。解决能源约束问题，一方面要开源，加大国内勘探开发力度，加快工程建设，充分利用国外资源。另一方面，必须坚持节约优先，走一条跨越式节能的道路。节能是缓解能源约束矛盾的现实选择，是解决能源环境问题的根本措施，是提高经济增长质量和效益的重要途径，是增强企业竞争力的必然要求。

不下大力节约能源，难以支持国民经济持续快速协调健康发展；不走跨越式节能的道路，新型工业化难以实现。必须从战略高度充分认识节能的重要性，树立忧患意识，增强危机感和责任感，大力节能降耗，提高能源利用效率，加快建设节能型社会，为保障到2020年实现全面建设小康社会目标作贡献。

三、节能的指导思想、原则和目标

（一）指导思想

认真贯彻党的十六大和十六届三中、四中全会精神，以科学发展观为指导，坚持节能优先的方针，以大幅度提高能源利用效率为核心，以转变增长方式、调整经济结构、加快技术进步为根本，以法治为保障，以提高终端用能效率为重点，健全法规，完善政策，深化改革，创新机制，强化宣传，加强管理，逐步改变生产方式和消费方式，形成企业和社会自觉节能的机制，加快建设节能型社会，以能源的有效利用促进经济社会的可持续发展。

（二）遵循原则

1. 坚持把节能作为转变经济增长方式的重要内容。我国能源消耗高、浪费大的根本原因在于粗放型的增长方式。要大幅度提高能源利用效率，必须从根本上改变单纯依靠外延发展，忽视挖潜改造的粗放型发展模式，走科技含量高、经济效益好、资源消耗低、环境污染少、人力资源优势得到充分发挥的新型工业化道路，努力实现经济持续发展、社会全面进步、资源永续利用、环境不断改善和生态良性循环的协调统一。

2. 坚持节能与结构调整、技术进步和加强管理相结合。通过调整产业结构、产品结构和能源消费结构，淘汰落后技术和设备，加快发展以服务业为主要代表的第三产业和以信息技术为主要代表的高新技术产业，用高新技术和先进适用技术改造传统产业，促进产业结构优化和升级，提高产业的整体技术装备水平。开发和推广应用先进高效的能源节约和替代技术、综合利用技术及新能源和可再生能源利用技术。加强管理，减少损失浪费，提高能源利用效率。

3. 坚持发挥市场机制作用与政府宏观调控相结合。以市场为导向，以企业为主体，通过深化改革，创新机制，充分发挥市场配置资源的基础性作用。政府通过制定和实施法规标准，加强政策导向和信息引导，营造有利于节能的体制环境、政策环境和市场环境，建立符合市场经济体制要求的企业自觉节能的机制，推动全社会节能。

4. 坚持依法管理与政策激励相结合。增量要严格市场准入，加强执法监督检查，辅以政策支持，从源头控制高耗能企业、高耗能建筑和低效设备（产品）的发展。存量要深入挖潜，在严格执法的前提下，通过政策激励和信息引导，加快结构调整和技术进步。

5. 坚持突出重点、分类指导、全面推进。对年耗能万吨标准煤以上重点用能单位要严格依法管理，明确目标措施，公布能耗状况，强化监督检查；对中小企业在严格依法管理的同时，要注重政策引导和提供服务。交通节能的重点是新增机动车，要建立和实施机动车燃油经济性标准及配套政策和制度。建筑节能的重点是严格执行节能设计标准，加强政策导向。商用和民用节能的重点是提高用能设备能效标准，严格市场准入，运用市场机制，引导和鼓励用户和消费者购买节能型产品。

6. 坚持全社会共同参与。节能涉及各行各业、千家万户，需要全社会共同努力，积极参与。企业和消费者是节能的主体，要改变不合理的生产方式和消费方式，依法履行节能责任；政府通过制定法规、政策和标准，引导、规范用能行为，为企业和消费者提供服务，并带头节能；中介机构要发挥政府和企业、企业和企业之间的桥梁和纽带作用。

（三）节能目标

1. 宏观节能量指标：到2010年每万元GDP（1990年不变价，下同）能耗由2002年的2.68吨标准煤下降到2.25吨标准煤，2003～2010年年均节能率为2.2%，形成的节能能力为 4 亿吨标准煤。

2020 年每万元 GDP 能耗下降到 1.54 吨标准煤，2003～2020 年年均节能率为 3%，形成的节能能力为 14 亿吨标准煤，相当于同期规划新增能源生产总量 12.6 亿吨标准煤的 111%，相当于减少二氧化硫排放 2100 万吨。

2. 主要产品（工作量）单位能耗指标：2010 年总体达到或接近 20 世纪 90 年代初期国际先进水平，其中大中型企业达到本世纪初国际先进水平；2020 年达到或接近国际先进水平（见表 1）。

表 1　主要产品单位能耗指标

	单　位	2000 年	2005 年	2010 年	2020 年
火电供电煤耗	克标准煤/千瓦时	392	377	360	320
吨钢综合能耗	千克标准煤/吨	906	760	730	700
吨钢可比能耗	千克标准煤/吨	784	700	685	640
10 种有色金属综合能耗	吨标准煤/吨	4.809	4.665	4.595	4.45
铝综合能耗	吨标准煤/吨	9.923	9.595	9.471	9.22
铜综合能耗	吨标准煤/吨	4.707	4.388	4.256	4.000
炼油单位能量因数能耗	千克标准油/吨·因数	14	13	12	10
乙烯综合能耗	千克标准油/吨	848	700	650	600
大型合成氨综合能耗	千克标准煤/吨	1372	1210	1140	1000
烧碱综合能耗	千克标准煤/吨	1553	1503	1400	1300
水泥综合能耗	千克标准煤/吨	181	159	148	129
平板玻璃综合能耗	千克标准煤/重量箱	30	26	24	20
建筑陶瓷综合能耗	千克标准煤/平方米	10.04	9.9	9.2	7.2
铁路运输综合能耗	吨标准煤/百万吨换算公里	10.41	9.65	9.40	9.00

3. 主要耗能设备能效指标：2010 年新增主要耗能设备能源效率达到或接近国际先进水平，部分汽车、电动机、家用电器达到国际领先水平（见表 2）。

4. 宏观管理目标：2010 年初步建立与社会主义市场经济体制相适应的比较完善的节能法规标准体系、政策支持体系、监督管理体系、技术服务体系。

表 2　主要耗能设备能效指标

	单　位	2000 年	2010 年
燃煤工业锅炉(运行)	%	65	70～80
中小电动机(设计)	%	87	90～92
风机(设计)	%	75	80～85
泵(设计)	%	75～80	83～87
气体压缩机(设计)	%	75	80～84
汽车(乘用车)平均油耗	升/百公里	9.5	8.2～6.7
房间空调器(能效比)		2.4	3.2～4
电冰箱(能效指数)	%	80	62～50
家用燃气灶(热效率)	%	55	60～65
家用燃气热水器(热效率)	%	80	90～95

四、节能的重点领域和重点工程

（一）重点领域

1. 重点工业

电力工业。大力发展60万千瓦及以上超（超）临界机组、大型联合循环机组；采用高效、洁净发电技术，改造在运火电机组，提高机组发电效率；实施“以大代小”、“上大压小”和小机组淘汰退役，提高单机容量；发展热电联产、热电冷联产和热电煤气多联供；推进跨大区联网，实施电网经济运行技术；采用先进的输、变、配电技术和设备，逐步淘汰能耗高的老旧设备，降低输、变、配电损耗；采用天然气发电机组替代燃油小机组；优化电源布局，适当发展以天然气、煤层气和其他工业废气为燃料的小型分散电源，加强电力安全；减少电厂自用电。

钢铁工业。加快淘汰落后工艺和设备，提高新建、改扩建工程的能耗准入标准。实现技术装备大型化、生产流程连续化、紧凑化、高效化，最大限度综合利用各种能源和资源。大型钢铁企业焦炉要建设干熄焦装置，大型高炉配套炉顶压差发电装置（TRT）；炼钢系统采用全连铸、溅渣护炉等技术；轧钢系统进一步实现连轧化，大力推进连铸坯一火成材和热装热送工艺，采用蓄热式燃烧技术；充分利用高炉煤气、焦炉煤气和转炉煤气等可燃气体和各类蒸汽，以自备电站为主要集成手段，推动钢铁企业节能降耗。

有色金属工业。矿山重点采用大型、高效节能设备，提高采矿、选矿效率；铜熔炼采用先进的富氧闪速及富氧熔池熔炼工艺，替代反射炉、鼓风炉和电炉等传统工艺，提高熔炼强度；氧化铝发展选矿拜耳法等技术，逐步淘汰直接加热熔出技术；电解铝生产采用大型预焙电解槽，限期淘汰自焙电解槽，逐步淘汰小预焙槽；铅熔炼生产采用氧气底吹炼铅新工艺及其他氧气直接炼铅技术，改造烧结鼓风炉工艺，淘汰土法炼铅；锌冶炼生产发展新型湿法工艺，淘汰土法炼锌。

石油石化工业。油气开采应用采油系统优化配置技术，稠油热采配套节能技术，注水系统优化运行技术，油气密闭集输综合节能技术，放空天然气回收利用技术。石油炼制提高装置开工负荷和换热效率，优化操作，降低加工损失。乙烯生产优化原料结构，采用先进技术改造乙烯裂解炉，优化急冷系统操作，加强装置管理，降低非生产过程能耗。以洁净煤、天然气和高硫石油焦替代燃料油（轻油），推广应用循环流化床锅炉技术和石油焦气化燃烧技术，采用能量系统优化、重油乳化、高效燃烧器及吸收式热泵技术回收余热和地热。

化学工业。大型合成氨装置采用先进节能工艺、新型催化剂和高效节能设备，提高转化效率，加强余热回收利用；以天然气为原料的合成氨推广一段炉烟气余热回收技术，并改造蒸汽系统；以石油为原料的合成氨加快以洁净煤或天然气替代原料油改造；中小型合成氨采用节能设备和变压吸附回收技术，降低能源消耗。煤造气采用水煤浆或先进粉煤气化技术替代传统的固定床造气技术。烧碱生产逐步淘汰石墨阳极隔膜法烧碱，提高离子膜法烧碱比重。纯碱生产淘汰高耗能设备、采用设备大型化、自动化等措施。

建材工业。水泥行业发展新型干法窑外分解技术，提高新型干法水泥熟料比重，积极推广节能粉磨设备和水泥窑余热发电技术，对现有大中型回转窑、磨机、烘干机进行节能改造，逐步淘汰机立窑、湿法窑、干法中空窑及其他落后的水泥生产工艺。玻璃行业发展先进的浮法工艺，淘汰落后的垂直引上和平拉工艺，推广炉窑全保温技术、富氧和全氧燃烧技术等。建筑陶瓷行业淘汰倒焰窑、推板窑、多孔窑等落后窑型，推广辊道窑技术，改善燃烧系统；卫生陶瓷生产改变燃料结构，采用洁净气体燃料无匣钵烧成工艺。积极推广应用新型墙体材料以及优质环保节能的绝热隔音材料、防水材料和密封材料，提高高性能混凝土的应用比重。

煤炭工业。逐步淘汰技术落后、效率低、浪费资源严重和污染环境的小煤矿，建设大型现代化煤矿，实现高效高产。采用新型高效通风机、节能排水泵，对设备及系统进行节能改造，完善煤炭综合加工体系，提高煤炭利用效率。

机械工业。淘汰落后的高能耗机电产品，发展变频电机、稀土永磁电机等高效节能机电产品，促进风机、水泵等通用机电产品提高用能效率，提高节能型机电产品设计制造水平和加工能力。

2. 交通运输

公路运输。加速淘汰高耗能的老旧汽车；加快发展柴油车、大吨位车和专业车；推广厢式货车，发展集装箱等专业运输车辆；改善道路质量；加快运输企业集约化进程，优化运输组织结构；减少单车单放空驶现象，提高运输效率等。

新增机动车。未来用油增长最快的是机动车。根据美国、日本、欧洲等国家的经验，机动车节油最经济有效的措施就是制定和实施机动车燃油经济性标准并实施车辆燃油税等相关制度，促进汽车制造企业改进技术，降低油耗，提高燃油经济性，引导消费者购买低油耗汽车。

城市交通。合理规划交通运输发展模式，加快发展轨道交通等公共交通，提高综合交通运输系统效率。在大城市建立以道路交通为主，轨道交通为辅，私人机动交通为补充，合理发展自行车交通的城市交通模式；中小城市主要以道路公共交通和私人交通为主要发展方向。

铁路运输。加快发展电气化铁路，实现铁路运输以电代油；开发交-直-交高效电力机车；推广电气化铁路牵引功率因数补偿技术和其他节电措施，提高用电效率。内燃机车采用高效柴油添加剂和各种节油技术和装置；严格机车用油收、发计算机集中管理；发展机车向客车供电技术，推广使用客车电源，逐步减少和取消柴油发电车，加强运输组织管理，优化机车操纵，降低铁路运输燃油消耗。

航空运输。采用节油机型（不同机型单耗在0.2～1.4千克/吨公里的范围）加强管理，提高载运率、客座率和运输周转能力，提高燃油效率，降低油耗。

水上运输。通过制定船舶技术标准，加速淘汰老旧船舶；采用新船型和先进动力系统；发展大宗散货专业化运输和多式联运等现代运输组织方式；优化船舶运力结构，提高船舶平均载重吨位等。

农业、渔业机械。淘汰落后农业机械；采用先进柴油机节油技术，降低柴油机燃油消耗；推广少耕免耕法、联合作业等先进的机械化农艺技术；在固定作业场地更多的使用电动机；开发水能、风能、太阳能等可再生能源在农业机械上的应用。通过淘汰落后渔船，提高利用效率，降低渔业油耗。

3. 建筑、商用和民用

建筑物。“十一五”期间，新建建筑严格实施节能50%的设计标准，其中北京、天津等少数大城市率先实施节能65%的标准。供热体制改革全面展开，居住及公共建筑集中采暖按热表计量收费在各大中城市普遍推行，在小城市试点。结合城市改建，开展既有居住和公共建筑节能改造，大城市完成改造面积25%，中等城市达到15%，小城市达到10%。鼓励采用蓄冷、蓄热空调及冷热电联供技术，中央空调系统采用风机水泵变频调速技术，节能门窗、新型墙体材料等。加快太阳能、地热等可再生能源在建筑物的利用。

家用及办公电器。推广高效节能电冰箱、空调器、电视机、洗衣机、电脑等家用及办公电器，降低待机能耗，实施能效标准和标识，规范节能产品市场。

照明器具。推广稀土节能灯等高效荧光灯类产品、高强度气体放电灯及电子镇流器，减少普通白炽灯使用比例，逐步淘汰高压汞灯，实施照明产品能效标准，提高高效节能荧光灯使用比例。

（二）重点工程

燃煤工业锅炉（窑炉）改造工程。我国在用中小锅炉约 50 万台，平均单台容量只有 2.5 吨/时，设计效率为 72%～80%，实际运行效率 65%左右，其中 90%为燃煤锅炉，年消耗煤炭 3.5～4 亿吨，节煤潜力约 7000 万吨。“十一五”期间通过实施以燃用优质煤、筛选块煤、固硫型煤和采用循环流化床、粉煤燃烧等先进技术改造或替代现有中小燃煤锅炉（窑炉），建立科学的管理和运行机制，燃煤工业锅炉效率提高 5 个百分点，节煤 2500 万吨，燃煤窑炉效率提高 2 个百分点，节煤 1000 万吨。

区域热电联产工程。热电联产与热、电分产相比，热效率提高 30%，集中供热比分散小锅炉供热效率高 50%。“十一五”期间重点在以采暖热负荷为主，且热负荷比较集中或发展潜力较大的地区，建设 30 万千瓦等级高效环保热电联产机组；在工业热负荷为主的地区，因地制宜建设以热力为主的背压机组；在以采暖供热需求为主，且热负荷较小的地区，先发展集中供热，待具备条件后再发展热电联产；在中小城市建设以循环流化床为主要技术的热电煤气三联供，以洁净能源作燃料的分布式热电联产和热电冷联供，将现有分散式供热燃煤小锅炉改造为集中供热。到 2010 年城市集中供热普及率由 2002 年的 27%提高到 40%，新增供暖热电联产机组 4000 万千瓦，年节能 3500 万吨标准煤。

余热余压利用工程。“十一五”期间在钢铁联合企业实施干法熄焦、高炉炉顶压差发电、全高炉煤气发电改造以及转炉煤气回收利用，形成年节能 266 万吨标准煤；在日产 2000 吨以上水泥生产线建设中低温余热发电装置每年 30 套，形成年节能 300 万吨标准煤；通过地面煤层气开发及地面采空区、废弃矿井和井下瓦斯抽放，瓦斯气年利用量达到 10 亿立方米，相当于年节约 135 万吨标准煤。

节约和替代石油工程。“十一五”期间电力、石油石化、冶金、建材、化工和交通运输行业通过实施以洁净煤、石油焦、天然气替代燃料油（轻油），加快西电东送，替代燃油小机组；实施机动车燃油经济性标准及相配套政策和制度，采取各种措施节约石油；实施清洁汽车行动计划，发展混合动力汽车，在城市公交客车、出租车等推广燃气汽车，加快醇类燃料推广和煤炭液化工程实施进度，发展替代燃料，可节约和替代石油 3800 万吨。

电机系统节能工程。目前，我国各类电动机总容量约 4.2 亿千瓦，实际运行效率比国外低 10～30 个百分点，用电量约占全国用电量的 60%。“十一五”期间重点推广高效节能电动机、稀土永磁电动机；在煤炭、电力、有色、石化等行业实施高效节能风机、水泵、压缩机系统优化改造，推广变频调速、自动化系统控制技术，使运行效率提高 2 个百分点，年节电 200 亿千瓦时。

能量系统优化工程。在重点耗能行业推行能量系统优化，即通过系统优化设计、技术改造和改善管理，实现能源系统效率达到同行业最高或接近世界先进水平。“十一五”期间重点在冶金、石化、化工等行业组织实施，降低企业综合能耗，提高市场竞争力。

建筑节能工程。“十一五”期间住宅建筑和公共建筑严格执行节能 50%的标准，加快供热体制改革，加大建筑节能技术和产品的推广力度等，可分别节能 5000 万吨标准煤。与此同时，开展北方采暖地区既有建筑节能改造，加大既有宾馆、饭店的综合节能改造。

绿色照明工程。照明用电约占全国用电量的 13%，高效节能荧光灯与普通白炽灯之比为 1：2.6，用高效节能荧光灯替代白炽灯可节电 70%～80%，用电子镇流器替代传统电感镇流器可节电 20%～30%，交通信号灯由发光二极管（LED）替代白炽灯，可节电 90%。“十一五”期间重点是在公用设施、宾馆、商厦、写字楼、体育场馆、居民中推广高效节电照明系统、稀土三基色荧光灯，对高效照明电器产品生产装配线进行自动化改造，可节电290亿千瓦时。

政府机构节能工程。政府机构（包括国防、教育、公共服务等公共财政支持的部门）能源消费增长快，能源费用开支较大。开展政府机构节能，不仅可以降低政府机构能耗，节约行政支出，而且通过政府自身带头节能，推进全社会节能工作的开展。“十一五”期间重点是政府机构建筑物及采暖、空调、照明系统节能改造，按照建筑节能标准改造的政府机构建筑面积达到政府机构建筑总面积的20%；推广使用高效节能产品，将节能产品纳入政府采购目录；实施公务车改革，带头采购低油耗汽车；中央国家机关率先试点，2010年中央国家机关单位建筑面积能耗和人均能耗在2002年基础上降低10%。

节能监测和技术服务体系建设工程。“十一五”期间通过更新监测设备、加强人员培训、推行合同能源管理等市场化服务新机制等措施，强化省级和主要耗能行业节能监测中心能力建设，依法开展节能执法和监测（监察）；省级和主要耗能行业节能技术服务中心具备为企业、机关和学校等提供节能诊断、设计、融资、改造、运行、管理“一条龙”服务的能力。

通过实施上述十项重点节能工程，“十一五”可实现节能2.4亿吨标准煤（含增量部分），经济和环境效益显著。

五、保障措施

（一）坚持和实施节能优先的方针

从国情出发，树立和落实以人为本、全面协调可持续的科学发展观，从战略和全局高度充分认识能源对经济和社会发展的支撑作用和约束作用，节能对缓解能源约束矛盾、保障国家能源安全、提高经济增长质量和效益、保护环境的重要意义，把节能作为能源发展战略和实施可持续发展战略的重要组成部分，无论生产建设还是消费领域，都要把节能放在突出位置，长期坚持和实施节能优先的方针，推动全社会节能。

节能优先要体现在制定和实施发展战略、发展规划、产业政策、投资管理以及财政、税收、金融和价格等政策中。编制专项规划要把节能作为重要内容加以体现，各地区都要结合本地区实际制定节能中长期规划；建设项目的项目建议书、可行性研究报告应强化节能篇的论证和评估；要在推进结构调整和技术进步中体现节能优先；要在国家财政、税收、金融和价格政策中支持节能。

（二）制定和实施统一协调促进节能的能源和环境政策

为确保经济增长、能源安全和可持续发展，促进能源高效利用，需要建立基于我国资源特点、统筹规划、协调一致的能源和环境政策。

1. 煤炭应主要用于发电。煤炭在大型燃煤发电机组上使用，同时配套安装烟气脱硫装置等，一方面能够大幅度提高煤炭利用效率，减少原煤消耗，另一方面集中解决二氧化硫等污染问题，做到高效、清洁利用煤炭，是最经济有效解决能源环境问题的办法。应提高我国煤炭用于发电的比重，终端用户更多地使用优质电能，鼓励企业和居民合理用电，提高电力占终端能源消费的比例。

2. 石油应主要用于交通运输、化工原料和现阶段无法替代的用油领域。对目前燃料用油领域要区别不同情况，因地制宜，鼓励用洁净煤、天然气和石油焦来替代。对烧低硫油的燃油锅炉实施洁净煤替代改造，能够实现达标排放的企业，应合理调整污染物排放总量控制指标。统一规划交通运输发展模式，制定符合我国国情的交通运输发展整体规划。特大城市要加快城市轨道交通建设，形成立体城市交通系统，大力发展城市公共交通系统，提高公共交通效率，抑制私人机动交通工具对城市交通资源的过度使用。

3. 城市大气污染治理应以改造后达标排放和污染物总量控制为原则，城市燃料构成要从实际出发，不宜硬性规定燃煤锅炉必须改燃油锅炉，以控制和减少盲目“弃煤改油”带来燃料油需求量的增加。对中小型燃煤锅炉，在有天然气资源的地区应鼓励使用天然气进行替代；在无天然气或天然气资源不足的地区，应鼓励优先使用优质洗选加工煤或其他优质能源，并采用先进的节能环保型锅炉，减少燃煤污染。

（三）制定和实施促进结构调整的产业政策

加快调整产业结构、产品结构和能源消费结构，是建立节能型工业、节能型社会的重要途径。研究制定促进服务业发展的政策措施，发挥服务业引导资金的作用，从体制、政策、机制、投入等方面采取有力措施，加快发展低能耗、高附加值的第三产业，重点发展劳动密集型服务业和现代服务业，扭转服务业发展长期滞后局面，提高第三产业在国民经济中的比重。

加快制定《产业结构调整指导目录》，鼓励发展高新技术产业，优先发展对经济增长有重大带动作用的低能耗的信息产业，不断提高高新技术产业在国民经济中的比重。鼓励运用高新技术和先进适用技术改造和提升传统产业，促进产业结构优化和升级。国家对落后的耗能过高的用能产品、设备实行淘汰制度，节能主管部门要定期公布淘汰的耗能过高的用能产品、设备的目录，并加大监督检查的力度。达不到强制性能效标准的耗能产品或建筑，不能出厂销售或不准开工建设，对生产、销售和使用国家淘汰的耗能过高的用能产品、设备的，要加大惩罚力度。制定钢铁、有色、水泥等高耗能行业发展规划、政策，提高行业准入标准。制定限制用能的领域以及国内紧缺资源及高耗能产品出口的政策。严禁新建、扩建常规燃油发电机组；在区域供电平衡、能够满足用电需求的情况下，限制柴油发电和燃油的燃气轮机的使用和建设。

（四）制定和实施强化节能的激励政策

制定《节能设备（产品）目录》，重点是终端用能设备，包括高效电动机、风机、水泵、变压器、家用电器、照明产品及建筑节能产品等，对生产或使用《目录》所列节能产品实行鼓励政策；将节能产品纳入政府采购目录。

国家对一些重大节能工程项目和重大节能技术开发、示范项目给予投资和资金补助或贷款贴息支持。政府节能管理、政府机构节能改造等所需费用，纳入同级财政预算。

深化能源价格改革，逐步理顺不同能源品种的价格，形成有利于节能、提高能效的价格激励机制。建立和完善峰谷、丰枯电价和可中断电价补偿制度，对国家淘汰和限制类项目及高耗能企业按国家产业政策实行差别电价，抑制高耗能行业盲目发展，引导用户合理用电，节约用电。

研究鼓励发展节能车型和加快淘汰高油耗车辆的财政税收政策，择机实施燃油税改革方案。取消一切不合理的限制低油耗、小排量、低排放汽车使用和运营的规定。研究鼓励混合动力汽车、纯电动汽车的生产和消费政策。

（五）加大依法实施节能管理的力度

加快建立和完善以《节约能源法》为核心，配套法规、标准相协调的节能法律法规体系，依法强化监督管理。一是研究完善节约能源的相关法律，抓紧制定《节约用电管理办法》、《节约石油管理办法》、《能源效率标识管理办法》、《建筑节能管理办法》等配套法规、规章。二是制定和实施强制性、超前性能效标准。包括主要工业耗能设备、家用电器、照明器具、机动车等能效标准。组织修订和完善主要耗能行业节能设计规范、建筑节能标准，加快制定建筑物制冷、采暖温度控制标准等。当前重点是加快制定机动车燃油经济性限值标准，从 2005 年 7 月 1 日起分阶段实施，同时建立和实施机动车燃油经济性申报、标识、公布三项制度。三是建立和完善节能监督机制。组织对钢铁、有色、建材、化工、石化等高耗能行业用能情况、节能管理情况的监督检查；对产品能效标准、建筑节能设计标准、行业设计规范执行情况的监督检查；对固定资产投资项目可行性研究报告增列节能篇（章）的规定进行监督检查。健全依法淘汰的制度，采取强制性措施，依法淘汰落后的耗能过高的用能产品、设备。充分发挥建设、工商、质检等部门及各地节能监测（监察）机构的作用，从各环节加大监督执法力度。

（六）加快节能技术开发、示范和推广应用

组织对共性、关键和前沿节能技术的科研开发，实施重大节能示范工程，促进节能技术产业化。建立以企业为主体的节能技术创新体系，加快科技成果的转化。引进国外先进的节能技术，并消化吸收。组织先进、成熟节能新技术、新工艺、新设备和新材料的推广应用，同时组织开展原材料、水等载能体的节约和替代技术的开发和推广应用。重点推广列入《节能设备（产品）目录》的终端用能设备（产品）。

国家制定节能技术开发、示范和推广计划，明确阶段目标、重点支持政策，分步组织实施。国家修订颁布《中国节能技术政策大纲》，引导企业有重点地开发和应用先进的节能技术，引导企业和金融机构投资方向。在国家中长期科学技术发展规划、国家高技术产业发展项目计划等各类国家科技计划以及地方相应的计划中，加大对重大节能技术开发和产业化的支持力度。

建立节能共性技术和通用设备科研基地（平台）。鼓励依托科研单位和企业、个人，开发先进节能技术和高效节能设备。引入竞争机制，实行市场化运作，国家对高投入、高风险的项目给予经费支持。

地方各级人民政府要采取积极措施，加大资金投入，加强节能技术开发、示范和推广应用。

（七）推行以市场机制为基础的节能新机制

一是建立节能信息发布制度，利用现代信息传播技术，及时发布国内外各类能耗信息、先进的节能新技术、新工艺、新设备及先进的管理经验，引导企业挖潜改造，提高能效。二是推行综合资源规划和电力需求侧管理，将节约量作为资源纳入总体规划，引导资源合理配置。采取有效措施，提高终端用电效率、优化用电方式，节约电力。三是大力推动节能产品认证和能效标识管理制度的实施，运用市场机制，引导用户和消费者购买节能型产品。四是推行合同能源管理，克服节能新技术推广的市场障碍，促进节能产业化，为企业实施节能改造提供诊断、设计、融资、改造、运行、管理一条龙服务。五是建立节能投资担保机制，促进节能技术服务体系的发展。六是推行节能自愿协议，即耗能用户或行业协会与政府签订节能自愿协议。

（八）加强重点用能单位节能管理

落实《重点用能单位节能管理办法》和《节约用电管理办法》，加强对年耗能一万吨标准煤以上重点用能单位的节能管理和监督。组织对重点用能单位能源利用状况的监督检查和主要耗能设备、工艺系统的检测，定期公布重点用能单位名单、重点用能单位能源利用状况及与国内外同类企业先进水平的比较情况，做好对重点用能单位节能管理人员的培训。重点用能单位应设立能源管理岗位，聘用符合条件的能源管理人员，加强对本单位能源利用状况的监督检查，建立节能工作责任制，健全能源计量管理、能源统计和能源利用状况分析制度，促进企业节能降耗上水平。

（九）强化节能宣传、教育和培训

广泛、深入、持久地开展节能宣传，不断提高全民资源忧患意识和节约意识。将节能纳入中小学教育、高等教育、职业教育和技术培训体系。新闻出版、广播影视、文化等部门和有关社会团体，要充分发挥各自优势，搞好节能宣传，形成强大的宣传声势，曝光那些严重浪费资源、污染环境的企业和现象，宣传节能的典型。节能要从小学生抓起，各级教育主管部门要组织中小学开展节能宣传和实践活动。各级政府有关部门和企业，要组织开展经常性的节能宣传、技术和典型交流，组织节能管理和技术人员的培训。在每年夏季用电高峰，组织开展全国节能宣传周活动，通过形式多样的宣传教育活动，动员社会各界广泛参与，使节能成为全体公民的自觉行动。

（十）加强组织领导，推动规划实施

节能是一项系统工程，需要有关部门的协调配合、共同推动。各地区、有关部门及企事业单位要加强对节能工作的领导，明确专门的机构、人员和经费，制定规划，组织实施。行业协会要积极发挥桥梁纽带作用，加强行业节能自律。

政府机构要带头节能，实施政府机构能耗定额和支出标准，建立和完善节能规章制度，推行政府节能采购，改革公务车制度，努力降低能源费用支出，发挥政府节能表率作用。

附录3 一些物质的热力学性质

表中 ΔH_f^θ——标准生成热，kJ/mol；

ΔG_f^θ——标准生成自由焓，kJ/mol；

S^θ——标准熵，J/(mol·K)；

ΔH_C^θ——标准燃烧热，kJ/mol。

（一）单质和无机化合物

物质			ΔH_f^θ	ΔG_f^θ	S^θ
名称	化学式	聚集状态			
碳	C	石墨	0	0	5.694
氯	Cl_2	气	0	0	222.9
氮	N_2	气	0	0	191.5
氢	H_2	气	0	0	130.6
氧	O_2	气	0	0	205.0
硫	S	单斜	0.2971	0.09623	32.55
	S	斜方	0	0	31.88
一氧化碳	CO	气	−110.5	−137.3	197.9
二氧化碳	CO_2	气	−393.5	−394.4	213.6
碳酸钙	$CaCO_3$	固	−1207	−1129	92.88
氧化钙	CaO	固	−635.5	−604.2	39.75
氢氧化钙	$Ca(OH)_2$	固	−986.6	896.8	76.15
硫酸钙	$CaSO_4$	固	−1433	−1320	106.7
氯化氢	HCl	气	−92.31	−95.27	184.8
氟化氢	HF	气	−268.6	−270.7	173.5
硝酸	HNO_3	液	−173.2	−79.91	155.6
水	H_2O	气	−241.8	−228.6	188.7
	H_2O	液	−285.8	−237.2	69.94
硫化氢	H_2S	气	−20.15	−33.02	205.6
硫酸	H_2SO_4	液	−800.8	−687.0	156.9
氧化氮	NO	气	90.37	86.69	210.6
二氧化氮	NO_2	气	33.85	51.84	240.5
氨	NH_3	气	−46.19	−16.64	192.5
碳酸氢铵	NH_4HCO_3	固	−852.9	−670.7	118.4
二氧化硫	SO_2	气	−296.9	−300.4	248.5
三氧化硫	SO_3	气	−395.2	−370.4	256.2

（二）有机化合物

物质			ΔH_f^θ	ΔG_f^θ	S^θ	ΔH_C^θ
名称	化学式	聚集状态				
甲烷	CH_4	气	−74.81	−50.75	187.9	−890.3
乙烷	C_2H_6	气	−84.68	−32.90	229.5	−1500
丙烷	C_3H_8	气	−103.8	−23.50	269.9	−2220
正丁烷	C_4H_{10}	气	−124.7	−15.70	310.0	−2878.5
异丁烷	C_4H_{10}	气				−2868.8
正戊烷	C_5H_{12}	气	−146.4	8.201	348.4	−3536
乙烯	C_2H_4	气	52.26	68.12	219.5	−1411
丙烯	C_3H_6	气	20.40	62.72	266.9	−2058.5
1-丁烯	C_4H_8	气	1.170	72.05	307.4	
乙炔	C_2H_2	气	226.7	209.2	200.8	−1300
氯乙烯	C_2H_3Cl	气	35.56	51.88	263.9	−1271.5
苯	C_6H_6	液	48.66	123.0	173.3	−3268
		气	82.93	129.7	269.7	
甲醇	CH_3OH	液	−238.7	−166.4	127.0	−726.5
		气	−200.7	−162.0	239.7	
乙醇	C_2H_5OH	液	−277.7	−174.9	161.0	−1367
		气	−235.1	−168.6	282.6	
甲醛	CH_2O	气	−117.0	−113.0	218.7	−570.8
乙醛	C_2H_4O	液	−192.3	−128.2	160.0	−1160
		气	−166.2	−128.9	250.0	
丙酮	$(CH_3)_2CO$	液	−248.2	−155.7		−1790
		气	−216.7	−152.7		−1821
甲酸	CHOOH	液	−424.7	−361.4	129.0	−254.6
		气	−378.6			
乙酸	CH_3COOH	液	−484.5	−390.0	160.0	−874.5
		气	−432.2	−374.0	282.0	
尿素	$(NH_2)_2CO$	固	−332.9	−196.8	104.6	−631.7

附录 4　理想气体摩尔定压热容的常数

$C_p^\theta/R=A+BT+CT^2+DT^{-2}$ 式中的常数 A、B、C、D 数据 T（Kelvins）从 298K 到 T_{max}

化学物质	分子式	T_{max}	A	10^3B	10^6C	$10^{-5}D$
链烷烃						
甲烷	CH_4	1500	1.702	9.081	−2.164	
乙烷	C_2H_6	1500	1.131	19.225	−5.561	
丙烷	C_3H_8	1500	1.213	28.785	−8.824	
正丁烷	C_4H_{10}	1500	1.935	36.915	−11.402	
异丁烷	C_4H_{10}	1500	1.677	37.853	−11.945	
正戊烷	C_5H_{12}	1500	2.464	45.351	−14.111	
正己烷	C_6H_{14}	1500	3.025	53.722	−16.791	
正庚烷	C_7H_{16}	1500	3.570	62.127	−19.486	
正辛烷	C_8H_{18}	1500	8.163	70.567	−22.203	
烯烃						
乙烯	C_2H_4	1500	1.424	14.394	−4.392	
丙烯	C_3H_6	1500	1.637	22.706	−6.915	
异丁烯	C_4H_8	1500	1.967	31.630	−9.873	
异戊烯	C_5H_{10}	1500	2.691	39.753	−12.447	
异己烯	C_6H_{12}	1500	3.220	48.189	−15.157	
异庚烯	C_7H_{14}	1500	3.768	56.588	−17.847	
异辛烯	C_8H_{16}	1500	4.324	64.960	−20.521	
有机物						
乙醛	C_2H_4O	1000	1.693	17.978	−6.158	
乙炔	C_2H_2	1500	6.132	1.952		−1.299
苯	C_6H_5	1500	−0.206	39.064	−13.301	
1,3-丁二烯	C_4H_6	1500	2.734	26.786	−8.882	
环己烷	C_6H_{12}	1500	−3.376	63.249	−20.928	
乙醇	C_2H_6O	1500	3.518	20.001	−6.002	
苯乙烷	C_2H_{10}	1500	1.124	55.380	−18.476	
氯化乙烯	C_2H_4O	1500	−0.385	23.463	−9.296	
甲醛	CH_2O	1500	2.264	7.022	−1.877	
甲醇	CH_4O	1500	2.211	12.216	−3.450	
甲苯	C_7H_3	1500	0.290	47.052	−15.716	
苯乙烯	C_3H_3	1500	2.050	50.192	−16.662	
无机物						
空气		2000	3.355	0.575		−0.016
氨	NH_3	1800	3.578	3.020		−0.186

续表

化学物质	分子式	T_{max}	A	$10^3 B$	$10^6 C$	$10^{-5} D$
溴	Br_2	3000	4.493	0.056		−0.154
一氧化碳	CO	2500	3.376	0.557		−0.031
二氧化碳	CO_2	2000	5.457	1.045		−1.157
二硫化碳	CS_2	1800	6.311	0.805		−0.906
氯	Cl_2	3000	4.442	0.089		−0.344
氢	H_2	3000	3.249	0.422		0.033
硫化氢	H_2S	2300	3.931	1.490		−0.232
氯化氢	HCl	2000	3.156	0.623		0.151
氰化氢	HCN	2500	4.736	1.359		−0.725
氮	N_2	2000	3.280	0.593		0.040
氧化亚氮	N_2O	2000	5.328	1.214		−0.928
一氧化氮	NO	2000	3.387	0.629		0.014
二氧化氮	NO_2	2000	4.982	1.195		−0.792
四氧化二氮	N_2O_4	2000	11.660	2.257		−2.787
氧	O_2	2000	3.639	0.506		−0.227
二氧化硫	SO_2	2000	5.699	0.801		−1.015
三氧化硫	SO_3	2000	8.060	1.056		−2.028
水	H_2O	2000	3.470	1.450		0.121

附录 5　某些气体在不同温度区间的平均摩尔定压热容

单位：J/(mol·K)

温度/℃	H_2	N_2	CO	空气	O_2	NO	H_2O	CO_2
25	28.84	29.12	29.14	29.17	29.37	29.85	33.57	37.17
100	28.97	29.17	29.22	29.27	29.64	29.89	33.82	38.71
200	29.11	29.27	29.36	29.38	30.05	30.23	34.21	40.59
300	29.16	29.44	29.58	29.59	30.51	30.34	34.37	42.29
400	29.21	29.66	29.86	29.92	30.99	30.55	35.18	43.77
500	29.27	29.95	30.17	30.23	31.44	30.92	35.73	45.09
600	29.33	30.25	30.50	30.54	31.87	31.25	36.31	46.25
700	29.42	30.53	30.82	30.85	32.24	31.59	36.89	47.29
800	29.54	30.83	31.14	31.16	32.60	31.92	37.50	48.24
900	29.61	31.14	31.47	31.46	32.94	32.25	38.11	49.12
1000	29.82	31.41	31.74	31.77	33.23	34.52	38.69	49.87
1100	30.00	31.69	32.02	32.05	33.51	32.80	39.28	50.63
1200	30.12	31.94	32.28	32.30	33.76	33.05	39.85	51.25
1300	30.34	32.18	32.52	32.54	33.99	33.27	40.42	51.84
1400	30.49	32.38	32.71	32.74	34.17	33.45	40.88	52.30
1500	30.65	32.58	32.91	32.94	34.32	33.64	41.38	53.09
1600	30.90	32.82	33.15	33.17	34.60	33.86	41.63	53.35
1700	31.05	32.97	33.30	33.33	34.75	33.99	42.38	53.56
1800	31.24	33.15	33.48	33.51	34.93	34.16	42.84	54.14
1900	31.40	33.29	33.61	33.65	35.07	34.28	43.26	54.43
2000	31.58	33.45	33.76	33.81	35.24	34.41	43.64	54.81
2100	31.75	33.59	33.89	33.95	35.40	34.54	44.02	55.10
2200	31.90	33.70	34.00	34.07	35.53	34.63	44.39	55.40

温度/℃	NCl	Cl_2	CH_4	SO_2	C_2H_4	SO_3	C_2H_6	NH_3
25	29.12	33.97	35.77	39.92	43.72	50.67	52.84	35.46
100	29.16	34.48	37.57	41.21	47.49	53.72	57.57	36.62
200	29.20	35.02	40.25	42.89	52.43	57.49	63.89	38.16
300	29.29	35.48	43.05	44.43	57.11	60.84	69.96	39.67
400	29.37	35.77	45.90	45.77	61.38	63.68	75.77	41.17
500	29.54	36.02	48.74	46.94	65.27	66.19	81.13	42.64
600	29.71	36.23	51.34	47.91	68.83	68.32	86.11	44.09
700	29.92	36.40	53.97	48.79	72.05	70.17	90.71	45.52
800	30.17	36.53	56.40	49.54	75.10	71.84	95.06	
900	30.42	36.69	58.74	50.25	77.95	73.30	99.12	
1000	30.67	36.82	60.92	50.84	80.46	74.73	102.8	
1100	30.92	36.90	62.93	51.38	82.89	76.02	106.3	
1200	31.17	37.40	64.81	51.84	85.06	77.15	109.4	

注：本表中数据除 NH_3 外均取自《O A Hougen，K M Watson，R A Ragatz，Chemical Process Principles，1959》并按 1cal＝4.184J 换算成 SI 单位，NH_3 的数据是根据下式计算出来的：$\bar{c}_p=25.89+3.300\times10^{-2}T-3.046\times10^{-6}T^2$

附录 6 水和水蒸气的热力学性质

表 1 饱和水与干饱和蒸汽表（按温度排列）

温度	压力	比体积		密度		焓		汽化潜热	熵	
		液体	蒸汽	液体	蒸汽	液体	蒸汽		液体	蒸汽
t	p	v'	v''	ρ'	ρ''	H'	H''	R	s'	s''
℃	10^5Pa	m^3/kg	m^3/kg	kg/m^3	kg/m^3	kJ/kg	kJ/kg	kJ/kg	kJ/(kg·K)	kJ/(kg·K)
0.01	0.006112	0.0010002	206.3	999.8	0.004847	0	2501	2501	0	9.1544
1	0.006566	0.0010001	192.6	999.9	0.005192	4.22	2502	2498	0.0154	9.1281
2	0.007054	0.0010001	179.9	999.9	0.005559	8.42	2504	2496	0.0306	9.1018
3	0.007575	0.0010001	168.2	999.9	0.005945	12.63	2506	2493	0.0458	9.0757
4	0.008129	0.0010001	157.3	999.9	0.006357	16.84	2508	2491	0.061	9.0498
5	0.008719	0.0010001	147.2	999.9	0.006793	21.05	2510	2489	0.0762	9.0241
6	0.009347	0.0010001	137.8	999.9	0.007257	25.25	2512	2487	0.0913	8.9978
7	0.010013	0.0010001	129.1	999.9	0.007746	29.45	2514	2485	0.1063	8.9736
8	0.010721	0.0010002	121	999.8	0.008264	33.55	2516	2482	0.1212	8.9485
9	0.011473	0.0010003	113.4	999.7	0.008818	37.85	2517	2479	0.1361	8.9238
10	0.012277	0.0010004	106.42	999.6	0.009398	42.04	2519	2477	0.151	8.8994
11	0.013118	0.0010005	99.91	999.5	0.01001	46.22	2521	2475	0.1658	8.8752
12	0.014016	0.0010006	93.84	999.4	0.01066	50.41	2523	2473	0.1805	8.8513
13	0.014967	0.0010007	88.18	999.3	0.01134	54.6	2525	2470	0.1952	8.8276
14	0.015974	0.0010008	82.9	999.2	0.01206	58.78	2527	2468	0.2098	8.8040
15	0.017041	0.001001	77.97	999	0.01282	62.97	2528	2465	0.2244	8.7806
16	0.01817	0.0010011	73.39	998.9	0.01363	67.16	2530	2463	0.2389	8.7574
17	0.019364	0.0010013	69.1	998.7	0.01447	71.34	2532	2461	0.2534	8.7344
18	0.02062	0.0010015	65.09	998.5	0.01536	75.53	2534	2458	0.2678	8.7116
19	0.02196	0.0010016	61.34	998.4	0.0163	79.72	2536	2456	0.2821	8.689
20	0.02337	0.0010018	57.84	998.2	0.01729	83.9	2537	2451	0.2964	8.6665
22	0.02643	0.0010023	51.5	997.71	0.01942	92.27	2541	2449	0.3249	8.622
24	0.02982	0.0010028	45.93	997.21	0.02177	100.63	2545	2444	0.3532	8.5785
26	0.0336	0.0010033	41.04	996.71	0.02437	108.99	2548	2440	0.3812	8.5358
28	0.03779	0.0010038	36.73	996.21	0.02723	117.35	2552	2435	0.409	8.4938
30	0.04241	0.0010044	32.93	995.62	0.03037	125.71	2556	2430	0.4366	8.4523
35	0.05622	0.0010061	25.24	993.94	0.03962	146.6	2565	2418	0.5049	8.3519
40	0.07375	0.0010079	19.55	992.16	0.05115	167.5	2574	2406	0.5723	8.2559
45	0.09584	0.0010099	15.28	990.2	0.06544	188.4	2582	2394	0.6384	8.1688
50	0.12335	0.0010121	12.04	988.04	0.08306	209.3	2592	2383	0.7038	8.0753
55	0.1574	0.0010145	9.578	985.71	0.1044	230.2	2600	2370	0.7679	7.9901
60	0.19917	0.0010171	7.678	983.19	0.1302	251.1	2609	2358	0.8311	7.9084
65	0.2501	0.0010199	6.201	980.49	0.1613	272.1	2617	2345	0.8934	7.8297
70	0.3117	0.0010228	5.045	977.71	0.1982	293	2626	2333	0.9549	7.7544
75	0.3855	0.0010258	4.133	974.85	0.242	314	2635	2321	1.0157	7.6815
80	0.4736	0.001029	3.048	971.82	0.2934	334.9	2643	2308	1.0753	7.6116
85	0.5781	0.0010324	2.828	968.62	0.3536	355.9	2651	2295	1.1342	7.5438
90	0.7011	0.0010359	2.361	965.34	0.4235	377	2659	2282	1.1529	7.4787
100	1.01325	0.0010435	1.673	958.31	0.5977	419.1	2676	2257	1.3071	7.3547
110	1.4236	0.0010515	1.21	951.02	0.8264	461.3	2691	2230	1.4184	7.2387
120	1.9854	0.0010603	0.8917	943.13	1.121	503.7	2706	2202	1.5277	7.1298

续表

温度	压力	比体积		密度		焓		汽化潜热	熵	
		液体	蒸汽	液体	蒸汽	液体	蒸汽		液体	蒸汽
t	p	v'	v''	ρ'	ρ''	H'	H''	R	s'	s''
℃	10^5Pa	m^3/kg	m^3/kg	kg/m^3	kg/m^3	kJ/kg	kJ/kg	kJ/kg	kJ/(kg·K)	kJ/(kg·K)
130	2.7011	0.0010697	0.6683	934.84	1.496	546.3	2721	2174	1.6354	7.0272
140	3.614	0.0010798	0.5087	926.1	1.966	589	2734	2145	1.7392	6.9304
150	4.76	0.0010906	0.3926	916.93	2.547	632.2	2746	2114	1.8418	6.8383
160	6.18	0.0011021	0.3068	907.36	3.253	675.6	2758	2082	1.9427	6.7508
170	7.92	0.0011144	0.2426	897.34	4.122	719.2	2769	2050	2.0417	6.6666
180	10.027	0.0011275	0.1939	886.92	5.157	763.1	2778	2015	2.1395	6.5858
190	12.553	0.0011415	0.1564	876.04	6.394	807.5	2786	1979	2.2357	6.5074
200	15.551	0.0011565	0.1272	864.68	7.862	852.4	2793	1941	2.3308	6.4318
210	19.08	0.0011726	0.1043	852.81	9.588	897.7	2798	1900	2.4246	6.3577
220	23.201	0.00119	0.08606	840.34	11.62	943.7	2802	1858	2.5179	6.2849
230	27.979	0.0012087	0.07147	827.34	13.99	990.4	2803	1813	2.6101	6.2133
240	33.48	0.0012291	0.05967	813.6	16.76	1037.5	2803	1766	2.7021	6.1425
250	39.776	0.0012512	0.05006	799.23	19.28	1085.7	2801	1715	2.7934	6.0721
260	46.94	0.0012755	0.04215	784.01	23.72	1135.1	2796	1661	2.8851	6.0013
270	55.05	0.0013023	0.0356	767.87	28.09	1185.3	2790	1605	2.9764	5.9297
280	64.19	0.0013321	0.03013	750.69	33.19	1236.9	2780	1542.9	3.0681	5.8573
290	74.45	0.0012655	0.02554	732.33	39.15	1290	2766	1476.3	3.1611	5.7827
300	85.92	0.0014036	0.02164	712.45	46.21	1344.9	2749	1404.3	3.2548	5.7049
310	98.7	0.001447	0.01832	691.09	54.58	1402.1	2727	1325.2	3.3508	5.6233
320	112.9	0.001499	0.01545	667.11	64.72	1462.1	2700	1237.8	3.4495	5.5353
330	128.65	0.001562	0.01297	640.2	77.1	1526.1	2666	1139.6	3.5522	5.4412
340	146.08	0.001639	0.01078	610.13	92.76	1594.7	2622	1027	3.6605	5.3361
350	165.37	0.001741	0.008803	574.38	113.6	1671	2565	893.5	3.7786	5.2117
360	186.74	0.001894	0.006943	527.98	144	1762	2481	719.3	3.9162	5.053
370	210.53	0.00222	0.00493	450.45	203	1893	2321	438.4	4.1137	4.7951
374	220.8	0.002807	0.00347	357.14	288	2032	2147	114.7	4.3258	4.5029
374.15	221.297	0.00326	0.00326	306.75	306.75	2100	2100	0	4.4296	4.4296

注：临界参数：t_c=374.15℃、ρ_c=306.75kg/m³、p_c=221.29×10⁵Pa、v_c=0.00326m³/kg。

表 2 饱和水与干饱和蒸汽表（按压力排列）

压力	温度	比体积		密度		焓		汽化潜热	熵	
		液体	蒸汽	液体	蒸汽	液体	蒸汽		液体	蒸汽
p	t	v'	v''	ρ'	ρ''	H'	H''	R	s'	s''
10^5Pa	℃	m^3/kg	m^3/kg	kg/m^3	kg/m^3	kJ/kg	kJ/kg	kJ/kg	kJ/(kg·K)	kJ/(kg·K)
0.01	6.92	0.0010001	129.9	999.9	0.0077	29.32	2513	2484	0.1054	8.975
0.02	17.514	0.0010014	66.97	998.6	0.01493	73.52	2533	2459	0.2609	8.722
0.03	24.097	0.0010028	45.66	997.2	0.0219	101.04	2545	2444	0.3546	8.576
0.04	28.979	0.0010041	34.81	995.9	0.02873	121.42	2554	2433	0.4225	8.473
0.05	32.88	0.0010053	28.19	994.7	0.03547	137.83	2561	2423	0.4761	8.393
0.06	36.18	0.0010064	23.74	993.6	0.04212	151.5	2567	2415	0.5207	8.328
0.07	39.03	0.0010075	20.53	992.6	0.04871	163.43	2572	2409	0.5591	8.274
0.08	41.54	0.0010085	18.1	991.6	0.05525	173.9	2576	2402	0.5927	8.227
0.09	43.79	0.0010094	16.2	990.7	0.06172	183.3	2580	2397	0.6225	8.186

续表

压力	温度	比体积		密度		焓		汽化潜热	熵	
		液体	蒸汽	液体	蒸汽	液体	蒸汽		液体	蒸汽
p	t	v'	v''	ρ'	ρ''	H'	H''	R	s'	s''
10^5Pa	℃	m^3/kg	m^3/kg	kg/m^3	kg/m^3	kJ/kg	kJ/kg	kJ/kg	kJ/(kg·K)	kJ/(kg·K)
0.1	45.84	0.0010103	14.68	989.8	0.06812	191.9	2584	2392	0.6492	8.149
0.15	54	0.001014	10.02	986.2	0.0998	226.1	2599	2373	0.755	8.007
0.2	60.08	0.0010171	7.647	983.2	0.1308	251.4	2609	2358	0.8321	7.907
0.25	64.99	0.0010199	6.202	980.5	0.1612	272	2618	2346	0.8934	7.83
0.3	69.12	0.0010222	5.226	978.3	0.1913	289.3	2625	2336	0.9441	7.769
0.4	75.88	0.0010264	3.994	974.3	0.2504	317.7	2636	2318	1.0261	7.67
0.45	78.75	0.0010282	3.574	972.6	0.2797	329.6	2641	2311	1.0601	7.629
0.5	81.35	0.0010299	3.239	971	0.3087	340.6	2645	2404	1.091	7.593
0.55	83.74	0.0010315	2.963	969.5	0.3375	350.7	2649	2298	1.1193	7.561
0.6	85.95	0.001033	2.732	968.1	0.3661	360	2653	2293	1.1453	7.531
0.7	89.97	0.0010359	2.364	965.3	0.423	376.8	2660	2283	1.1918	7.479
0.8	93.52	0.0010385	2.087	962.9	0.4792	391.8	2665	2273	1.233	7.434
0.9	96.72	0.0010409	1.869	960.7	0.535	405.3	2670	2265	1.2696	7.394
1	99.64	0.0010432	1.694	958.6	0.5903	417.4	2675	2258	1.3206	7.36
1.5	111.38	0.0010527	1.159	949.9	0.8627	467.2	2693	2226	1.4336	7.223
2	120.23	0.0010605	0.8854	943	1.129	504.8	2707	2202	1.5302	7.127
2.5	127.43	0.0010672	0.7185	937	1.393	535.4	2717	2182	1.6071	7.053
3	133.54	0.0010733	0.6057	931.7	1.651	561.4	2725	2164	1.672	6.992
3.5	138.88	0.0010786	0.5241	927.1	1.908	584.5	2732	2148	1.728	6.941
4	143.62	0.0010836	0.4624	922.8	2.163	604.7	2738	2133	1.777	6.897
4.5	147.92	0.0010883	0.4139	918.9	2.416	623.4	2744	2121	1.821	6.857
5	151.84	0.0010927	0.3747	915.2	2.669	640.1	2749	2109	1.86	6.822
6	158.84	0.0011007	0.3156	908.5	3.169	670.5	2757	2086	1.931	6.761
7	164.96	0.0011081	0.2728	902.4	3.666	697.2	2764	2067	1.992	6.709
8	170.42	0.0011149	02403	896.9	4.161	720.9	2769	2048	2.046	6.663
9	175.35	0.0011213	0.2149	891.8	4.654	742.8	2774	2031	2.094	6.623
10	179.88	0.0011273	0.1946	887.1	5.139	762.7	2778	2015	2.138	6.587
11	184.05	0.0011331	0.1775	882.5	5.634	781.1	2781	2000	2.179	6.554
12	187.95	0.0011385	0.1633	878.3	6.124	798.3	2785	1987	2.216	6.523
13	191.6	0.0011438	0.1512	874.3	6.614	814.5	2787	1973	2.251	6.495
14	195.04	0.001149	0.1408	870.3	7.103	830	2790	1960	2.284	6.469
15	198.28	0.0011539	0.1317	866.6	7.593	844.6	2792	1947	2.314	6.445
16	201.36	0.0011586	0.1238	863.1	8.08	858.3	2793	1935	2.344	6.422
17	204.3	0.0011632	0.1167	859.7	8.569	871.6	2795	1923	2.371	6.4
18	207.1	0.0011678	0.1104	856.3	9.058	884.4	2796	1912	2.397	6.379
19	209.78	0.0011722	0.1047	853.1	9.549	896.6	2798	1901	2.422	6.359
20	212.37	0.0011766	0.0996	849.9	10.041	908.5	2799	1891	2.447	6.34
22	217.24	0.0011851	0.0907	843.8	11.03	930.9	2801	1870	2.492	6.305
24	221.77	0.0011932	0.0832	838.1	12.01	951.8	2802	1850	2.534	6.272
26	226.03	0.0012012	0.0769	835.2	13.01	971.7	2803	1831	2.573	6.242
28	230.04	0.0012088	0.0714	827.3	14	990.4	2803	1813	2.611	6.213
30	233.83	0.0012163	0.0667	822.2	15	1008.3	2804	1796	2.646	6.186
35	242.54	0.0012345	0.057	810	17.53	1049.8	2803	1753	2.725	6.125
40	250.33	0.001252	0.0498	798.7	20.09	1087.5	2801	1713	2.796	6.07
45	257.41	0.001269	0.044	788	22.71	1122.1	2798	1676	2.862	6.02
50	263.91	0.0012857	0.0394	777.8	25.35	1154.4	2794	1640	2.921	5.973

续表

压力	温度	比体积		密度		焓		汽化潜热	熵	
		液体	蒸汽	液体	蒸汽	液体	蒸汽		液体	蒸汽
p	t	v'	v''	ρ'	ρ''	H'	H''	R	s'	s''
10^5 Pa	℃	m^3/kg	m^3/kg	kg/m^3	kg/m^3	kJ/kg	kJ/kg	kJ/kg	kJ/(kg·K)	kJ/(kg·K)
60	275.56	0.0013185	0.0324	758.4	30.84	1213	2785	1570.8	3.027	5.89
70	285.8	0.001351	0.0274	740.2	36.54	1267.4	2772	1504.9	3.122	5.814
80	294.98	0.0013838	0.0235	722.6	42.52	1317	2758	1441.1	3.208	5.745
90	303.32	0.0014174	0.0205	705.5	48.83	1363.7	2743	1379.3	3.287	5.678
100	310.96	0.0014521	0.018	688.7	55.46	1407.7	2725	1317	3.36	5.615
110	318.04	0.001489	0.016	671.6	62.58	1450.2	2705	1255.4	3.43	5.553
120	324.63	0.001527	0.0143	654.9	70.13	1491.1	2685	1193.5	3.496	5.492
130	330.81	0.001567	0.0128	638.2	78.3	1531.5	2662	1130.8	3.561	5.432
140	336.63	0.001611	0.0115	620.7	87.03	1570.8	2638	1066.9	3.623	5.372
160	347.32	0.00171	0.0093	584.8	107.3	1650	2582	932	3.746	5.247
180	356.96	0.001837	0.0075	544.4	133.2	1732	2510	778.2	3.871	5.107
200	365.71	0.00204	0.0059	490.2	170.9	1827	2410	583	4.015	4.928
220	373.7	0.00373	0.0037	366.3	272.5	2016	2168	152	4.303	4.591
221.3	374.15	0.00326	0.0033	306.75	306.75	2100	2100	0	4.03	4.43

表 3 未饱和水与过热蒸汽表（粗水平线之上为未饱和水，之下为过热蒸汽）

压力 p	0.01×10^5 Pa			0.10×10^5 Pa			1.0×10^5 Pa			2.0×10^5 Pa		
温度	$T_{sat}=6.92$℃ $H''=2513$kJ/kg $v''=129.9m^3/kg$ $s''=8.975$kJ/(kg·K)			$T_{sat}=45.84$℃ $H''=2584$kJ/kg $v''=14.68m^3/kg$ $s''=8.149$kJ/(kg·K)			$T_{sat}=99.64$℃ $H''=2675$kJ/kg $v''=1.694m^3/kg$ $s''=7.360$kJ/(kg·K)			$T_{sat}=120.23$℃ $H''=2707$kJ/kg $v''=0.8854m^3/kg$ $s''=7.127$kJ/(kg·K)		
t	v	H	S	v	H	S	v	H	S	v	H	S
℃	m^3/kg	kJ/kg	kJ/(kg·K)	m^3/kg	kJ/kg	kJ/(kg·K)	m^3/kg	kJ/kg	kJ/(kg·K)	m^3/kg	kJ/kg	kJ/(kg·K)
0	0.0010002	0	0	0.0010002	0	0	0.0010001	0.1	0	0.001	0.2	0
10	131.3	2518	8.995	0.0010003	41.9	0.1511	0.0010003	42.1	0.151			
20	136	2537	9.056	0.0010018	83.7	0.2964	0.0010018	83.9	0.2964	0.0010017	84	0.2964
30	140.7	2556	9.117	0.0010044	125.6	0.4363	0.0010044	125.77	0.4365			
40	145.4	2575	9.178	0.0010079	167.5	0.5715	0.0010079	167.59	0.5715	0.0010078	167.6	0.5716
50	150	2594	9.238	15	2591	8.17	0.0010121	209.3	0.7031	0.001012	209.4	0.7033
60	154.7	2613	9.296	15.35	2611	8.227	0.0010171	251.1	0.8307	0.001017	251.2	0.8307
70	159.4	2632	9.352	15.81	2630	8.283	0.0010227	293.07	0.9549			
80	164	2651	9.406	16.27	2649	8.337	0.0010289	334.97	1.0748	0.0010289	335	1.0748
90	168.7	2669	9.459	16.74	2669	8.39	0.0010359	376.96	1.1925			
100	173.3	2688	9.51	17.2	2688	8.442	1.695	2676	7.361	0.0010434	419	1.3067
120	182.6	2726	9.609	18.13	2726	8.542	1.795	2717	7.465	0.0010603	503.7	1.5269
140	191.9	2764	9.703	19.06	2764	8.636	1.889	2757	7.562	0.9357	2749	7.227
160	201.1	2803	9.793	19.98	2802	8.727	1.984	2796	7.654	0.984	2790	7.324
180	210.4	2841	9.88	20.9	2841	8.814	2.078	2835	7.743	1.032	2830	7.415
200	219.8	2880	9.963	21.83	2879	8.897	2.172	2875	7.828	1.08	2870	7.501
220	229.1	2918	10.044	22.76	2918	8.978	2.266	2914	7.91	1.128	2910	7.583
240	238.3	2958	10.121	23.63	2957	9.056	2.359	2954	7.988	1.175	2950	7.663
260	247.6	2997	10.196	24.6	2997	9.131	2.452	2993	8.064	1.222	2990	7.74
280	256.9	3037	10.269	25.53	3037	9.203	2.545	30.33	8.139	1.269	3030	7.815
300	266.2	3077	10.34	26.46	3077	9.274	2.638	3074	8.211	1.316	3071	7.877
400	312.6	3280	10.665	31.08	3280	9.601	3.102	3278	8.541	1.549	3276	8.219
500	359	3490	10.958	35.7	3490	9.895	3.565	3488	8.833	1.781	3487	8.512
600	405.6	3707	11.226	40.32	3707	10.162	4.028	3706	9.097	2.013	3705	8.776

续表

压力 p	4.0×10^5 Pa			6.0×10^5 Pa			10×10^5 Pa			30×10^5 Pa		
温度	$T_{sat}=143.42$℃ $H''=2738$kJ/kg $v''=0.4624\mathrm{m^3/kg}$ $s''=6.897$kJ/(kg·K)			$T_{sat}=158.84$℃ $H''=2757$kJ/kg $v''=0.3156\mathrm{m^3/kg}$ $s''=6.761$kJ/(kg·K)			$T_{sat}=179.88$℃ $H''=2778$kJ/kg $v''=0.1946\mathrm{m^3/kg}$ $s''=6.587$kJ/(kg·K)			$T_{sat}=233.83$℃ $H''=2804$kJ/kg $v''=0.06665\mathrm{m^3/kg}$ $s''=6.186$kJ/(kg·K)		
t	v	H	S	v	H	S	v	H	S	v	H	S
℃	$\mathrm{m^3/kg}$	kJ/kg	kJ/(kg·K)	$\mathrm{m^3/kg}$	kJ/kg	kJ/(kg·K)	$\mathrm{m^3/kg}$	kJ/kg	kJ/(kg·K)	$\mathrm{m^3/kg}$	kJ/kg	kJ/(kg·K)
0	0.001	0.5	0	0.001	0.7	0	0.001	1.1	0	0.000999	3.1	0
20	0.001002	84.1	0.296	0.001002	84.3	0.296	0.001001	84.7	0.296	0.001	86.7	0.296
40	0.001008	168	0.572	0.001008	168	0.572	0.001008	168	0.5712	0.001007	170	0.571
50	0.001012	210	0.703	0.001012	210	0.703	0.001012	210	0.7024	0.001011	212	0.702
60	0.001017	251	0.83	0.001017	252	0.83	0.001017	252	0.8298	0.001016	254	0.829
80	0.001029	335	1.075	0.001029	335	1.074	0.001029	335	1.074	0.001028	337	1.073
100	0.001043	419	1.306	0.001043	419	1.306	0.001043	419	1.3058	0.001042	421	1.304
120	0.00106	504	1.527	0.00106	504	1.527	0.00106	504	1.5261	0.001059	505	1.524
140	0.00108	589	1.738	0.00108	589	1.738	0.001079	589	1.737	0.001078	591	1.735
150	0.4709	2754	6.928	0.001091	632	1.84	0.00109	632	1.84	0.001089	633	1.837
160	0.484	2776	6.98	0.3167	2759	6.767	0.001102	675	1.941	0.0011	676	1.938
180	0.5094	2818	7.077	0.3348	2805	6.869	0.1949	2778	6.588	0.001126	764	2.134
200	0.5341	2859	7.166	0.352	2849	6.963	0.206	2827	6.692	0.001155	853	3.326
220	0.5585	2900	7.251	0.3688	2891	7.051	0.2169	2874	6.788	0.001189	944	2.514
240	0.5827	2941	7.332	0.3855	2933	7.135	0.2274	2918	6.877	0.06826	2823	6.225
260	0.6068	2982	7.41	0.4019	2975	7.215	0.2377	2962	6.961	0.07294	2882	6.337
280	0.6307	3023	7.486	0.4181	3017	7.292	0.2478	3005	7.04	0.0772	2937	6.438
300	0.6545	3065	7.56	0.4342	3059	7.366	0.2578	3048	7.116	0.08119	2988	6.53
400	0.7723	3273	7.895	0.5136	3270	7.704	0.3065	3263	7.461	0.09929	3229	6.916
500	0.889	3458	8.19	0.5919	3483	8.001	0.3539	3479	7.761	0.1161	3456	7.231
600	1.0054	3703	8.455	0.6697	3701	8.266	0.401	3693	8.027	0.1325	3682	7.506

压力 p	50×10^5 Pa			70×10^5 Pa			100×10^5 Pa			140×10^5 Pa		
温度	$T_{sat}=263.91$℃ $H''=2794$kJ/kg $v''=0.03944\mathrm{m^3/kg}$ $s''=5.973$kJ/(kg·K)			$T_{sat}=285.80$℃ $H''=2772$kJ/kg $v''=0.02737\mathrm{m^3/kg}$ $s''=5.814$kJ/(kg·K)			$T_{sat}=318.04$℃ $H''=2725$kJ/kg $v''=0.01803\mathrm{m^3/kg}$ $s''=5.615$kJ/(kg·K)			$T_{sat}=336.63$℃ $H''=2638$kJ/kg $v''=0.01149\mathrm{m^3/kg}$ $s''=5.372$kJ/(kg·K)		
t	v	H	S	v	H	S	v	H	S	v	H	S
℃	$\mathrm{m^3/kg}$	kJ/kg	kJ/(kg·K)	$\mathrm{m^3/kg}$	kJ/kg	kJ/(kg·K)	$\mathrm{m^3/kg}$	kJ/kg	kJ/(kg·K)	$\mathrm{m^3/kg}$	kJ/kg	kJ/(kg·K)
0	0.0009976	5.2	0.0004	0.0009966	7.2	0.0004	0.0009951	10.2	0.0004	0.0009931	14.2	0.0008
20	0.0009995	88.5	0.2951	0.0009987	90.4	0.2945	0.0009975	93.2	0.2939	0.0009957	96.9	0.293
40	0.0010056	171.9	0.5699	0.0010048	173.7	0.5689	0.0010033	176.4	0.5677	0.0010016	179.9	0.566
50	0.0010098	213.6	0.7005	0.001009	215.3	0.6995	0.0010075	218	0.698	0.0010058	221.4	0.696
60	0.0010147	255.3	0.8273	0.0010139	256.9	0.8263	0.0010125	259.6	0.8247	0.0010108	263	0.8224
80	0.0010265	338.7	1.0709	0.0010257	340.3	1.0694	0.0010245	342.9	1.0676	0.0010226	346.2	1.0648
100	0.0010408	422.5	1.302	0.00104	424.1	1.3003	0.0010386	426.5	1.2982	0.0010368	429.6	1.2951
120	0.0010576	506.9	1.5223	0.0010567	508.4	1.5205	0.0010552	510.5	1.5182	0.0010533	513.4	1.5148
140	0.0010769	591.9	1.733	0.0010758	593.2	1.731	0.0010741	595.3	1.728	0.0010719	598	1.724
150	0.0010876	634.7	1.835	0.0010864	636	1.833	0.0010845	638	1.83	0.0010822	640.7	1.826
160	0.001099	677.7	1.935	0.0010977	679	1.933	0.0010956	681	1.929	0.0010932	683.6	1.925
180	0.0011242	764.9	2.131	0.0011226	766.1	2.128	0.0011201	768	2.123	0.0011174	770.2	2.118
200	0.001153	853.6	2.322	0.0011512	854.5	2.319	0.0011482	856	2.314	0.0011448	857.9	2.308

续表

压力 p	50×10^5 Pa			70×10^5 Pa			100×10^5 Pa			140×10^5 Pa		
温度	$T_{sat}=263.91$℃ $H''=2794$kJ/kg $v''=0.03944\text{m}^3/\text{kg}$ $s''=5.973$kJ/(kg·K)			$T_{sat}=285.80$℃ $H''=2772$kJ/kg $v''=0.02737\text{m}^3/\text{kg}$ $s''=5.814$kJ/(kg·K)			$T_{sat}=318.04$℃ $H''=2725$kJ/kg $v''=0.01803\text{m}^3/\text{kg}$ $s''=5.615$kJ/(kg·K)			$T_{sat}=336.63$℃ $H''=2638$kJ/kg $v''=0.01149\text{m}^3/\text{kg}$ $s''=5.372$kJ/(kg·K)		
t	v	H	S	v	H	S	v	H	S	v	H	S
℃	m^3/kg	kJ/kg	kJ/(kg·K)	m^3/kg	kJ/kg	kJ/(kg·K)	m^3/kg	kJ/kg	kJ/(kg·K)	m^3/kg	kJ/kg	kJ/(kg·K)
220	0.0011867	944.1	2.51	0.0011845	944.8	2.506	0.0011805	945.8	2.5	0.0011766	947.3	2.493
240	0.0012264	1037.4	2.696	0.0012235	1037.8	2.691	0.0012185	1038.3	2.684	0.0012136	1039.1	2.676
250	0.0012492	1085.7	2.789									
260	0.0012749	1135.1	2.882	0.0012706	1134.6	2.876	0.001265	1134	2.868	0.0012575	1133.8	2.858
280	0.04224	2854	6.083	0.0013304	1235.9	3.063	0.0013217	1234.5	3.053	0.0013111	1232.9	3.04
300	0.04539	2920	6.2	0.02948	2835	5.925	0.001397	1342.2	3.244	0.0013808	1338	3.226
400	0.05781	3193	6.64	0.03997	3155	6.442	0.02646	3093	6.207	0.01726	3000	5.942
500	0.06858	3433	6.974	0.04817	3409	6.795	0.3281	3372	6.596	0.02252	3321	6.39
600	0.0787	3666	7.257	0.05565	3649	7.087	0.03837	3621	6.901	0.02683	2585	6.716

压力 p	180×10^5 Pa			220×10^5 Pa			250×10^5 Pa		
温度	$T_{sat}=356.96$℃ $H''=2510$kJ/kg $v''=0.007504\text{m}^3/\text{kg}$ $s''=5.107$kJ/(kg·K)			$T_{sat}=373.7$℃ $H''=2168$kJ/kg $v''=0.00367\text{m}^3/\text{kg}$ $s''=4.591$kJ/(kg·K)					
t	v	H	S	v	H	S	v	H	S
℃	m^3/kg	kJ/kg	kJ/(kg·K)	m^3/kg	kJ/kg	kJ/(kg·K)	m^3/kg	kJ/kg	kJ/(kg·K)
0	0.0009913	18.2	0.0011	0.0009893	22.2	0.0013	0.000988	25.2	0.0013
20	0.0009939	100.7	0.2921	0.000992	104.5	0.2915	0.0009908	107.3	0.2909
40	0.0009999	183.5	0.5647	0.0009981	187.1	0.5634	0.0009969	189.7	0.5621
50	0.0010041	225	0.6942	0.0010024	228.4	0.6927	0.0010012	231	0.6911
60	0.0010091	266.5	0.82	0.0010073	269.8	0.8181	0.0010061	272.3	0.8164
80	0.0010209	349.5	1.062	0.001019	352.7	1.0596	0.0010178	355.1	1.0576
100	0.0010349	432.7	1.2923	0.0010329	435.7	1.2899	0.0010316	438	1.2873
120	0.0010512	516.4	1.5115	0.001049	519.3	1.5084	0.0010475	521.5	1.5053
140	0.0010695	600.8	1.721	0.0010671	603.5	1.717	0.0010654	605.6	1.714
150	0.0010796	643.4	1.822	0.0010771	646	1.818	0.0010758	647.9	1.815
160	0.0010905	686.2	1.921	0.0010877	688.7	1.917	0.0010858	690.5	1.914
180	0.0011142	772.4	2.114	0.001111	774.7	2.11	0.0011087	776.3	2.107
200	0.0011411	859.7	2.302	0.0011375	861.6	2.297	0.0011349	683	2.293
220	0.0011721	948.7	2.486	0.0011679	950.2	2.48	0.0011648	951.3	2.475
240	0.0012082	1039.9	2.668	0.001203	1040.9	2.661	0.0011992	1041.6	2.655
260	0.0012504	1133.7	2.848	0.0012437	1133.8	2.839	0.0012388	1134.1	2.833
280	0.0013013	1231.6	3.028	0.0012926	1230.6	3.017	0.0012863	1230.2	3.009
300	0.0013665	1334.6	3.211	0.0013535	1332.2	3.197	0.0013446	1330.7	3.187
320	0.001455	1446.3	3.403	0.001434	1440.5	3.384	0.001421	1437.3	3.371
340	0.001592	1576.6	3.62	0.001551	1562.6	3.589	0.001527	1555.3	3.567
360	0.0081	2563	5.194	0.001757	1717	3.837	0.001695	1696	3.794
380	0.01042	2759	5.498	0.0061	2503	5.052	0.00224	1926	4.149
400	0.01194	2884	5.688	0.00828	2736	5.406	0.00602	2579	5.137
500	0.01678	3267	6.221	0.01312	3207	6.07	0.01113	3157	5.965
600	0.02043	3549	6.572	0.01631	3512	6.449	0.01413	3483	6.367

附录 7 空气的 *T-S* 图

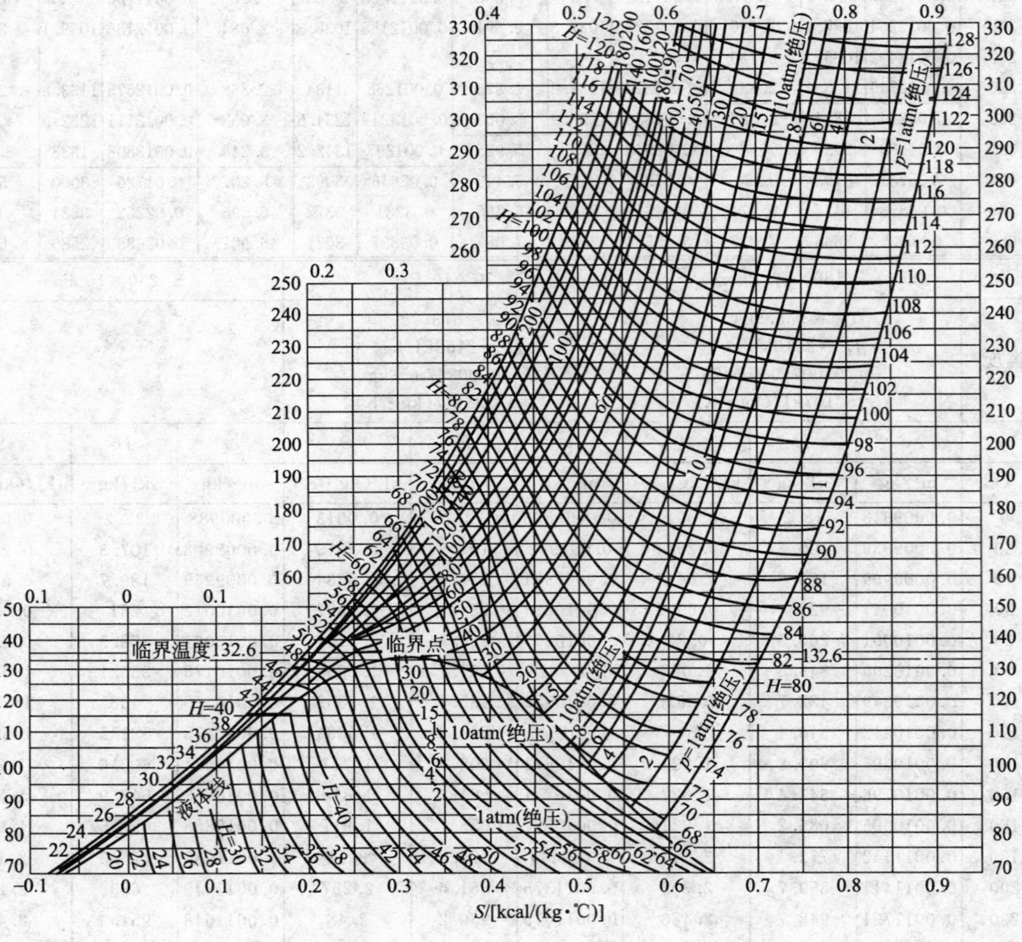

T/K
S/[kcal/(kg·℃)]
临界温度132.6
临界点
液体线
10atm(绝压)
1atm(绝压)
p=1atm(绝压)
H=40
H=60
H=80
H=100
H=120
132.6

附录 8　氨的 *T-S* 图

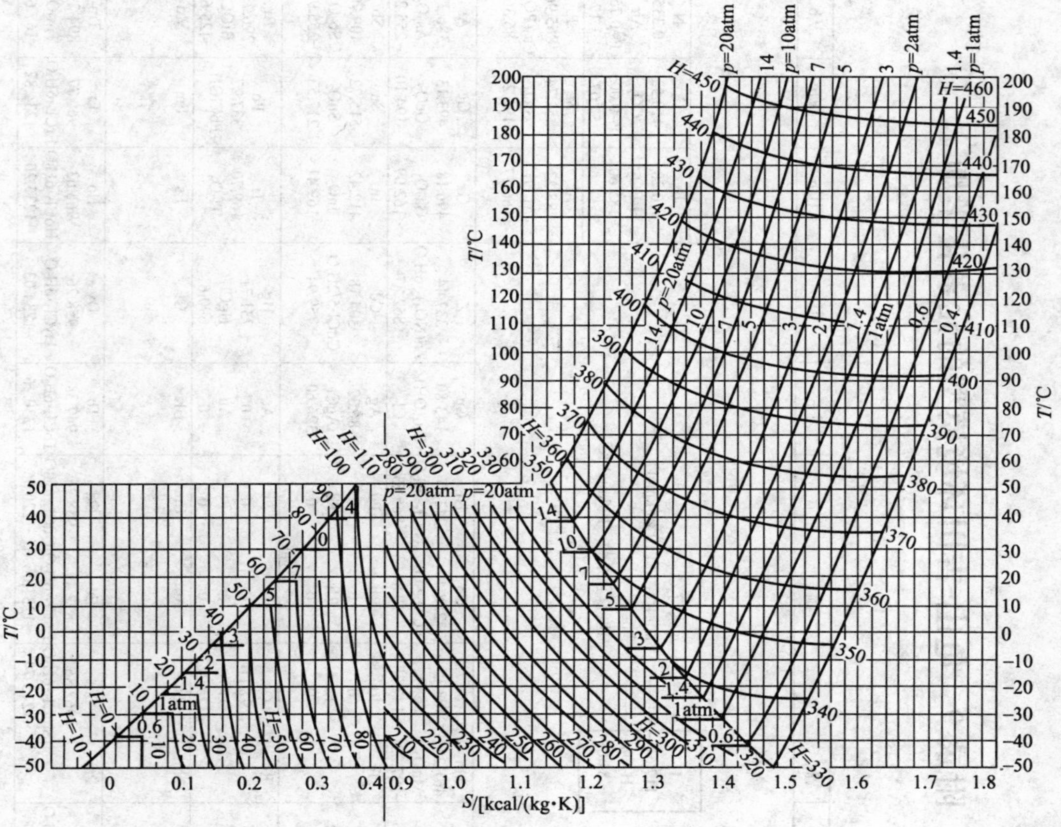
T/℃
S/[kcal/(kg·K)]
p=20atm
p=10atm
p=2atm
p=1atm
H=450
H=460
H=360
H=100
H=110
H=300
H=330
H=10
H=0
H=50
1atm

附录 9 龟山-吉田环境模型的元素化学㶲

	Ⅰa	Ⅱa	Ⅲa	Ⅳa	Ⅴa	Ⅵa	Ⅶa	Ⅷ			Ⅰb	Ⅱb	Ⅲb	Ⅳb	Ⅴb	Ⅵb	Ⅶb	
1	H 117.61 $H_2O_{(l)}$ −84.89																	He 30.125 Air $P=5.24\times10^{-6}$ 101.09
2	Li 371.96 $LiCl\cdot H_2O$ −485.13	Be 594.25 $BeO\cdot Al_2O_3$ −103.26											B 610.28 H_3BO_3 −185.60	C 410.53 CO_2 P=0.003 57.07	N 0.335 Air P=0.756 1.17	O 1.966 Air P=0.203 6.61	F 308.03 $Ca_{10}(PO_4)_6F_2$ 81.21	Ne 27.07 Air $P=1.8\times10^{-5}$ 90.83
3	Na 360.79 $NaNO_3$ −400.83	Mg 618.23 $CaCO_3\cdot$ $MgCO_3$ −360.58											Al 788.22 Al_2O_3 −166.57	Si 852.74 SiO_2 −195.27	P 865.96 $Ca_3(PO_4)_2$ 86.36	S 602.79 $CaSO_4\cdot 2H_2O$ −116.69	Cl 23.47 NaCl 268.82	Ar 11.673 Air P=0.009 39.16
4	K 386.85 KNO_3 −354.97	Ca 712.37 $CaCO_3$ −338.74	Sc 906.76 Sc_2O_3 −159.87	Ti 885.59 TiO_2 −198.57	V 704.88 V_2O_5 −236.27	Cr 547.43 $K_2Cr_2O_7$ 30.67	Mn 461.24 MnO_2 −197.23	Fe 368.15 Fe_2O_3 −147.38	Co 288.40 $CoFe_2O_4$ −19.84	Ni 243.47 $NiCl_2\cdot 6H_2O$ −865.63	Cu 143.80 $Cu_4(OH)_6$ Cl_2	Zn 337.44 $Zn(NO_3)_2\cdot 6H_2O$ −852.87	Ga 496.18 Ga_2O_3 −162.09	Ge 493.13 GeO_2 −194.10	As 386.27 As_2O_5 −255.27	Se 0 Se 0	Br 34.35 $PtBr_2$ −19.92	Kr
5	Rb 389.57 $RbNO_3$ −353.80	Sr 771.15 $SrCl_2\cdot$ $6H_2O$ −841.61	Y 932.40 $Y(OH)_3$	Zr 1058.59 $ZrSiO_4$ −215.02	Nb 878.10 Nb_2O_5 −240.62	Mo 714.42 $CaMoO_4$ −45.27	Tc	Ru 0 Ru 0	Rh 0 Rh 0	Pd 0 Pd 0	Ag 86.32 AgCl 326.60	Cd 304.18 $CdCl\cdot 5/2H_2O$ −759.94	In 412.42 InO_2 −169.41	Sn 515.72 SnO_2 217.53	Sb 409.70 Sb_2O_5 −255.98	Te 266.35 TeO_2 −188.49	I 25.61 KIO_3 56.82	Xe
6	Cs 390.9 CaCl −364.25	Ba 784.17 $Ba(NO_3)_2$ −697.60	La 982.57 $LaCl_2\cdot 7H_2O$ −1224.15	Hf 1023.24 HfO_2 −202.51	Ta 950.69 Ta_2O_5 −242.80	W 818.22 $CaWO_4$ −45.44	Re	Os 297.11 OsO_4 −325.22	Ir 0 Ir 0	Pt 0 Pt 0	Au 0 Au 0	Hg 731.71 $HgCl_2$ −690.61	Ti 169.70 Tl_2O_4	Pb 337.27 PbClOH	Bi 296.73 BiOCl −425.68	Po	At	Rn
7	Fr	Ra	Ac	Th 1164.87 ThO_2 −168.78	Pa	U 1117.88 U_3O_8 −247.19	Np	Pu	Am	Cm	BK	Cf	Es	Fm	Md	No	Lr	
			La 982.57 $LaCl_2\cdot 7H_2O$ −1224.45	Ce 1020.73 CeO_2 −227.94	Pr 926.17 $Pr(OH)_3$	Nd 967.05 $NdCl_3\cdot 6H_2O$ −1214.78	Pm	Sm 962.86 $SmCl_3\cdot 6H_2O$ −1215.74	Eu 872.49 $EuCl_3\cdot 6H_2O$ −1231.06	Gd 958.26 $GdCl_3\cdot 6H_2O$ −1220.06	Tb 947.38 $TbCl_3\cdot 6H_2O$ −1230.26	Dy 958.26 $DyCl_3\cdot 6H_2O$ −1234.03	Ho 966.63 $HoCl_3\cdot 6H_2O$ −1235.20	Er 960.77 $ErCl_3\cdot 6H_2O$ −1234.82	Tm 894.29 Tm_2O_3 −167.65	Yb 935.67 $YbCl_3\cdot 6H_2O$ −1224.45	Lu 917.58 $LuCl_3\cdot 6H_2O$ −1235.20	

图例：

- H —— 元素符号
- 117.61 —— 标准化学㶲（10^3kJ/kmol）
- $H_2O_{(l)}$ —— 基准物
- −84.89 —— 温度修正系数（kJ/kmol·K）

附录10 主要无机化合物和有机化合物的摩尔标准化学㶲 E_{xc}^0 以及温度修正系数 ξ

（E_{xc}^0 用龟山-吉田环境模型计算）

主要无机化合物

物质	E_{xc}^0 /(kJ/mol)	ξ /[J/(mol. K)]	物质	E_{xc}^0 /(kJ/mol)	ξ /[J/(mol·K)]
$AlCl_3$	229.83	892.07	HCl(g)	45.77	173.72
$Al_2(SO_4)_3$	308.36	539.44	Na_2S	962.86	−798.31
Ar	11.67	39.16	$NaHCO_3$	44.69	−39.3
BaO	261.04	−596.01	MgO	50.79	−218.78
$BaSO_4$	32.55	−415.30	$MgCl_2$	73.39	343.21
$BaCO_3$	63.01	−356.77	$MgCO_3$	22.59	62.30
C	410.53	57.07	$MgSO_4$	58.24	−67.8
CaO	110.33	−227.74	MnO	100.29	−115.94
$Ca(OH)_2$	53.01	−201.46	Mn_2O_3	47.24	−113.51
$CaCl_2$	11.25	349.74	Mn_2O_4	108.37	−213.13
$CaOSiO_2$	21.34	−228.15	N_2	0.71	2.34
$CaOAl_2O_3$	88.03	−251.08	Ne	27.07	90.83
CO	275.35	−25.61	NO	88.91	−4.60
CO_2	20.13	67.40	$NH_3(g)$	336.69	−154.22
Fe	368.15	−147.28	Na_2O	346.98	−585.76
FeO	118.66	−71.76	NaCl	0	0.38
Fe_3O_4	96.90	−70.29	Na_2SO_4	62.89	−413.50
$Fe(OH)_3$	30.29	43.85	Na_2CO_3	89.96	−364.22
Fe_2SiO_4	220.41	−125.35	Na_3AlF_6	581.95	138.95
$FeAl_2O_4$	103.18	−66.36	$SO_2(g)$	306.52	−114.64
H_2	235.22	−169.74	$SO_3(g)$	239.70	−14.02
$H_2O(g)$	8.62	−118.78	$H_2S(g)$	804.46	−329.66
He	30.12	101.09	ZnO	21.09	−745.63
HF	152.42	46.61	$ZnSO_4$	73.68	−587.52
O_2	3.93	13.22	$ZnCO_3$	22.34	−503.46

主要有机化合物

物质	化学分子式	E_{xc}^0 /(kJ/mol)	ξ/[J /(mol. K)]	物质	化学分子式	E_{xc}^0 /(kJ/mol)	ξ/[J /(mol·K)]
甲烷(g)	$CH_4(g)$	830.19	−201.96	十二烷(l)	$C_{12}H_{26}(l)$	8013.03	−247.07
乙烷(g)	$C_2H_6(g)$	1493.77	−221.63	甲苯(l)	$CH_3C_6H_5(l)$	3928.36	61.63
丙烷(g)	$C_3H_8(g)$	2148.99	−238.36	甲醇(l)	$CH_3OH(l)$	716.72	−33.26
丁烷(l)	$C_4H_{10}(l)$	2803.20	−540.11	乙醇(l)	$C_2H_5OH(l)$	1354.57	−43.68
戊烷(g)	$C_5H_{12}(g)$	3455.61	−270.29	丙醇(l)	$C_3H_7OH(l)$	2003.76	−52.26
戊烷(l)	$C_5H_{12}(l)$	3454.52	−152.38	丁醇(l)	$C_4H_9OH(l)$	2659.10	−61.55
己烷(g)	$C_6H_{14}(g)$	4109.48	−286.14	戊醇(l)	$C_5H_{11}OH(l)$	3304.69	−67.07
己烷(l)	$C_6H_{14}(l)$	4105.38	−193.84	甲醛(g)	$HCHO(g)$	537.81	−86.02
庚烷(g)	$C_7H_{16}(g)$	4763.44	−355.81	乙醛(g)	$CH_3CHO(g)$	1160.18	−107.95
庚烷(l)	$C_7H_{16}(l)$	4756.45	−209.58	丙酮(l)	$(CH_3)_2CO(l)$	1783.85	20.59
乙烯(g)	$C_2H_4(g)$	1359.63	−172.38	甲酸(l)	$HCOOH(l)$	288.24	112.84
丙烯(g)	$C_3H_6(g)$	1999.95	−196.27	醋酸(l)	$CH_3COOH(l)$	903.58	105.52
1-丁烯(g)	$CH_2CHCH_2CH_3(g)$	2654.29	−211.33	石炭酸(s)	$C_6H_5OH(s)$	3120.43	224.05
乙炔(g)	$C_2H_2(g)$	1265.49	−114.43	苯酸(s)	$C_6H_5COOH(s)$	3338.08	372.50
丙炔(g)	$CH_3CCH(g)$	1896.48	−138.20	甲酸甲酯(g)	$HCOOCH_3(g)$	998.26	−35.82
环戊烷(l)	$C_5H_{10}(l)$	3265.11	−86.44	醋酸乙酯(l)	$CH_3COOC_2H_5(l)$	2254.26	53.09
环己烷(l)	$C_6H_{12}(l)$	3901.16	−62.93	甲醚(g)	$(CH_3)_2O(g)$	1415.78	−150.04
苯(l)	$C_6H_6(l)$	3293.18	85.65	乙醚(l)	$(C_2H_5)_2O(l)$	2697.26	88.91
环辛烷(l)	$C_8H_{16}(l)$	5243.89	−73.51	氯化甲烷(g)	$CH_3Cl(g)$	723.96	206.86
环丁烯(g)	$C_4H_6(g)$	2522.53	−130.08	二氯化甲烷(l)	$CH_2Cl_2(l)$	622.29	480.03
乙苯(l)	$C_8H_{10}(l)$	4580.10	50.92	四氯化碳(l)	$CCl_4(l)$	441.79	1367.83
辛烷(l)	$C_8H_{18}(l)$	5407.78	−211.42	α-D-半乳糖(s)	$C_6H_{12}O_6(s)$	2966.93	590.70
壬烷(l)	$C_9H_{20}(l)$	6058.81	−220.87	β-乳糖(s)	$C_{12}H_{22}O_{11}(s)$	5968.52	1136.21
癸烷(l)	$C_{10}H_{22}(l)$	6710.05	−743.08	尿素(s)	$(NH_2)_2CO(s)$	686.47	132.67
十一烷(l)	$C_{11}H_{24}(l)$	7361.33	−238.03				

附录11 主要能源折标准煤参考系数

能源名称	平均低位发热量	折标准煤系数
原煤	20908kJ(5000kcal)/kg	0.7143kgce/kg
洗精煤	26344kJ(6300kcal)/kg	0.9000kgce/kg
其他洗煤		
洗中煤	8363kJ(2000kcal)/kg	0.2857kgce/kg
煤泥	8363～12545kJ(2000～3000kcal)/kg	0.2857～0.4286kgce/kg
型煤		0.5～0.7kgce/kg
焦炭	28435kJ(6800kcal)/kg	0.9714kgce/kg
原油	41816kJ(10000kcal)/kg	1.4286kgce/kg
汽油	43070kJ(10300kcal)/kg	1.4714kgce/kg
煤油	43070kJ(10300kcal)/kg	1.4714kgce/kg
柴油	42652kJ(10200kcal)/kg	1.4571kgce/kg
燃料油	41816kJ(10000kcal)/kg	1.4286kgce/kg
液化石油气	50179kJ(12000kcal)/kg	1.7143kgce/kg
炼厂干气	45998kJ(11000kcal)/kg	1.5714kgce/kg
其他石油制品		1～1.4kgce/kg
天然气	32198～38931kJ(7700～9310kcal)/m^3	1.1～1.33kgce/m^3
液化天然气		1.7572kgce/kg
焦炉煤气	16726～17981kJ(4000～4300kcal)/m^3	0.5714～0.6143kgce/m^3
高炉煤气		1.286kgce/m^3
其他煤气		0.17～1.2143kgce/m^3
发生煤气	5227kJ(1250kcal)/m^3	0.1786kgce/m^3
重油催化裂解煤气	19235kJ(4600kcal)/m^3	0.6571kgce/m^3
重油热裂解煤气	35544kJ(8500kcal)/m^3	1.2143kgce/m^3
焦炭制气	16308kJ(3900kcal)/m^3	0.5571kgce/m^3
压力气化煤气	15054kJ(3600kcal)/m^3	0.5143kgce/m^3
水煤气	10454kJ(2500kcal)/m^3	0.3571kgce/m^3
煤焦油	33453kJ(8000kcal)/kg	1.1429kgce/kg
粗苯	41816kJ(10000kcal)/kg	1.4286kgce/kg
其他焦化产品		1.1～1.5kgce/kg
热力(当量)		0.03412kgce/MJ
		0.14286kgce/1000kcal
电力(当量)	3596kJ(860kcal)/kWh	0.1229kgce/kWh(用于计算火力发电)
		0.4040kgce/kWh(用于计算最终消费)

参 考 文 献

[1] 袁一，胡德生．化工过程热力学分析法．北京：化学工业出版社，1985.
[2] 党洁修，涂敏端．化工节能基础——过程热力学分析．成都：成都科技大学出版社，1987.
[3] 华贲．工艺过程用能分析及综合．北京：烃加工出版社，1989.
[4] 陈安民．石油化工过程节能方法和技术．北京：中国石化出版社，1995.
[5] 陈文威，李沪萍．热力学节能与分析．北京：科学出版社，1999.
[6] 范文元．化工单元操作节能技术．合肥：安徽科学技术出版社，2000.
[7] 孟昭利．企业能源审计方法（第二版）．北京：清华大学出版社，2002.
[8] 陈新志．化工热力学．北京：化学工业出版社，2003.
[9] 吴存真，张诗针，孙志坚．热力过程烟分析基础．杭州：浙江大学出版社，2004.
[10] 贾振航，姚伟，高红．企业节能技术．北京：化学工业出版社，2006.
[11] 中国化工节能技术协会．化工节能技术手册．北京：化学工业出版社，2006.
[12] 朱自强，徐迅．化工热力学（第 2 版）．北京：化学工业出版社，2006.
[13] 崔海亭，彭培英．强化传热新技术及其应用．北京：化学工业出版社，2006.
[14] 方战强，任官平．能源审计原理与实施方法．北京：化学工业出版社，2008.
[15] 方利国．节能技术应用与评价．北京：化学工业出版社，2008.
[16] 钱伯章．节能减排——可持续发展的必由之路．北京：科学出版社，2008.
[17] 王文堂．石油和化工典型节能改造案例．北京：化学工业出版社，2008.
[18] 吴金星，韩东方，曹海亮．高效换热器及其节能应用．北京：化学工业出版社，2009.
[19] 张旭亮，黄继昌．节能减排基础知识．北京：中国电力出版社，2009.
[20] 冯霄．化工节能原理与技术（第三版）．北京：化学工业出版社，2009.
[21] 孙伟民．化工节能技术．北京：化学工业出版社，2010.
[22] 李平辉．化工节能减排技术．北京：化学工业出版社，2010.
[23] 魏新利，付卫东，张军．泵与风机节能技术．北京：化学工业出版社，2010.
[24] 上海市化学化工学会．节能减排理论基础与装备技术．上海：华东理工大学出版社，2010.
[25] 王建平．化工生产节能技术．北京：人民邮电出版社，2011.